石油高职教育"工学结合"规划教材

石油化工生产技术

白术波　主编
程忠玲　主审

石油工业出版社

内 容 提 要

本书系统介绍了通用的石油化工生产工艺过程,详细阐述了合成气的生产、石油烃类热裂解、芳烃转化、催化脱氢和氧化脱氢、催化氧化、酯化等过程的基本原理,并以典型产品的实际生产过程为例,讲解了各工艺过程的反应原理、操作条件选择、工艺流程评述及主要设备结构。此外,还介绍了石油化工生产过程和石油化工清洁生产的基础知识。

本书可做为各类高职高专院校的石油化工技术、应用化工技术、化学工程等专业的教材,并可供从事化工生产、管理、科研和设计的工程技术人员参考。

图书在版编目(CIP)数据

石油化工生产技术/白术波主编 . —北京:
石油工业出版社,2017.10
石油高职教育"工学结合"规划教材
ISBN 978 – 7 – 5183 – 2116 – 2

Ⅰ. ①石… Ⅱ. ①白… Ⅲ. ①石油化工 – 生产技术 –
高等高职教育 – 教材 Ⅳ. ①TE65

中国版本图书馆 CIP 数据核字(2017)第 222476 号

出版发行:石油工业出版社
　　　(北京市朝阳区安定门外安华里 2 区 1 号楼　 100011)
　　网　　址:www. petropub. com
　　编辑部:(010)64256990　图书营销中心:(010)64523633
经　销:全国新华书店
排　版:北京乘设伟业科技有限公司
印　刷:北京中石油彩色印刷有限责任公司
2017 年 10 月第 1 版　2017 年 10 月第 1 次印刷
787 毫米×1092 毫米　开本:1/16　印张:17.75
字数:454 千字
定价:38. 00 元

前　言

本书按照《化工类专业人才培养方案》的要求,从转变传统教育思想出发,以培养学生的知识、素质与能力为目标,重组了课程体系,重点加强对学生实践操作技能的培养,通过典型化工装置生产过程的操作训练,使学生学会将已掌握的理论知识运用到化工生产实际操作中去,解决化工生产过程的操作控制问题。

考虑到职业教育教学的特点,按照"以就业为导向,以应用能力培养为主线"的教学实施模式,以"突出能力、强化素质、理论够用、实践为重"为基准,保证教学内容要适时、适度、实用、实际,做到任务设置符合岗位需求,训练内容符合技能培养。从便于自学和实际应用出发,在每个项目开始提出了"学习目标",通过对工作过程分析,确定工作任务,学习工作原理和经验知识后,进行操作技能训练,并通过课后思考练习题加强对基础理论和操作训练的掌握,提高分析、解决化工生产实际问题的能力。学生通过完成任务所需的获取信息、设计方案、制定操作规程、操作训练、评价总结等完整实践过程,掌握职业技能,获得专业知识。

本书主要任务是使学生掌握化工重要产品生产的反应过程,具备工艺条件调节能力、设备的使用维护能力、工艺流程图的读取与绘制能力,具有化工生产规范操作意识、安全生产和环保意识;通过典型化工装置操作技能训练,使学生会进行典型产品生产的开停车操作、事故处理、工艺参数调节控制,取得化工操作工或化工总控工职业资格,能够胜任化工生产操作和设备操作维护等岗位的工作。

本书力求体现加强基础、面向实际、便于自学、引导思维、启发创新的原则,使学生获得广博的石油化工产品生产操作知识,培养理论联系实际的能力,为将来从事化工生产操作打下牢固的基础。本书各类反应注重强调工艺特点,并介绍近年来的新工艺、新技术和新方法,指出工艺过程的发展趋势。

教材选取化工典型产品合成气、乙烯、丙烯、芳烃、甲醇、醋酸、乙酸乙酯、尿素等作为生产操作训练的内容,各种产品的生产过程均介绍多种方法。如合成气原料气的制备分别以石油、煤、天然气为起始原料,深冷分离流程有顺序分离流程、前脱乙烷分离流程、前脱丙烷分离流程,催化加氢脱除炔烃可分为前加氢技术和后加氢技术。学生分小组讨论后通过对工艺流程、能量消耗、操作难易等的比较,要求能正确表达观点,通过学生现场讲解进行考核。学生在讨论和比较中,形成能力的提高,强化职业素质的提升。

在基于石油化工产品生产过程设计的教学情境中,以化工典型装置仿真模拟实训中心、石油化工综合技能实训中心、校外实训基地等校内外实训基地为依托,由主讲教师、兼职教师、实训技师共同完成,按照石油化工产品生产项目在真实与虚拟的生产环境中组织教学。教学中理论知识讲授与仿真模拟实训、生产性实训同步进行,实现"教学做一体化"。具体实施内容按认识生产装置—了解工艺流程—熟悉主要设备构造—明确生产要求—理解工艺控制指标—制订生产计划—依据规程进行开停车操作、事故处理—评价总结的全过程来组织教学。

本书由大庆职业学院白术波担任主编,天津石油职业技术学院李徐东、天津工程职业技术学院闫玉玉、内蒙古化工职业学院郭培英担任副主编,承德石油高等专科学校程忠玲担任主审。具体编写分工如下:项目一由白术波编写;项目二由郭培英编写;项目三由闫玉玉编写;项目四由大庆职业学院李玥编写;项目五由李徐东编写;项目六由克拉玛依职业技术学院赵贺编写;项目七由大庆职业学院周新新编写;项目八由濮阳职业技术学院刘亚楠编写。全书由白术波统稿定稿。

本书在编写过程中,得到了相关院校各级领导、北京东方仿真软件技术有限公司和浙江中控科教仪器设备有限公司的技术人员的大力支持和协助,在此一并致谢。

由于编者水平和学识有限,加之本领域知识发展和更新迅速,书中不当之处敬请读者批评指正。

为了向任课教师备课提供全方位的教学资源服务,将为使用本教材的学校和教师免费提供与本书配套的课程标准、授课计划、授课教案和习题解答(以上均为电子版)等教学辅助资料(联系方式:baishubo1970@ aliyun. com)。

编 者

2017 年 6 月

目 录

项目一　认识石油化工生产过程

【学习目标】

能力目标	知识目标	素质目标
1. 充分了解石油化工生产过程； 2. 熟练进行转化率、选择性、收率的计算； 3. 掌握生产能力和生产强度的定义； 4. 能说出催化剂的分类； 5. 会使用催化剂	1. 掌握石油化学工业的分类、发展过程及作用； 2. 熟悉石油化工的生产特点和发展方向； 3. 掌握化工生产过程的步骤； 4. 掌握催化剂的基本特征、化学组成、使用方法	1. 具有良好的观察力、逻辑判断力； 2. 养成脚踏实地、爱岗敬业的职业意识； 3. 培养诚实守信、谦虚好学、自觉奉献的职业素质

【项目导入】

一、化学工业的分类

化学工业是指利用化学反应改变物质结构、成分、形态而生产化学品的制造工业。化学工业按产品的元素构成大体可分为两大类：无机化学工业和有机化学工业，简称无机化工和有机化工。无机化工是以天然资源和工业副产物为原料生产硫酸、硝酸、盐酸、磷酸等无机酸，纯碱、烧碱、合成氨、化肥以及无机盐等化工产品的工业，广义上也包括无机非金属材料和精细无机化学品，如陶瓷、无机颜料等的生产。

有机化工涉及的范围较广，按原料的来源和加工特点，有机化工可分为石油化工、煤化工、天然气化工、生物化工等。

虽然组成有机化合物的元素品种并不多，但有机化合物的数量却十分庞大。1989 年有机化合物已达到 1000 万种，到 2000 年就增至 2000 万种，但目前无机化合物只有几十万种。这说明有机化工产品的数量和品种在整个化学工业中占有重要地位。

由于原料与产品的关系，化学工业各部门之间存在着相互依存和相互交叉的关系。例如：合成气是燃料化工的产品，又是无机化工（如合成氨）和有机化工（如甲醇）的原料；乙烯、丙烯等石油化学品，既是有机化工原料，又是高分子化工原料，用于生产聚乙烯、聚丙烯等聚合物；二氧化钛既是无机盐工业的产品，又是颜料工业的产品；聚丙烯酰胺既是高分子化工的产品，又是一种油田化学品、水处理剂，后者属于精细化学品……这说明化学工业所属部门的划分不是绝对的，它依划分的角度而异，也随着生产的发展阶段和各国情况的不同而有所变化。

二、石油化学工业的概况

石油化学工业是以石油和天然气为原料，既生产石油产品，又生产石油化学品的石油加工业。它是基础性产业，为农业、能源、交通、机械、电子、纺织、轻工、建筑、建材等工农业和人民日常生活提供配套和服务，在国民经济中占有举足轻重的地位。

石油按其加工与用途来划分有两大分支:一是经过炼制生产各种燃料油、润滑油、石蜡、沥青、焦炭等石油产品;二是把经蒸馏得到的馏分油进行热裂解,分离出基本原料,再生产各种石油化学制品。通常把前一分支称为石油炼制,后一分支称为石油化工。

石油化工包括以下三大生产过程:基本有机化工生产过程、有机化工生产过程、高分子化工生产过程。基本有机化工生产过程是以石油和天然气为起始原料,经过炼制加工制得三烯(乙烯、丙烯、丁二烯)、三苯(苯、甲苯、二甲苯)、乙炔和萘等基本有机原料。有机化工生产过程是在三烯、三苯、乙炔、萘的基础上,通过各种合成步骤制得醇、醛、酮、酸、酯、醚、腈类等有机原料。高分子化工生产过程是在有机原料的基础上,经过各种聚合、缩合步骤制得合成纤维、合成塑料、合成橡胶等最终产品。

三、石油化工的发展

石油化工的兴起始于美国,西·埃力斯(C. Ellis)于1908年创建了世界上最早的石油化工实验室,经过约10年的刻苦钻研,于1917年用炼厂气中的丙烯制成最早的石油化工产品——异丙醇。1920年美孚石油公司采用他的研究成果,进行工业生产,从此开创了石油化工的历史。1939年美国标准油公司开发了临氢催化重整技术,成为芳烃的重要来源。1941年美国建成第一套以炼厂气为原料的管式裂解炉制乙烯的技术装置,使烯烃等基本有机化工原料有了丰富、廉价的来源。由于多数有机原料及高分子材料单体以乙烯为原料,所以人们以乙烯的产量作为衡量石油化工发展水平的标志。20世纪50年代,德国、日本、英国、意大利、苏联等国相继建立起石油化工企业,使这一工业领域迅速扩大。20世纪60年代和70年代是石油化工飞速发展的年代,产品产量成倍增长,不断开辟新的原料来源和增加新的品种,不仅使化学工业的原料构成发生重大变化,而且促进和带动了整个化学工业,特别是有机化学工业的发展。20世纪80年代,90%以上的有机化工产品来自石油化工,例如氯乙烯、丙烯腈等,由以电石(乙炔)为原料,改用氧氯化法生产技术,以乙烯生产氯乙烯,用丙烯氨氧化法生产丙烯腈。

我国石油化工从20世纪60年代初开始起步,在这以前,合成树脂和塑料、合成纤维和合成橡胶、有机化工原料、精细化学品和合成氨等主要产品几乎全部是用煤和农产品为原料生产的。由于石油化工的兴起,使我国化工产品的产量、品种、质量以及环境保护和技术水平都有了大幅度的提高。

四、石油化工在生产生活中的作用

石油化工是对石油进行充分综合利用的工业,它的产品广泛用于工农业生产、人民生活和国防建设等各个方面,在生产生活中有着重要作用。

合成气是制造氨和甲醇的原料。氨可以加工成尿素,尿素含氮46%,是一种高效氮肥,也是一种有机化工原料。氨还可制成硝酸铵,它既可用作肥料,又是生产硝铵炸药的主要原料。氨及氨的制品还广泛用于轻工、化工、食品、医药等工业部门。甲醇也是一种用途广泛的基本化工原料。

乙烯和丙烯是生产塑料的原料。用乙烯可以制成聚乙烯、聚氯乙烯,丙烯可以制成聚丙烯,这是目前产量最大的三种塑料。低密度聚乙烯用于制作高频电器绝缘材料和各种薄膜,包括农业用薄膜;高密度聚乙烯和聚丙烯可用于制作各种容器和家用器具。它们价格低廉,化学稳定性好,易于加工成型,广泛用作化学工业输送液体的管线和包装容器。聚乙烯薄膜和聚丙烯编织袋已在很大程度上取代了麻袋和牛皮纸袋等包装材料,用于化学肥料和其他工业品的包装。硬质聚氯乙烯可以制作耐腐蚀的容器、管道,软质聚氯乙烯薄膜已被广泛用于生产和生活的各个方面,如制作桌布、床单、雨衣和包装材料等,还大量用于制造电线和靴鞋。人造革和高级建筑物内部的贴面材料也是用聚氯乙烯制造的。此外,塑料还用于制作家具、玩具、机械部件、黏接剂和涂料等。

合成纤维是石油化工的另一重要加工产品,作为重要的纺织原料,普遍受到重视。合成纤维中最主要的品种是聚酯纤维、聚酰胺纤维和聚丙烯腈纤维,在世界纤维材料消费总量中所占比率不断提高。

合成橡胶也是石油化工的重要加工产品。无论是飞机、汽车还是拖拉机、自行车,都离不开轮胎。橡胶也用于生产和生活的各个领域,如机械设备的密封垫圈、耐腐蚀衬里、耐酸耐碱用具、胶管、胶鞋、雨靴以及医疗器械。

除了合成树脂(塑料)、合成纤维和合成橡胶这三大合成材料和化学肥料工业以外,石油化工产品还扩展到合成洗涤剂、合成纸、石油蛋白、染料、医药、农药、炸药等各个方面,应用范围极其广泛。

五、石油化工的特点和发展方向

1. 石油化工的特点

1)原料、生产方法和产品的多样性与复杂性

用同一种原料可以制造多种不同的化工产品;同一种产品可采用不同原料或不同方法和工艺路线来生产;一个产品可以有不同的用途,而不同产品可能会有相同用途。由于这些多样性,石油化工能够为人类提供越来越多的新物质、新材料和新能源。同时,多数化工产品的生产过程是多步骤的,有的步骤很复杂,其影响因素也是复杂的。

2)向大型化、综合化、精细化发展

装置规模增大,其单位容积单位时间的产出率随之显著增大。例如,近50年来氨合成反应器的规格扩大了3倍,其产出率却增大了9倍以上,而且设备增大并不需要增加太多的投资,更不需要增加生产人员和管理人员,故单产成本明显降低。

生产的综合化可以使资源和能源得到充分、合理的利用,可以就地利用副产物和废料,将它们转化成有用产品,做到没有废物排放或排放最少。综合化不仅局限于不同化工厂的联合体,也应该是化工厂与其他工厂联合的综合性企业。

精细化不仅指生产小批量的化工产品,更主要的是指生产技术含量高、附加产值高的具有优异性能或功能的产品,并且能适应变化快的市场需求,不断改变产品的品种和型号。化学工艺也更精细化,深入到分子内部的原子水平上进行化学品的合成,使产品的生产更加高效、节能、省资源。

3)多学科合作、技术密集型生产

石油化工是高度自动化和机械化的生产,并进一步朝着智能化发展。当今石油化工的持续发展越来越多地依靠采用高新技术迅速将科研成果转化为生产力,如生物与化学工程、微电子与化学、材料与化工等不同学科的相互结合,可创造出更多优良的新物质和新材料;计算机技术的高水平发展,已经使化工生产实现了远程自动化控制,也将给化学品的合成提供强有力

的智能化工具;将组合化学、计算化学与计算机相结合,可以准确地进行新分子、新材料的设计与合成,节省大量实验时间和人力。因此石油化工需要高水平、有创造性和开拓能力的多种学科不同专业的技术专家,以及受过良好教育及训练的、熟悉生产技术的操作和管理人员。

4)重视能量合理利用,积极采用节能工艺和方法

石油化工生产是由原料物质主要以化学变化转化为产品物质的过程,同时伴随着能量的传递和转换。石油化工生产部门是耗能大户,合理用能和节能显得极为重要,许多生产过程的先进性体现在采用了低能耗工艺或节能工艺。那些耗能大的生产方法或工艺已经或即将遭到淘汰,如电石法生产乙炔。一些具有提高生产效率和节约能源前景的新方法、新过程的开发和应用受到高度重视,例如膜分离、膜反应、等离子体化学、生物催化、光催化和电化学合成等。

5)安全与环境保护问题日益突出

石油化工生产中易燃、易爆、有毒仍然是现代石油化工企业首要解决的问题,要采用安全的生产工艺,要有可靠的安全技术保障、严格的规章制度及监督机构。创建清洁生产环境,大力发展绿色石油化工,采用无毒无害的方法和过程,生产环境友好的产品,这是石油化工赖以持续发展的关键之一。

2. 石油化工的发展方向

为了充分利用石油资源,石油化工不断向原料重质化的方向发展。20 世纪 40 年代的石油化工主要是利用炼厂气,50 年代使用了乙烷和丙烷,60 年代发展了石脑油的裂解,70 年代轻柴油裂解技术得到发展,80 年代是发展原油和重柴油裂解技术的年代,而 90 年代后则是大力发展重油裂解技术的年代。

石油化工的加工深度越高,经济效果越显著。根据国内几个行业的统计,如果以用原油作燃料发电的经济收益(利润与税收之和)为 100,则炼制为油品的收益为 140~220,加工成基本化工原料的收益为 380~430,如果再进一步加工成合成材料,则经济收益可以提高到 1030~1560。因此,石油的深度加工已成为石油化工发展的重要趋势。

石油化工技术的另一重要发展方向,是节约原料和能量消耗。采用直接合成工艺,可以降低原料消耗。例如:20 世纪 50 年代用乙烯制乙二醇,需要先制成氯乙醇,再制成环氧乙烷,最后制成乙二醇;60 年代改为乙烯直接氧化制环氧乙烷,不再使用氯气作辅助原料;70 年代更进一步研制成功出乙烯一步合成乙二醇,使产品收率大大提高。发展催化技术,可以减少能量消耗。例如蒙埃—环球油品公司采用新催化剂,改进丙烯氨氧化法制丙烯腈的生产技术,使总的能量消耗降低 30%~40%。

保护环境和控制污染,也是石油化工技术发展中的重要课题,即大力发展绿色石油化工,主要包括:采用无毒、无害的原料、溶剂和催化剂;应用反应选择性高的工艺和催化剂;将副产物或废物转化为有用的物质;采用原子经济性反应,提高原料中原子的利用率,实现零排放;淘汰污染环境和破坏生态平衡的产品,开发和生产环境友好产品等。

任务一 认识化工生产过程

化工生产过程常常包括多步反应转化过程,因此除了起始原料和最终产品外,尚有多种中间产物生成,原料和产品也可能是多个。因此化工生产过程通常由原料预处理、化学反应、产

品分离和精制三个步骤交替组成,以化学反应为中心,将反应与分离过程有机地组织起来,如图1-1所示。

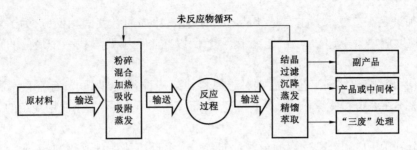

图1-1 化工生产过程示意图

工艺流程是指原料转化为产品、经历各种反应设备和其他设备(如缓冲罐、储槽、输送设备)以及管路的全过程,反映了将原料转化成产品采取的全部化学和物理措施,是原料转化为产品所需单元反应、化工单元操作的有机组合。

工艺流程图是以图解的形式表示化工生产过程,即将生产过程中物料经过的设备按其形状画出示意图,并画出设备之间的物料管线及其流向。工艺流程图以几何图形和必要的文字解释,表示设备及设备之间的相互关系,全部原料、中间体、半成品、产品以及副产物的名称和流向等。工艺流程图按其用途分为生产工艺流程图、物料流程图、带控制点的工艺流程图等。工艺流程图中的设备外形与实际外形或制造图的主视图相似,用细线条绘制,设备上的管线接头、支脚和支架均不表示。

工艺流程框图表示化工单元操作和单元反应过程,以箭头表示物料和载能介质的流向,并辅以文字说明,如图1-2所示。

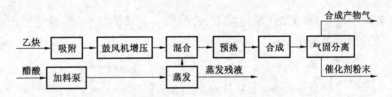

图1-2 醋酸乙烯酯合成工序工艺流程框图

一、原料预处理

原料预处理的主要目的是使初始原料达到反应所需要的状态和规格。例如固体需破碎、过筛;液体需加热或汽化;有些反应物要预先脱除杂质,或配制成一定的浓度。在多数生产过程中,原料预处理本身就很复杂,要用到许多物理的和化学的方法和技术,有些原料预处理成本占总生产成本的大部分。

化工生产过程所用的原料可分为化工基础原料、化工基本原料、辅助材料三大类:化工基础原料是指用来加工化工基本原料和产品的天然资源,通常是指石油、天然气、煤和生物质以及空气、水、盐、矿物质和金属矿等自然资源;化工基本原料是指自然界不存在,需经一定加工得到的原料,通常是指低碳原子的烷烃、烯烃、炔烃、芳烃和合成气、三酸(盐酸、硫酸、硝酸)、二碱(氢氧化钠、碳酸钠)、无机盐等;辅助材料是相对于原料而言的,它是反应过程中辅助原料的成分,可能在反应过程中进入产品,也可能不进入产品中,这是和原料的最本质区别,化工生产中常用的辅助材料有助剂、添加剂、溶剂、催化剂等。

1. 原料预处理的原则

（1）必须满足工艺要求。主要是满足反应的要求，比如通常气固相反应，为了增大接触面积，固相的粒度应尽量小，但太小可能夹带严重，所以在工程上要寻找一个最佳的范围以满足工艺要求。

（2）简便可靠的预处理工艺。通常对于原料的某一种预处理要求，有不止一种可供选用的方案，一般不主张搞得太繁杂，步骤不宜多，应简练实用可靠，不主张使用复杂的大型的化工单元过程。

（3）充分利用反应和分离过程的余热及能量。许多反应往往是放热的，一般分离过程常有精馏，塔顶冷凝器需要换热冷却，这些能量的充分利用，是原料预处理的一个可资源利用的环节。

（4）尽量不要产生新的污染，不要造成损失。原料预处理，有的可能出现一些废弃物，在方案研究时，应尽量减少在原料过程中的"三废"，一旦有不可避免的"三废"，应研究处理方案，不要留尾巴，并防止泄漏，防止被破坏，防止不必要的损失。

（5）尽量研究和采用先进技术。任何原料能不处理而直接使用当然最好，在研究中，应尽量采用先进技术，淘汰落后的处理工艺，提高处理能力。

（6）投资节省，设备维护简便。原料处理的设备台件数应尽量少，流程应尽量短，在满足工艺要求的前提下，设备应尽量简化、通用化，落实到装置的投资上，要尽量节省。

（7）尽量分工由生产厂家精制。原料对于生产原料的厂家来说，就是他们的产品，作为产品的化工原料在其生产过程中加以精制、净化。大多数情况下，生产原料的厂家可以从源头和过程中加以控制，比使用厂家另起炉灶进行精制净化要省事。

2. 原料预处理方案的制定

了解反应对原料的物理的和化学的要求，提出相当具体的指标，是确定原料预处理方案的依据，具体要求如图 1－3 所示。

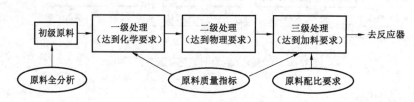

图 1－3　原料预处理方案

3. 原料预处理过程主要设备

原料预处理时，当反应物含有杂质、催化剂毒物时，需要有脱除杂质、毒物的旋风分离器、洗涤器、脱硫塔等。

当液态反应物进行气相反应时，一般需要有蒸发器；当反应采用高温时，需要有换热器、加热器、加热炉等；当反应采用高压时，气态反应物需要压缩机，液态反应物需要高压泵；当反应物有多种物质时，一般需要有混合器。

二、化学反应

通过化学反应完成由原料到产物的转变，是化工生产过程的核心。反应温度、压力、浓度、催化剂(多数反应需要)或其他物料的性质以及反应设备的技术水平等各种因素对产品的数量和质量有重要影响,是化工工艺学研究的重点内容。

化学反应类型繁多,若按反应特性分,有氧化、还原、加氢、脱氢、歧化、异构化、烷基化、羰基化、分解、水解、水合、偶合、聚合、缩合、酯化、磺化、硝化、卤化、重氮化等众多反应;若按反应体系中物料的相态分,有均相反应和非均相反应(多相反应);若根据是否使用催化剂来分,有催化反应和非催化反应。催化剂与反应物同处于均一相态时称为均相催化反应,催化剂与反应物具有不同相态时,称为多相催化反应。

实现化学反应过程的设备称为反应器。工业反应器的类型众多,不同反应过程,所用的反应器形式不同。反应器若按结构特点分,有管式反应器(可装填催化剂,也可是空管)、床式反应器(装填催化剂,有固定床、移动床、流化床以及沸腾床等)、釜式反应器和塔式反应器等;若按操作方式分,有间歇式、连续式和半连续式三种;若按换热状况分,有等温反应器、绝热反应器和变温反应器,换热方式有间接换热式和直接换热式。

反应过程中反应器是主要设备,也是工艺流程的中心设备。反应器一般为单台,当单台反应器生产能力低时,可采用多台并联。当催化剂活性低,反应物转化率低时,可采用多台串联。反应物料先经过装有旧催化剂的反应器,后经过装有新催化剂的反应器。

当反应放热时,一般采用液态载热体移除反应放热,需要有载热体储槽、输送设备、冷却器、调温设备等。当反应吸热时,一般需要有供热设备,如加热炉等。

对于催化反应,需要有催化剂的制备、回收、再生设备;流化床反应器需要有补加新催化剂的设备;当催化剂使用时间很短时,则反应器与再生器可组成一个整体。

三、产品分离和精制

产品分离和精制的目的是获取符合规格的产品,并回收、利用副产物。在多数反应过程中,由于诸多原因,致使反应后产物是包括目的产物在内的许多物质的混合物,有时目的产物的浓度甚至很低,必须对反应后的混合物进行分离、提浓和精制,才能得到符合规格的产品。同时要回收剩余反应物,以提高原料利用率。

分离和精制的方法和技术多种多样,通常有冷凝、吸收、吸附、冷冻、闪蒸、精馏、萃取、渗透(膜分离)、结晶、过滤和干燥等,不同生产过程可以有针对性地采用相应的分离和精制方法。分离出来的副产物和"三废"也应加以利用或处理。下面主要对产品的分离进行介绍。

气相反应器和气固相反应器的产物主要是气体产物和夹带的催化剂粉尘;液相反应器的产物主要是液体产物与液固混合物;气液相和气液固三相反应器的产物则有气体产物、液体产物和液固混合物。所以化工产品的分离通常包括气体产物分离、固体产物分离、液体产物分离三部分。

1. 气体产物的分离

(1)当气体产物含有两种或两种以上气体组分时,称为气相均一体系。气相均一体系的分离方法为冷凝、吸收和吸附。

(2)当气体产物含有固体颗粒和雾滴时,可采用机械净制、湿法净制、过滤净制、电净制。

2. 固体产物的分离

1)固液分离

常用的以取得固体产物为目的的固液分离方法是过滤,过滤的基本原理是利用多孔的过滤介质将悬浮液中的固体颗粒挡住,而让液体通过,从而使液体同固体分离。过滤结束后,要用水或其他溶剂冲洗滤饼,以使附着在滤渣颗粒表面的滤液和滞留在滤饼内孔隙中的滤液溶到水中或其他溶剂中而被带走,洗涤后的滤饼经加工,可以得到较纯净的固体产物。

2)固体的干燥

工业生产中的固体干燥主要指从固体物料中除去少量水分,还包括从浆状物或溶液中除去大量水分而直接得到含水量很低的固体产物;后者实质上包含了蒸发和干燥两个连续阶段,有时还包括结晶过程。干燥过程中须将物料加热以促使水分更快汽化,根据热能传给湿物料的方式可将干燥分为传导干燥、对流干燥、辐射干燥与介电加热干燥,其中对流干燥应用最广。干燥过程中将汽化了的水蒸气带走的介质称为干燥介质,也称为载湿体。工业上多用空气作干燥介质,有时也用烟道气或其他惰性气体作干燥介质。

3. 液体产物的分离

液体产物通常含有两种以上的液体组分,往往也会带有少量固体杂质或结晶。液体本身既有完全互溶的溶液,又有互不溶解的液体混合物,还有溶质分散在液相主体中的乳液。液体产物的分离主要有以下方法:

(1)从液体产物中除去固体颗粒。当液体产物中含有的固体颗粒很少时,这些固体颗粒如果是杂质,则必须予以除去。如果这些固体颗粒是有用的结晶,而这些结晶又不妨碍液体在管道中的流动和液体的其他加工,则不必对这些液体进行处理,待这些结晶物大量生成后,按照加工固液混合物的方法进行加工。如果这些有用的结晶颗粒妨碍液体在管道中的流动或妨碍进行下一步加工,则须除去这些结晶颗粒。

除去液体产物中少量固体颗粒的方法包括过滤和澄清、结晶和重结晶、吸附和吸收、膜透析和超滤等净制方法。

(2)从不互溶的液体中除去其中一种液体。当液体产物由两种不互溶的液体组成时,一般均用沉降法进行分离。对于要求分离很彻底,而沉降法又达不到分离要求的少量不溶性液体杂质,可以采取吸附法进行处理。

(3)溶液增浓。当液体产物为稀溶液,而希望得到较浓的溶液时,用蒸发的方法,即通过加热使溶液在沸腾情况下汽化,使其中部分溶剂由于汽化而除去,从而使溶液浓度增大。例如将稀烧碱溶液变为浓溶液就用蒸发的方法。

(4)将互溶的液体分离成不同组分。如果液体产物是互溶的两种液体或多种液体,若要将它们分成单独的或几组物质,需要用精馏、萃取等方法。对于不同组分在相同温度下具有不同挥发度的溶液,可采用使溶液蒸发、气液平衡,再将蒸气冷凝,使溶液中的组分分离的精馏方法。萃取是利用不同物质在溶剂中具有不同溶解度,使液体产物中的不同组分分离的方法。

(5)将液体产物全部或部分变为固体。将液体产物全部变为固体,称作凝固,是固体熔化的逆过程,通常都用冷却和冷冻的方法降低液体的温度以使液体全部变为固体。将溶液中的固体溶质分离出来的方法称为结晶。结晶可以看作固体溶解的逆过程,通常用降低温度、减少溶剂和进行盐析等方法来实现。将乳液中的固体溶质分离出来的办法称为凝聚,在乳液中加进凝聚剂破坏乳化状态,就能将颗粒状的固体物质分离出来。

反应后的产物分离过程中,若反应产物中含有酸性杂质或其他腐蚀性杂质时,一般采用中和器等,先将产物中的腐蚀性杂质除去,以降低产物对后续设备的腐蚀。

气态反应物和固体催化剂,需要有过滤分离等设备。

产物气体温度高且在高温下易发生深度副反应时,则应该设有急冷器,以急速降温。当产物气体温度较高,但化学性质较稳定时,则宜经过废热锅炉产生副产蒸汽回收热量或经过换热器预热反应气体,合理地做好能量回收和综合利用。

> **想一想:**
>
> 化工生产工艺流程中一般包括哪些设备? 请根据原料预处理、化学反应、产品的分离和精制三个过程所需设备进行总结。

【任务小结】

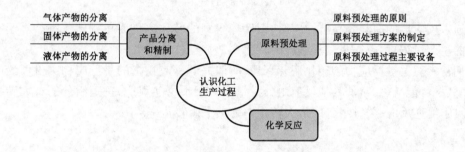

任务二　了解化工过程的主要效率指标

一、生产能力和生产强度

1. 生产能力

生产能力指一个设备、一套装置或一个工厂在单位时间内生产的产品量,或在单位时间内处理的原料量,其单位为 kg/h、t/d 或 kt/a、10^4t/a 等。

化工过程有化学反应以及热量、质量和动量传递等过程,在许多设备中可能同时进行上述几种过程,需要分析各种过程各自的影响因素,然后进行综合和优化,找出最佳操作条件,使总过程速率加快,才能有效地提高设备生产能力。设备或装置在最佳条件下可以达到的最大生产能力,称为设计能力。由于技术水平不同,同类设备或装置的设计能力可能不同,使用设计能力大的设备或装置能够降低投资和成本,提高生产率。

2. 生产强度

生产强度为设备单位特征几何量的生产能力,即设备单位体积的生产能力,或单位面积的生产能力,其单位为 $kg/(h \cdot m^3)$、$t/(d \cdot m^3)$、$kg/(h \cdot m^2)$、$t/(h \cdot m^2)$ 等。生产强度指标主要用于比较那些相同反应过程或物理加工过程的设备或装置的优劣。设备中进行的过程速率高,其生产强度就高。

在分析对比催化反应器的生产强度时,通常要看在单位时间内,单位体积催化剂或单位质量催化剂所获得的产品量,即催化剂的生产强度,有时也称为时空收率,单位为 $kg/(h \cdot m^3)$、$kg/(h \cdot kg)$。

二、转化率、选择性和收率

化工过程的核心是化学反应,提高反应的转化率、选择性和收率是提高化工过程效率的关键。

1. 转化率

转化率表示参加反应的原料数量占通入反应器原料数量的百分率,它说明原料的转化程度。转化率越大,参加反应的原料越多。

$$参加反应的原料量 = 通入反应器的原料量 - 未反应的原料量$$

$$转化率 = \frac{参加反应的原料量}{通入反应器的原料量} \times 100\%$$

当通入反应器的原料是新鲜原料时,则计算得到的转化率称为单程转化率。对于有循环和旁路的生产过程,用以衡量过程状况的转化率常常是总转化率。

人们常常对关键反应物的转化率感兴趣,所谓关键反应物指的是反应物中价值最高的组分,为使其尽可能转化,常使其他反应组分过量。对于不可逆反应,关键组分的最大转化率为100%;对于可逆反应,关键组分的最大转化率为其平衡转化率。

2. 选择性

对于复杂反应体系,同时存在着生成目的产物的主反应和生成副产物的许多副反应,只用转化率来衡量是不够的。因为,尽管有的反应体系原料转化率很高,但大多数转变成副产物,目的产物很少,意味着许多原料浪费了。所以需要用选择性这个指标来评价反应过程的效率。选择性指体系中转化成目的产物的某反应物量与参加反应而转化的该反应物总量之比:

$$选择性 = \frac{实际所得目的产物量}{按反应掉原料计算应得目的产物理论量} \times 100\%$$

选择性也可按下式计算:

$$选择性 = \frac{生成目的产物所消耗的原料量}{参加反应所转化掉的原料量} \times 100\%$$

为增加目的产物的产量及减少原料的消耗定额,选择性越高越好。通常,实际所得目的产物的数量总是达不到理论产量,所以其数值总是小于1的。

【案例1】 原料乙烷进料量为1000kg/h,反应掉乙烷量为600kg/h,得乙烯340kg/h,求反应的转化率及选择性。

解 按反应

$$C_2H_6 \longrightarrow C_2H_4 + H_2$$

$$转化率 = \frac{600}{1000} \times 100\% = 60\%$$

$$实际所得目的产物量 = \frac{340}{28} = 12.143 \, (kmol/h)$$

$$按反应掉原料计算应得目的产物理论量 = \frac{600}{30} = 20 \, (kmol/h)$$

$$选择性 = \frac{12.143}{20} \times 100\% = 60.7\%$$

3. 收率

收率表示实际所得的产物量与按通入反应器原料计算应得产物理论量的百分比,其值越高,说明反应器生产能力相应增大,可减少未反应原料回收任务,并可减少水、电、汽的消耗。因为实际所得产物量总是达不到理论产量,所以其数值也总是小于1。

$$收率 = \frac{实际所得目的产物量}{按通入反应器反应物计算应得目的产物理论产量} \times 100\%$$

$$= \frac{生成目的产物所消耗的原料量}{通入反应器的原料量} \times 100\%$$

一些反应过程所采用的原料往往是一种复杂的混合物,其中各种物料都有转化成目的产物的可能,而各种物料在反应中转化成目的产品的情况又很难确定。在这种情况下,为了表明反应的效果,常以原料质量为基准来计算收率,称为质量收率。质量收率表示实际获得产品的量占通入反应器原料量的百分比:

$$质量收率 = \frac{实际所得目的产物质量}{通入反应器的原料质量} \times 100\%$$

【案例2】 计算案例1已知条件下的收率和质量收率。

解 按反应 $\qquad C_2H_6 \longrightarrow C_2H_4 + H_2$

$$实际所得目的产物量 = \frac{340}{28} = 12.143(\text{kmol/h})$$

$$收率 = \frac{12.143 \times 30}{1000} \times 100\% = 36.43\%$$

$$质量收率 = \frac{340}{1000} \times 100\% = 34\%$$

当有循环物料时,收率和质量收率又往往以总收率和总质量收率来表示:

$$总收率 = \frac{生成目的产物所消耗的原料量}{新鲜原料量} \times 100\%$$

$$总质量收率 = \frac{实际所得目的产物质量}{新鲜原料质量} \times 100\%$$

【案例3】 100kg纯度100%的乙烷裂解,单程转化率为60%,乙烯产量为46.4kg,分离后将未反应的乙烷全部返回裂解,求乙烯收率、总收率和总质量收率。

解 $\qquad\qquad 乙烷循环量 = 100 - 60 = 40(\text{kg})$

$$新鲜原料补充量 = 100 - 40 = 60(\text{kg})$$

按反应 $\qquad\qquad C_2H_6 \longrightarrow C_2H_4 + H_2$

$$乙烯收率 = \frac{46.4 \times \frac{30}{28}}{100} \times 100\% = 49.5\%$$

$$乙烯总收率 = \frac{46.4 \times \frac{30}{28}}{60} \times 100\% = 82.8\%$$

$$乙烯总质量收率 = \frac{46.4}{60} \times 100\% = 77.3\%$$

4. 转化率、选择性和收率的关系

转化率、选择性和收率这三个指标中实际只有两个是独立的,因为它们有一个互相依赖的关系,当它们都用摩尔单位时,则有:

$$收率 = 转化率 \times 选择性$$

如案例1求得的转化率为60%,选择性为60.7%,则有:

$$收率 = 60\% \times 60.7\% = 36.42\%$$

与案例2求得的结果完全一致。

转化率、选择性和收率都是反映一个反应系统效果的指标。衡量一个反应系统时不能单就其中一个指标的高低来说明其反应效果的好坏,而应将它们的数值进行综合考虑。

原料转化率高,说明参加反应的原料数量较多,但不能说明得到产品的多少,也就反映不出反应效果的好坏。如果此时选择性低,大量原料都反应生成了副产物,而实际得到的目的产物并不多,所以反应效果不好。

若选择性越大,说明副反应越少,反应的实际效果越接近理论值,但这并不意味着生产过程就一定经济合理,这时还需要考虑转化率。如果转化率太低,尽管过程的副反应少,但因参加反应的原料很少,实际所得的目的产品数量也不会太多,此时由于大批未反应原料的循环造成能量消耗和生产费用增加,影响到产品的成本,所以也是不合理的。

对于收率与转化率、选择性的关系,同样不能一味追求收率高,而忽视了转化率和选择性的高低。因为三者有一个互相依赖的关系,其中只有两个指标是独立的。所以,在衡量一个反应系统的效果时只需考虑其中任意两个指标。

【任务小结】

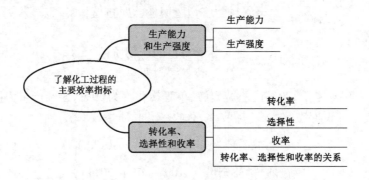

任务三 了解及使用催化剂

石油化工生产中的反应大多是错综复杂的有机化学反应,其类型多种多样。一些反应在热力学上可行,但反应速率较慢或主副反应竞争激烈,在工业上又具有价值,要使它们成为现实的生产过程,并取得经济效益,工业生产中经常采取的有效办法就是使用催化剂。选择合理的催化剂,不但能改进工艺流程、降低对设备的要求、缓和操作条件、增加生产能力,而且还可以综合利用资源、回收利用副产物、降低生产成本及改善环境保护等。

所谓催化剂,就是在化学反应中,能改变反应速率而本身在反应前后的量和化学性质均不发生变化的一种物质。该物质的这种作用称为催化作用;凡催化作用是加快反应速率的,称为正催化作用;降低反应速率的,称为负催化作用(或阻化作用)。

一、催化剂的作用

催化剂按其物理状态可分为气体催化剂、液体催化剂、固体催化剂。目前,在工业上最广泛利用并取得巨大经济效益的是反应物为气相、催化剂为固相的气—固多相催化过程。据统计,当今90%的化学反应中均包含有催化过程,催化剂在化工工艺中占有相当重要的地位,其作用主要体现在以下几方面。

(1)提高反应速率和选择性。对于反应速率太慢或选择性太低的反应,不具有实用价值,一旦使用催化剂,则可实现工业化,为人类生产出重要的化工产品。例如,近代化学工业的起点——合成氨工业,就是以催化作用为基础建立起来的。近年来合成氨催化剂性能得到不断改善,提高了氨产率,有些催化剂可以在不降低产率的前提下,将操作压力降低,使吨氨能耗大为降低。

许多有机反应之所以得到化学工业的应用,在很大程度上依赖于开发和采用了具有优良选择性的催化剂。例如乙烯与氧反应,如果不用催化剂,乙烯会完全氧化生成 CO_2 和 H_2O,毫无应用意义,当采用了银催化剂后,则促使乙烯选择性地氧化生成环氧乙烷(C_2H_4O),它可用于制造乙二醇、合成纤维等许多实用产品。

(2)改进操作条件。采用或改进催化剂可以降低反应温度和操作压力、提高化学加工过程的效率。例如,乙烯聚合反应若以有机过氧化物为引发剂,要在 200~300℃ 及 100~300MPa 下进行,采用烷基铝四氯化钛配位化合物催化剂后,反应只需在 85~100℃ 及 2MPa 下进行,条件十分温和。

(3)催化剂有助于开发新的反应过程,发展新的化工技术。工业上一个成功的例子是甲醇羰基合成醋酸的过程。工业醋酸原先是由乙醛氧化法生产,原料昂贵,生产成本高。在20世纪60年代,德国 BASF 公司借助钴配位化合物催化剂,开发出以甲醇和 CO 羰基化合成醋酸的新反应过程和工艺;美国孟山都公司于 20 世纪 70 年代开发出铑配位催化剂,使该反应的条件更温和,醋酸收率高达 99%,成为当今醋酸的先进工艺。

近年来钛硅分子筛(TS-1)研制成功,在烃类选择性氧化领域中实现了许多新的环境友好反应过程,如在 TS-1 催化下环己酮过氧化氢氨氧化直接合成环己酮肟,简化了己内酰胺合成工艺,消除了固体废物硫酸铵的生成。又如该催化剂实现了丙烯过氧化氢氧化环氧丙烷的工艺过程,它没有任何污染物生成,是典型的清洁工艺。

(4)催化剂在能源开发和消除污染中可发挥重要作用。借助催化剂可从石油、天然气、煤这些自然资源出发生产数量更多、质量更好的二次能源;一些新能源的开发也需要催化剂,例如光分解水获取氢能源,其关键是催化剂;燃料电池的电极也是由具有催化作用的镍、银等金属细粉附着在多孔陶瓷上做成的。

高选择性催化剂的研制及应用,从根本上减少了废物的生成量,是从源头上减少污染的重要措施。对于现有污染物的治理方面,催化剂也具有举足轻重的地位。例如,汽车尾气的催化净化;工业含硫尾气的克劳斯催化法回收硫;有机废气的催化燃烧;废水的生物催化净化和光催化分解等。

二、催化剂的基本特征

催化剂有以下三个基本特征：

（1）催化剂参与了反应，但反应终了时，催化剂本身未发生化学性质和数量的变化，因此催化剂在生产过程中可以在较长时间内使用。

（2）催化剂只能缩短达到化学平衡的时间（即加速作用），但不能改变平衡。也就是说，当反应体系的始末状态相同时，无论有无催化剂存在，该反应的自由能变化、热效应、平衡常数和平衡转化率均相同。由此特征可知：催化剂不能使热力学上不可能进行的反应发生；催化剂是以同样的倍率提高正、逆反应速率的，能加速正反应速率的催化剂，也必然能加速逆反应。因此，对于那些受平衡限制的反应体系，必须在有利于平衡向产物方向移动的条件下来选择和使用催化剂。

（3）催化剂具有明显的选择性，特定的催化剂只能催化特定的反应。催化剂的这一特性在有机化学反应领域中起了非常重要的作用，因为有机反应体系往往同时存在许多反应，选用合适的催化剂，可使反应向需要的方向进行。例如 CO 和 H_2 可能发生以下一些反应：

$$CO + 3H_2 \longrightarrow CH_4 + H_2O \tag{1-1}$$

$$CO + 2H_2 \longrightarrow CH_3OH \tag{1-2}$$

$$2CO + 3H_2 \longrightarrow HOCH_2CH_2OH \tag{1-3}$$

$$2nCO + (m + 2n)H_2 \longrightarrow 2C_nH_m + 2nH_2O \tag{1-4}$$

选用不同的催化剂，可有选择地使其中某个反应加速，从而生成不同的目的产物。例如，选用镍催化剂时主要生成 CH_4；选用铜锌催化剂则主要生成 CH_3OH；用铑配位化合物催化剂则主要生成 $HOCH_2CH_2OH$（乙二醇）；用氧化铁催化剂则主要生成烃类混合物 C_nH_m。

对于副反应在热力学上占优势的复杂体系，可以选用只加速主反应的催化剂，则导致主反应在动力学竞争上占优势，达到抑制副反应的目的。

三、催化剂的分类

按催化反应体系的物相均一性分：有均相催化剂和非均相催化剂。

按反应类别分：有氧化、加氢、脱氢、裂化、异构化、烷基化、羰基化、芳构化、水合、聚合、卤化等众多催化剂。

按反应机理分：有氧化还原型催化剂、酸碱催化剂等。

按使用条件下的物态分：有金属催化剂、氧化物催化剂、硫化物催化剂、酸催化剂、碱催化剂、配位化合物催化剂和生物催化剂等。

金属催化剂、氧化物催化剂和硫化物催化剂等是固体催化剂，它们是当前使用最多最广泛的催化剂，在石油炼制、有机化工、精细化工、无机化工、环境保护等领域中广泛采用。

配位催化剂是液态，以过渡金属如 Ti、V、Mn、Fe、Co、Ni、Mo、W、Ag、Pd、Pt、Ru、Rh 等为中心原子，通过共价键或配位键与各种配位体构成配位化合物，过渡金属价态的可变性及其与不同性质配位体的结合，给出了多种多样的催化功能。这类催化剂以分子态均匀地分布在液相反应体系中，催化效率很高。同时，在溶液中每个催化剂分子都是具有同等性质的活性单位，因而只能催化特定反应，故选择性很高。均相配位催化的缺点是催化剂与产物的分离较复杂，价格较昂贵。近年来用固体载体负载配位合物构成固载化催化剂,有利于解决分离、回收问题。此外,配位催化剂的热稳定性不如固体催化剂,它的应用范围和数量比固体催化剂小得多。

酸催化剂比碱催化剂应用广泛,酸催化剂有液态的,如 H_2SO_4、H_3PO_4、杂多酸等;也有固态的,称为固体酸催化剂,例如石油炼制中催化裂化过程使用的分子筛催化剂,乙醇脱水制乙烯采用的氧化铝催化剂等。

工业用生物催化剂是活细胞和游离或固定的酶的总称。活细胞催化是以整个微生物用于系列的串联反应,其过程称为发酵过程。酶是一类由生物体产生的具有高效和专一催化功能的蛋白质。生物催化剂具有能在常温常压下反应、反应速率快、催化作用专一(选择性高)的优点,尤其是酶催化,其选择性和活性比活细胞催化更高,酶催化效率为一般非生物催化剂的 $10^9 \sim 10^{12}$ 倍,它的发展十分引人注目。在利用资源、开发能源和污染治理等方面,生物催化剂有极为广阔的前景。生物催化剂的缺点是不耐热、易受某些化学物质及杂菌的破坏而失活,稳定性差、寿命短、对温度和 pH 值范围要求苛刻,酶催化剂的价格较昂贵。

四、催化剂的化学组成

催化剂的性能好坏,首先取决于催化剂的化学组成及结构。催化剂的组成主要包括活性组分、助催化剂和载体。

1. 活性组分

催化剂的核心部分是它的活性组分,即真正起催化作用的组分。在工业生产中使用的催化剂可以是一种活性组分的,如脱氢用 $Cr_2O_3 - Al_2O_3$ 催化剂中 Cr_2O_3 是活性组分。多数是含有一种以上活性组分的,如加氢用 $ZnO - Cr_2O_3$ 催化剂中 ZnO 和 Cr_2O_3 都具有加氢催化作用,但往往都以其中的一种物质为主。

2. 助催化剂

一些本身没有催化性质或催化剂活性很小,但添加极少量于催化剂之中却能显著地改善催化剂效能的物质称为助催化剂。它的作用是提高催化剂的活性、选择性和稳定性。例如,用于脱水的 Al_2O_3 催化剂可以用 CaO、MgO、ZnO 等为助催化剂;用于乙烯氧化为环氧乙烷的银催化剂,加入 K_2O、Na_2O、BaO、CaO 等为助催化剂。助催化剂的类型分为结构型助催化剂(增进活性组分表面积,提高活性组分稳定性,一般不影响活性组分本性)、调变型助催化剂(可以调节和改变活性组分本性,从而改变其催化活性)、毒化型助催化剂(毒化活性组分不希望的副反应,提高反应的选择性)。

3. 载体

有些活性组分如铂、钯等贵金属,来源有限,价格昂贵,如果用整粒的金属做催化剂不合适。因为催化反应只在催化剂表面上进行,催化剂颗粒内部的贵金属并不起催化作用,白白浪费了珍贵的金属。为了有效利用这些活性组分,使其充分发挥作用,应尽量设法使其暴露在表面,使每单位质量的贵重材料具有尽可能大的表面。最好的办法是将贵重的活性组分散布在一种来源较丰富、价钱较便宜的物质表面上。这样的物质就称为催化剂载体,或称担体,可以把载体看作是催化剂活性组分的分散剂、黏合物或支持物。

选择载体时要考虑理想载体应满足的条件:(1)能使活性组分牢固地附着在其表面上;

（2）不使活性组分的催化功能变坏，且对不希望的副反应无催化作用；（3）有良好的机械性能，例如强度高、耐热、耐机械冲击、耐磨损；（4）在操作和再生条件下均稳定；（5）价廉、来源充足。

表1-1列出了载体按比表面大小的分类情况。

表1-1　载体的分类

载体比表面	孔型	载体举例
低比表面 （<1m²/g）	非孔型	磨砂玻璃、金属、碳化硅、刚铝石
	粗孔型	熔融氧化硅、氧化硅、氧化锆
中比表面 （1~100m²/g）	多孔型	氧化硅—氧化铝、氧化铝、硅藻土耐火砖、浮石
高比表面 （>100m²/g）	微孔型	活性氧化铝、氧化硅—氧化铝、铝凝胶、硅胶、活性炭、分子筛

五、催化剂的使用

在采用催化剂的化工生产中，正确地选择并使用催化剂是个非常重要的问题，关系到生产效率和效益。通常在催化剂的使用中应注意以下几个方面的问题。

1. 催化剂的使用性能

（1）活性。活性指在给定的温度、压力和反应物流量（或空间速度）下，催化剂使原料转化的能力。活性越高则原料的转化率越高，或者在转化率及其他条件相同时，催化剂活性越高则需要的反应温度越低。工业催化剂应有足够高的活性。

（2）选择性。选择性指反应所消耗的原料中有多少转化为目的产物。选择性越高，生产单位量目的产物的原料消耗定额越低，也越有利于产物的后处理，故催化剂的选择性应较高。当催化剂的活性与选择性难以两全其美时，若反应原料昂贵或产物分离很困难，宜选用选择性高的催化剂；若原料价廉易得或产物易分离，则可选用活性高的催化剂。

（3）寿命。寿命指催化剂使用期限的长短。寿命的表征是生产单位量产品所消耗的催化剂量，或在满足生产要求的技术水平上催化剂能使用的时间长短，有的催化剂使用寿命可达数年，有的则只能使用数月。虽然理论上催化剂在反应前后化学性质和数量不变，可以反复使用，但实际上当生产运行一定时间后，催化剂性能会衰退，导致产品产量和质量均达不到要求的指标，此时，催化剂的使用寿命结束，应该更换催化剂。催化剂的寿命受以下几方面性能影响。

① 化学稳定性：催化剂的化学组成和化合状态在使用条件下发生变化的难易。在一定的温度、压力和反应组分长期作用下，有些催化剂的化学组成可能流失，有的化合状态变化，都会使催化剂的活性和选择性下降。

② 热稳定性：催化剂在反应条件下对热破坏的耐受力。在热的作用下，催化剂中的一些物质可能发生晶型转变、微晶逐渐烧结、配位化合物分解、生物菌种和酶死亡等，这些变化导致催化剂性能衰退。

③ 力学性能稳定性：固体催化剂在反应条件下的强度是否足够。若反应中固体催化剂易破裂或粉化，使反应器内阻力升高，流体流动状况恶化，严重时发生堵塞，迫使生产非正常停工。

④ 耐毒性:催化剂对有毒物质的抵抗力或耐受力。多数催化剂容易受到一些物质的毒害,中毒后的催化剂活性和选择性显著降低或完全失去,缩短了其使用寿命。常见的毒物有砷、硫、氯的化合物及铅等重金属,不同催化剂的毒物是不同的。在有些反应中,特意加入某种物质以毒害催化剂中促进副反应的活性中心,从而提高了选择性。

除了应研制具有优良性能、长寿命的催化剂外,在生产中必须正确操作和控制反应参数,防止损害催化剂。

查一查:
衡量催化剂使用性能的标志是什么?

2. 催化剂的活化

许多固体催化剂在出售时的状态一般是较稳定的,但这种稳定状态不具有催化性能,催化剂使用厂必须在反应前对其进行活化,使其转化成具有活性的状态。不同类型的催化剂要用不同的活化方法,有还原、氧化、硫化、酸化、热处理等,每种活化方法均有各自的活化条件和操作要求,应该严格按操作规程进行活化,才能保证催化剂发挥良好的作用。如果活化操作失误,轻则使催化剂性能下降,重则使催化剂报废,造成经济损失。

3. 催化剂的失活和再生

引起催化剂失活的原因较多,对于配位催化剂而言,主要是超温,大多数配位化合物在250℃以上就分解而失活;对于生物催化剂而言,过热、化学物质和杂菌的污染、pH值失调等均是失活的原因;对于固体催化剂而言,其失活原因主要有:(1)超温过热,使催化剂表面烧结,晶型转变或物相转变;(2)原料气中混有毒物杂质,使催化剂中毒;(3)有污垢覆盖催化剂表面,污垢可能是原料带入或设备内的机械杂质如油污、灰尘、铁锈等,发生积炭或结焦,覆盖催化剂活性中心,导致失活。

催化剂中毒有暂时性和永久性两种情况。暂时性中毒是可逆的,往往由于毒物被吸附在催化剂活性表面上,而阻碍对反应物分子的吸附,只要用脱附方法除去毒物后,催化剂可逐渐恢复活性;永久性中毒则是不可逆的,是由于毒物和催化剂发生化学反应而形成稳定的化合物,改变了催化剂的表面性质,因而活性很难恢复。催化剂积炭可通过烧炭再生,但无论是暂时性中毒后的再生,还是积炭后的再生,通常均会引起催化剂结构不同程度的损伤,导致活性下降。

因此,应严格控制操作条件,采用结构合理的反应器,使反应温度在催化剂最佳使用温度范围内合理地分布,防止超温;反应原料中的毒物杂质应该预先加以脱除,使毒物含量低于催化剂耐受值以下;在有析碳反应的体系中,应采用有利于防止析碳的反应条件,并选用抗积炭性能高的催化剂。

4. 催化剂的运输、储存和装卸

催化剂一般价格较昂贵,要注意保护。在运输和储藏中应防止其受污染和破坏,固体催化剂在装填于反应器中时,要防止污染和破裂。装填要均匀,避免出现"架桥"现象,以防止工况恶化。许多催化剂使用后在停工卸出之前,需要进行钝化处理,尤其是金属催化剂一定要经过低含氧量的气体钝化后,才能暴露于空气,否则遇空气剧烈氧化自燃,烧坏催化剂和设备。

【任务小结】

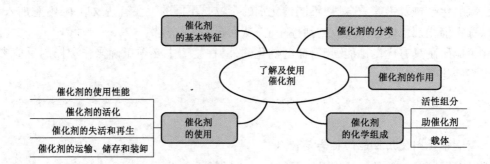

【项目小结】

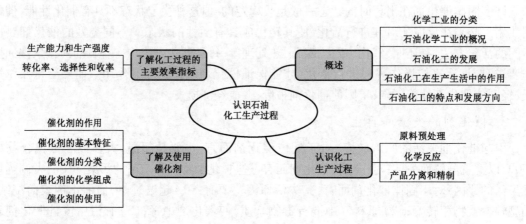

【项目测评】

一、选择题

1. 化工基本原料是指（　　）。
   A. 石油 　　　　　B. 天然气 　　　　C. 煤 　　　　　D. 苯

2. 化工基础原料是指（　　）。
   A. 乙烯 　　　　　B. 苯 　　　　　　C. 氯气 　　　　D. 空气

3. 化学工业的基础原料有（　　）。
   A. 石油 　　　　　B. 汽油 　　　　　C. 乙烯 　　　　D. 酒精

4. 化学工业的产品有（　　）。
   A. 钢铁 　　　　　B. 煤炭 　　　　　C. 酒精 　　　　D. 天然气

5. （　　）是化学工业的主要原料来源。
   A. 矿产资源 　　　B. 水 　　　　　　C. 空气 　　　　D. 农业副产品

6. 所谓"三烯、三苯、一炔、一萘"是最基本的有机化工原料,其中的"三烯"是指（　　）。
   A. 乙烯、丙烯、丁烯 　　　　　　　　B. 乙烯、丙烯、丁二烯
   C. 乙烯、丙烯、戊烯 　　　　　　　　D. 丙烯、丁二烯、戊烯

7. 化学工业按原料的不同来分类不包括（　　）。
   A. 煤化工 　　　　B. 天然气化工 　　C. 精细化工 　　D. 石油化工

8. 化工工艺通常可分为( )。

    A. 无机化工和基本有机化工工艺

    B. 无机化工、基本有机化工和高分子化工工艺

    C. 无机化工、基本有机化工、高分子化工和精细化学品工艺

    D. 无机化工、基本有机化工、高分子化工、精细化学品制造

9. 化工生产过程是指从原料出发,完成某一化工产品生产的全过程,其核心是( )。

    A. 生产程序   B. 投料方式   C. 设备选择   D. 工艺过程

10. 反映一个国家石油化工发展规模和水平的物质是( )。

    A. 石油   B. 乙烯   C. 苯乙烯   D. 丁二烯

11. 化工生产一般包括( )步骤。

    A. 原料预处理和化学反应   B. 化学反应、产品分离和精制

    C. 原料预处理、产品分离和精制   D. 原料处理、化学反应、产品分离和精制

12. 化工生产过程的核心是( )。

    A. 混合   B. 分离   C. 化学反应   D. 粉碎

13. 化工过程一般不包含( )。

    A. 原料准备过程   B. 原料预处理过程

    C. 反应过程   D. 反应产物后处理过程

14. 评价化工生产效果的常用指标有( )。

    A. 停留时间   B. 生产成本   C. 催化剂的活性   D. 生产能力

15. 单程转化率指( )。

    A. 目的产物量÷进入反应器的原料总量

    B. 目的产物量÷参加反应的原料量

    C. 目的产物量÷生成的副产物量

    D. 参加反应的原料量÷进入反应器的原料总量

16. 转化率指的是( )。

    A. 生产过程中转化掉的原料量占投入原料量的百分数

    B. 生产过程中得到的产品量占理论上所应该得到的产品量的百分数

    C. 生产过程中所得到的产品量占所投入原料量的百分比

    D. 在催化剂作用下反应的收率

17. 关于催化剂的描述下列哪一种是错误的( )。

    A. 催化剂能改变化学反应速率   B. 催化剂能加快逆反应的速率

    C. 催化剂能改变化学反应的平衡   D. 催化剂对反应过程具有一定的选择性

18. 催化剂中毒有( )两种情况。

    A. 短期性和长期性   B. 短期性和暂时性

    C. 暂时性和永久性   D. 暂时性和长期性

19. 催化剂一般由( )、助催化剂和载体组成。

    A. 黏接剂   B. 分散剂   C. 活性组分   D. 固化剂

20. 下列叙述中不是催化剂特征的是( )。

    A. 催化剂的存在能提高化学反应热的利用率

    B. 催化剂只缩短达到平衡的时间,而不能改变平衡状态

C. 催化剂参与催化反应,但反应终了时,催化剂的化学性质和数量都不发生改变

D. 催化剂对反应的加速作用具有选择性

21. 固体催化剂的组成主要有主体和( )两部分组成。

A. 主体   B. 助催化剂   C. 载体   D. 阻化剂

22. 使用固体催化剂时一定要防止其中毒,若中毒后其活性可以重新恢复的中毒是( )。

A. 永久中毒   B. 暂时中毒   C. 碳沉积   D. 钝化

23. 关于催化剂的作用,下列说法中不正确的是( )。

A. 催化剂改变反应途径   B. 催化剂能改变反应的指前因子

C. 催化剂能改变体系的始末态   D. 催化剂改变反应的活化能

24. 在固体催化剂所含物质中,对反应具有催化活性的主要物质是( )。

A. 活性成分   B. 助催化剂   C. 抑制剂   D. 载体

25. 催化剂具有( )特性。

A. 改变反应速率

B. 改变化学平衡

C. 既改变反应速率又改变化学平衡

D. 反应速率和化学平衡均不改变,只改变反应途径

26. 催化剂中具有催化性能的是( )。

A. 载体   B. 助催化剂   C. 活性组分   D. 抑制剂

27. 催化剂的作用与下列哪个因素无关( )。

A. 反应速率   B. 平衡转化率

C. 反应的选择性   D. 设备的生产能力

28. 化学反应器的分类方式很多,按( )的不同可分为管式、釜式、塔式、固定床、流化床等。

A. 聚集状态   B. 换热条件   C. 结构   D. 操作方式

29. 催化剂的主要评价指标是( )。

A. 活性、选择性、状态、价格   B. 活性、选择性、寿命、稳定性

C. 活性、选择性、环保性、密度   D. 活性、选择性、环保性、表面光洁度

30. 催化剂的活性随运转时间变化的曲线可分为( )三个时期。

A. 成熟期—稳定期—衰老期   B. 稳定期—衰老期—成熟期

C. 衰老期—成熟期—稳定期   D. 稳定期—成熟期—衰老期

二、判断题

1. 煤、石油、天然气三大能源,是不可以再生的,必须节约使用。( )

2. 空气、水和石油、天然气一样是重要的化工原料。( )

3. 石油中有部分烃的相对分子质量很大,所以石油化工为高分子化工。( )

4. 化学工业的原料来源很广,可来自矿产资源、动物、植物、空气和水,也可以取自其他工业、农业和林业的副产品。( )

5. 最基本的有机原料"三烯"是指乙烯、丙烯、苯乙烯。( )

6. 一个典型的化工生产过程由原料预处理、化学反应、产物分离和精制三部分构成。( )

7. 化工工艺是指根据技术上先进、经济上合理的原则来研究各种原材料、半成品和成品的加工方法及过程的科学。（　）

8. 化工工艺的特点是生产过程综合化、装置规模大型化和产品精细化。（　）

9. 化工原料的组成和性质对加工过程没有影响。（　）

10. 反应是化工生产过程的核心，其他的操作都是围绕着化学反应组织实施的。（　）

11. 对于同一个产品生产，因其组成、化学特性、分离要求、产品质量等相同，须采用同一操作方式。（　）

12. 按物质的聚集状态，反应器分为均相反应器和非均相反应器。（　）

13. 按结构和形状，反应器可分为固定床反应器和流化床反应器。（　）

14. 生产能力是指生产装置每年生产的产品量，如：$30 \times 10^4 t/a$ 合成氨装置指的是生产能力。（　）

15. 原料消耗定额的高低，说明生产水平的高低和操作技术水平的好坏。（　）

16. 提高设备的生产强度，可以实现在同一设备中生产出更多的产品，进而提高设备的生产能力。（　）

17. 对于以化学反应为主的过程以目的产品量表示生产能力。（　）

18. 在实际生产中，采取物料的循环是提高原料利用率的有效方法。（　）

19. 从经济观点看，提高总转化率比提高单程转化率更有利。（　）

20. 转化率越高参加反应的原料量越多，所以转化率越高越好。（　）

21. 反应物的单程转化率总小于总转化率。（　）

22. 转化率越大，原料利用率越高，则产率越小。（　）

23. 对相同的反应物和产物，选择性（产率）等于转化率和收率相乘。（　）

24. 选择性越高，则收率越高。（　）

25. 转化率是参加化学反应的某种原料量占通入反应体系的该种原料总量的比例。（　）

26. 通常固体催化剂的机械强度取决于其载体的机械强度。（　）

27. 催化剂的中毒可分为可逆中毒和不可逆中毒。（　）

28. 在反应过程中催化剂是不会直接参加化学反应的。（　）

29. 催化剂只能改变反应达到平衡的时间，不能改变平衡的状态。（　）

30. 催化剂在反应前后物理和化学性质均不发生改变。（　）

31. 催化剂是一种可以改变化学反应的速率，而其自身组成、质量和化学性质在反应前后均保持不变的物质。（　）

32. 固体催化剂的组成主要包括活性组分、助催化剂和载体。（　）

33. 固体催化剂使用载体的目的在于使活性组分有高度的分散性，增加催化剂与反应物的接触面积。（　）

34. 催化剂中的各种组分对化学反应都有催化作用。（　）

35. 优良的固体催化剂应具有：活性好、稳定性强、选择性高、无毒并耐毒、耐热、机械强度高、有合理的流体流动性、原料易得、制造方便等性能。（　）

36. 制备好的催化剂从生产厂家运来后直接加到反应器内就可以使用。（　）

37. 催化剂的使用寿命主要由催化剂的活性曲线的稳定期决定。（　）

38. 催化剂中毒后经适当处理可使催化剂的活性恢复，这种中毒称为暂时性中毒。（　）

39. 能加快反应速率的催化剂为正催化剂。（　）

40. 无论是暂时性中毒后的再生，还是高温烧积炭后的再生，均不会引起固体催化剂结构的损伤，活性也不会下降。（　　）

三、简答题

1. 化学工业是如何分类的？
2. 石油化工包括哪些生产过程？
3. 简述石油化工的发展过程。
4. 石油化工在国民经济中的作用如何？试举例说明之。
5. 石油化工有哪些生产特点？
6. 石油化工的发展方向是什么？
7. 化工生产过程分为哪三个步骤？各有什么作用？
8. 反应器有哪些类型？
9. 转化率、收率、选择性三者之间的相互关系如何？
10. 何谓转化率？何谓选择性？对于多反应体系，为什么要同时考虑转化率和选择性两个指标？
11. 试述催化剂的类型。
12. 在生产中如何正确使用催化剂？
13. 催化剂有哪些基本特征？它在化工生产中起到什么作用？
14. 催化剂的化学组成如何？它们各自有什么作用？
15. 何为催化剂的活性与选择性？如何表示？怎样计算？

四、计算题

1. 用管式炉裂解轻柴油，输入轻柴油量为 1000kg/h，参加反应原料量为 700kg/h，裂解后得到乙烯 259kg/h，求反应的选择性和乙烯收率。

2. 乙烷裂解生产乙烯，在一定的生产条件下，通入反应器的乙烷量为 5000kg/h，裂解气中含未反应的乙烷量为 2000kg/h，求乙烷的转化率和乙烯收率。

3. 当通入 5000kg/h 的原料乙烷进行裂解生产乙烯，反应掉的乙烷量为 3000kg/h，裂解后得到乙烯量为 1980kg/h，求该反应的选择性。

4. 通入 5000kg/h 气态烃混合原料乙烷进行裂解生产乙烯，反应掉的气态烃总量为 3000kg/h，裂解后得到乙烯量为 2550kg/h，求乙烯的质量收率。

5. 通入裂解炉 5000kg/h 的乙烷裂解，转化率高达 90%，而反应的选择性为 40%，求乙烯产量。

五、方案设计

某一固体物料，在运输等过程中可能沾有泥土等杂质，物料本身也包含杂质，加料要求是要粉碎到某个粒度，并要求干燥后进料。另一原料以气态进料，在催化剂存在下进行反应，产物是含有高沸物、低沸物及副产物等的混合液。请按要求组织流程方案。

项目二 合成气的生产

【学习目标】

能力目标	知识目标	素质目标
1. 能对合成气的生产方法进行选择； 2. 能根据生产原理进行生产条件的确定和工业生产的组织； 3. 能根据生产原理，结合工艺流程图、岗位操作方法要求，完成典型生产装置的开停车及正常操作，并对异常现象进行分析、判断和处理	1. 了解合成气的工业化应用； 2. 掌握合成气的生产方法； 3. 掌握不同原料制取合成气过程的基本原理、工艺条件、工艺流程及主要设备； 4. 掌握原料气的净化过程及方法； 5. 掌握合成氨、尿素、甲醇的生产方法	1. 具备化工生产的安全、环保、节能及劳动卫生防护职业素养； 2. 具备化工生产遵章守纪的职业道德； 3. 具备强烈的责任感和吃苦耐劳的精神； 4. 具备表达、沟通和与人合作、岗位与岗位之间合作的能力； 5. 具备发现、分析和解决问题的能力

【项目导入】

合成气系指一氧化碳（CO）和氢气（H_2）的混合气。合成气中 H_2 与 CO 的比值随原料和生产方法的不同而异，其 n_{H_2}/n_{CO} 为 0.5～3。合成气是有机合成原料之一，也是 H_2 和 CO 的来源，在化学工业中有着重要作用。利用合成气可以转化成液体和气体燃料、大宗化学品和高附加值的精细有机合成产品，实现这种转化的重要技术是 C_1 化工技术。凡包含一个碳原子的化合物，如 CH_4、CO、CO_2、HCN、CH_3OH 等参与反应的化学，称为 C_1 化学，涉及 C_1 化学反应的工艺过程和技术称为 C_1 化工。自从 20 世纪 70 年代后期以来，C_1 化工得到世界各国极大重视，已经和将有更多 C_1 化工过程实现工业化，今后，合成气的应用前景将越来越宽广。

合成气的应用途径非常广泛，在此列举一些主要实例。

一、合成氨

20 世纪初，德国人哈伯（F. Haber）发明了由 H_2 和 N_2 直接合成氨的方法，并于 1913 年与博茨（C. Bosch）创建了合成氨工艺，由含碳原料与水蒸气、空气反应制成含 H_2 和 N_2 的粗原料气，再经精细地脱除各种杂质，得到 $V_{H_2}:V_{N_2}=3:1$ 的合成氨原料气，使其在 500～600℃、17.5～20MPa 及铁催化剂作用下合成为氨。近年来，该过程已可在 400～450℃、8～15MPa 下进行，反应式为：

$$N_2 + H_2 \Longleftrightarrow 2NH_3 \tag{2-1}$$

氨的最大用途是制氮肥，氨还是重要的化工原料，它是目前世界上产量最大的化工产品之一。

二、合成甲醇

将合成气中 H_2 与 CO 的物质的量之比调整为 2.2 左右，在 260～270℃、5～10MPa 及铜催化剂作用下可以合成为甲醇，主要反应式为：

$$CO + 2H_2 \longrightarrow CH_3OH \qquad\qquad (2-2)$$

甲醇可用于制醋酸、醋酐、甲醛、甲酸甲酯、甲基叔丁基醚（MTBE）等产品。由甲醇脱水或者由合成气直接合成生成的二甲醚（CH_3OCH_3），其十六烷值高达 60，是极好的柴油机燃料，燃烧时无烟，NO_x 排放量极低，被认为是 21 世纪新燃料之一。此外，目前正在开发的有甲醇制汽油（MTG）、甲醇制低碳烯烃（MTO）、甲醇制芳烃（MTA）等过程。

三、合成醋酸

首先将合成气制成甲醇，再将甲醇与 CO 羰基化合成醋酸，反应式为：

$$CH_3OH + CO \longrightarrow CH_3COOH \qquad\qquad (2-3)$$

1960 年德国的 BASF 公司将甲醇羰基化合成醋酸的工艺工业化，此方法比正丁烷氧化法和乙醛氧化法更经济。BASF 公司的工艺需要 70MPa 高压，醋酸收率 90%。1970 年，美国 Monsanto 推出了低压法工艺，开发出一种新型催化剂（碘化物促进的铑配位化合物），使甲醇羰基化反应能在 180℃、3~4MPa 的温和条件下进行，醋酸收率高于 99%，现已成为生产工业醋酸的主要方法。由此，也带动了有关羰基过渡金属配位化合物催化作用的基础研究，促进了合成气化学和 C_1 化工的发展。

四、烯烃的氢甲酰化产品

烯烃与合成气或一定配比的 CO 及 H_2 在过渡金属配位化合物的催化作用下发生加成反应，生成比原料烯烃多一个碳原子的醛。合成气与不同烯烃可以合成不同产品。例如，丙烯与合成气反应生成正丁醛，反应式为：

$$2CH_3CHCH_2 + 2CO + 2H_2 \longrightarrow CH_3CH_2CH_2CHO + CH_3CH_3CHCHO \qquad (2-4)$$

它进一步用于醇醛缩合和加氢生产 2—乙基己醇，用于制造聚乙烯的增塑剂邻苯二甲酸酯；乙烯与合成气反应生成丙醛，进一步合成正丙醇或丙酸；长链烯与合成气反应生成长链醇，其中 C_{13}~C_{15} 直链脂肪醇用于生产易被生物降解的洗涤剂。

烯烃氢甲酰化反应需要采用过渡金属的羰基配位化合物催化剂，过渡金属一般用钴和铑，反应在液相中进行，属于均相催化反应。使用钴催化剂 $HCo(CO)_4$ 时，要求温度约 120~140℃、压力约 20MPa；使用磷改性的铑催化剂 [例如 $HRh(CO)(Ph_3P)_3$，其中 Ph 代表苯基] 时，活性很高，大约在 100℃、1~2MPa 条件下反应，而且生成直链醛的选择性很高。

五、合成天然气、汽油和柴油

在镍催化剂作用下，CO 和 H_2 进行甲烷化反应，生成甲烷，称为合成天然气（SNG），热值比 CO 和 H_2 高。缺乏天然气的地区，可以以煤为原料用甲烷化法生产高热值的城市煤气替代天然气。由煤制造合成气，然后通过费托（Fischer-Tropsch）合成可生产液体烃燃料。例如在 200~240℃、2.5MPa 以及铁催化剂作用下合成烃类（即 SASOL 工艺），生成的烃类主要是由许多链长不一的烷烃组合的混合物，主要反应式为：

$$nCO + (2n+1)H_2 \longrightarrow C_nH_{2n+2} + nH_2O \qquad\qquad (2-5)$$

然后将这些烃类产物分离,再加工为汽油、柴油和蜡。近年来,出现了改良费托合成二段法,用钴基催化剂高选择性地合成直链烷烃馏分,然后用分子筛裂化制取高辛烷值汽油,或加氢裂化制取高十六烷值的优质柴油,国内外均有一定规模的装置新建或投产。

【知识拓展】

合成气新应用

在合成气基础上制备化工产品的新途径有三种,即将合成气转化为乙烯或其他烃类,然后再进一步加工成化工产品;先合成为甲醇,然后再将其转化为其他产品;直接将合成气转化为化工产品。这些新应用中,有的正在研究,有的已进入工业开发阶段,有的已具有一定生产规模。

一、直接合成乙烯等低碳烯烃

近年来的研究致力于将合成气一步转化为乙烯等低碳烯烃,反应式为:

$$2CO + 4H_2 \longrightarrow C_2H_4 + 2H_2O \qquad (2-6)$$

该反应因副反应多,尚未达到实用要求,需要研制活性及选择性均较高的催化剂,以提高烯烃的收率。

二、合成气经甲醇再转化为烃类

近年来开发了一类新型催化剂,对甲醇选择性转化为芳基汽油具有高活性,这是一种名为 ZSM-5 的择型分子筛,在370℃和大约1.5MPa下能使甲醇选择性转化,生成沸点大部分在汽油范围的烷烃和芳烃混合物($C_5 \sim C_{10}$),此法称为 Mobil 工艺。其中芳烃占汽油的38.6%,辛烷值为90~95,在质量和产量方面均高于 SASOL 法生产的汽油。Mobil 工艺已在新西兰工业化,将甲醇转化为汽油的过程首先在两个反应器内进行,第一反应器中装有脱水催化剂,使甲醇脱水生成二甲醚;第二反应器中装有 ZSM-5 催化剂,将二甲醚转化为 $C_2 \sim C_4$ 烯烃,反应式为:

$$2n CH_3OH \xrightarrow{-H_2O} n CH_3OCH_3 \xrightarrow{-H_2O} C_2^= \sim C_4^= \qquad (2-7)$$

然后,这些烯烃进行烷基化和脱氢环化生成 $C_5 \sim C_{10}$ 烷烃、环烷烃和芳烃的混合物,即为汽油。在改进的 H-ZSM-5 催化剂作用下,$C_2 \sim C_4$ 烯烃的选择性已达到78%左右;在 H-ZSM-34 催化剂(一种属丝光沸石—菱钾沸石族的分子筛)上,于370℃和0.1MPa 转化含水甲醇时,选择性为89%,但是这种催化剂容易积炭失活,使用寿命很短,制造成本也高,尚未工业化。

三、甲醇同系化制乙烯

在均相羰基金属配位化合物催化剂存在和200℃、20MPa 下,甲醇与合成气反应,主要产物是乙醇,反应式为:

$$CH_3OH + CO + 2H_2 \longrightarrow CH_3CH_2OH + H_2O \qquad (2-8)$$

羰基钴 $Co(CO)_8$ 催化剂在用碘化钴作促进剂和二苯膦基烷烃作配位体时,可使生成乙醇的选择性达到90%。近来还有以钌(Ru)或铼(Re)代替钴的羰基金属配位化合物催化剂,可

进一步提高选择性。式(2-8)称为甲醇的同系化,也可称为氢羰基化。乙醇催化脱水生成乙烯是已经成熟的技术,反应式为:

$$CH_3CH_2OH \longrightarrow C_2H_4 + H_2O \qquad (2-9)$$

乙烯是重要的有机化工原料,传统上由石油馏分热裂解制取,用合成气制取可扩大乙烯的来源。

四、合成低碳醇

将合成甲醇的铜基催化剂加钾盐及助催化剂进行改性后,可于250℃和6MPa下将合成气转化为 $C_1 \sim C_4$ 的低碳混合醇,它们可作汽油的掺烧燃料,也可以经脱水生成低碳烯烃,该过程即将工业化。合成低碳醇的催化剂也可以用钴或铑的羰基配位化合物。

五、合成乙二醇

乙二醇是合成聚酯树脂、表面活性剂、增塑剂、聚乙二醇、乙醇胺等的主要原料,它可作为防冻剂,用量相当大。目前工业上生产乙二醇的方法是用乙烯环氧化生成环氧乙烷,然后水合为乙二醇。由合成气合成乙二醇的方法有多种处于研究开发阶段,其中经甲醇氧化羰基合成草酸二甲酯,进一步加氢合成乙二醇被认为是一条可与石油化工路线相竞争的工艺,反应式为:

$$4CH_3OH + 4CO + O_2 \longrightarrow 2(COOCH_3)_2 + 2H_2O \qquad (2-10)$$

$$(COOCH_3)_2 + 4H_2 \longrightarrow (CH_2OH)_2 + 2CH_3OH \qquad (2-11)$$

煤化工生产的大宗有机化学品能与石油化工竞争的不多,到目前为止仅醋酸一个产品。甲醇经羰基合成醋酸已成功地与乙醛氧化法相竞争,成为生产醋酸的重要方法。下一个能与石油化工竞争的是通过羰基合成,由甲醇、CO和氧反应合成草酸二甲酯,进一步加氢合成乙二醇。醋酸和乙二醇都是大宗有机化学品,这一原料路线的变更对今后化学工业的发展有重要意义。

六、合成气与烯烃衍生物合成羰基化产物

在羰基钴或铑的配位化合物催化剂作用下,不饱和的醇、醛、酯、醚、缩醛、卤化物、含氮化合物等中的双键都能进行羰基合成反应,但官能团不参与反应。羰基合成除可采用上述不饱和化合物为原料外,一些结构特殊的不饱和化合物,甚至某些高分子化合物也能进行羰基合成反应,如萜烯类或甾族化合物的羰基合成产物可用作香料或医药中间体。不饱和树脂的羰基合成是制备特种涂料的一种方法。

任务一　合成气原料气的制备

【任务导入】

制造合成气的原料多种多样,许多含碳资源如煤、天然气、石油馏分、农林废料、城市垃圾等均可用来制造合成气,合成气的生产方法主要有以下三种。

一、以煤与焦炭为原料的生产方法

煤与焦炭是制备合成气的重要固体燃料,有间歇和连续操作两种方式。连续式生产效率高,技术较先进,它是在高温下以水蒸气和氧气为气化剂,与煤反应生成 H_2 和 CO 等气体,这样的过程称为煤的气化。因为煤中氢含量相当低,所以煤制合成气中 H_2 与 CO 比值较低,适于合成有机化合物。

二、以天然气为原料的生产方法

以天然气为原料的生产方法主要有转化法和部分氧化法。目前工业上多采用水蒸气转化法,该法制得的合成气中 H_2 与 CO 比值理论上为 3,有利于用来制造合成氨或 H_2;用来制造其他有机化合物(例如甲醇、醋酸、乙烯、乙二醇等)时此比值需要再加调整。近年来,部分氧化法的工艺因其热效率较高,H_2 与 CO 比值易于调节,故逐渐受到重视和应用,但需要有廉价的氧源,才能有满意的经济性。

三、以重油或渣油为原料的生产方法

采用部分氧化法,即在反应器中通入适量的氧和水蒸气,使氧与原料油中的部分烃类燃烧,放出热量并产生高温,另一部分烃类则与水蒸气发生吸热反应而生成 CO 和 H_2,调节原料油中油、H_2O 与 O_2 的相互比例,而达到自热平衡而不需要外供热。

其他含碳原料(包括各种含碳废料)制合成气在工业上尚未形成大规模生产,随着再生资源的开发、二次资源的广泛利用,今后会迅速发展。

以天然气为原料制合成气的成本最低;重质油与煤炭制造合成气的成本相近,但重油和渣油制合成气可以使石油资源得到充分的利用。

【任务实施】

一、固体燃料气化

固体燃料气化是指用氧或含氧气化剂对固体燃料(指煤和焦炭)进行热加工,使其转化为可燃性气体的过程,简称为"造气"。气化所得到的可燃性气体称为煤气,进行气化反应的设备称为煤气发生炉。

煤气的成分取决于燃料和气化剂的种类以及气化条件。工业上按照所用气化剂各异可得到下列几种不同的煤气:

(1)空气煤气:以空气作为气化剂所制得的煤气,其成分主要为 N_2 和 CO_2。

(2)水煤气:以水蒸气为气化剂制得的煤气,主要成分为 H_2 和 CO,两者含量之和可达到 85% 左右。

(3)混合煤气:以空气和水蒸气同时作为气化剂所制得的煤气,其配比量以维持反应能够自热进行为原则。

(4)半水煤气:以适量空气(或富氧空气)与水蒸气作为气化剂,所得气体的组成符合 $n_{CO+H_2}/n_{N_2} = 3.1 \sim 3.2$ 以能满足生产合成氨对氢氮比的要求。

(5)合成天然气:以水蒸气和 H_2 作为气化剂,生产主要含 CH_4 的高热值煤气,该煤气成分与天然气相似。

本任务主要讨论煤气化法制取半水煤气的生产工艺及其基本原理。

1. 基本原理

固体燃料煤在煤气发生炉中由于受热分解放出低分子量的碳氢化合物,而煤本身逐渐焦化,此时可将煤近似看作碳。碳再与气化剂空气或水蒸气发生一系列的化学反应,生成气体产物。

1)以空气为气化剂

以空气为气化剂时,碳和氧之间发生如下反应:

$$C + O_2 \Longrightarrow CO_2 \qquad\qquad (2-12)$$

$$C + CO_2 \Longrightarrow 2CO \qquad\qquad (2-13)$$

$$2C + O_2 \Longrightarrow 2CO \qquad\qquad (2-14)$$

$$2CO + O_2 \Longrightarrow 2CO_2 \qquad\qquad (2-15)$$

2)以蒸汽为气化剂

以蒸汽为气化剂时,碳和水蒸气发生如下反应:

$$C + H_2O(g) \Longrightarrow CO + H_2 \qquad\qquad (2-16)$$

$$C + 2H_2O(g) \Longrightarrow CO_2 + 2H_2 \qquad\qquad (2-17)$$

$$CO + H_2O(g) \Longrightarrow CO_2 + H_2 \qquad\qquad (2-18)$$

$$C + 2H_2 \Longrightarrow CH_4 \qquad\qquad (2-19)$$

这些反应中,碳与水蒸气反应的意义最大,它参与各种煤气化过程,此反应为强吸热过程。碳与二氧化碳的还原反应也是重要的气化反应。碳燃烧反应放出的热量与上述的吸热反应相匹配,对自热式气化过程有重要的作用。加氢气化反应对于制取合成天然气很重要,气化生成的混合气称为水煤气。以上均为可逆反应,总过程为强吸热。

2. 制取半水煤气的工业方法

制取半水煤气的方法很多,有各种不同的分类方法。按气化反应性质可分为:以水蒸气为气化剂的蒸汽转化法;以纯 O_2 或富 O_2(有时也同时加入水蒸气)空气作为气化剂的部分氧化法。按气化炉床层形式又可分为:移动床(又称固定床)、流化床、气流床和熔融床。按排渣的形态还可分为:固体排渣式和液体排渣式。

1)半水煤气生产的特点

由半水煤气特性知道,它的组成中($CO + H_2$)与 N_2 的比例为 3.1 ~ 3.2。根据其反应过程可以看出,以空气为气化剂时,可得含 N_2 的吹风气;以水蒸气为气化剂时,可得到含 H_2 的水煤气。从气化系统的热平衡看,碳和空气的反应是放热的,而碳和水蒸气的反应是吸热的。如果外界不提供热源,而是通过前者的反应热为后者提供反应所需的热,并能维持系统自热平衡的话,事实上不可能获得合格组成的半水煤气。反之,若欲获得组成合格的半水煤气,该系统就不能维持自热平衡。为了解决供热和制备合格半水煤气这一矛盾,通常采用下列方法解决:

(1)间歇制气法。先将空气送入煤气炉以提高燃料层的温度,此时生成的气体(吹风气)

大部分放空。然后送入蒸汽进行气化反应,燃料层温度逐渐下降。在所得的水煤气中配入部分吹风气即成半水煤气。如此间歇地送空气和蒸汽重复变化进行,是目前比较普遍采用的补充热量的方法。

(2)富氧空气(或纯氧)气化法。此法不用空气来加氮,可以进行连续制气。在实际生产中,存在各种热损失。因此,移动床连续气化法所需富氧空气的氧含量约为50%,而 $n_{O_2}:n_{H_2O}$ 为0.5~0.6。当以纯氧为气化剂时,为制得合成氨原料气,应在后续工序中补加纯 N_2,以使 H_2/N_2 比符合工艺要求。

(3)外热法。该法主要是利用核反应余热或其他廉价高温热源,以适当的介质作为载热体直接加热反应系统或预热气化剂,以提供气化过程所需热量。

2)间歇式制取半水煤气的工作循环

间歇式煤气炉为移动床气固反应设备。煤、炭从炉顶部加入,经干燥层和干馏层,进入气化层(吹风时为氧化层和还原层),然后进入底部的灰渣层,再从炉底排出。

间歇气化时,自本次开始送入空气至下一次再送入空气时止,称为一个工作循环,每个工作循环一般包括五个阶段。

(1)吹风阶段:由煤气发生炉底部送入空气,提高燃料层温度,吹风气放空。

(2)上吹制气阶段:水蒸气由炉底送入,经灰渣层预热、进入气化层进行气化反应、生成的煤气送入气柜。随着反应的进行,燃料层下部温度下降,上部升高,造成煤气带走的显热增加。因此,操作一段时间后需更换气流方向。

(3)下吹制气阶段:水蒸气自上而下通过燃料层进行气化反应。煤气由炉底引出,经回收热量后送入气柜。由于煤气下行时经过灰渣层温度下降,从而减少了煤气带走的显热损失,燃料层温度均衡。

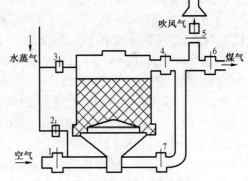

(4)二次上吹阶段:水蒸气自炉底送入,目的是要将存在于煤气炉底部的煤气排净,为下一循环吹入空气做好安全准备。

(5)空气吹净阶段:目的是要回收存在于煤气炉上部及管道中残余的煤气,此部分吹风气也应加以回收,作为半水煤气中 N_2 的来源。

间歇式制取半水煤气中气体的流向如图2-1所示,阀门开闭情况见表2-1。

图2-1 间歇式制气中各阶段气体流向示意图
1~7—阀门

表2-1 阀门开闭情况

阶段＼阀门	1	2	3	4	5	6	7
吹风	○	×	×	○	○	×	×
一次上吹	×	○	×	○	×	○	×
下吹	×	×	○	×	×	○	○
二次上吹	×	○	×	○	×	○	×
空气吹净	○	×	×	○	×	○	×

注:○—阀门开启;×—阀门关闭。

3）制气的工艺条件

（1）温度。燃料层温度沿着炉子的轴向而变化，以氧化层温度最高。操作温度一般指氧化层温度，简称炉温。从化学平衡角度看，高炉温时煤气中 CO 和 H_2 含量高，H_2O 含量低；从动力学角度看，高炉温有利于加快反应速率，总的表现为蒸汽分解率高、煤气产量大、质量好。但炉温的高低由吹风阶段确定，高炉温意味着吹风气温度高，CO 含量高，造成热损失大。为解决这一矛盾，在工艺条件上，增大风速以降低吹风气中 CO 含量。操作温度的高限为燃料的熔点温度。实际操作中，炉温要较熔点温度低 50℃。

（2）吹风速度。在吹风和制气的辩证关系中，吹风是直接决定放热的一方。吹风量一定，吸热一方的蒸汽量就随之而定。应强调提高对吹风风量和吹风百分比重要性的认识，以确定合适的吹风百分比及其风量。

在氧化层中，碳的燃烧反应速度很快，属扩散控制。而在还原层中，CO_2 的还原反应速度很慢，属动力学控制。因此，提高吹风速度，可使氧化层反应加快，且使 CO_2 在还原层停留时间减少，从而降低吹风气中 CO 含量，减少热损失。但是，炉内的高限温度受到燃料软化温度的限制，吹风总量越大，每一循环气化层温度变化相应增大。所以，过量吹风不利于制气反应的进行。

（3）蒸汽用量。蒸汽用量是改善煤气质量和提高煤气产量的重要手段之一，随着蒸汽的流速和加入的延续时间而改变。在上吹制气时，炉温较高，煤气的产量及质量均高。但随气化过程的进行，气化层温度迅速下降并上移，造成出口煤气温度升高，热损失变大。故上吹一定时间后，要进行蒸汽下吹，以保持气化层处于正常位置。为使气化层温度始终处于高限条件，蒸汽用量必须合适。一般，蒸汽用量随炉子大小而异。如内径为 2.74m 的煤气炉，蒸汽用量为 5~7t/h；内径为 1.98m 的煤气炉，蒸汽用量为 2.2~2.8t/h。蒸汽用量过大，将导致其分解率下降；反之，产气量将减小，气化层温度高，容易引起炉子结疤。

（4）循环时间及其分配。一个工作循环所需的时间，称为循环时间。一般地讲，循环时间长，气化层温度、煤气的产量和质量波动大；循环时间短，气化层温度波动小，煤气的产量和质量波动也小，但阀门开闭占用的时间多，影响煤气炉气化强度。而且由于阀门开闭频繁，易于损坏。一般循环时间等于或略少于 3min，不作随意调整。在操作中可由改变循环中各阶段的时间分配来改善气化炉的工况。

各阶段时间的分配，随燃料的性质和粒度的大小而异。在一般情况下，二次上吹和空气吹净的时间以能够排净煤气炉下部空间和上部空间的残余煤气为原则。后者还兼有调节煤气中 N_2 含量的作用。吹风时间以能维持制气所必需的热量为限，其长短决定于燃料的灰熔点及空气流速等。上、下吹制气时间分配以维持气化层稳定、煤气质量高和热能的合理利用为原则。而吹风和制气阶段的时间分配，要根据炉内的热平衡确定，关键是确定吹风时间。不同燃料气化的循环时间分配的百分比大致范围列于表 2-2。

表 2-2　不同燃料循环时间分配示例　　　　　　　　　　单位:%

燃料品种	吹风	上吹	下吹	二次上吹	空气吹净
无烟煤,粒度 25~75mm	24.5~25.5	25~26	36.5~37.5	7~9	3~4
无烟煤,粒度 15~25mm	25.5~26.5	26~27	35.5~36.7	7~9	3~4
焦炭,粒度 15~50mm	22.5~23.5	24~26	40.5~42.5	7~9	3~4
石灰碳化煤球	27.5~29.5	25~26	36.5~37.5	7~9	3~4

（5）其他条件。在制气过程中,要根据原料的性质如粒度和灰熔点来确定吹风时间、吹风气量、蒸汽用量以及燃料层高度;视炉温情况调整制气各阶段的时间分配;根据气体的成分,调节加氮空气量或空气吹净时间。维持气化层位置的相对稳定,防止因局部温度过高而造成严重结疤或其他事故。做到综合考虑、及时处理,提高制气效率。

4）工艺流程和主要设备

间歇式制气的工艺流程由煤气发生炉,余热回收装置,煤气的除尘、降温和储存等设备所组成。由于间歇制气的吹风气必须放空,故备有两套管路以交替使用。由于每个工作循环中有五个不同阶段,因此,流程中须安装足够的阀门,并自动控制阀门的开闭。下面以带有燃烧室的制气流程为例作以介绍。

带有燃烧室的制气流程属固定层煤气发生炉制半水煤气的系统,工艺流程如图2-2所示。固体燃料由加料机从炉顶间歇加入炉内。吹风气经鼓风机自下而上通过燃料层,再经燃烧室及废热锅炉回收热量后由烟囱放空。燃烧室中加入二次空气,将吹风气中的可燃性气体燃烧,加热燃烧室内蓄热砖格子,使其温度升高。燃烧室盖子具有安全阀作用,当系统发生爆炸时可以泄压,以减轻对设备的破坏。蒸汽上吹制气时,煤气经燃烧室及废热锅炉回收余热后,再经洗气箱和洗气塔进入气柜;下吹制气时,蒸汽从燃烧室顶部进入,经预热后自上而下流经燃料层。由于温度较低,可直接由洗气箱经洗涤塔进入气柜。二次上吹时,气体流向与上吹相同。空气吹净时,气体经燃烧室、废热锅炉、洗气箱和洗气塔后进入气柜。此时燃烧室不必加入二次空气。在上、下吹制气时,如配入加氮空气,其送入时间应稍迟于水蒸气的送入,并在蒸汽停送之前切断,以避免空气与煤气相遇时发生爆炸。燃料气化后,灰渣经旋转炉蓖由刮刀刮入灰箱,定期排出炉外。

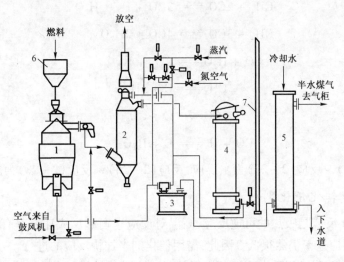

图2-2　固定层煤气发生炉制半水煤气工艺流程

1—煤气发生炉;2—燃烧室;3—水封槽(洗气箱);4—废热锅炉;5—洗气塔;6—燃料储仓;7—烟囱

其他流程与上述流程基本上相同。在小型合成氨厂,近年推广应用造气蒸汽自给新技术,除利用传统的措施外,在燃烧炉产生的高温烟气系统里设置蒸汽过热器,可有效提高过热蒸汽温度;同时,设置烟气余热锅炉回收高温燃烧气余热,产生低压饱和蒸汽,使吹风气潜热回收率显著提高。

造气工序的主要设备为煤气发生炉。当前生产中,$\phi 2740mm$和$\phi 3000mm$的煤气发生炉主要用于中型合成氨厂,而 $\phi2260mm$ 炉主要用于小型合成氨厂。

二、烃类蒸汽转化

烃类蒸汽转化法是以气态烃和石脑油为原料生产合成氨最经济的方法。具有不用氧气、投资省和能耗低的优点。

烃类蒸汽转化是将烃类与蒸汽的混合物流经管式炉管内催化剂床层,管外加燃料供热,使管内大部分烃类转化为 H_2、CO 和 CO_2。然后将此高温($850\sim860℃$)气体送入二段炉,此处送入合成氨原料气所需的加 N_2 空气,以便转化气氧化并升温至 $1000℃$ 左右,使 CH_4 的残余含量降至约 0.3%,从而制得合格的原料气。

烃类蒸汽转化法是在加压条件下进行的,随着耐高温、高强度合金钢的研制成功,压力不断提高,目前已达 $4.5\sim5.0MPa$。

1. 气态烃蒸汽转化的化学反应

气态烃原料是各种烃的混合物。主要成分为 CH_4,此外还有一些其他烷烃和少量烯烃。当与蒸汽作用时,可以同时进行若干反应。不论何种低碳烃与水蒸气反应都要经历甲烷蒸汽转化阶段,因此气态烃的蒸汽转化可用甲烷蒸汽转化表述:

$$CH_4 + H_2O \Longrightarrow CO + 3H_2 \qquad (2-20)$$

$$CH_4 + 2H_2O \Longrightarrow CO_2 + 4H_2 \qquad (2-21)$$

$$CH_4 + CO_2 \Longrightarrow 2CO + 2H_2 \qquad (2-22)$$

$$CH_4 + 2CO_2 \Longrightarrow 3CO + H_2 + H_2O \qquad (2-23)$$

$$CH_4 + 3CO_2 \Longrightarrow 4CO + 2H_2O \qquad (2-24)$$

$$CO + H_2O \Longrightarrow CO_2 + H_2 \qquad (2-25)$$

$$CH_4 \Longrightarrow C + 2H_2 \qquad (2-26)$$

$$2CO \Longrightarrow C + CO_2 \qquad (2-27)$$

$$CO + H_2 \Longrightarrow C + H_2O \qquad (2-28)$$

其中,反应($2-20$)~反应($2-25$)为主反应,反应($2-26$)~反应($2-28$)为副反应。

2. 烃类蒸汽转化催化剂

烃类蒸汽转化反应是吸热的可逆反应,高温对反应平衡和反应速率都有利。但即使温度在 $1000℃$ 时,其反应速率仍然很低。因此,需用催化剂来加快反应的进行。

由于烃类蒸汽转化过程是在高温下进行的,且存在析碳问题,这样就要求催化剂除具有高活性、高强度外,还要具有较好的热稳定性和抗析碳能力。

1)催化剂的活性组分

处于元素周期表上Ⅷ族的过渡元素,对烃类蒸汽转化反应一般都有活性。但从性能和经济方面考虑,以镍为最佳。在制备的镍催化剂中,镍是以 NiO 状态存在的,其含量在 $4\%\sim30\%$,还原后使用时呈金属镍状态。单位质量催化剂的活性以镍的含量为 $15\%\sim35\%$ 时最高。

2）载体和助催化剂

催化剂的载体应具有使镍的晶体尽量分散、达到较大的比表面并阻止镍晶体熔结的特性，起分散和稳定活性组分微晶的作用。镍的熔点为 1455℃，而转化温度在其半熔温度以上，分散的镍微晶在这样高的温度下很易活动，相互熔结。因此，作为催化剂的载体要能耐高温、机械强度高。一般载体的熔点要在 2000℃，且多为金属氧化物。这类载体有氧化铝（熔点2015℃）、氧化镁（熔点 2800℃）。

用于提高活性、延长寿命和增加抗析碳能力的助催化剂有氧化铝、氧化镁、氧化钾、氧化钙、氧化铬、氧化钛和氧化钡等。它们起到使镍高度分散、晶粒变细、抗老化和抗析碳等作用。

3. 工业生产方法

在工业生产中，以烃为原料，采用蒸汽转化法制取合成氨原料气时，大多采用二段转化流程。

1）转化过程的分段

甲烷在氨合成过程中为一惰性气体，它在合成回路中逐渐积累而有害无利。因此要求转化气中残余的甲烷含量一般应控制在 0.5% 以下。为此，在加压操作条件下，相应地蒸汽转化温度应控制在 1000℃ 以上。因烃类蒸汽转化反应为吸热反应，故应在高温下进行。除了采用蓄热式的间歇催化转化法之外，现代大型合成氨厂多采用外热式的连续催化转化法。因此，工业上采用了分段转化的流程。

首先，在较低温度下，在外热式一段转化炉内进行烃类蒸汽转化反应，而后在较高温度下，于耐火砖衬里的钢制转化炉（二段转化炉）中加入空气，利用反应热将甲烷转化反应进行到底。

在二段转化炉内也装有催化剂，由于加入了空气，来自一段转化炉的转化气先与空气作用，反应式为：

$$2H_2 + O_2 = 2H_2O(g) \tag{2-29}$$

$$2CO + O_2 = CO_2 \tag{2-30}$$

甲烷则与水蒸气作用，反应式为：

$$CH_4 + H_2O = CO + 3H_2 \tag{2-31}$$

与其他反应相比，氢的燃烧反应［式（2-29）］速度要快 $1 \times 10^3 \sim 1 \times 10^4$ 倍。因此入炉氧气在催化剂床层的上部空间就几乎全部被氢所消耗，其理论火焰温度为 1203℃。随后由于甲烷转化反应的吸热，沿催化剂床层温度逐渐降低，到炉的出口处气体温度约在 1000℃ 左右。

加入空气量的多少对二段炉出口转化气组成和温度有直接影响。由于合成氨原料气对H_2 与 N_2 的比例有一定要求，因此加入的空气量应基本一定，这样二段转化炉内燃烧反应所放出的热量也就一定。一般情况下，一、二段转化炉出口气中残余甲烷含量应分别控制在 10%、0.5% 以下。

2）烃类蒸汽转化的工艺条件

（1）压力。从化学平衡考虑，转化反应宜在低压下进行，但是现代实际生产装置的操作压力已提高到 3.5 ~ 5.0MPa，其原因如下：

① 节约动力消耗。烃类蒸汽反应为体积增大反应，压缩含烃原料和二段转化所需的空气

远比压缩转化气消耗的功低。

② 提高过量蒸汽热回收的价值。操作压力越高，一定水碳比的气体混合物中水蒸气分压也就越大，相应的冷凝温度就高，过量蒸汽余热利用的价值就越大。同时，压力高，气体的传热系数大，热回收设备容积相应减小。

③ 减小设备容积，降低投资费用。加压操作后，转化、变换、脱碳的设备容积大为减小，可以节省投资费用。

（2）温度。无论从化学平衡或从反应速率来考虑，提高温度对转化反应都是有利的。但一段转化炉的受热程度要受到管材耐温性能的限制。

一段转化炉出口温度是决定转化出口气组成的主要因素。提高出口温度，可降低残余甲烷含量。为了降低工艺蒸汽的消耗，希望降低一段转化炉的水碳比，此时就需提高出炉气体温度。但是温度对转化炉管的使用寿命影响很大，在可能条件下，转化炉出口温度不要太高，需视转化压力的不同而有所区别。转化压力低，出口温度可稍低；转化压力高，出口温度宜稍高。可控制平衡温距在 10~22℃ 范围。

二段转化炉的出口温度，可按压力、水碳比和残余甲烷含量小于 0.5% 的要求，以 20~45℃ 平衡温距来选定。压力增加，水碳比减小，出口温距则相应提高；反之则相应降低。

（3）水碳比。加压转化时，温度不能太高，要保证一段炉出口残余甲烷含量，主要手段是提高水碳比。但过高的水碳比经济上是不合理的，同时还会增加系统阻力和热负荷。因此，从降低能耗考虑，应适当降低水碳比。现今国外的低能耗装置设计中，水碳比已由传统的 3.5 降至 2.5。

（4）空间速度。空间速度表示单位容积催化剂每小时所处理的气量，它有不同的表示方法，可分为原料气空速、碳空速、理论氢空速、液空速。

一般地讲，空速表示催化剂的反应能力。压力越高，反应速率越快，可适当采取较高的空速。一段转化炉炉管的管径较小，填充床传热较好，管内温升和转化反应均较快，相应可采用较大的空速。

3）工艺流程和设备

从烃类制取合成氨原料气，目前采用的蒸汽转化法有英国凯洛格（Kellogg）法、丹麦托普索（Topsøe）法、英国帝国化学工业公司（ICI）法等。除一段转化炉及烧嘴结构各具特点外，在工艺流程上均大同小异，都包括一、二段转化炉、原料预热及余热回收。现以天然气为原料的具有 ICI 特点的 UHDE-AMV 流程为例作一介绍。

图 2-3 为日产 1000t NH$_3$ 且具有 ICI-AMV 制氨工艺特征的伍德（UHDE）法一、二段转化工艺流程。天然气经脱硫后，总硫含量应在 1×10^{-5}（质量分数）以下，随后在 4.90MPa、368℃左右条件下配入中压蒸汽（水碳比控制在 2.75 左右），送入一段转化炉对流段加热到 580℃，然后将此混合气体经辐射段顶部的上集气管分配进入各反应管中。气流自上而下经过催化剂层进行转化反应。离开转化管的气体压力为 4.35MPa，温度为 804℃，甲烷含量 16.3%，汇集于下集气管。然后经总管送入二段转化炉底部，再由炉内中心管上升到顶部燃烧区。

工艺空气经空气压缩机加压到 4.50MPa、140℃后经对流段加热到 500℃，入二段炉顶部与一段转化气混合，于锥形顶部燃烧区进行燃烧反应。反应放热，温度升到 1250℃左右。此高温气体流经催化剂床层将剩余的甲烷继续转化，出二段炉的气体温度为 980℃左右，甲烷含

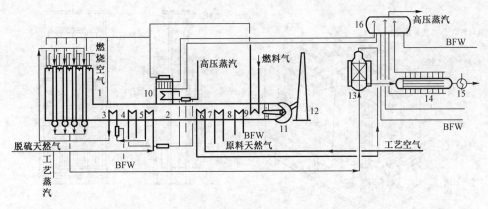

图2-3　天然气蒸汽转化工艺流程(UHDE-AMV)

1——段炉辐射段;2—对流段;3—混合气预热器;4—高压蒸汽过热加热器;5—原料气预热器;
6—工艺空气预热器;7—天然气预热器;8—锅炉给水(BFW);9—燃料气预热器;10—辅助锅炉;
11—引风机;12—烟囱;13—二段转化炉;14—工艺气冷却器;15—高压蒸汽过热器;16—高压汽包

量在0.9%以下。二段转化气依次流经工艺气体冷却器和高压蒸汽过热器后温度降至370℃进入一氧化碳变换工序。

　　燃料天然气在对流段预热至110℃,进入辐射段顶部烧嘴与来自燃气轮机的尾气混合并燃烧。烟气自上而下流动与管内反应流方向完全一致,同时进行热量交换,离开辐射段的烟气温度在1000℃左右。该气体进入对流段后依次通过混合气、高压过热蒸汽、工艺空气、原料气天然气、锅炉给水、燃料气等加热盘管,其温度降至130℃左右,借排风机排入大气。

　　为了平衡全厂蒸汽的需求量,设置了一台辅助锅炉。它的烟气与一段炉对流段高压蒸汽过热器下游位置相连接。因此,与一段炉共用一半对流段、一台排风机和一个烟囱。辅助锅炉同几台废热锅炉共用一个汽包,产生12.5MPa的高压蒸汽。

　　(1)一段转化炉。一段转化炉是烃类蒸气转化法制氨的关键设备之一,由若干根反应管和加热室的辐射段及回收热量的对流段两个主要部分组成。反应管要长期处于高温、高压和气体腐蚀的苛刻条件下运行,需要采用耐热合金钢管,因此价格昂贵。

　　通常,一段转化炉的炉型按烧嘴安置方式分类有顶烧式、侧烧式、梯台式和底烧式(图2-4)。由于各种炉型的炉管均垂直置于炉膛内,管内装催化剂,含烃气体及蒸汽的混合物自上而下流动,在催化剂床层中进行转化反应。因此,不同的烧嘴安装方式,实质上造成了加热介质和反应介质间不同的相对流动形式。例如顶部烧嘴炉为并流加热,侧壁烧嘴炉为错流加热,梯台式烧嘴炉为改进型错流加热,底部烧嘴炉为逆流加热。顶部烧嘴和侧壁烧嘴的蒸汽转化炉结构参见图2-5。

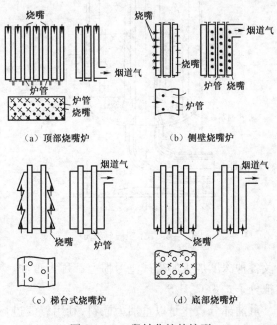

(a) 顶部烧嘴炉　　　　　(b) 侧壁烧嘴炉

(c) 梯台式烧嘴炉　　　　(d) 底部烧嘴炉

图2-4　一段转化炉的炉型

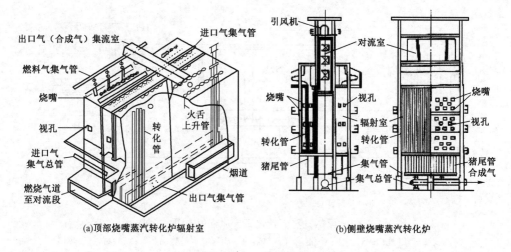

(a)顶部烧嘴蒸汽转化炉辐射室　　　　(b)侧壁烧嘴蒸汽转化炉

图2-5　一段转化炉

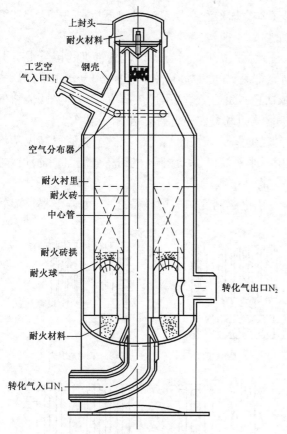

图2-6　ICI二段转化炉

（2）二段转化炉。二段转化是在1000℃以上高温下把残余的甲烷进一步转化，是合成氨生产中温度最高的催化反应过程。与一段转化不同，这里加入空气燃烧一部分转化气以实现内部自热，同时也补入了必要的氮，其量约为转化气中 H_2、CO、CH_4 全部燃烧所消耗空气量的13%。

二段转化炉为一直立式圆筒，壳体材质为碳钢，内衬耐火材料，炉底有水夹管。图2-6为ICI-AMV系统中二段转化炉结构。

本装置与K、T型装置的二段炉结构的主要不同：K、T型装置的一段转化气是从炉顶部的侧壁进入的，本装置是从炉底部进入，经炉内中心管上升，由气体分布器入炉顶部空间，然后与从空气分布器出来的空气混合以进行燃烧反应，这样的结构较简单。

三、重油部分氧化

重油是石油加工到350℃以上所得到的馏分。若将重油继续减压蒸馏到520℃以上，所得到的馏分称为渣油。重油、渣油以及各种深度加工所得残渣习惯上都称为重油。它是以烷烃、环烷烃和芳烃为主的混合物，其虚拟分子式为 $C_mH_nS_r$。

重油部分氧化是以重油为原料，利用氧气进行不完全燃烧，使烃类在高温下发生裂解并使裂解产物与燃烧产物——水蒸气和二氧化碳在高温下与甲烷进行转化反应，从而获得以氢气和一氧化碳为主体（$CH_4 < 0.5\%$）的合成气。

1. 基本原理

重油部分氧化的化学反应与烃类的蒸汽转化有许多相似之处。其中甲烷蒸汽转化反应[式(2-20)]和变换反应[式(2-25)]也是重油部分氧化的主要反应。但由于炭黑的析出会造成巨大危害，同时更应重视析碳反应。

所谓部分氧化反应，是重油不完全氧化生成 CO 和 H_2 的反应，其主要总反应式为：

$$2C_mH_nS_r + mO_2 \Longrightarrow 2mCO + (n - 2r)H_2 + 2rH_2S \qquad (2-32)$$

此反应强烈放热，造成了高温反应条件。此时，重油会发生裂解反应：

$$4C_mH_nS_r \Longrightarrow 2(n - 2r)CH_4 + (4m - n + 2r)C + 4rH_2S \qquad (2-33)$$

按照反应式(2-32)进行时，理论绝热温升约 1700℃，目前耐火材料尚承受不了如此高温。为此，在加入氧的同时，还须加入一些蒸汽，从而又发生吸热的蒸汽转化反应：

$$CH_4 + H_2O \Longrightarrow CO + 3H_2 \qquad （甲烷转化） \qquad (2-34)$$

$$C + H_2O \Longrightarrow CO + H_2 \qquad （碳转化） \qquad (2-35)$$

$$COS + H_2 \Longrightarrow H_2S + CO \qquad （有机硫加氢） \qquad (2-36)$$

$$CO + H_2O \Longrightarrow CO_2 + H_2 \qquad （CO 变换） \qquad (2-37)$$

$$N_2 + 3H_2 \Longrightarrow 2NH_3O \qquad （NH_3 合成） \qquad (2-38)$$

上述反应同时发生时，可使重油部分氧化炉的出口温度维持在 1300~1400℃。因此，重油部分氧化法实质上是以纯氧进行不完全的氧化燃烧，并用蒸汽控制温度，以制得含 CO 和 H_2 的高含量合格原料气。

2. 工艺条件

重油部分氧化的主要生产条件为压力、温度、氧油比、蒸汽油比和原料预热温度等。

（1）温度。一般认为，甲烷、碳与水蒸气的转化反应是重油气化的控制步骤。两反应均为可逆吸热反应，因而，提高温度可提高甲烷和碳的平衡转化率。从反应速率方面考虑，提高温度有利于加快甲烷和炭黑与蒸汽的转化反应，对降低合成气中甲烷和炭黑含量是有利的。目前国内工厂为保护炉衬和喷嘴，气化炉出口温度很少超过 1300℃。

（2）压力。重油部分氧化是一个体积增大的反应，从热力学分析，提高压力是不利的，但对加速反应是有利的。从图 2-7 可知，甲烷平衡含量随压力的提高而增加，但这一影响可由提高温度得到补偿。例如，在 3.04MPa 下进行

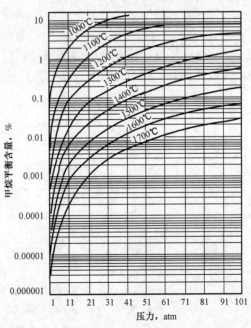

图 2-7 不同压力下合成气中甲烷平衡含量

气化,为了保持 CH_4 低于 0.5%,其操作温度为 1300℃;但在 8.61MPa 下进行气化时,则操作温度必须维持在 1400℃以上。因此,高压气化炉的工业实现的关键之一在于要有足够的耐高温衬里材料。

另外,增高压力可以节省动力,有利于提高气化炉生产强度和降低投资。目前,8.61MPa 的气化装置已经工业化,15.02MPa 下的气化装置正在实验中。但是继续提高气化压力将会导致合成气中 CH_4 的含量提高,同时炭黑含量也会相应提高,系统阻力也将增大,对设备的要求也更苛刻。因此,操作压力需根据全系统的技术经济效果来确定。

(3)氧油比。氧油比(m^3O_2/kg 重油)对重油部分氧化有决定性影响,氧消耗又是主要经济指标,因此,它是控制生产的主要条件之一。

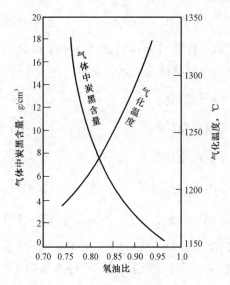

图 2-8　氧油比与气化温度及气体中炭黑含量的关系

重油气化炉中氧的加入,使重油中的碳被氧化为碳氧化物,氢被氧化成水或游离态氢。此过程强烈放热,是气化炉维持高温气化条件的热源。图 2-8 示出了氧油比与气化温度以及生成气中炭黑含量间的关系。由图可见,氧油比每提高 0.01,温度约高 10℃;氧油比增大,气体中的炭黑含量随之减少。

氧油比还必须满足部分氧化反应的要求。根据化学计量,氧与碳(O 与 C)比应为 1,对每千克含碳量为 86% 的重油,约需 $0.8m^3$ 氧。实际氧油比通常控制在 0.75~0.83m^3/kg 重油。

(4)蒸汽油比。重油部分氧化时加入的蒸汽,不仅是作为气化剂,也是控炉温和抑制炭黑生成的重要手段。加入蒸汽量的大小可用蒸汽油比(kg 汽/kg 重油或 kg 汽/t 重油)来表示。蒸汽油比与合成气的组成及产气量关系如图 2-9 所示。由该图可知,随着蒸汽油比的增大,气体中 CH_4 含量降低,而 CO_2 含量增加。虽然总的干气产量有所增加,但有效气($CO+H_2$)产量反而略微降低。降低蒸汽油比可以减少汽耗,但也不能过低,通常蒸汽油比控制在 300~500kg/t 重油。

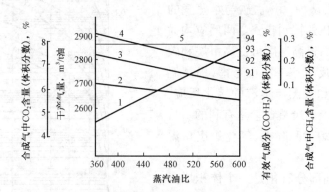

图 2-9　蒸汽油比与合成气组成及产量的关系

1—合成气中 CO_2 含量,%;2—有效气产量,m^3/t 油;3—合成气中 CH_4 含量,%;

4—有效气成分,($CO+H_2$)%;5—干气产量,m^3/t 油

此外,提高原料重油的预热温度,可使干气产量、有效气产量、有效气成分以及蒸汽分解率相应增加,并使氧耗量下降。但此温度也不宜过高,以防重油在管壁结焦或发生断火事故。重油预热也是为了喷嘴雾化的需要,一般预热温度控制在150~200℃。

3. 工艺流程

重油部分氧化法制取合成氨原料气的工艺流程包括五个部分:原料油和气化剂的加压、预热和预混合;高温非催化部分氧化;高温水煤气废热的回收;水煤气的洗涤和消除炭黑;炭黑回收及废水处理。

通常按照废热回收方式的不同,可分为冷激流程和废热锅炉流程两大类。

1)冷激流程

将一定温度的炭黑、水在冷激室与高温气体直接接触,水迅速气化而进入气相,急剧地降低气体温度。含大量水蒸气的合成气,在不断继续降温前提下,经各洗涤器进一步清除微量炭黑后直接进入变换系统。图2-10为日产1000t氨重油气化工艺流程。自炭黑回收工序送来的油炭浆(含碳2.8%,溶于重油中),与加压至10.13MPa和10.44MPa、450℃的高压蒸汽混合进入蒸汽油预热器,温度升至320℃,以悬浊状态进入喷嘴的外环管。氧化压缩至10.13MPa,预热至150℃进入喷嘴的中心管。两股物料在相互作用下高速喷入炉内。

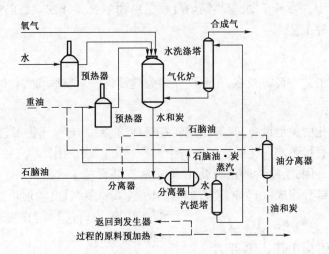

图2-10 氨重油气化冷激工艺流程

反应在1400℃高温和8.61MPa高压下进行,生成(CO + H₂)含量大于92%和CH₄含量低于0.4%的合成气。气化炉的下半段为激冷室。高温气体以浸没燃烧方式与炭黑喷溅接触,洗掉约90%的炭黑,同时蒸发掉大量水分。出冷激室的气体温度降至260℃左右(略高于其露点温度),经进一步洗涤残余炭黑至10mg/m³以下,含炭污水送回收工序处理。

2)废热锅炉流程

废热锅炉流程是采用废热锅炉间接换热回收高温气体的热能。出废热锅炉的气体可进一步冷却至45℃左右,再经脱硫进入变换工序。因此,对重油含硫量无限制,副产的高压蒸汽使用比较方便灵活。

当采用低硫重油或应用耐硫变换催化剂时,冷激流程较废热锅炉流程的设备简单。

图2-11示出了谢尔(Shell)废热锅炉工艺流程。气化炉出口气体经废热锅炉回收热量

产生高压蒸汽后,再经炭黑捕集器和洗涤塔而得原料粗气。谢尔工艺适用于压力为 6.59MPa 下的重油汽化。

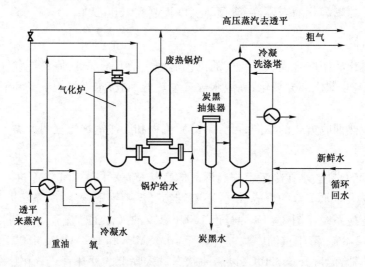

图 2-11　谢尔(Shell)废热锅炉工艺流程

冷激流程是德士古公司开发,废热锅炉流程是由谢尔公司开发。目前世界上很多重油气体装置均采用这两种工艺。

4. 主要设备

重油部分氧化工艺中设备较多,在此仅介绍关键设备——喷嘴和气化炉。

1) 喷嘴

喷嘴是重油气化的关键设备,其雾化性能好与坏,直接影响到气化工艺的优劣;寿命和运转的稳定可靠性将直接影响气化的技术经济指标。然而,火焰的刚性、直径和长度是直接影响气化炉寿命的关键。因此,喷嘴的正确设计、制造和安装都是非常重要的。

喷嘴一般由三部分组成:(1)原料重油和气化剂(氧和蒸汽)流动通道;(2)控制流体流速和方向的喷出口;(3)防止喷嘴被高温辐射而熔化的水冷装置。

喷嘴的类型多种多样,目前国内通用的有三种:一是适用于低压(1.01MPa)下操作的三套管喷嘴;二是在较高压力下操作带文氏管的二次气流雾化双套管喷嘴;三是适用于高、低压,一次机械雾化和二次气流雾化的双水冷、外混式(蒸汽和氧在嘴外混合并预热)双套管喷嘴(图 2-12)。图 2-13 示出了德士古公司的喷嘴。油和蒸汽的混合物经预热炉后,由喷嘴外环管喷出,而氧气导入中心管。在喷口处与蒸汽—油混合流相冲击,使油滴进一步雾化。

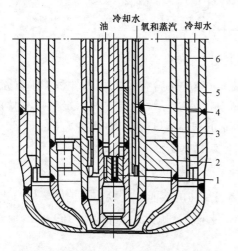

图 2-12　外混式双水冷双套管喷嘴头部

1—油雾化器;2—氧和蒸汽分布器;3—内喷嘴;
4—内部冷却水折流筒;5—外喷嘴;6—外冷却水折流筒

2) 气化炉

气化炉为高温加压反应设备,外形有直立式

和卧式两种,其壳体内衬耐火保温材料,国内工业生产中均为立式炉。

图2-14为冷激流程所用气化炉。炉顶部和喷嘴相组合,其结构应满足喷嘴的装卸。为避免喷嘴喷出的火焰直接冲刷耐火衬里并确保反应的完成,炉的有效高度与有效直径应有适宜的比值,一般长径比取5左右。

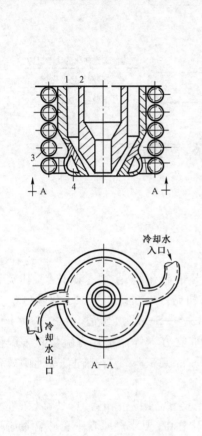

图2-13　蒸汽—油外混式双套管喷嘴

1—外套管;2—内套管;3—冷却水管;4—冷却室

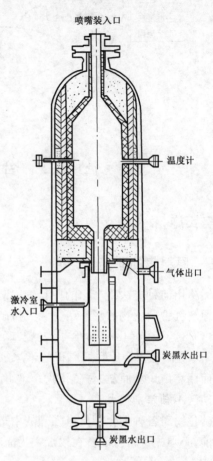

图2-14　氨冷激流程气化炉

为了便于砌筑耐火材料和保温材料,在钢炉壳内焊有2～4层托架,以分层承受砖层的重量,减少砖层及砌缝在高温下的收缩下沉。由于焊接了托架,壳壁局部可能会过热。为防止这种情况,可在托架位置的外壳壁焊装散热片。

耐火砖及保温材料既有高温下的受热膨胀,又有随时间的收缩。为解决膨胀问题,砖层中设有2～3道横向阶梯膨胀缝,缝宽一般取10～20mm。膨胀缝间隙用石棉绳和其他耐高温物质充填。

冷激流程气化炉下部直接与冷激室相连,此部位为高低温急剧变化段,热应力很大。因此,合理的结构设计极为重要。

为防止气化炉壳体在耐火材料一旦被烧穿时受到损坏,目前国内外采用了两种办法:一是在壳体的中、上部设置水夹套,用软水循环冷却炉壁;二是在外壳表面涂以变色漆,当壁温超高时,发生颜色变化显示,同时在外壳设置超温报警装置。

【任务小结】

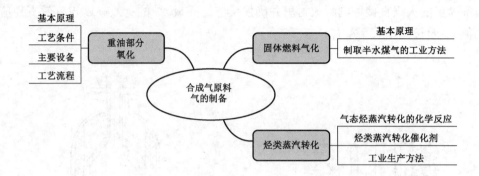

任务二　合成气原料气的净化

【任务实施】

一、原料气的脱硫

无论用何种方法生产出的原料气,都含有一定数量的硫化物,主要是硫化氢,其次是有机硫。原料气中硫化物的形态可分为无机硫(H_2S)和有机硫。有机硫包括二硫化碳(CS_2)、硫氧化碳(COS)、硫醇(R—SH,R 代表烃基)、二硫醚(R—S—S—R′)、硫醚(R—S—R′)和噻吩(C_4H_4S)等。在煤为原料所制得的半水煤气中,每标准立方米气体中含有硫化氢一般仅有几克。而用高硫煤为原料时,硫化物含量可高达 $20 \sim 30g/m^3$。天然气、石脑油、重油中硫化物含量因地区不同差别很大。

硫化物对各种催化剂具有强烈的中毒作用,同时还会腐蚀设备和管道。所以在进一步加工之前,必须先进行脱硫。在以烃类为原料的蒸汽转化法中,要求烃原料中总硫含量必须控制在 50mg/kg 以下。

现今脱硫的方法很多,但可归纳为干法和湿法两大类,参见表 2 – 3。

表 2 – 3　脱硫方法的分类

种类	硫化物	
	无机硫	有机硫
干法	氧化铁法、活性炭法、氧化锌法、氧化锰法	钴—钼加氢法、氧化锌法等
湿法	化学吸收法——氨水催化法、ADA 法、乙醇胺法等	冷氢氧化钠吸收法(脱除硫醇) 热氢氧化钠吸收法(脱除硫氧化碳)
	物理吸收法——低温甲醇洗涤法等	
	物理化学吸收法——环丁砜法等	

1. 干法脱硫

干法脱硫指采用固体吸收剂以脱除硫化氢或有机硫。常用的干法脱硫有氧化铁法、活性炭法、氧化锌法、钴—钼加氢脱硫法、氢氧化铁脱硫法等。由于固体脱硫剂硫容量(单位质量脱硫剂所能脱除硫的最大数量)有限,一般适于脱低硫且反应器体积较庞大。如果原料气中硫含量较高,吸收剂使用周期短且因再生频繁、操作费用大而变得不利。下面对钴—钼加氢转化和氧化锌脱硫作以介绍。

1)钴—钼加氢脱硫法

钴—钼加氢脱硫法是一种脱除含氢原料中有机硫十分有效的预处理措施。有机硫化物脱除较难,但将其加氢转化成硫化氢再加以脱除就容易得多了。采用钴—钼加氢催化剂几乎可使天然气、石脑油原料中的有机硫全部转化成硫化氢,再用氧化锌吸收可把总硫脱除到2.00×10^{-6}%(体积分数)以下。

钴—钼加氢催化剂上,有机硫发生加氢的分解反应式如下:

$$CS_2 + 4H_2 \Longrightarrow 2H_2S + CH_4 \qquad (2-39)$$

$$COS + H_2 \Longrightarrow CO + H_2S \qquad (2-40)$$

$$RCH_2SH + H_2 \Longrightarrow RCH_3 + H_2S \qquad (2-41)$$

$$C_4H_4S + 4H_2 \Longrightarrow C_4H_{10} + H_2S \qquad (2-42)$$

$$R—S—R' + 2H_2 \Longrightarrow RH + R'H + H_2S \qquad (2-43)$$

$$R—S—S—R' + 3H_2 \Longrightarrow RH + R'H + 2H_2S \qquad (2-44)$$

当原料气中存在碳的氧化物和氧时,钴—钼加氢催化剂上还会发生甲烷化反应和脱氧反应:

$$CO + 3H_2 \Longrightarrow CH_4 + H_2 \qquad (2-45)$$

$$CO_2 + 4H_2 \Longrightarrow CH_4 + 2H_2O \qquad (2-46)$$

$$O_2 + 2H_2 \Longrightarrow 2H_2O \qquad (2-47)$$

在有机硫转化的同时,也能使烯烃加氢转变为饱和的烷烃,借以避免烯烃在管式炉镍催化剂上结炭,从而减少下一工序蒸汽转化催化剂析碳的可能性,其反应式为:

$$RCH = R'CH + H_2 \Longrightarrow RCH_2—CH_2R' \qquad (2-48)$$

钴—钼加氢催化剂是以氧化铝为载体,由氧化钴和氧化钼所组成。氧化态的钴和钼加氢活性不大,要经硫化后才能呈现活性。硫化后活性组分主要是 MoS_2 和 Co_9S_8,通常认为 MoS_2 起催化活性,而 Co_9S_8 主要是保持 MoS_2 具有活性的微晶结构、以阻止发生 MoS_2 活性衰退的微晶集聚过程。使用过程中,当催化剂表面积累胶质或结炭而导致催化活性下降时,可以通蒸汽再生,或通入含少量空气的氮(含氧为1%~1.5%),在500~550℃的温度下燃烧积炭再生。

2)氧化锌法

以氧化锌为脱硫剂的干法脱硫,是近代合成氨厂广泛采用的精细脱硫的方法。氧化锌是一种内表面颇大、硫容较高的接触反应型脱硫剂,可脱除无机硫和有机硫,脱硫反应式式为:

$$ZnO + H_2S \Longrightarrow ZnS + H_2O \qquad (2-49)$$

$$ZnO + C_2H_5SH \Longrightarrow ZnS + C_2H_5OH \qquad (2-50)$$

$$ZnO + C_2H_5SH \Longrightarrow ZnS + C_2H_4 + H_2O \qquad (2-51)$$

而 COS 和 CS$_2$的脱除是先被加氢转化成 H$_2$S，然后被 ZnO 所吸收。氧化锌对噻吩加氢转化的能力很低，单用氧化锌不能有效地将有机硫化物全部除尽。

脱硫的反应主要在氧化锌的微孔内表面上进行，除了温度、空速等操作条件影响脱硫效率外，氧化锌颗粒的大小、形状和内部孔结构，也影响脱硫效率。颗粒的孔容积越大，内表面越发达，脱硫的效果就越好。工业上使用的氧化锌脱硫剂都做成与催化剂一样的多孔结构。

氧化锌脱有机硫一般要求应有较高的温度，在室温下其脱硫效果较差。温度升高，反应速率显著增大，其反应速率也视有机硫的种类不同而异。

2. 湿法脱硫

干法脱硫的优点是既能脱除有机硫，又能脱除无机硫，而且可以把硫脱至极精细的程度。其缺点是脱硫剂或不能再生或再生非常困难，而且干法脱硫设备庞大，占地很多，因此不适用于脱除大量无机硫。只有天然气、油田气、炼厂气等含硫较低时才采用干法脱硫。

采用溶液吸收硫化物的脱硫方法通称为湿法脱硫，适用于大量硫化氢气体的脱除。其优点之一是脱硫液可以再生循环使用并回收富有价值的硫磺。湿法脱硫方法很多，根据脱硫过程的特点可分为化学吸收法、物理吸收法和化学—物理综合吸收法三类。化学吸收法是以弱碱性吸收剂吸收原料气中的硫化氢，吸收液（富液）在温度升高和压强降低时分解而释放出硫化氢，解吸的吸收液（贫液）循环。这类方法有碳酸钠法、氨水法和醇胺溶液法等。物理吸收法是用溶剂选择性地溶解原料气中的硫化氢，吸收液在压强降低时释出硫化氢，溶剂可再循环利用，如冷甲醇、聚乙二醇二甲醚法等。化学—物理综合吸收法就是将化学物理两种吸收法结合起来，如环丁砜法等。依再生方式又可分为循环法和氧化法。循环法是将吸收硫化氢后的富液在加热降压或气提条件下解吸硫化氢。氧化法是将吸收硫化氢后的富液用空气进行氧化，同时将液相中的 HS$^-$氧化成单质。

1）氨水催化法

用氨水吸收硫化氢是小氨厂广泛采用的脱硫方法，此方法原料易得、操作比较方便，能回收硫磺。

原料气中的硫化氢在脱硫塔中被氨水吸收，反应式为：

$$NH_3 \cdot H_2O + H_2S === NH_4HS + H_2O \qquad (2-52)$$

气体中的二氧化碳和氰化氢也部分被溶液吸收，在溶液中生成碳酸铵、碳酸氢铵和氰化铵，其反应式为：

$$2NH_3 \cdot H_2O + CO_2 === (NH_4)_2CO_3 + H_2O \qquad (2-53)$$

$$NH_3 \cdot H_2O + CO_2 === NH_4HCO_3 \qquad (2-54)$$

$$NH_3 \cdot H_2O + HCN === NH_4CN + H_2O \qquad (2-55)$$

当原料气含硫化氢小于 0.5g/m^{3}时，吸收硫化氢后的稀氨水通入空气，就可将硫化氢吹出，溶液被再生后循环使用，反应式为：

$$NH_4HS + H_2O === NH_3 \cdot H_2O + H_2S \uparrow \qquad (2-56)$$

氨水催化法有氨损失大、硫容量低的缺点，当煤气中硫含量高时，相应地应增加溶液循环量。

2）改良的蒽醌二磺酸钠法（改良 ADA 法）

蒽醌二磺酸钠法脱硫由于析硫过程缓慢，生成硫代硫酸盐较多，在该溶液中加入偏钒酸钠后，可使析硫速度大为加快，称为改良蒽醌二磺酸钠法脱硫。

在脱硫塔中，用 pH 值为 8.5 ~ 9.2 的稀碱溶液吸收硫化氢并生成硫氢化物：

$$Na_2CO_3 + H_2S \rightleftharpoons NaHS + NaHCO_3 \qquad (2-57)$$

液相中的硫氢化物与偏钒酸钠反应，生成还原性焦钒酸盐，并析出元素硫：

$$2NaHS + 4NaVO_3 + H_2O \rightleftharpoons Na_2V_4O_9 + 4NaOH + 2S\downarrow \qquad (2-58)$$

氧化态 ADA 与还原性焦钒酸钠反应，生成还原态的 ADA 和偏钒酸盐：

$$Na_2V_4O_9 + 2ADA(氧化态) + 2NaOH + H_2O \rightleftharpoons 4NaVO_3 + 2ADA(还原态)$$

$$(2-59)$$

在再生塔中，还原态的 ADA 被空气中的氧氧化成氧化态的 ADA，其后溶液循环使用：

$$2ADA(还原态) + O_2 \rightleftharpoons 2ADA(氧化态) + H_2O \qquad (2-60)$$

改良蒽醌二磺酸钠法脱硫液中，还加有酒石酸钾钠、少量三氯化铁和乙二胺四乙酸（EDTA）。加入酒石酸钾钠的作用在于稳定溶液中的钒，防止生成"钒—氧—硫"复合物沉淀；加入三氯化铁，可加速还原态 ADA 的氧化速度；而螯合剂 EDTA 的加入，可防止 Fe^{3+} 生成 $Fe(OH)_3$ 沉淀。

改良蒽醌二磺酸法脱硫范围较宽，精度较高，温度从常温到 60℃ 间变化。但其成分复杂，溶液费用较高。目前国内中型合成氨厂大多采用此法脱硫。

除此之外，目前工业上应用的脱硫方法还有醇胺法、拷胶法、MSQ 法（硫酸锰—水杨酸—对苯二酚—偏钒酸钠为混合催化剂，简称 MSQ 催化剂）、螯合铁法等。

二、一氧化碳变换

用不同燃料制得的合成氨原料气，均含有一定量的一氧化碳。一般固体燃料气化制得的水煤气中含一氧化碳 35% ~ 37%，半水煤气中含一氧化碳 25% ~ 34%，天然气蒸汽转化制得的转化气中含一氧化碳较低，一般为 12% ~ 14%。一氧化碳不是合成氨生产所需要的直接原料，而且在一定条件下还会与合成氨的铁系催化剂发生反应，导致催化剂失活。因此，在原料气使用之前，必须将一氧化碳清除。

1. 反应原理

清除一氧化碳分两步进行，第一步是大部分的一氧化碳先通过一氧化碳变换反应：

$$CO + H_2O(g) \rightleftharpoons CO_2 + H_2 \qquad (2-61)$$

这样，既能把一氧化碳变为易于清除的二氧化碳，而且又制得了等量的氢，而所消耗的只是廉价的水蒸气。因此，一氧化碳变换既是原料气的净化过程，又是原料气制造的继续。第二步是少量残余的一氧化碳再通过其他净化法加以脱除。

工业上，一氧化碳变换是在催化剂存在下进行的。根据使用催化剂活性温度的高低，又可分为中温变换（或称高温变换，简称中变）和低温变换（简称低变）。中温变换催化剂是以

Fe_3O_4 为主体,反应温度为 350~550℃,变换后气体中仍含有 3% 左右的一氧化碳;低温变换催化剂是以铜或硫化钴—硫化钼为主体,反应温度为 180~280℃,出口气中残余一氧化碳可降至 0.3% 左右。

1)中变催化剂

铁铬系催化剂一般含 Fe_2O_3 80%~90%,含 Cr_2O_3 7%~11%,并含有 K_2O、MgO 及 Al_2O_3 等成分。在催化剂的各种添加物中,以 Cr_2O_3 最为重要,它的主要作用是将活性组分 Fe_2O_3 分散,使之具有更细的微孔结构和较大的比表面积;防止 Fe_2O_3 的结晶成长,使催化剂耐热性能提高,延长使用寿命;提高催化剂的机械强度;抑制析炭副反应等。添加 K_2O 也能提高催化剂的活性,添加 MgO 和 Al_2O_3 可提高催化剂的耐热性,MgO 还有明显的抗硫能力。

铁铬系催化剂中 Fe_2O_3 对一氧化碳变换反应无催化作用,需还原成 Fe_3O_4 才具有活性。在生产中,通常用含氢或一氧化碳的气体进行还原,其反应如下:

$$3Fe_2O_3 + CO \longequal 2Fe_3O_4 + CO_2(g) \qquad (2-62)$$

$$3Fe_2O_3 + H_2 \longequal 2Fe_3O_4 + H_2O(g) \qquad (2-63)$$

以上两个反应均为放热反应,会造成催化剂的温度升高。因此,在还原催化剂时,气体中的 CO 或 H_2 的含量提高不宜太快,避免催化剂因超温而降低活性。当系统停车时,必须对催化剂进行钝化处理。

铁铬系催化剂在还原过程中,Fe_2O_3 除可转化为 Fe_3O_4 外,在一定条件下还可以转化为 FeO 和 Fe 等物质。因此,在还原和生产操作时,务必严格控制工艺条件,以免发生过度还原反应。

2)低变催化剂

目前工业上应用的低变催化剂以氧化铜为主体,还原后的活性组分是细小的铜结晶,在操作温度下极易烧结,比表面积小,从而催化剂活性下降,寿命缩短。为此在催化剂中加入氧化锌和氧化铝,使微晶铜有效地被分隔开来不致长大,从而提高了催化剂的活性和热稳定性。低变催化剂含 CuO 15.3%~31.2%,ZnO 32%~62.2%,Al_2O_3 30%~40.5%。

使用低变催化剂前,需用氢或一氧化碳将其还原成具有活性的微晶铜,其反应如下:

$$CuO + H_2 \longequal Cu + H_2O(g) \qquad (2-64)$$

$$CuO + CO \longequal Cu + CO_2 \qquad (2-65)$$

氧化铜还原是强烈的放热反应,因此必须严格控制还原条件,可用氮气、天然气或过热蒸汽作载气,将催化层温度控制在 230℃ 以下。

3)钴钼系耐硫催化剂

钴钼系耐硫催化剂的化学组成是钴、钼氧化物并负载在氧化铝上,反应前将钴、钼氧化物转变为硫化物(预硫化)后才有活性,反应中原料气必须含硫化物。适用温度范围 160~500℃,属宽温变换催化剂。耐硫催化剂的活性远高于铁铬和铜锌系催化剂的活性,其特点是耐硫抗毒,使用寿命长。

2. 变换过程工艺条件

1)温度

变换反应是可逆的放热反应,从反应动力学可知,温度升高,反应速率常数增大,而平衡常数随温度的升高而减小。CO平衡含量增大,反应推动力将变小。可见温度对两者的影响互为矛盾。因此,对于一定催化剂和气相组成以及对应每一个转化率时,必定对应有一个最大的反应速率值。与该值相对应的温度称为最适宜温度。

根据原料气中的CO含量,一般多将催化剂床层分为一段、二段或多段,段间进行冷却。冷却的方式有两种:一是间接换热式,用原料气或饱和蒸汽进行间接换热;二是直接冷激式,用原料气、水蒸气或冷凝水直接加入反应系统进行降温。

变换过程的温度应在催化剂活性温度范围内进行操作。反应开始温度一般应高于催化剂起活温度约20℃。不同型号的中变催化剂,一般反应开始温度为320~380℃,热点温度在450~550℃。

对于低变过程,由于温升很小,催化剂不必分段。但应特别注意根据气相中水蒸气含量,确定低变过程的温度下限。一般地讲,操作温度的下限应比该条件下气体的露点温度高20~30℃,以避免气体入低变系统后达到露点温度而出现液滴。

2)压力

压力对变换反应的平衡几乎没有影响,但提高压力将使析炭等副反应易于进行,所以单就平衡而言,加压并无好处。但从动力学角度分析,加压可提高反应速率,因为变换催化剂在加压下比常压下活性更高。另外,由于干原料气体积小于干变换气体积,所以先压缩原料气再进行变换的动力消耗比先变换后压缩变换气的动力消耗低,一般可降低能耗10%~15%。加压变换设备体积小,布置紧凑。加压变换过程的湿变换气中水蒸气冷凝温度高,有利于热能回收。具体的操作压力,根据大、中、小型氨厂的不同特点而定。一般小型氨厂与碳化等压操作,压力为0.7~1.2MPa;中型合成氨厂与脱碳等压操作,压力为1.2~1.8MPa。

3)水蒸气比例

水蒸气比例是指蒸汽与原料气中一氧化碳的物质的量之比或蒸汽与干原料气的物质的量之比。改变水蒸气比例是工业变换反应中最主要的调节手段。增加水蒸气用量,可提高一氧化碳平衡变换率,加快反应速率,防止催化剂进一步被还原,避免析炭及生成甲烷的副反应。原料气中水蒸气过量,会使原料气中CO含量下降、绝热温升减小,所以改变水蒸气用量是调节床层温度的重要手段。但是水蒸气用量也不宜过高,否则不仅蒸汽消耗量增加,而且床层压降太大,反应温度难以维持,中变水蒸气比例一般为3~5。

3. 变换的工艺流程

一氧化碳变换工艺的流程安排应作如下考虑:若一氧化碳含量较高,则应采用中温变换,因为中变催化剂操作温度范围较宽,而且价廉、寿命长,大多数合成氨原料气中CO均高于10%,故都先可通过中变除去大部分CO。对CO含量高于15%者,一般可考虑适当分段,段间进行冷却降温,尽量靠近最适宜温度操作。其次,根据原料气的温度与湿含量,考虑适当预热和增湿,合理利用余热。最后,要视对变换气的要求,如允许变换气中残余CO含量在3%左右,则只采用中变即可;如要求在0.3%左右,则将中变和低变串联使用。

1)中变—低变串联流程

此种流程一般与甲烷化法配合使用。例如天然气蒸汽转化法制氨流程,由于天然气转化所得到的原料气中CO含量较低,这样只需配置一段变换即可。如图2-15所示,将含有CO 13%~15%的原料气废热锅炉降温,在压力3.04MPa、温度为370℃的工况下进入高变炉。因

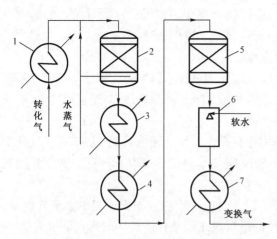

图 2-15 一氧化碳中变—低变串联流程

1—废热锅炉;2—高变炉;3—高变废热锅炉;

4—甲烷化进气预热器;5—低变炉;

6—饱和器;7—贫液再沸器

原料气中水蒸气的含量较高,一般无须另加蒸汽。经变换反应后的气体中,CO 可降至 3% 左右,温度相应为 425~440℃。此气体通过高压废热锅炉,冷却到 330℃,可使锅炉产生 10.13MPa 的饱和蒸汽。此变换气还可预热其他工艺气体(如加热甲烷化炉进气)而被冷却至 220℃,然后进入低变炉。低变炉绝热温升仅为 15~20℃,此时残余 CO 可降至 0.3%~0.5%。该反应热还可以进一步回收。为提高其传热效果可喷入少量水于气体中,使其达到饱和状态。这样,当气体进入脱碳贫液再沸器时,水蒸气即行冷凝,使传热系数增大。气体离开变换系统后,送脱碳系统脱除 CO_2。目前,这种流程的主要差别在于中变废热锅炉的不同。大型合成氨厂可产生高压蒸汽,而中、小合成氨厂产生中压蒸汽或预热锅炉给水。

2)多段中变流程

以煤为原料的中、小型合成氨厂制得的半水煤气中含有较高的 CO,需采用多段中变流程。多段中变流程包括:(1)多段变换及段间冷却设备;(2)保证变换一段入口达到反应温度所需的热交换器;(3)回收过量反应蒸汽潜热的设备,如饱和塔、热水塔和水加热器;(4)冷却变换器的冷凝塔;(5)开车升温所用的电热炉或煤气升温炉。小型合成氨厂三段加压中变流程如图 2-16 所示。

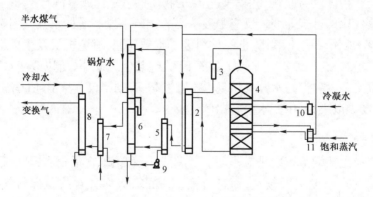

图 2-16 三段加压中变流程

1—饱和塔;2—热交换器;3—电热炉;4—变换炉;5—第一水加热器;6—热水塔;

7—第二水加热器;8—冷凝塔;9—热水泵;10—第一冷激器;11—蒸汽过热器

经压缩机加压的半水煤气入饱和塔,出口气与经变换炉二、三段间过热蒸汽相混合,然后进入热交换器管内预热,经开工升温电热炉,进变换炉一段催化剂床层反应。一段出口气经喷水冷激后,进入二段床层反应,二段出口气经蒸汽过热器降温后入三段床层反应。三段出口气入热交换器管间初步回收显热后,进入第一水加热器,间壁加热由饱和塔来的循环热水,提高半水煤气的饱和温度。然后进入热水塔直接加热循环热水,回收过量蒸汽的冷凝潜热。再经第二水加热器进一步回收剩余蒸汽的冷凝潜热,用于加热循环水,供铜洗再生过程所需热量。变换气冷却塔或冷却器降至常温送下一工序。

三、二氧化碳脱除

无论是以固体燃料还是烃类为原料气中,经 CO 变换后都含有相当量(15% ~40%)的 CO_2。在入合成系统前必须将 CO_2 气体清除干净。而 CO_2 又是制造尿素、碳酸氢铵和纯碱等的原料,因此,CO_2 脱除和回收净化是脱碳过程的双重任务。

1. 概述

脱除气体中 CO_2 的过程称作"脱碳"。工业上常用的脱碳方法为溶液吸收法,该法可分为两大类:一类是循环吸收过程,即吸收 CO_2 后再生塔解吸出纯态 CO_2,供尿素生产用;另一类是将吸收 CO_2 的过程与生产产品同时进行,例如碳酸氢铵、联碱和联尿等产品的生产过程。

循环吸收法依据所用吸收剂的性质不同,可分为物理、化学和物理化学吸收法三种。

物理吸收法利用 CO_2 能溶解于水或有机溶剂的特性进行操作。常用的方法有水洗法、低温甲醇法、碳酸丙烯酯法、聚乙醇二甲醚法等。

化学吸收法是用碳酸钾、有机胺和氨水等碱性溶液作为吸收剂,实际上属于酸碱中和反应,此类方法名目繁多。例如,用碳酸钾吸收 CO_2 时,由于向溶液中添加活化剂不同,又可分为改良热钾碱法或称本菲尔德法、催化热钾碱法或称卡特卡朋法和氨基乙酸法等。新开发的低能耗脱碳方法称为 N - 甲基二乙醇胺(MDEA)法。

环丁砜法和聚乙二醇二甲醚法是兼有物理吸收和化学吸收的方法。环丁砜法所用的吸收剂是环丁砜和烷基醇胺类的水溶液,其中环丁砜(学名为 1,1 - 二氧化四氢噻吩)对 CO_2 是一种良好的物理吸收剂,而烷基醇胺(常用的有二异丙醇胺、一乙醇胺、二乙醇胺)很容易与 CO_2 发生化学反应。用一定比例的环丁砜和醇胺水溶液吸收 CO_2,当气相中 CO_2 分压较小时,以化学吸收为主;当 CO_2 分压较大,物理吸收和化学吸收同时进行。这样既保持溶液对 CO_2 有较大的吸收能力,又可保证脱碳气体较高的净化度。

2. 物理吸收法脱碳

物理吸收脱除 CO_2 的方法,由于选择性差,且仅以减压闪蒸的方法进行再生,一般 CO_2 回收率不高,此法仅适用于 CO_2 有富余的合成氨厂,例如以煤为原料间歇制气生产合成氨,加工产品为尿素的流程或重油部分氧化生产合成氨原料气,而最终加工产品为尿素的流程中常采用此法脱碳。

物理吸收法脱碳,按操作温度可分为常温循环吸收法和低温甲醇洗涤法。前者所用的吸收剂通常有水、碳酸丙烯酯和聚乙二醇二甲醚,碳酸丙烯酯对 CO_2 的溶解度比水大 4 倍,而聚乙二醇二甲醚对 CO_2 的溶解度比前两者更大,特别是它对 H_2S 的溶解度很大。因此,尤其适用于含 CO_2 的气流中选择性吸收 H_2S 的场合。甲醇是吸收 CO_2、H_2S、COS 等极性气体的良好溶剂,尤其是低温下,上述气体在甲醇中的溶解度更大。

碳酸丙烯酯(分子式 $CH_3CHOCO_2CH_2$)是一种具有一定极性的有机溶剂。对 CO_2、H_2S 等酸性气体有较大的溶解能力,而 H_2、N_2、CO 等气体在其中的溶解度甚微。烃类在碳酸丙烯酯中的溶解度也很大,因此当原料气中含有较多的烃类时,工业上多采用多级膨胀再生的方法回收被吸收的烃类。

碳酸丙烯酯是吸收 CO_2 的一种理想溶剂,其吸收能力与压力成正比,特别适于高压下进行。溶剂的蒸气压低,可以在常温下吸收。吸收 CO_2 以后的富液经减压解吸或鼓入空气,可使之得到再生,无须消耗热量,生产工艺简单,整个脱碳系统的设备都可用碳钢制造。本法的缺点是溶液价格较高,溶剂稍有漏损就会造成操作费用的增高。

3. 化学吸收法脱碳

工业上化学吸收法脱碳主要有热碳酸钾、有机醇胺和氨水等吸收法。化学吸收法具有选择性好、净化度高、二氧化碳纯度和回收率均高的优点。因此,在原料气中二氧化碳量不能满足工艺需求的情况下,宜采用化学吸收法。

1)热碳酸钾法

碳酸钾水溶液具有强碱性,它与 CO_2 的反应如下:

$$CO_2 + K_2CO_3 + H_2O \Longrightarrow 2KHCO_3 \tag{2-66}$$

生成的 $KHCO_3$ 在减压和受热时,解吸出 CO_2,溶液重新再生为 K_2CO_3 循环使用。

为了提高碳酸钾吸收 CO_2 的反应速率,吸收操作是在较高温度(105~130℃)下进行,因此该法又称作热碳酸钾法。热法有利于提高 $KHCO_3$ 的溶解度,并应用浓度较高的 K_2CO_3 溶液以提高吸收 CO_2 的能力。在操作中,吸收和再生的温度基本相同,可以节省溶液再生的热耗,有效地简化了生产流程。但在此温度下,以单纯的 K_2CO_3 水溶液吸收 CO_2,其吸收速率仍很慢,而且对设备腐蚀严重,在溶液中加入某些活化剂则可大大加快对 CO_2 的吸收速率。可作为活化剂的有:三氧化二砷、硼酸或磷酸的无机盐以及氨基乙酸、二乙烯三胺、一乙醇胺、二乙醇胺、二甲胺基乙醇等有机胺类。为了减轻强碱液对设备的腐蚀,在溶液中还加有缓蚀剂。这样,吸收和再生的主要设备可用碳钢制造。

目前,脱碳应用最多的方法有:以氨基乙酸为活化剂、五氧化二钒为缓蚀剂的氨基乙酸法;以二乙醇胺为活化剂、五氧化二钒为缓蚀剂的改良热钾碱法;以二乙醇胺和硼酸的无机盐为活化剂、五氧化二钒为缓蚀剂的催化热钾碱法。

2)MDEA 法

MDEA 即 N—甲基二乙醇胺,其结构式为:

$$\begin{array}{cccc} & H & H \\ & | & | \\ HO-C-C & & \\ & | & | \\ & H & H \\ & & \diagdown \\ & & N-CH_3 \\ & & \diagup \\ & H & H \\ & | & | \\ HO-C-C & & \\ & | & | \\ & H & H \end{array}$$

MDEA 为叔胺,在溶液中会与 H^+ 结合生成 R_3NH^+,呈现弱碱性。因此被吸收的 CO_2 易于再生,特别是它可以采用与物理吸收法相同的闪蒸再生方法,从而节省大量的热量。MDEA 很稳定,对碳钢不腐蚀,其氮原子是三耦合的,CO_2 仅形成亚稳态的碳酸氢盐,即:

$$CO_2 + H_2O + R_3N \Longrightarrow R_3NH^+ + HCO_3^- \tag{2-67}$$

其实质是 MDEA 对 CO_2 水解反应的催化作用所致,即胺和水的键合增加了水对 CO_2 的活性。

四、原料气的最终净化

经过一氧化碳变换和二氧化碳脱除后,原料气中还含有少量残余的 CO、CO_2、O_2 和硫化物等,它们会使合成氨催化剂暂时中毒,因此应在合成前脱除,使一氧化碳的含量降到规定的 $10 \times 10^{-4}\%$(体积分数)以下。脱除合成氨原料气中残余一氧化碳的方法有:铜氨液洗涤法(铜氨液吸收法)、甲烷化法和液氮洗涤法。

1. 铜氨液吸收法

铜氨液是由铜离子、酸根和氨组成的水溶液。为避免设备遭受腐蚀,工业上不用强酸,而用蚁酸、醋酸和碳酸等弱酸的铜盐氨溶液。我国常用的是醋酸铜氨液。醋酸铜氨液是将铜溶于含醋酸和氨的溶液中制备的,溶液中醋酸根比铜离子略过量 10% 左右,这样可以抑制 CO_2 在铜氨液中过多溶解而影响吸收,同时氨应过量,因为有游离氨存在时溶液比较稳定,并能保持对 CO 的吸收能力。由于金属铜不易溶于醋酸和氨中,制备新铜液时必须加入空气,这样金属铜就被氧化为高价铜,其反应式如下:

$$2Cu + 4HAC + 8NH_3 + O_2 \Longrightarrow 2Cu(NH_3)_4AC_2 + 2H_2O \qquad (2-68)$$

生成的高价铜再把金属铜氧化成低价铜,从而使铜逐渐溶解:

$$Cu(NH_3)_4AC_2 + Cu \Longrightarrow 2Cu(NH_3)_2AC \qquad (2-69)$$

这时在铜液内有低价铜与高价铜两种铜离子。前者以 $Cu(NH_3)_2^+$ 的形式存在,是吸收 CO 的活性组分;后者以 $Cu(NH_3)_4^{2+}$ 的形式存在,没有吸收 CO 的能力,但溶液内必须有它,否则就会有金属铜析出。

铜氨液吸收 CO 的反应为:

$$Cu(NH_3)_2^+ + CO + NH_3 \Longrightarrow Cu(NH_3)_3CO^+ \qquad (2-70)$$

影响铜氨液对 CO 吸收能力的因素可归纳为:

(1)温度。降低温度,能提高铜氨液对 CO 的净制程度,但温度降低到一定程度后,铜氨液的吸收能力不再明显增加,其黏度急剧增大,使系统阻力、动力消耗和冷冻能耗均增大,并影响吸收的传质速率系数,还可能析出醋酸铵等结晶而堵塞管道。工厂里一般保持吸收塔的铜氨液温度为 $8 \sim 12℃$。因吸收时放热,吸收后的铜氨液的温度可达 $15 \sim 20℃$。

(2)压力。铜氨液吸收能力与 CO 分压有关。在一定温度下,吸收能力随 CO 分压增加而增加,但当超过 $0.3MPa$ 后,吸收能力随 CO 分压升高而增加的效果已不显著。而过高压力操作会增大输送铜氨液的动力消耗,吸收设备的强度也要增大,所以在这种情况下脱除 CO 并不经济。在不采用低温变换的净化流程中,进塔气体中 CO 含量一般为 $3\% \sim 4\%$,因此,实际生产多在 $12 \sim 15MPa$ 下操作。

(3)铜氨液组成。铜氨液中对一氧化碳有吸收能力的是低价铜,但溶液中同时存在着高价铜,溶液中低价铜与高价铜的浓度之比称为"铜比",用 R 表示,低价铜与高价铜离子浓度的总和称为"总铜",用 T_{Cu} 表示。从吸收 CO 角度来讲,低价铜浓度应高些,若以 A_{Cu} 表示低价铜浓度,则:

$$\frac{A_{Cu}}{T_{Cu}} = \frac{[Cu^+]}{[Cu]^+ + [Cu^{2+}]} = \frac{R[Cu^{2+}]}{R[Cu^{2+}] + [Cu^{2+}]} = \frac{R}{R+1}$$

即铜比一定时,铜氨液中低价铜浓度与总铜浓度成正比,并随着铜比的增加而增大。但是,铜氨液中的总铜量有一极限值,这个极限值可由铜在铜氨液内的溶解度决定。铜比较低时,提高铜比,低价铜浓度显著增加,但当铜比超过10时已不显著,而且铜比过高,会产生金属的沉淀。

铜氨液的再生是在低压和加热下进行的,其反应如下:

$$Cu[(NH_3)_3CO]^+ \Longrightarrow Cu(NH_3)_2^+ + CO\uparrow + NH_3\uparrow \qquad (2-71)$$

$$NH_4HCO_3 \Longrightarrow NH_3\uparrow + CO_2\uparrow + H_2O \qquad (2-72)$$

由于CO在铜氨液内被氧化成易于放出的CO_2,好比是CO的燃烧过程,也称该反应为湿法燃烧反应。

2. 甲烷化法

甲烷化法是在催化剂的作用下将CO、CO_2加氢生成甲烷而达到气体精炼的方法。此法可将原料气中的碳氧化物总量脱至$1\times10^{-3}\%$(体积分数)以下。由于甲烷化过程消耗H_2而生成无用的CH_4,因此仅适用于气体中CO、CO_2含量低于0.5%的工艺过程中。

甲烷化法脱CO是使CO加氢生成CH_4,反应如下:

$$CO + 3H_2 \Longrightarrow CH_4 + H_2O \qquad (2-73)$$

在脱CO的同时,CO_2也进行加氢,其反应如下:

$$CO_2 + 4H_2 \Longrightarrow CH_4 + 2H_2O \qquad (2-74)$$

当原料气中有O_2存在时,O_2和H_2反应生成水:

$$2H_2 + O_2 \Longrightarrow 2H_2O \qquad (2-75)$$

在某种条件下,还会有以下副反应发生:

$$2CO \Longrightarrow C + CO_2 \qquad (2-76)$$

$$Ni + 4CO \Longrightarrow Ni(CO)_4 \qquad (2-77)$$

我国目前使用的甲烷化催化剂是镍催化剂,以镍为主要活性成分,以氧化铝为载体。而甲烷化反应是在较低温度下进行的,要求催化剂有很高的活性。为满足高活性要求,甲烷化催化剂中的镍含量要比甲烷蒸气转化的高,一般为15%~30%(以Ni计),有时还加入稀土元素作为促进剂。催化剂可做成片状、条状或球形,粒度在4~6mm之间。

除预还原催化剂外,甲烷化催化剂中的镍都以NiO形式存在,使用前先以氢气或脱碳后的原料气还原。在用原料气还原时,为避免床层温升过大,要尽量控制碳氧化物含量在1%以下。还原后的镍催化剂容易自燃,务必防止同氧化性气体接触,而且不能用含有CO的气体升温,防止在低温时生成羰基镍。

3. 液氮洗涤法

液氮洗涤法的突出优点是可以得到只含0.01%(体积分数)以下惰性气体的氢氮混合气。该法常与设有空分装置的重油部分氧化、煤富氧气化以及采用焦炉气分离制氢的工艺相配用。

该法是一种深冷分离法,为物理吸收过程,是基于各种气体的沸点不同这一特性进行的。CO具有比氮的沸点高以及能溶解于液态氮的特性,同时考虑到N_2是合成氨的直接原料之一,从而在工业上实现以液态氮洗涤微量CO的方法。用液氮洗涤时,CO冷凝在液相中,而一部分液氮蒸发到气相中。如果进入氮洗系统的气体中含有少量的O_2、CH_4和Ar,由于它们的沸点都比 CO 高,故在脱除 CO 的同时也将这些组分除去。

（1）氮的来源。氮由空气分离装置以气态或液态形式提供。要求氮气中氧含量小于 4%（体积分数），液氮中氧含量小于 2×10^{-3}%（质量分数）。在部分氧化和煤纯氧气化时液氮洗涤过程中氮的蒸发即提供氮。

（2）冷源。为补充正常操作时从环境漏入热量以及各种换热器热端温差引起的冷量损失,必须解决冷源问题以提供冷量。通常采用的方法有:节流效应、等熵膨胀和外加氨冷等。液氮洗涤的冷源通常通过高压氮洗所得富 CO 馏分节流至低压的制冷效应获得的。

（3）预处理。由于低温会使水和 CO_2 凝结成固体,影响传热和堵塞管道及设备。因此,进入本系统的原料气必须符合完全不含水蒸气和 CO_2 的工艺要求。焦炉气和合成气中常含有微量氮氧化物及不饱和烃,在深冷设备中会相互沉积为树枝状物质,很易自燃引爆。因此,工艺上以活性炭等吸附剂作最终脱除,以确保安全。

【任务小结】

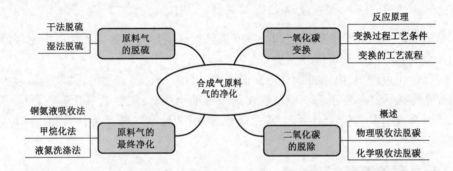

任务三 合成气的生产应用

应用一 合 成 氨

【任务导入】

合成氨用氢气约占氢气生产量的 50%,主要用作氮肥,还可用来制造硝酸、纯碱、氨基塑料、聚酰胺纤维、丁腈橡胶、磺胺类药物及其他含氮的无机化合物。在国防部门,用氨制备的硝酸是制造硝化甘油、硝化纤维、三硝基甲苯（TNT）、三硝基苯酚等炸药及导弹火箭推进剂的重要原料。氨还是常用的冷冻剂之一。

氨为无色气体,有强烈的刺激臭味。熔点 -77.7℃,沸点 -33.5℃。易溶于水,溶于醇和乙醚。氨在不太高的压力下可变成液氨,是一种无色液体。当空气中含有 16% ~25% 的氨时,会发生爆炸。用水吸收气态氨可得 28% ~29% 氨的水溶液,含氮量为 17% ~20%,呈碱性,有极强的刺激臭味,通常称为“氨水”。

【任务分析】

一、反应原理

合成氨反应式为:

$$N_2 + 3H_2 \Longleftrightarrow 2NH_3(g) \qquad (2-78)$$

这是一个可逆放热和物质的量减少的反应,反应速率较慢,需在催化作用下进行。

对合成氨具有活性的金属很多,如锇、铂、钼、钨、铀、锰、铬、铁等。其中以铁为主体并添加促进剂的催化剂价廉易得、活性良好、使用寿命长,在工业上得到了广泛的应用。

目前,大多数铁催化剂都是经过精选的天然磁铁砂利用熔融法制备的,其活性组分为金属铁。未还原的铁系催化剂活性组分为 FeO 和 Fe_2O_3,其中 FeO 约占 24% ~ 38%(质量分数),Fe^{2+}/Fe^{3+} 约为 0.5,此成分相当于 Fe_3O_4,具有尖晶石的结构。可作为促进剂的成分有 Al_2O_3、K_2O、CaO、MgO、SiO_2、BaO、CoO 等多种物质。

通常制得的催化剂为黑色不规则颗粒,有金属光泽。堆密度随粒度增大而增大,一般为 2.5 ~ 3.0kg/L,堆积孔隙率为 36% ~ 45%。国内已制出球形氨合成催化剂,填充床阻力降较不规则颗粒低 30% ~ 50%。

催化剂还原反应式为:

$$Fe_3O_4 + 4H_2 \Longleftrightarrow 3Fe + 4H_2O(g) \qquad (2-79)$$

还原过程是吸热的。工业上一般用电加热器或加热炉提供热。在还原后期可由上层已还原好的催化剂在合成氨时放出的反应热来提供。

催化剂在使用过程中,由于长期处于高温下,发生细晶长大、毒物的毒害、机械杂质遮盖减小比表面等会导致活性不断下降。能使催化剂中毒的物质有:氧和含氧化合物(O_2、CO、CO_2、H_2O 等)、硫及硫化合物(H_2S、SO_2 等)、磷及磷化合物(PH_3 等)、砷及砷化合物(AsH_3 等)以及润滑油、铜氨液等。

二、工艺条件的选择

合成氨的工艺条件一般包括压力、温度、空速、氢氮比、惰气含量和初始氨含量等。工艺条件的选择,一方面应尽量满足反应本身的要求,同时考虑实际可能的条件使单位产品的总能耗最低,做到长周期、安全、稳定地运转,达到良好的技术经济指标。

1. 操作压力

从化学平衡和反应速率的角度来看,较高的操作压力是有利的,但压力的高低直接影响到设备的投资、制造和合成氨功耗的大小。

生产上选择操作压力的主要依据是能耗以及包括能量消耗、原料费用、设备投资在内的综合费用,即取决于技术经济效果。压力高可使设备体积减小,但压力过高,压缩功增加,且对设备的材质、制造技术等要求过高。目前国内中、小型合成氨厂均采用 20 ~ 32MPa 压力。

2. 操作温度

合成氨反应是可逆放热反应,因此存在最适宜反应温度。最适宜反应温度随氨浓度增加、压力降低和惰气含量的增加而降低。同时,催化剂活性对最适宜温度的影响也是显著的。

催化剂床层进口温度的低限由催化剂起始反应温度决定,床层热点温度的高限由催化剂的耐热温度决定。因此合成反应温度一般控制在 400 ~ 500℃,到生产后期,催化剂活性已经下降,操作温度应相应的提高。

3. 空间速度

空间速度(简称空速)的大小,不仅与氨净值(合成塔进出口氨含量之差)、循环气量、系统阻力降和催化剂生产强度有关,而且还直接影响到反应热的合理利用。提高空速虽然能增加催化剂的生产强度(指单位时间单位体积催化剂上生成氨的量),但减少了气体在催化剂床层的停留时间,合成率降低,将导致出塔气体中氨含量的下降、产物分离困难。故空速的选择应根据合成压力、反应器的结构和动力价格综合考虑。

一般地讲,氨合成操作压力高,反应速率快,空速可高一些;反之可低一些。例如,30MPa的中压法合成氨空速在 20000 ~ 30000h^{-1} 间,15MPa 的轴向冷激式合成塔中合成氨空速为 10000h^{-1}。

4. 合成塔进口气体组成

合成塔进口气体组成包括氢氮比、惰性气体含量和初始氨含量。

最适宜氢氮比与反应偏离平衡的状况有关。当接近平衡时,氢氮比为3,可获得最大平衡氨含量;当远离平衡时,氢氮比为 1 最适宜。生产实践证明,最适宜的循环氢氮比应略低于3,通常为 2.5 ~ 2.9,而对含钴催化剂,氢氮比在 2.2 左右。

惰性气体的存在,无论从化学平衡、反应动力学还是动力消耗讲,都是不利的。但要维持较低的惰气含量需要大量地排放循环气,导致原料气单耗增高。生产中必须根据新鲜气中惰性气体含量、操作压力、催化剂活性等因素综合考虑。

进塔氨含量的高低,需综合考虑氨冷凝的冷负荷和循环机的功耗。通常操作压力为 25 ~ 30MPa 时采用一级氨冷,进塔氨含量控制在 3% ~ 4%;而在 20MPa 合成时采用二级氨冷;15MPa 合成时采用三级氨冷,此时进塔氨含量可降至 1.5% ~ 2.0%。

三、氨的分离

即使在 100MPa 的压力下合成氨,合成塔出口气体的氨含量也只能达到 25% 左右。因此,必须将生成的氨分离出来,将未反应的氢气和氮气送回系统循环利用。

氨的分离方法有冷凝分离法和水或溶剂吸收法。目前,工业生产中主要为冷凝法分离氨。溶剂吸收法尚未获得工业应用。

冷凝法分离氨是利用氨气在高压下易于液化的原理进行的。高压下,与液氨呈平衡的气相氨含量随温度降低、压力增高而下降。如操作压力在 45MPa 以上,用水冷却即可使氨冷凝。而在 20 ~ 30MPa 下操作,水冷只能分出部分氨,气相中尚含有 7% ~ 9% 的氨,需进一步以液氨为冷冻剂冷至 0℃ 以下,方可将气相氨含量降至 2% ~ 4%。

冷凝的液氨在氨分离器中与气体分开后经减压送入储槽,同时带入一定量的氢、氮、甲烷和氢气(包括溶解和夹带),这些气体大部分在氨储槽中释放出来,工业上称为"储槽气"或"弛放气"。

四、合成氨工艺流程的组织

尽管世界各国的合成氨工艺流程各不相同,但又有许多相同之处,它是由合成氨本身特性所决定的。

(1)由于受平衡条件限制,合成率不高,有大量的 N_2、H_2 气体未反应,需循环使用。故氨合成本身是带循环的系统。

(2)合成反应的平衡氨含量取决于反应温度、压力、氢氮比及惰性气体含量,当这些条件一定时,平衡氨含量就是一个定值,即不论进口气体中有无氨存在,出口气体中氨含量总是一个定值。因此反应后气体中所含的氨必须进行冷凝分离,使循环回合成塔入口的混合气体中氨含量尽量少,以提高氨净增值。

(3)由于循环,新鲜气体中带入的惰性气体在系统中不断积累,当其浓度达到一定值时,会影响反应的正常进行,即降低合成率和平衡氨含量。因此必须将惰性气体的含量稳定在要求的范围内,这就需定期或连续的放空一些循环气体,称为弛放气。

(4)整个合成氨系统在高压下进行,必须用压缩机加压。除了管道、设备及合成塔床层压力降,还有氨冷凝器等,使得循环气与合成塔进口气产生压力差,需采用循环压缩机来弥补压力降的损失。

大型合成氨厂(单机产量为1000t/d)流程如图2-17所示。

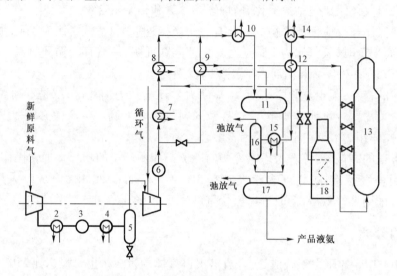

图2-17　大型合成氨厂的工艺流程

1—离心式合成压缩机;2,9,12—换热器;3,6—水冷却器;4,7,8,10,15—氨冷却器;5—水分离器;
11—高压氨分离器;13—氨合成塔;14—锅炉给水的加热器;16—氨分离器;17—低压氨分离器;18—开工炉

净化后的新鲜合成气在30℃和2.5MPa条件下进入合成压缩机1,经由蒸汽透平驱动的二缸离心式压缩机压缩,在离开第一缸进入第二缸之前,气体先经热交换器2与原料气交换热量而得到冷却,再经中间水冷却器3和氨冷却器4中将水蒸气冷凝成水,在水分离器5中将冷凝分离出的水排掉。干燥的新鲜原料气进入压缩机第二缸继续提高压力,并在最后一段压缩时与循环气混合。由于循环气与新鲜气的混合,使循环气中含氨由12%降至9.9%,由压缩机出来的混合气先经水冷却器6冷却,然后分成平行的两路,一路进入两串联的氨冷器7和8,得以冷却降温;另一路与高压氨分离器11出来的冷气体在换热器9中换热,以回收冷量。此后两路平行气混合,在第三个氨冷器10中进一步冷却至-23℃,其中的氨气被冷凝成液氨,气液混合物进入高压分离器11,将液氨分离。由新鲜原料气带入的微量水分、二氧化碳、一氧化碳在低温下也同时除去,由高压分离器出来的气体中氨含量降至2%左右,该气体进入换热器9和12,被压缩机出口气体和合成塔出口气体加热到140℃左右,再进入合成塔13。合成塔中有四层催化剂,每层催化剂出口气体都用冷原料气冷却,所以该合成塔是四段激冷式。合成压力为15MPa,出口气中氨含量为12%左右。合成塔出口气在锅炉给水加热器14中由280℃冷却至165℃,再经换热器12降至43℃左右,其中绝大部分送至压缩机第二缸的中间段补充压力,这就是循环回路,循环气在二缸最后一段与新鲜原料气混合;另一小部分作为弛放气引出合成系统,以避免系统中惰性气体积累,因为这一部分混合气中的氨含量较高(约12%),故不能直接排放,而是先通过氨冷器15和氨分离器16,将液氨回收后排放。所有冷凝的液氨都流入低压氨分离器17,将溶解在液氨中的其他气体释放后成为较纯产物液氨。

流程中需要注意的是:气体放空位置、循环压缩机的位置、补充新鲜气体的位置以及氨的一级水冷和二级水冷。

五、氨合成塔的选用

氨合成塔是整个合成氨生产工艺中最主要的设备。它必须适应过程在接近最适宜温度下操作,力求小的系统阻力降以减少循环气的压缩功耗,结构上应简单可靠,满足合成反应高温高压操作的需要。

在合成氨的温度压力条件下,氢气、氮气对碳钢具有明显的腐蚀作用。这种腐蚀作用,一类是氢脆,即氢溶解于金属晶格中,使钢材在缓慢变形时发生脆性破坏;另一类是氢腐蚀,即氢渗透到钢材内部,使碳化物分解并生成甲烷,甲烷聚积于晶界微观孔隙中形成高压,导致应力集中,沿晶界出现破坏裂纹,有时还会出现鼓泡。氢腐蚀与压力、温度有关,温度超过221℃、氢分压大于1.43MPa,氢腐蚀开始发生。在高温、高压下,氮与钢中的铁及其他很多合金元素也会形成硬而脆的氮化物,从而导致金属机械性能的降低。

为合理解决上述问题,合成塔通常都由内件和外筒两部分组成。进入合成塔的气体先经过内件和外筒之间的环隙。内件外面设有保温层(或死气层),以减少向外筒散热。因而,外筒主要承受高压而不承受高温,可用普通低合金钢或优质低碳钢制成。正常情况下寿命达40~50年。内件虽在500℃左右的温度下操作,但只承受高温而不承受高压。承受的压力为环隙气流和内件气流的压差,此压差一般为0.5~2.0MPa,可用镍铬不锈钢制作。内件由催化剂筐、热交换器、电加热器三个主要部分构成。大型氨合成塔的内件一般不设电加热器,由塔外供热炉供热。

氨合成塔的结构形式繁多。工业上,按降温方式不同,可分为冷管冷却型、冷激型和中间换热型。一般而言,冷管冷却型用于 $\phi500 \sim \phi1000$ 的小型氨合成塔。冷激型具有结构简单、制造容易的特点。中间换热型氨合成塔是当今世界的发展趋势,但其结构较复杂。近年来将传统的塔内气流由轴向流动改为径向流动以减小压力降,降低压缩功耗已受到了普遍重视。

1. 连续换热式(冷管冷却型)

连续换热又叫内部换热式,特点是在催化剂床层中设置冷却管,通过冷却管进行床层内冷、热气流的间接换热,以达到调节床层温度的目的。冷却管的形式有单管、双套管和三套管,而单管按其管形又有圆管、扁平管、翅片管和U形管之分;根据催化剂床层和冷却管内气体流动的方向,又有并流式和溢流式之分。常见的型式有单管逆流、单管并流、双套管并流等。图2-18和图2-19示出了两种并流冷管床层冷却的示意结构。

2. 多段直接冷激式(冷激型)

合成塔内的催化剂床层分为若干段,在段间通入未预热的氢、氮混合气直接冷却。以床层内气体流动方向的不同,可分为沿中心轴方向流动的轴向塔和沿半径方向流动的径向塔。

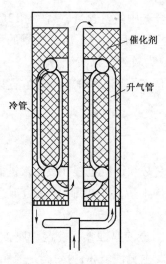

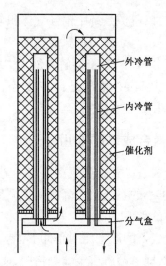

图 2-18　单管并流示意图　　　　　　　　　　　图 2-19　并流三套管示意图

3. 中间换热式

随着世界能源的日趋短缺,一系列节能型的氨合成塔应运而生。如 Topsφe 公司的 S-200型、Kellogg 公司的带中间换热器的卧式合成塔,Braun 绝热合成塔和 Uhde 三段中间换热式径向合成塔等。

图 2-20 为 Topsφe S-200 型氨合成塔的两种型式(带下部换热器型和不带换热器型)。该塔采用了径向中间冷气换热的 Topsφe S-200 型内件,代替原有层间冷激的 Topsφe S-100型内件。由于取消了层间冷激,不存在因冷激降低氨浓度的不利因素,使合成塔出口氨浓度有较大的提高,功耗较原冷激内件节省较多。

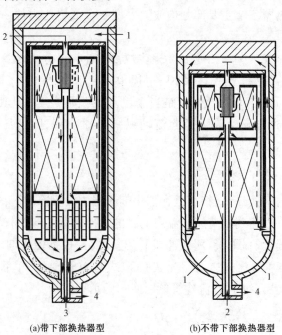

(a)带下部换热器型　　　　　　　　　　(b)不带下部换热器型

图 2-20　Topsφe S-200 型氨合成塔简图
1—主线进口;2—冷气进口;3—冷副线;4—气体出口

【任务实施】

合成氨合成工段生产操作控制

一、合成氨合成工段生产操作控制要点

1. 温度的控制

氨合成塔温度的控制关键是对催化床层热点温度和入口温度的控制。

1）热点温度的控制

热点温度是指催化床层中温度最高的点。对冷激式合成塔，每层催化床都有一热点温度，其位置在催化床的下部，其中以第一催化床的热点温度为最高，其他依次降低；对冷管式合成塔，催化床的理想温度分布是先高后低，即热点温度应在催化床的上部，且每个催化床的热点温度也是依次降低。显然，就其中每一个催化床层而言，其温度分布并不理想，但多层催化床层组合起来，则显示整体温度分布的合理性。

热点温度能全面反映催化床的情况。床层中其他部位的温度随热点温度的改变而变化，因此，控制好了热点温度在一定程度上相当于控制好了整个床层的温度。但是热点温度的大小及位置并不是一成不变，它随着负荷、空速和催化剂使用时间的长短而有所改变。

正确控制热点温度，首先要根据合成塔负荷大小和催化剂活性情况，要尽可能维持较低的热点温度。因为热点温度低，不仅有利于发挥催化剂的低温活性、提高平衡氨含量、提高出口氨含量，还可延长内件和催化剂使用寿命。其次，热点温度要应量维持稳定，其波动范围最好能控制在 2 ~ 4℃内。

2）催化床层入口温度的控制

催化床层入口温度又称灵敏温度、敏点温度，是催化剂床层中温度变化最灵敏的点，要略高于催化剂的起始活性温度。在其他条件不变的情况下，灵敏温度直接影响催化床层热点温度和整个床层温度分布。所以在调节热点温度时，应特别注意床层入口温度的变化进行预见性的调节。在催化剂活性好、气体成分正常、压力高的情况下，灵敏温度可以维持低一些；反之，灵敏温度必须维持较高。

2. 压力的控制

生产中压力一般不作为经常调节的手段，应保持相对稳定。系统压力的波动主要原因是系统负荷的大小和操作条件的改变。系统压力控制要点如下：

（1）必须严格控制系统操作压力不超过设备允许的操作压力，这是保证安全生产的前提。当操作条件恶化、系统超压时，应迅速减少新鲜气的补入量以降低负荷，必要时可打开放空阀，卸掉部分压力。

（2）当夏季由于冷冻能力不足而合成塔能力有富余时，可维持合成塔在较高的操作压力下运行，以节省冷冻量。

（3）如果新鲜气量大幅度减少，使系统压力明显降低、氨合成反应减少，导致床层温度难以维持时，可采取减少循环气量，并适当提高氨冷器的温度，使压力不至于过低，以维持合成塔温度的稳定。

（4）调节压力时，必须缓慢进行，以保护合成塔内件。一般规定，在高温下调节压力的速率为 0.2 ~ 0.4MPa/min。

3. 进塔气体成分的控制

进塔气体中氨含量越低,对氨合成反应越有利。在操作压力和分离效率一定的情况下,进塔气体中氨含量主要取决于氨冷器中液氨蒸发温度,即氨冷器中液氨蒸发温度越低,则进塔气体中氨含量就越低,但同时冰机所消耗能量也越多。

新鲜气中氢氮比的波动会对床层温度、系统压力及循环气量等产生一系列影响。一般进塔气体中氢氮比控制在 2.8 ~ 2.9,当进塔气体中氢氮比偏高时,容易使反应条件恶化、床层温度下降、系统压力增高、生产强度下降。此时,可采取减小循环气量或加大放空气量的办法及时调整。

循环气中惰性气体含量主要取决于放空气量,增加放空气量,则惰性气体含量降低,但氢氮气损失和三气回收负荷增大。

二、合成氨合成工段开车操作

1. 开车前的准备程序

(1)根据 PID 对工厂设备、仪表安装的完整性和正确性进行最后的检查及校对。

(2)带耐火衬里的设备(特别是二段炉)烘炉、干燥完毕,检测烘炉质量,确认满足要求。

(3)工厂供电系统准备完毕,检查所有的电动机旋转方向,确认无误。

(4)供水系统准备完毕,可以提供合格的脱盐水及冷却水。将合格的脱盐水引入脱盐水储罐直到足够的液位,准备向合成氨装置供水。

(5)系统吹扫,清洗(包括化学清洗)完毕。

(6)反应器中催化剂装填完毕,塔设备中的填料装填完毕。

(7)合成氨装置所使用的各种化学药品准备完毕。

(8)仪表空气系统准备完毕,可以提供合格的仪表空气。

(9)对燃料气系统进行吹扫和置换。

(10)确认脱氧槽准备完毕,用合格的脱盐水在脱氧槽中建立液位。

(11)此前开车蒸汽已经引入装置,通过减压将开车蒸汽送入低压蒸汽系统,并通入脱氧槽,对脱氧槽进行升温。

(12)开始向合成氨装置供循环冷却水,准备在表面冷凝器中建立真空度。

(13)脱碳系统清除、钝化完成,热钾碱溶液准备完毕,将溶液送入系统,开始溶液循环。

(14)确认各大机组连锁调试合格。

(15)确认各机泵油系统已加油完毕。

(16)确认分析化验准备工作已完成。

2. 合成系统开车

1)启动合成气压缩机

在此之前,合成系统以及合成气压缩机系统已经用氮气置换并合格,且处于微正压的氮气环境中。

合成气压缩机启动后,在全循环下运行,合成系统的电动切断阀 MOV - 4001 和 MOV - 4002 处于关闭状态。

2）合成塔暖塔

在合成塔压力升高前,应利用锅炉水的热量以及压缩机产生的热量预先缓慢的暖塔。预先暖塔的目的是按照一定的压力和温度的关系来进行操作,以防止设备产生脆裂的可能性。

只有在合成塔外壁温度达到38℃后,合成系统才能提压,并开始进行气密实验。在任何情况下,当合成塔外壁温度低于38℃时,合成系统(合成塔出去)的压力都不能高于14bar。

3）合成回路的气密实验

合成塔进出口换热器管壳侧的设计压力差约为20.6bar,在任何时候121-C管壳侧的压差都不允许超过20.6bar,否则会引起爆破板SP-38的破裂。

4）合成催化剂升温还原

合成催化剂的升温还原以合格的合成气为介质,在催化剂产生活性以前,催化剂床层的升温由开工加热炉提供热量。

升温还原过程中,合成塔入口合成气中的氢氮比一般应保持在3～3.1之间。应像正常生产操作一样,保证合成气质量合格。

催化剂的活化过程实际上是氧化剂的还原过程,在该过程中伴随着水蒸气的生成。启动氨冷器能更好地除出水蒸气。在使用氨冷器时应控制适当的氨冷温度,防止结冰。催化剂活化过程中主要控制原则:维持稳定的合成气流,使合成气带入热量稳定,控制适当的床层温度。

三、合成氨合成工段正常停车操作

1. 减少进入装置的原料气量

在装置停车初期,进入装置的原料天然气量要逐步减少到稳定操作允许的最小值,通常为正常进气量的50%～75%。

当原料气流量减少时,转化的蒸汽量应控制到比正常的水碳比高。为保证一段炉与二段炉的安全操作,防止转化析碳或超温,在减负荷时应遵循先减空气,再减天然气,最后减蒸汽的顺序进行操作。

在原料气流量降低后,脱碳溶液的循环量也可以降低,但在可利用的热量允许的情况下,溶液循环量应保持尽可能的高。当系统压力降低后,由水力透平驱动的半贫液泵应当停下来,启动半贫液泵的备用泵。

2. 减少合成系统进气量

当合成系统进气降低后,合成塔内的反应热将减少,为维持合成塔的正常操作,应对合成塔的副线及冷激线进行相应的调节。

合成补充气流量以及合成系统压力降低后,合成塔内反应减少,合成塔内的温度将很快下降,此时应开大循环段的回流,使进入合成塔的流量迅速下降,最后封闭合成回路。

随着合成反应的减少,为了保证高压蒸汽的产量,必须增加辅锅的燃料气量,通常情况下,此过程可由高压管网的压力控制回路自动完成。

3. 合成压缩机停车

当合成气压缩机转速调到最低,且处于全循环状态时,即可将合成压缩机停下。

4. 冷冻系统停车

合成回路循环停止后,氨压缩机应继续运转一段时间,对冷冻系统排空期间蒸发出的氨进行压缩。随着合成回路气体循环的停止,氨压缩机将自动全部大循环。

在氨压缩机停车前,液氨全部在氨罐区储存,冷冻系统剩余的氨蒸气可通过各闪蒸槽上的排气管降到常压,排放时应用软管或临时管道引至安全处。

5. 合成塔泄压及氮气置换

如果需要打开合成塔进行检修,则需要对合成塔进行氮气置换。建议按以下程序进行:用合成气循环,直到合成塔温度降到52℃以下,将合成回路泄压至微正压,然后用氮气置换系统至合格,使系统在氮气环境中保持正压。

在有足够的氮气流量,保证能使催化剂与空气彻底隔绝的前提下,才能对合成塔进行检修工作。如果维修工作较多,就必须将催化剂卸出。

必须指出,当催化剂处于还原状态时,一旦与空气接触,就会发生剧烈的放热反应,此时打开合成塔进行维修是一件非常危险的工作,在必要的准备工作(包括彻底的氨封、完善的人身防护、突发事件的应急预案等)完成前,严禁打开合成塔。从安全角度出发,在需要维修人员进入合成塔时,原则上应将催化剂卸出。

四、合成氨合成工段异常生产现象的判断和处理

合成氨合成岗位异常生产现象的判断和处理方法见表2-4。

表2-4　合成岗位异常生产现象的判断和处理方法

异常现象	原因分析判断	处理方法
合成塔床层温度下降	(1)合成气氢氨比失调; (2)外送新鲜气不合格,CO含量高	(1)通过开大合成压缩机的防喘振阀或降低合成压缩机转速立即减少合成气流量,同时放空对回路中的气体进行置换,直到床层温度稳定,再缓慢加负荷,调节氢氨比至正常指标范围; (2)调整工况,降低新鲜气中CO含量
泵轴承温度过高	(1)轴向力太大; (2)润滑油太大或太少,润滑介质不合适; (3)联轴器没有按规定调好; (4)泵转子不平衡	(1)清洗叶轮平衡孔或装新的口环; (2)增加或减少润滑油,或调换润滑油; (3)调好连轴间歇,使之与装配图上规定一致; (4)清洗转子或重做动平衡
排气温度高油温过高	(1)压缩比较大; (2)吸入严重过热的蒸汽; (3)喷油不足; (4)空气渗入制冷系统	(1)降低排气压力和负荷; (2)向蒸汽系统供液; (3)提高喷油量; (4)排出空气,检查空气渗入部件
制冷能力不足	(1)滑阀的位置不合适; (2)吸气过滤器堵塞; (3)机器不正常磨损,造成间隙过大; (4)高低压系统间泄漏; (5)排气压力远高于冷凝压力	(1)检查指示器并调整位置,检查滑阀; (2)拆下吸气过滤器的过滤网清洗; (3)调整或更换零件; (4)检查旁通管路; (5)检查排气系统管路及阀门,清除排气系统阻力

合成催化剂的还原程序

（1）第 1 阶段：第一床层的加热及还原的开始。该阶段的目的是对催化剂进行加热，使其温度达到能够使预还原催化剂进行还原的温度，点燃开工加热炉的烧嘴，根据温度控制要求开始加热合成塔入口气。

（2）第 2 阶段：继续加热。如果氨压缩机尚未启动，则启动氨压缩机，完成第一床层催化剂的还原。当第一床接近完全还原（出口温度达到 500℃），可提高第二床层的入口温度，进行第二床还原。

（3）第 3 阶段：提高回路压力，每提高 5bar 压力后维持一段时间直到各操作条件稳定。压力升高后合成塔的温度也会随之升高。第三床层的升温速率与第二床层相同。在第二床层还原期间，第三床层的入口温度应该维持在催化剂的还原温度（350℃）以下。

（4）第 4 阶段：关闭开工加热炉，完成第三床层的还原，提高回路压力到正常操作值。

（5）锅炉给水预热器：在氨合成塔升温的第一阶段，打开锅炉给水侧的旁路，以利于提高合成塔入口气的温度。当入口合成气的温度为 260~270℃ 时，开始关闭锅炉给水侧的旁路。

（6）还原完成：只有当合成塔出口气的水分分析接近 0，而且产出的液氨中水浓度与正常操作接近时才能认为整个合成塔的还原结束。

应用二　甲醇生产

【任务导入】

甲醇是饱和醇中最简单的一元醇，因为它最先是从木材干馏得到，所以俗名又称为"木精""木醇"。

甲醇是易挥发和易燃的无色液体，具有类似酒精的气味。熔点 -97.55℃，沸点 64.55℃。与水、乙醚、苯、酮以及大多数有机溶剂可按各种比例混溶，但不与水形成共沸物，因此可用分馏方法来分离甲醇和水。甲醇能溶解多种树脂，因此是一种良好的溶剂，但不能溶解脂肪。甲醇具有很强的毒性，饮入 5~8mL，会使人双目失明，饮入 30mL 则会使人中毒死亡。故操作场所空气中甲醇允许浓度为 0.05mg/mL，甲醇蒸气与空气能形成爆炸性混合物，爆炸极限为 6.0%~36.5%。

甲醇是一种十分重要的基本有机化工原料，用途十分广泛。在发达国家中，甲醇产量仅次于乙烯、丙烯和苯，占第四位。2006 年，中国甲醇生产能力为 $1117 \times 10^4 t$，甲醇进口量为 $112.8 \times 10^4 t$，出口量为 $19 \times 10^4 t$，成为世界上第二大甲醇消费国。预计 2018 年甲醇总产能将从 2013 年的 $4940 \times 10^4 t$ 提升至 $5900 \times 10^4 t$。甲醇是生产三大合成材料、农药、染料和药品的原料。甲醇大量用于生产甲醛、对苯二甲酸二甲酯和醋酸等有机化工产品。近年来世界各国正在大力研究和开发利用煤及天然气资源，发展合成甲醇工业，以甲醇作代用燃料或进一步合成汽油，也可以从甲醇出发生产乙烯，以代替石油生产乙烯的原料路线。

生产甲醇的方法有许多种，早期用木材或木质素干馏法制甲醇，此法需耗用大量木材，而且产量很低，现在早已被淘汰。氯甲烷水解液可以生产甲醇，但因水解法价格昂贵，没有得到工业上的应用。甲烷部分氧化法可以生产甲醇，这种制甲醇的方法工艺流程简单，建设投资节省,但是这种氧化过程不易控制,常因深度氧化生成碳的氧化物和水,而使原料和产品受到很大损失。因此甲烷部分氧化法制甲醇的方法仍未实现工业化。但它具有上述优点,国外在这方面的研究一直没有中断,应该是一个很有工业前途的制取甲醇的方法。工业上将与合成氨联合生产甲醇的工艺叫联醇工艺。联醇工艺是在 10.0 ~ 13.0MPa 压力下,采用铜基催化剂,串联在合成氨工艺中,是我国合成氨生产工艺开发的一种新的配套工艺,具有中国特色,既生产氨又生产甲醇,达到实现多种经营的目的。目前,工业上主要采用合成气(H_2 + CO)为原料的化学合成法。此法技术成熟,已有五十多年的历史,本应用主要介绍由合成气(H_2 + CO)为原料的化学合成法制甲醇的生产工艺。

【任务分析】

一、反应原理

1. 主反应和副反应

1)主反应

由一氧化碳合成甲醇是一个可逆放热反应:

$$CO + 2H_2 \rightleftharpoons CH_3OH(g) \qquad (2-80)$$

当反应物中有 CO_2 存在时,还会发生以下反应:

$$CO_2 + 3H_2 \rightleftharpoons CH_3OH(g) + H_2O(g) \qquad (2-81)$$

2)副反应

$$2CO + 4H_2 \rightleftharpoons (CH_3)_2O + H_2O \qquad (2-82)$$

$$CO + 3H_2 \rightleftharpoons CH_4 + H_2O \qquad (2-83)$$

$$4CO + 8H_2 \rightleftharpoons C_4H_9OH + 3H_2O \qquad (2-84)$$

$$CO_2 + H_2 \rightleftharpoons CO + H_2O \qquad (2-85)$$

另外还会生成少量的乙醇和微量醛、酮、酯等副产物。

2. 催化剂

合成甲醇的催化剂最早使用的是 $ZnO - Cr_2O_3$,该催化剂活性较低,所需反应温度较高(380 ~ 400℃),为了提高平衡转化率,反应必须在高压下进行(30MPa),这种方法称为高压法。该法动力消耗大,对材质要求严格。20 世纪 60 年代英国卜内门化学工业公司研制成功了高活性的铜基催化剂。该催化剂活性高,性能良好,可以在较低的温度下进行反应,适宜的反应温度为 230 ~ 270℃,此时可采用较低的压力(5MPa),这种方法称为低压法。随着甲醇生产装置的大型化(最大规模已达 60×10^4 t/a),低压法也显露出其设备庞大、布置不紧凑等弊端,如对一个日产 1000t 的装置,由于气量较大,气体管道直径需 5m 左右,其他设备也相应增加,这对设备制造和原料运输都带来了困难,因此又出现了中压法,将合成压力提高至 10 ~ 15MPa,其经济技术指标比低压法要好。表 2 - 5 表示了不同合成方法的反应条件。

表 2 – 5 不同合成法的反应条件

方法	催化剂	条件		备注
		压力, MPa	温度, ℃	
高压法	二元催化剂 $ZnO – Cr_2O_3$	25～30	350～420	1924 年工业化
低压法	三元催化剂 $CuO – ZnO – Cr_2O_3$(Al_2O_3)	5	240～270	1966 年工业化
中压法	三元催化剂 $CuO – ZnO – Al_2O_3$	10～15	240～270	1970 年工业化

甲醇合成方法中,低压法和中压法的发展十分迅速,其成功的关键是采用了铜基高活性催化剂,该催化剂的成功使用,使合成甲醇由高压法发展成中、低压法,大大降低了生产成本和对设备材质的要求,减少了副反应的发生,是甲醇生产中的重大突破。

但是铜基催化剂对硫极为敏感,易中毒失活,且热稳定性较差,所以生产上对原料的净化和操作控制要求特别严格。20 世纪 70 年代后新建和扩建的合成甲醇工厂大都采用低压法工艺,故本书重点讨论低压法。低压法合成甲醇所采用的催化剂是 $CuO – ZnO – Al_2O_3$(Cr_2O_3)。纯的 CuO 和 ZnO 活性非常低,加入少量的助催化剂可使其活性提高,最常用的助催化剂为 Cr_2O_3 和 Al_2O_3(Cr_2O_3 对 ZnO 助催化效果较好,Al_2O_3 对 CuO 的助催化效果较好)。ICI51 – I 型低压法合成甲醇催化剂的大致组成如下:CuO 60% – ZnO 30% – Al_2O_3 10%。该催化剂需经活化后(将氧化铜还原成金属铜)才能使用。

催化剂的颗粒大小也有一定要求,适宜的颗粒大小要经过实验进行经济评价来决定。一般中、低压法要求催化剂颗粒为 $\phi 5.4 \times 3.6mm$、$\phi 5 \times 5mm$、$\phi 3.2 \times 3.2mm$ 的柱状,高压法要求为 $\phi 9 \times 9mm$ 的柱状。

催化过程是在催化剂表面进行的,因而单位催化剂的表面积(比表面积)的大小对催化剂的活性影响很大,锌基催化剂的比表面积为 $70m^2/g$ 以上。

二、反应条件

工业生产上要求在一定的设备中有最大的生产能力,为此要选择最适宜的反应条件。反应条件主要是指温度、压力、空速和原料气组成等。为了最大限度减小合成甲醇时副反应的反应速率,提高甲醇的产率,除选择适宜的催化剂以外,选择合适的反应条件也是十分重要的。

1. 反应温度

反应温度影响反应速率和反应的选择性。一氧化碳加氢合成甲醇时反应温度对反应速率的影响基本符合烃类加氢反应的一般规律,也存在一最适宜反应温度。根据所采用的催化剂不同,所需最适宜温度也不同。如以 $ZnO – Cr_2O_3$ 为催化剂的高压法,由于催化剂活性较低,所需最适宜温度较高,一般为 380℃左右;对以 $CuO – ZnO – Al_2O_3$ 为催化剂的低压法,因催化剂活性较高,其最适宜温度较低,为 230～270℃(低于 200℃,反应速率较慢,高于 300℃,则催化剂会很快失活)。最适宜反应温度还与转化深度和催化剂的老化程度有关,一般为了使催化剂寿命延长,开始时宜采用较低温度,随着催化剂逐渐老化,反应温度逐步提高。合成甲醇反应属放热反应,反应热必须及时移出,以避免催化剂升温过高产生烧结现象,使催化剂活性下降,同时避免副反应增加。因此在低压法合成甲醇时,必须严格控制反应温度,及时有效地移走反应热。

2. 反应压力

一氧化碳加氢合成甲醇的主反应与其他副反应相比,是分子数减少最多而平衡常数最小的反应,故压力增加,对加快反应速率和增加平衡浓度都十分有利。合成压力越高,一氧化碳的甲醇转化率越高;合成压力越高,甲醇生成量越大。

合成反应所需压力与催化剂类型、反应温度等都有较密切的关系。当使用 $ZnO-Cr_2O_3$ 作催化剂时,由于活性低,反应温度较高,则相应的反应压力也需较高(约为 30MPa),以增加反应速率。当使用 $CuO-ZnO-Al_2O_3$ 催化剂时,由于活性较高,相应的反应温度较低,则反应压力也较低(约为 5MPa)。

3. 空速

合成甲醇的空速大小,影响反应的选择性和转化率。合适的空速与催化剂的活性和反应温度有关。一般来说,空速低,物料接触时间较长,不仅会加速副反应的发生,生成高级醇,另一方面也会使催化剂生产能力下降。空速高,可提高催化剂生产能力,减少副反应,提高甲醇产品纯度。但空速太高,单程转化率降低,甲醇浓度降低,分离难度加大。一氧化碳加氢合成甲醇用铜基催化剂的低压法,适宜的空速为 $10000h^{-1}$ 左右。

4. 原料气组成

合成甲醇反应原料气 H_2 与 CO 化学计量比为 2∶1。CO 含量高,对温度控制不利,也会引起羰基铁在催化剂上的积聚而使催化剂失活。H_2 过量有利于反应热移出,反应温度较易控制,并可改善甲醇质量,提高反应速率。

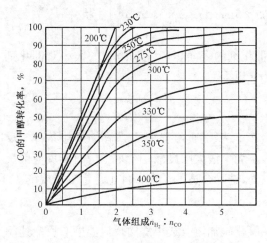

图 2-21　n_{H_2}∶n_{CO} 与 CO 的甲醇转化率的关系

合成气中 H_2 和 CO 的比例对 CO 生成甲醇的转化率也有较大的影响,如图 2-21 所示。从图中可以看出,增加 H_2 的浓度可提高 CO 的转化率。采用铜基催化剂的低压法合成甲醇时,一般控制 H_2 与 CO 的物质的量之比为 (2.2~3.0)∶1。

原料气中含有一定量的 CO_2 时,由于 CO_2 的比热较 CO 的比热高,而其加氢反应热较小,所以可降低反应峰值温度。低压合成甲醇,当 CO_2 含量为 5%(体积分数)时甲醇产率最高。CO_2 的存在也可抑制二甲醚的生成。

原料气中含有少量 N_2 及 CH_4 等惰性物质,使 H_2 和 CO 的分压降低,导致反应的转化率降低。由于合成甲醇的空速大,接触时间短,单程转化率低(10%~15%),因此转化气中仍含有大量的 H_2 和 CO,必须循环使用。为了避免惰性气体的积累,必须排出部分循环气,以使反应系统中惰性气体含量保持在一定浓度范围,生产上一般控制循环气∶新鲜气 = (3.5~6)∶1。

三、合成反应器的选用

1. 工艺对甲醇合成反应器的要求

(1)甲醇合成是强放热反应,所以,合成器的结构应能保证在反应过程中及时移出反应放出的热量,以防止局部过热并保持反应温度尽量接近理想温度分布。同时,尽量组织热量交换,充分利用反应余热,降低能耗。另外,合成反应器应能防止氢、一氧化碳、甲醇、有机酸及羰基化合物等在高温下对设备的腐蚀,要求出塔气体温度不超过 160℃。因此,在设备结构上必须考虑高温气体的降温问题。

(2)甲醇合成在催化剂作用下进行,生产能力与催化剂的装填成正比关系,所以要充分利用合成塔的容积,尽量多装催化剂以提高设备的生产能力。

(3)空速与收率成正比关系,但气体通过催化剂床层的压力降会随着空速的增加而增加,因此应使合成塔的流体阻力尽量小,避免局部阻力过大的结构。同时,要求合成反应器结构简单、紧凑、坚固、密封性好,便于拆装、检修。

(4)便于操作控制和工艺参数的调节。

2. 合成反应器的结构与材质

合成甲醇反应器,也称甲醇转化器或甲醇合成塔,是甲醇合成系统中最重要的部分。合成甲醇反应是一强放热反应,根据反应热移出的方式不同,可将反应器分为绝热式和等温式两大类;按冷却方式的不同可分为直接冷却的冷激式和间接冷却的列管式两种反应器。下面介绍低压法合成甲醇所采用的冷激式和列管式两种反应器。

1)冷激式绝热反应器

冷激式绝热反应器是把反应床层分为若干绝热段,两段之间直接加入冷的原料气使反应气体冷却。图 2-22 所示是此反应器的结构示意图。反应器主要由塔体、气体喷头、气体进出口、催化剂装卸口等组成。催化剂由惰性材料支撑,分成数段。反应气体由上部进入反应器,冷激气分数段在段间用喷嘴喷入,喷嘴分布于反应器的整个截面上,以使冷激气与反应气混合均匀。混合后的温度正好是反应温度低限,混合气然后进入下一段进行合成反应。催化剂床层中进行的反应为绝热反应,其温度升高但未超过反应温度高限,于下一段间再与冷激气混合降温后进入再下一段继续进行合成反应。

此类反应器于反应过程中流量不断增大,各段反应条件略有差异。绝热反应器结构简单,催化剂装填方便,生产能力较大。要想有效控制反应温度,冷激气和反应气的混合及均匀分布是关键,一般装入菱形分布器,此类反应器的温度分布如图 2-23 所示。

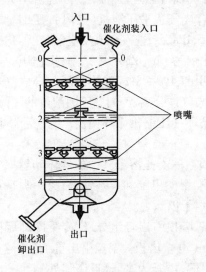

图 2-22 冷激式绝热反应器

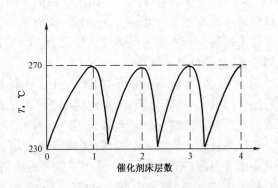

图 2-23 冷激式绝热反应器温度分布

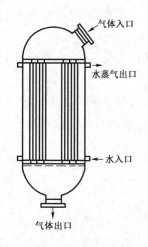

图 2-24　水冷管式反应器

2）列管式等温反应器

列管式等温反应器类似于列管式换热器，如图 2-24 所示。催化剂装填于列管中，壳程走冷却水，反应热由冷却水带走，冷却水入口为常温水，出口为高压蒸汽。通过对蒸汽压力的调节，可方便地调节反应温度，使其沿管长温度几乎保持均匀，避免了催化剂的过热，延长了催化剂的使用寿命。列管式等温反应器的优点是温度易控制，能量利用较经济。

3）反应器的材质

合成气中含有 H_2 和 CO，H_2 在高温高压下会和钢材发生脱碳反应（即氢分子扩散到金属内部并和所含碳发生反应生成甲烷逸出，这种现象称为脱碳），会大大降低钢材的性能。CO 在高温、高压下易和铁发生作用生成五羰基铁，引起设备的腐蚀，对催化剂也有一定的破坏力。

为了保护反应器钢材强度，采用在反应器内壁衬铜，铜中还含有 1.5% ~ 2% 的锰，但衬铜的缺点是在加压膨胀时会产生裂缝。当 CO 分压超过 3.0MPa 时，一般采用耐腐蚀的特殊不锈钢，如可用 1Cr18Ni18Ti。

四、工艺流程

高压法合成甲醇历史较久，技术成熟，但副反应多，甲醇产率较低，投资费用大，动力消耗大。由于低压法技术经济指标先进，现在世界各国合成甲醇已广泛采用了低压合成法，所以这里主要介绍低压合成法。

1. 低压法合成甲醇工艺流程

低压法合成甲醇的工艺流程简图如图 2-25 所示，由制气、压缩、合成、精制四大部分组成。

利用天然气经水蒸气转化（或部分氧化）后得到的合成气，再经换热脱硫后［含硫不大于 5×10^{-5}%（体积分数）］，经水冷却分离出冷凝水后进入合成气透平压缩机（三段），压缩至压力稍低于 5MPa，与循环气混合后在循环压缩机中压缩至 5MPa 后，进入合成反应器，在催化床中进行合成反应。合成反应器为冷激式绝热反应器，催化剂为 Cu – Zn – Al 系列，操作压力为 5MPa，操作温度为 240 ~ 270℃。由反应器出来的气体含甲醇 4% ~ 8%，经换热器与合成气热交换后进入水冷器，冷却后进入分离器，使液态甲醇在此与气体分离，经闪蒸除去溶解的气体，然后送去精制。分离出的气体含大量的 H_2 和 CO，返回循环气压缩机循环使用。为防止惰性气体积累，将部分循环气放空。

粗甲醇中除含有约 80% 的甲醇外，还含有两大类杂质。一类是溶于其中的气体和易挥发的轻组分如氢气、一氧化碳、二氧化碳、二甲醚、乙醛、丙酮、甲酸甲酯和羰基铁等；另一类是难挥发的重组分如乙醇、高级醇、水分等。可利用两个塔分别予以除去。

粗甲醇首先进入第一个塔（称为脱轻组分塔），经分离塔顶引出轻组分，经冷凝冷却后回收其中所含甲醇，不凝气放空。此塔一般为板式塔，有 40 ~ 50 块塔板。塔釜引出重组分（称釜液），进入第二个塔（称为脱重组分塔）。塔顶采出产品甲醇，塔釜为水，接近塔釜处侧线采出乙醇、高级醇等杂醇油。采用此双塔流程获得的产品甲醇纯度可达 99.85%。

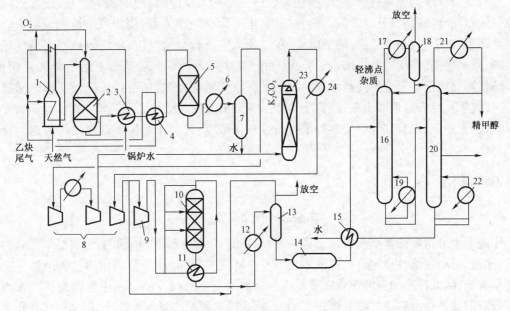

图 2-25　低压法合成甲醇的工艺流程

1—立式加热炉;2—尾气转化器;3—废热锅炉;4—加热器;5—脱硫器;6—水冷器;7—分离器;8—合成气透平压缩机;

9—循环气压缩机;10—甲醇合成塔;11—合成气加热器;12—水冷器;13—分离器;14—粗甲醇中间贮槽;

15—粗甲醇加热器;16—轻组分精馏塔;17,21,24—水冷器;18—分离器;

19—再沸器;20—重组分精馏塔;22—再沸器;23—CO₂吸收器

粗甲醇溶液呈酸性,为了防止管线及设备腐蚀,并导致甲醇中铁含量增加,应加入适量的碱液进行中和,一般控制 pH 值为 7~9,使其呈弱碱性或呈中性。

若生产染料甲醇时,粗甲醇精制是以除去水分为目的,故只需一个脱水塔即可。

2. 三相流化床合成甲醇工艺流程

三相流化床反应器合成甲醇的工艺流程是近年来开始试验研究的。该工艺流程单程转化率高,出口气体中甲醇含量可达5%~20%(体积分数),大大减少了循环气量,节省了动力消耗,反应器结构简单,单位体积催化剂比表面积大,温度均匀易于控制。缺点是气、液、固三相互相夹带,不利于分离,且堵塞设备,所以目前尚处于试验阶段。三相流化床反应器合成甲醇的工艺流程如图 2-26 所示。

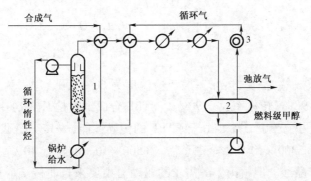

图 2-26　三相流化床反应器合成甲醇流程

1—三相流化床甲醇合成塔;2—气液分离器;3—循环气压缩机

合成气由反应器底部进入,液态惰性烃也由底部进入反应器,反应器为空塔,塔内用液态惰性烃进行循环,催化剂悬浮于液态惰性烃中,塔上部有一溢流堰,用于液态惰性烃溢流。合成气入塔后在塔内形成固、液、气三相流,在三相流中进行合成反应,反应热被液态惰性烃吸收。固、液、气三相在反应器顶部进行分离,催化剂留在反应器中;液态惰性烃经溢流堰流出,经换热器加热锅炉循环惰性烃给水,产生蒸汽,回收其热量,然后用泵经反应器底部送回反应器;反应气体从反应器顶部出来,经冷凝冷却后分离出蒸发的惰性烃和甲醇。惰性烃返回反应器,甲醇送去精制,未凝气部分排放以维持惰性气体浓度,其余作为循环气经增压后返回合成反应器。

【知识拓展】

甲醇利用的发展

　　甲醇是十分重要的基本有机化工原料之一,由它可以加工成一系列的有机化工产品,例如甲醛、醋酸、甲酸甲酯、甲醇蛋白、汽油添加剂及甲醇燃料等,具有广泛的用途。我国拥有丰富的煤炭资源,因此在我国发展煤化工具有十分重要的战略意义。从煤制甲醇再制甲醇系列产品是很有前途的技术路线。随着煤化工的发展,我国的甲醇产量越来越大,但是甲醇在我国的应用领域还有很大的局限性,仅限于制甲醛和农药等,很多甲醇衍生物产品在我国还是空白,因此应努力发展甲醇下游产品,使其取得更好的经济效益。从甲醇出发,可制成许多甲醇衍生物,现简单介绍几种重要的甲醇衍生物。

一、MTBE 及其他醚类

1. 甲基叔丁基醚(MTBE)

　　为了改善汽油的抗爆性能,必须添加一定量的四乙基铅,但是在排放的尾气中污染物含量增加,造成环境污染,许多国家已禁止使用含铅汽油。在汽油中添加一定量高辛烷值(115～135)的 MTBE,可以促进汽油完全燃烧,并且可明显改善汽油的冷启动性能和加速性能。目前,世界许多国家已广泛使用 MTBE。

　　MTBE 由甲醇和异丁烯制成。采用酸性催化剂(如阳离子交换树脂)在固定床反应器中进行,反应式如下:

$$CH_3OH + H_2C = C\begin{smallmatrix}CH_3\\ \\CH_3\end{smallmatrix} \longrightarrow CH_3-O-\underset{\underset{CH_3}{|}}{\overset{\overset{CH_3}{|}}{C}}-CH_3$$

　　该生产工艺比较成熟,操作方便,一般反应温度为 60～80℃,压力为 0.5～5.0MPa,生成 MTBE 的选择性大于 98%,转化率大于 90%。MTBE 合成工艺是 C_4 馏分中脱除异丁烯的有效手段,余下的 C_4 馏分可生产丁二烯。由于 MTBE 的优异性能,故其发展迅速,产量较大。2014年中国甲醇消费量达 $3300 \times 10^4 t$,占全球总需求 $6500 \times 10^4 t$ 的将近 40%。甲醇下游产品在世界各国普遍为甲醛和醋酸。但中国甲醇需求的驱动力主要来自非传统应用,如与能源相关的甲基叔丁基醚(MTBE)、二甲醚和甲醇汽油掺混,以及从 2013 年起大量增加的 MTO 方面的需求。

2. 二甲醚(甲醚)

由甲醇脱水缩合而成二甲醚,该产品具有无色、无味、无毒、低黏度、高互溶性、高稳定性等优点,主要用于制造喷雾油漆、润滑剂、脱模剂、发胶摩丝、气雾香水、空气清新剂、杀虫剂、衣物除垢剂和家具光亮剂等,是一种用途广泛的化工原料。

二、羧酸及其酯类

1. 醋酸

德国 BASF 公司于 20 世纪 60 年代在高温、高压条件下用甲醇和 CO 合成醋酸,并实现了工业化。2013 年我国累计生产冰乙酸(冰醋酸)429.88×10^4 t,与 2012 年同期相比减少 0.99%。随着我国经济的快速增长以及下游衍生物对醋酸需求的逐年增加,照此速度,预计未来几年内我国醋酸的需求将以年均 10% 的速度增长。

2. 甲酸甲酯

甲酸甲酯被称为万能中间体,由它可衍生出的反应有 50 多个。甲醇羰基化制甲酸甲酯是目前国外广泛采用的大规模生产甲酸甲酯的方法。即在甲醇钠催化剂的作用下,甲醇与合成气中的 CO 反应生成甲酸甲酯:

$$CH_3OH + CO \longrightarrow HCOOCH_3 \tag{2-86}$$

另外甲醇在铜基催化剂作用下脱氢也可制得甲酸甲酯:

$$2CH_3OH \longrightarrow HCOOCH_3 + 2H_2 \tag{2-87}$$

此工艺目前已实现工业化。在 V_2O_5/TiO_2 催化剂作用下,甲醇经气相氧化直接制得甲酸甲酯。此法具有选择性高、产率高、生产工艺稳定、生产成本低等优点,工业化价值较大。

三、甲醇汽油

甲醇是一种易燃的液体,具有良好的燃烧性能。甲醇的辛烷值很高,抗爆性能好,特别适于作高压缩比的内燃机燃料,以代替部分汽油和柴油。甲醇汽油的动力性与普通燃油相接近,若能解决甲醇汽油在低温或高含水状态的分层现象,则甲醇汽油的应用前景广阔。

四、甲醇单细胞蛋白

利用甲醇生产甲醇微生物蛋白是甲醇的又一应用新方向。在适当的温度和 pH 值下,在甲醇和无机盐组成的一定浓度培养液中,接种酵母或细菌,通气使之迅速繁殖,而后将细胞分离、干燥,由此制得的蛋白产品即为甲醇蛋白,该产品可用作动物饲料。

五、甲醇钠

甲醇钠具有广阔用途,在催化缩合、分子重排、双键加成等多种反应中均有应用。它是生产染料、颜料、药品、香料、农药等的原料,在皮革加工、羊毛加工中也需大量消耗。近年来,各行业对甲醇钠的需求量明显增加。

氢氧化钠和甲醇反应制取甲醇钠是经济的方法,基本反应式如下:

$$CH_3OH + NaOH \Longrightarrow CH_3ONa + H_2O \tag{2-88}$$

可制得浓度为25%的甲醇钠溶液,经蒸馏提纯后,甲醇钠含量达97%~98%。

六、甲醇裂解制烯烃

甲醇裂解可制取烯烃。由煤和其他碳资源制得合成气,再由合成气合成甲醇。故由甲醇制取烯烃,是开辟了以煤或其他碳资源制取烯烃的新途径,使有机化工原料多样化,具有重要意义。

美国 Mobil 公司用 ZSM-5 分子筛为催化剂,进行甲醇裂解得到的产品主要是低级烯烃。英国 ICI 发现 FU-1 沸石催化剂能使甲醇转化为烯烃,只有少量芳烃生成,在380℃富产 C_4 ~ C_6 烯烃,450℃富产 C_2 ~ C_3 烯烃。德国 BASF 公司进行了甲醇制乙烯和丙烯的中试,反应温度为 300~450℃,压力为 0.1~0.5MPa,C_2 ~ C_4 烯烃的产率为 50%~60%。

除此之外,从甲醇出发还能得到许多其他化工产品。目前我国甲醇化工产品较少,技术相对滞后,因此加速甲醇化工产品的开发和发展迫在眉睫。

【任务实施】

甲醇合成工段生产操作控制

一、甲醇合成工段正常生产操作

1. 控制要点

1)温度控制

反应温度是甲醇合成操作的主要指标,合成塔温度控制主要是指合成塔内反应温度的控制与出口气体温度的控制。合成塔内温度的主要控制点为热点温度,即合成塔催化剂床层中最高的温度点。它反映了整个塔的反应情况。热点温度的位置随着生产负荷、催化剂的使用时间沿着塔的轴向高度发生变化。在催化剂使用初期,热点位置靠近上管板,其原因是催化剂活性好,负荷小,合成反应在催化剂床层上很快就接近反应平衡。而当催化剂使用后期,活性下降,负荷大,空速大,主要反应区逐渐下移到塔下部才接近反应平衡,因此,热点也相应地移向催化剂管的中下部。一般,在满足生产负荷的条件下,反应温度应当尽量维持低一点,以延长催化剂使用寿命。

操作中,合成塔的温度主要通过汽包压力控制阀来控制,汽包压力越高,反应温度就越高,合成塔温度应随催化剂使用时间的不同而作适当调整。另外,也可以通过调整合成回路气体循环量来实现。

2)压力控制

一般情况下,压力不作为经常调节的手段。在催化剂使用初期,由于催化剂活性较好,可维持较低的压力。在催化剂使用后期,催化剂活性下降,为保持生产强度,可以适当提高反应压力,强化合成反应。

但是,压力控制和调整影响整个装置压力平衡,调整不当可能引起全系统压力波动,因此调整时必须慎重缓慢,做好与气化净化工段的协调。

操作中压力控制通过调整合成回路尾气放空阀来实现。

3)循环气量的控制

循环气量的改变直接影响合成塔空速的改变,在反应初期,催化剂活性较好,可维持较低的循环量。在催化剂使用后期,催化剂活性下降,为了保持一定的产量,可适当增大循环量。

在操作中,循环气量的控制通过调整循环气压缩机的副线或者调整循环气压缩机的入口阀来实现。

4）进塔气体组分的控制

首先保证合适的氢碳比,只有氢碳比合适,反应速率才最大。其次,保证甲醇水冷器的冷却效果,控制甲醇分离器液位在正常操作范围内,使入塔气醇含量处于低限,这样对甲醇合成有利。最后,控制合适的惰性气体含量,一般在催化剂使用初期可允许较低 CO 含量、较高的惰性气体含量;使用后期,可以适当提高 CO 含量,加大尾气排放维持惰性气体含量在较低水平。

操作中,进塔气体组分可以通过新鲜气和循环气来调节。

2. 开车操作

1）开车前的准备工作

（1）确认所属设备、管道吹扫合格,机泵单体试车合格,R - 7001 水侧及 V - 7001 清洗、蒸煮、试漏已完成,装置周围障碍物已全部清除干净。

（2）确认设备、管道、阀门及装置各安全附件安装齐全正确,盲板安装正确,临时管线、阀门、盲板已全部拆除。

（3）催化剂装填完毕。

（4）系统气密性试验合格。

（5）系统内安全阀、仪表及安全联锁系统调校合格,功能正常,装置所有压力表、温度计、安全阀、液位计等安全附件已全部投用。

（6）压缩机试运转正常。

（7）检查消防、气防器材等安全设施是否齐全、好用。

（8）公用工程（冷却水、脱盐水、高压密封水、N_2、中压过热蒸汽、仪表空气、电）已按要求供给。

（9）合成岗位与总控室及有关单位的联络信号,经试验确认指示正常,通信畅通。

（10）运行人员对有关设备、仪表、电器等操作数据已熟练掌握,并取得岗位操作证及特种作业证。

（11）开车工具齐全,交接班日志、记录表格备妥。

2）开车操作

（1）确认净化、氢回收装置能正常送气,合成工段循环机运行,精馏运行正常。

（2）打开新鲜气进缓冲罐阀,直到 N_2 含量（体积分数）<1%。

（3）用氢回收装置来的富氢气将循环回路压力升至指示值为 2.0MPa,升压速率 <0.1MPa/min。

（4）调整蒸汽喷射泵蒸汽量,维持温度 ≥205℃,汽包液位保持 50% ~60% 液位。

（5）将汽包蒸汽压力设定 2.0MPa 投自动,将甲醇分离器液位设定 20% 投自动。

（6）根据生产负荷,提高循环气流量。

（7）打开净化装置新鲜气阀,调整好气体比例后缓慢补加氢回收、净化装置来气量到约设计值的 10%。

（8）观察合成反应的进行，及时调节合成塔入口 CO、CO_2 含量，汽包压力和锅炉给水量。

（9）缓慢增加新鲜气量，提高循环回路压力至前工序气体全部加入，当分离器出口压力达到 5MPa 时，缓慢打开分离器出口压力调节驰放气排放量，待压力稳定，将分离器出口压力投自动。

（10）催化剂首次使用不应超过 70% 负荷。导气过程注意：甲醇分离器出口气 CO 含量应不超过 9%，床层温度 <230℃；投用初期生产的粗甲醇从甲醇分离器排到甲醇地下槽。待操作稳定后，将蒸汽并网运行。

二、甲醇合成工段正常停车操作

（1）通知气化、净化、变换、精馏岗位准备停车。

（2）手动关闭新鲜气进缓冲罐阀。

（3）打开蒸汽喷射泵蒸汽阀，投用蒸汽喷射泵，维持温度在 210℃ 以上。

（4）切除蒸汽并网，改手动关闭汽包蒸汽压力调节阀，打开蒸汽出口阀后放空阀。

（5）改分离器出口压力调节阀为手动并关闭。

（6）改甲醇分离器液位调节阀为手动，将甲醇分离器液位排空后再关闭甲醇分离器液位手动阀及前后切断阀，注意膨胀槽压力不可超高。

（7）甲醇合成塔降温。

（8）手动调节分离器出口压力，使系统泄压至 0.4MPa。

（9）打开 N_2 阀，系统充 N_2 置换至（H_2 + CO + CO_2）含量 <0.5% 为止，通过分离器出口阀放空至火炬，系统保持压力 0.5MPa。

（10）关闭蒸汽喷射泵入口蒸汽阀，关闭汽包排污阀。

（11）降低汽包压力，使合成塔降温，降低速率 ≤25℃/h。

（12）汽包液位投自动，维持液位稳定。

（13）当合成塔出口温度降至接近 100℃ 时，关闭合成塔出口气温度调节阀及前后切断阀，关闭汽包液位调节手动阀及前后切断阀，打开汽包顶放空阀。

（14）打开合成塔夹套及汽包排污阀，将汽包内水就地排放干净。

（15）当合成塔温度 ≤50℃ 时，按停车程序停止循环压缩机运转，关闭循环压缩机出入口阀。

三、甲醇合成工段异常生产现象的判断和处理

1. 合成岗位异常生产现象的判断和处理

低压法合成甲醇合成岗位异常生产现象的判断和处理方法见表 2 - 6。

表 2 - 6　合成岗位异常生产现象的判断和处理方法

异常现象	原因分析判断	处理方法
催化剂层温度下降	（1）循环量太大； （2）前工序减量； （3）CO 成分下降； （4）S、Cl、油、水进入催化剂； （5）汽包压力下降； （6）循环气中甲醇含量过高，造成甲醇带入合成塔内	（1）减少循环量； （2）调整生产负荷，使催化剂层温度稳定； （3）通知变换调整 CO 成分； （4）减量生产或更换催化剂； （5）调整汽包压力； （6）降低循环气中甲醇含量

异常现象	原因分析判断	处理方法
系统压力上涨	(1)负荷过大; (2)S、Cl等毒物进入催化剂层; (3)操作不当使催化剂层温度下降严重或垮温; (4)新鲜气成分不合适(如氢碳比过低等); (5)惰性气含量高,放空量小	(1)减量生产; (2)减量或停车; (3)减量或停车后重新升温; (4)联系甲醇洗调整气体成分; (5)加大放空量,降低惰性气含量
合成塔压差大	(1)负荷过大; (2)长时间超温造成催化剂焚结或粉化; (3)催化剂层温度下降严重或垮温; (4)S、Cl等毒物入催化剂层造成催化剂中毒	(1)减小生产负荷; (2)更换催化剂; (3)调整温度至指标或重新升温; (4)减量生产或更换催化剂
合成塔带醇	(1)分离器分离效果差; (2)水冷器水冷效果差; (3)负荷过大; (4)分离器液位过高	(1)视原因提高分离效果; (2)降低水温或煮蜡; (3)降低负荷; (4)保持正常液位
系统阻力大	(1)负荷大; (2)催化剂使用后期活性衰退; (3)水冷器结蜡; (4)分离效果不好带醇; (5)S、Cl等毒物带入合成塔; (6)操作不当引起催化剂烧结或粉化	(1)减负荷生产; (2)停机停车更换催化剂; (3)待停车机后煮蜡减量; (4)减量生产; (5)减量生产、中毒严重停车更换催化剂; (6)稳定操作

2. 其他异常现象的判断和处理

1)装置发生气体泄漏

(1)现场立即实施隔离,严禁烟火,严禁车辆通过。

(2)操作人员、检修人员穿防静电工作服,戴防CO面具进行紧急处理。

(3)必要时,立即切断净化和氢回收来的原料气,气体放空至火炬。系统打开放空阀,合成气放空至火炬,并用 N_2 进行置换。

2)装置发生甲醇泄漏

(1)现场立即实施隔离,严禁烟火,严禁车辆通过。

(2)操作人员、检察人员穿防静电服,戴长管面具进行紧急处理。

(3)立即切断泄漏,设法回收甲醇,必要时进行停车处理,处理步骤同紧急停车。

【任务测评】

仿真模拟进行甲醇合成操作,在计算机上进行甲醇合成开车操作,调节至规定的操作条件后,再进行停车操作、事故处理操作。操作过程要严格按照操作规程来模拟,根据事故现象正确判断是何种事故,并按照事故处理方法来模拟。要求能正确读取温度、压力、流量仪表显示数值,计算机评分考核。

应用三　尿　素　生　产

【任务导入】

一、尿素的性质

尿素又称碳酰二胺,分子式为 $CO(NH_2)_2$。纯净的尿素为白色、无味、无臭的针状或棱柱状结晶体,含氮量为 46.6%,当含有杂质时,略带微红色。尿素易溶于水和液氨,也能溶于醇类,稍溶于乙醚及酯,溶解度随温度的升高而增加。温度在 30℃ 以上时,尿素在液氨中的溶解度较在水中的溶解度大。

常温时尿素在水中会缓慢水解,最初转化为甲铵,继而形成碳酸铵,最后分解为氨和二氧化碳。随着温度的升高,水解速率加快,水解程度也增大。在 60℃ 以下,尿素在酸性、碱性或中性溶液中水解反应极慢。

尿素在强酸溶液中呈现弱碱性,能与酸作用生成盐类。例如,尿素与硝酸作用生成能微溶于水的硝酸尿素;尿素与磷酸作用能生成易溶于水的磷酸尿素;尿素与硫酸作用能生成易溶于水的硫酸尿素,这些盐类可用作肥料。尿素与盐类相互作用可生成络合物,如尿素与磷酸一钙作用时生成磷酸尿素络合物和磷酸氢钙。尿素能与酸或盐相互作用的这一性质,常被应用于复混肥料生产中。

纯尿素在常压下加热到接近熔点时,开始出现异构化,形成氰酸铵,接着分解成氰酸和氨。尿素在高温下可以进行缩合反应,生成缩二脲、缩三脲及三聚氰酸等。缩二脲会烧伤作物的叶和嫩枝,故其含量多了是有害的。过量氨的增加,可抑制缩二脲的生成。在尿素中加入硝酸铵,可对尿素稳定起促进作用。

尿素与直链有机化合物作用也能形成络合物。在盐酸作用下,尿素与甲醛反应生成甲基尿素,在中性溶液中与甲醛生成二甲基尿素。在碱性或酸性催化剂作用下,尿素与甲醛进行缩合反应生成脲醛树脂,与醇类作用生成尿烷,与丙烯酸作用生成二氢尿嘧啶,与丙二酸作用生成巴比妥酸等。

二、尿素的用途

尿素是高养分和高效固体氮肥,属中性速效肥料,长期施用不会使土壤发生板结。尿素分解释放出的 CO_2 也可被作物吸收,促进植物的光合作用。在土壤中,尿素能增进磷、钾、镁和钙的有效性,且施入土壤后不存在残存废物。利用尿素可制得掺混肥料、复混肥料。

在有机合成工业中,尿素可用来制取高聚物合成材料,尿素甲醛树脂可用于生产塑料、漆料和胶合剂等;在医药工业中,其可作为利尿剂、镇静剂、止痛剂等原料。此外,在石油、纺织、纤维素、造纸、炸药、制革、染料和选矿等生产中也都需用尿素。

尿素可用作牛、羊等反刍动物的辅助饲料,反刍动物胃中的微生物将尿素的胺态氮转变为蛋白质,使动物肉、奶增产。但其在饲料中的最高掺入量不得超过反刍动物所需蛋白质量的 1/3。

【任务分析】

一、尿素的生产方法

合成尿素的方法有 50 余种,但实现工业化的只有氰氨基钙(石灰氮)法和氨与二氧化碳直接合成法两种。前法生产工艺较简单,但反应条件较难控制,需消耗大量能量来蒸发浓缩很稀的尿素溶液,且产品中含有双氰胺等对植物、动物有害的杂质。随着合成氨工业的发展,此法已被后一种方法所取代。

合成氨生产为 NH_3 和 CO_2 直接合成尿素提供了原料。由 NH_3 和 CO_2 合成尿素的总反应:

$$2NH_3 + CO_2 \Longrightarrow CO(NH_2)_2 + H_2O \tag{2-89}$$

该反应是放热的可逆反应,其产率受到化学平衡的限制,只能部分地转化为尿素,一般转化率为 50% ~ 70%。因而,按未转化物的循环利用程度,尿素生产方法又可分为不循环法、半循环法和全循环法三种。

不循环法是将合成塔出来的物料直接减压至常压状态,用蒸汽加热将未反应的氨和二氧化碳分离出来,不再循环而送去制备硫酸铵和硝酸铵。部分循环法是将甲铵分解器中分解出来的部分 NH_3 和 CO_2,以甲铵水溶液的形式循环回合成塔。上述不循环和部分循环工艺的优点是流程较简单、投资较省、操作费用也较低,缺点是要附设庞大的铵盐加工装置,经济上不合理。

全循环法是将未转化成尿素的 NH_3 和 CO_2 经多段蒸馏和分离后,以各种不同形式全部返回合成系统循环利用,原料氨利用率达 97% 以上。典型的全循环法尿素生产工序包括:反应物料的压缩、合成、循环回收、尿素溶液蒸发、结晶造粒、成品计量与包装、尾气与工艺废水的处理等。全循环法依照循环回收方法的不同又分为热气循环法、气体分离(选择性吸收)循环法、浆液循环法、水溶液全循环法、气提法和等压循环法等。其中水溶液全循环法和气提法发展最快,建厂最多。我国过去较多采用水溶液循环法,但气提法技术经济指标比较先进,已有后来居上之势。

二、尿素合成的反应原理

在工业生产条件下,氨和二氧化碳合成尿素的反应,一般认为是在液相中分为两步进行的。

第一步为液氨和二氧化碳反应生成液体氨基甲酸铵,称为甲铵生成反应:

$$2NH_3(L) + CO_2(g) \Longrightarrow NH_4COONH_2(L) \tag{2-90}$$

这是一个快速、强烈放热的可逆反应。如果具有足够的冷却条件,不断取走反应热,并保持反应过程的温度较低,足以使甲铵冷凝为液相,则此反应容易达到化学平衡,此时二氧化碳的平衡转化率将会很高。在常压下,该反应的速率很慢,加压则很快。

第二步为甲铵脱水生成尿素,称为甲铵脱水反应:

$$NH_4COONH_2(L) \Longrightarrow CO(NH_2)_2(L) + H_2O(L) \tag{2-91}$$

这是一个微吸热的可逆反应,反应速率缓慢,需在液相中进行,是尿素合成中的控制反应。这个反应也只能达到一定的化学平衡,一般平衡转化率为 50% ~ 70%,其接近于平衡时的反应速率取决于反应的温度和压力。

在工业装置中实现式(2-90)和式(2-91)两个反应有两种方法:一种是在一个合成塔中,相继完成两个反应,如水溶液全循环法;另一种是将这两个反应分别在高压甲铵冷凝器和尿素合成塔中进行,如 CO_2 气提法等。因甲铵生成反应放出大量反应热,后者可在高压甲铵冷凝器回收反应热,对节能降耗有利。

三、尿素合成的工艺条件的选择

影响尿素合成平衡转化率的因素，也即是尿素合成塔正常运行的工艺参数，包括反应温度、氨碳比、水碳比、操作压力、反应物料停留时间和惰性气体含量等。

1. 反应温度

由实验和热力学计算表明，平衡转化率开始时随温度升高而增大，当出现一个峰值后（其相应温度在 190～200℃ 范围），若继续升温，平衡转化率则开始逐渐下降，其原因是甲铵脱水是吸热反应，故提高温度会使平衡常数 K 增大，温度每升高 10℃，可使 K 值增加 20% 左右。但如果仅提高温度而不相应地提高系统压力，则因甲铵大量分解而转化率降低。同时操作温度还受合成设备所采用的材料腐蚀许可极限温度的限制，采用 316L 不锈钢及钛材的合成塔，规定的操作温度为 185～200℃。

2. 氨碳比

氨碳比是指反应物料中 NH_3 与 CO_2 的物质的量之比。氨过量率是指反应物料中的氨量超过化学计量的百分数。当原料中氨碳比为 2 时，则氨过量率为 0；当原料中氨碳比为 4 时，则氨过量率为 100%。

NH_3 过量能提高尿素的转化率，而 CO_2 过量时却对尿素转化率没有影响，这是因为过量的 NH_3 将促使 CO_2 转化，还能与脱出的 H_2O 结合生成 NH_4OH，相当于移去了部分产物，可以促使平衡向生成尿素方向移动。过剩氨还会抑制甲铵的分解和尿素的缩合等有害的副反应，也有利于提高转化率。因而工业操作一般采用氨过量率为 50%～150%，即氨碳比在 3～5 之内。

3. 水碳比

水碳比是指合成塔进料中 H_2O 与 CO_2 的物质的量之比。水的来源有两方面：一是尿素合成反应的产物；二是现有各种水溶液全循环法中，一定量的水随同回收未反应的 NH_3 和 CO_2 带入合成塔中的。从平衡移动原理可知，水量增加，不利于尿素生成。水碳比增加，返回合成塔的水量也增加，这将使尿素平衡转化率下降并造成恶性循环。工业生产中，总是力求控制水碳比降低到最低限度，以提高转化率。

水溶液全循环法中，水碳比一般为 0.7～1.2；CO_2 气提法中，气提分解气在高压下冷凝，返回合成塔系统的水量较少，因此水碳比一般在 0.3～0.4。

4. 操作压力

工业生产上尿素合成的操作压力，一般都选择高于合成塔顶反应物料组成和该温度下的平衡压力 1～3MPa。这是因为尿素是在液相中生成的，而甲铵在高温下易分解并进入气相，所以必须使其保持液相以提高转化率。从经济上考虑，尿素生产应选取某一温度下有一个平衡压力最低的氨碳比。

5. 物料停留时间

物料停留时间是指反应物料在合成塔中的反应（停留）时间。选择物料停留时间应兼顾尿素转化率和合成塔的生产强度这两个因素。

增加物料停留时间使实际转化率增大，但单位时间内流过合成塔的物料减少，合成塔生产强度就会下降;缩短物料停留时间,合成塔生产强度增大,但转化率将会下降,所以物料停留时间也是尿素生产中的一个重要因素。通常选择物料停留时间 40~50min。

6. 惰性气体含量

氨厂来的 CO_2 原料气中,通常含有少量的 N_2 和 H_2 等气体,此外为防止设备腐蚀而加入的少量 O_2 或空气,称为惰性气体。它使 CO_2 的浓度降低,使合成反应物系中存在气相,从而为一些 NH_3 和 CO_2 逸入气相创造了条件,这也会造成转化率的下降;另外,由于惰性气体占据了合成塔内部分有效容积,使物料停留时间减少,也导致转化率降低,甚至有可能使尿素装置发生爆炸。因而应把惰性气体含量限制在尽可能低的程度,一般应要求 CO_2 纯度大于 98.5%(体积分数)。

四、尿素合成工艺流程的组织

尿素合成工艺流程有多种,其中以全循环法中水溶液全循环法和气提法两类流程应用最为普遍。

1. 水溶液全循环法流程

此法在尿素生产中也有多种工艺流程,如我国的碳酸铵盐水溶液全循环法和日本的三井东压水溶液全循环改良 C 法和 D 法流程。由我国开发并广泛应用的中压、低压两段分解水溶液全循环法直接造粒尿素工艺流程,如图 2-27 所示。

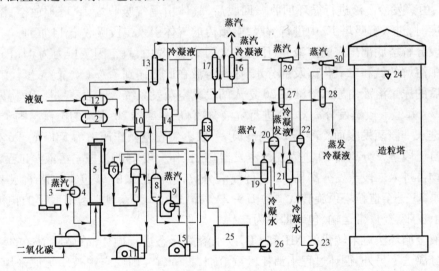

图 2-27 水溶液全循环法造粒尿素工艺流程图

1—CO_2压缩机;2—液氨缓冲槽;3—高压氨泵;4—液氨预热器;5—尿素合成塔;6—预分离器;7——段分解塔;
8—二段分解塔;9—二段分解加热器;10——段吸收塔;11——段甲铵泵;12—氨冷凝器;13—惰性气洗涤器;
14—二段吸收塔;15—二段甲铵泵;16—尾气吸收塔;17—解吸塔;18—闪蒸槽;19——段蒸发加热器;
20——段蒸发分离器;21—二段蒸发加热器;22—二段蒸发分离器;23—熔融尿素泵;24—造粒喷头;
25—尿素溶液储槽;26—尿素溶液泵;27——段蒸发表面冷凝器;28—二段蒸发表面冷凝器;
29——段蒸发喷射器;30—二段蒸发喷射器

纯度为 98.5% 以上的 CO_2 经压缩机 1 加压到 20MPa 左右、温度约 125℃后,进入尿素合成塔 5 底部;液氨经高压氨泵 3 加压,并经液氨预热器 4 预热到 90℃,配成氨碳物质的量之比

（$n_{NH_3} : n_{CO_2}$）为 4 左右进入尿素合成塔 5 底部;来自一段吸收塔 10 的甲铵溶液,由一段甲铵泵 11 加压后也送入尿素合成塔 5 底部。上述三股物料在尿素合成塔内充分混合并反应生成甲铵。CO_2 转化率约为 62% 左右。

从尿素合成塔 5 上部出来的含有尿素、未转化的甲铵、过剩氨和水的合成反应混合液,经减压阀减压至 1.7～1.8MPa 后,进入预分离器 6 进行气液分离。由预分离器 6 出来的溶液,因膨胀气化,温度下降,进入一段分解塔 7 底部进行加热分解。一段分解塔 7 分出的气体也引入预分离器 6 后,将两股气体一并引入一段蒸发加热器 19 下部,在此部分气体冷凝放热使尿素溶液蒸发。自一段蒸发加热器 19 下部出来的气体,引入一段吸收塔 10 底部鼓泡吸收,在此约有 95% CO_2 气体和全部水蒸气被吸收生成甲铵溶液。未被吸收的气体在一段吸收塔 10 内上升并与液氨缓冲槽 2 来的回流液氨逆流接触,未吸收的 CO_2 完全从气相中除去,而纯的气态氨离开吸收塔 10 进入氨冷凝器 12,冷却水将氨冷凝,冷凝的液氨流入氨缓冲槽 2 中。

在氨冷凝器 12 中未冷凝的惰性气体进入惰性气体洗涤器 13 中,气体中的氨用二段蒸发冷凝液来吸收,氨水在此蒸浓,然后流入一段吸收塔 10 塔顶。

来自二段吸收塔 14 的甲铵液经二段甲铵泵 15 送入一段吸收塔 10 下部。浓甲铵由一段吸收塔 10 底部出来经一段甲铵泵 11 加压后送入尿素合成塔 5 底部。

由一段分解塔 7 出来的溶液减压至 0.3～0.4MPa 进入二段分解塔 8 进行加热分解。分离后的液体送入闪蒸槽 18,气体进入二段吸收塔 14 底部并由加入塔顶的二段蒸发冷凝液来吸收。由二段吸收塔 14 顶部出来的气体与惰性气体洗涤器 13 出来的气体混合一并进入尾气吸收塔 16,由蒸发冷凝液进行循环回收。回收后,气体由尾气吸收塔 16 塔顶放空,溶液在达到一定浓度时,进入解吸塔 17 中进行解吸,解吸后的气体引入二段吸收塔 14 底部。

由二段分解塔底部出来的溶液,减压后进入闪蒸槽 18 中,真空闪蒸压力为 41kPa,以除去尿素溶液中溶解的氨和二氧化碳及部分水,尿素溶液在此浓缩到 75%（质量）浓度。

闪蒸后的尿素溶液由尿素溶液泵 26 送入两段真空蒸发系统。一段蒸发器 19 将尿素溶液蒸浓到 96%,并经一段蒸发分离器 20 进行气液分离,从分离器 20 出来的蒸汽与闪蒸槽 18 的蒸汽一并进入一段蒸发表面冷凝器 27 内冷凝,一段蒸发真空操作压力为 58kPa。96% 浓度的尿素溶液自一段蒸发分离器 20 进入二段蒸发器 21,操作温度 140℃,尿素溶液蒸浓至 99.7%,气液混合物再进入二段蒸发分离器 22 进行气液分离,分离出来的 99.7% 的浓缩尿素溶液经熔融尿素泵 23 送至造粒塔顶旋转式造粒喷头 24 喷洒造粒。下落到造粒塔底部的颗粒尿素经刮板机送上皮带,经皮带运输、包装即成为产品。

水溶液全循环法对未转化的 NH_3 和 CO_2 以水溶液形态进行循环,故循环消耗的动力远远低于气体分离法。另外,循环过程不消耗贵重溶剂,投资省。因此它曾被广泛地采用,为尿素的发展做出了贡献。该法存在的主要问题有以下几点:

（1）能量利用率低。尿素合成系统总的反应是放热的,但因加入大量过剩氨以调节反应温度,反应热没有加以利用。虽从一段分解中将分解气用于蒸发加热器中以预热尿素溶液,但热量回收很少。此外,在一段氨冷凝器、二段甲铵冷凝器等设备中,均需用水冷却,冷凝热未加利用,且消耗大量冷却水。

（2）一段甲铵泵腐蚀严重。高浓度甲铵液在 90～95℃ 时循环入合成塔,加剧了对甲铵泵的腐蚀,因此一段甲铵泵的维修较为频繁,这已成为水溶液全循环法的一大弱点。

（3）流程过于复杂。由于以甲铵液作为循环液,因此在吸收塔顶部用液氨喷淋以净化微量的 CO_2,为了回收氨又不得不维持一段循环的较高压力,为此按压力的高低设置了 2～3 个不同压力的循环段,使流程过长、复杂化。

2. 气提法流程

气提法是针对水溶液全循环法的缺点而提出的。该法在简化流程、热能回收、延长运转周期和减少生产费用等方面都较水溶液全循环法优越。

气提法是通过气提剂的作用,在与合成等压的较高分解压力下,可使合成反应液中未转化的甲铵和过剩氨具有较高的分解率的一种尿素生产方法。按气提剂的不同,气提法有二氧化碳气提、氨气提法和变换气气提法等。由荷兰斯塔米卡邦(Stamicarbon)公司开发的二氧化碳气提法流程见图 2-28。

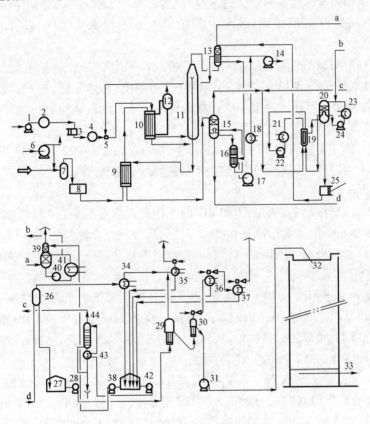

图 2-28 二氧化碳气提法工艺流程图

1—液氨升压泵;2—氨预热器;3—高压氨泵;4—氨加热器;5—高压喷射泵;6—工艺空气压缩机;7—气液分离器;
8—CO$_2$压缩机;9—气提塔;10—高压甲铵冷凝器;11—合成塔;12—蒸汽气包;13—高压洗涤器;14—衡压泵;
15—精馏塔—分离器;16—低压循环加热器;17—循环泵;18—高压洗涤器循环冷却器;19—低压甲铵冷凝器;
20—液位槽及低压吸收器;21—循环水冷却器;22—循环冷却水泵;23—循环冷却器;24—循环泵;25—高压甲铵泵;
26—闪蒸槽;27—尿素溶液储槽;28—尿素溶液泵;29——段蒸发器;30—二段蒸发器;31—熔融尿素泵;32—造粒喷头;
33—皮带运输机;34—闪蒸冷凝器;35——段蒸发冷凝器;36—二段蒸发冷凝器;37——段蒸发中间冷凝器;
38—闪蒸冷凝泵;39—吸收塔;40—循环泵;41—吸收循环冷却器;42—解吸器;43—解吸换热器;44—解吸塔

从氨厂来经过精细净化的 CO$_2$ 气体与工艺空气压缩机 6 供给的空气(占 CO$_2$ 气体总体积的 4%)混合,经气液分离器 7 进入 CO$_2$ 离心压缩机 8 压缩到 14.0MPa 左右后送到合成工段气提塔 9 中。

来自氨厂的液氨,经液氨升压泵 1 升压到 2.45MPa 后经氨预热器 2 升温到 40℃,然后进高压氨泵 3 加压到 18MPa 后再经氨加热器 4 升温到约 70℃,然后送到高压喷射泵 5 作喷射物料,将高压洗涤器 13 的甲铵带入高压甲铵冷凝器 10。从高压甲铵冷凝器 10 底部导出的液体甲铵和少量未冷凝的 NH_3 和 CO_2(约占 CO_2 总量的 13%)分别用两条管线送入合成塔 11 底部,使 n_{NH_3}∶n_{CO_2}(物质的量之比)为 2.8~3.0,n_{H_2O}∶n_{CO_2} 为 0.34,温度为 160~170℃。

尿素合成反应液从塔底上升到正常液位,此时温度上升到 183~185℃,塔顶操作压力在 13.8MPa 以上,反应液经溢流管从塔下出口排出,再经液位控制阀进入气提塔 9 上部,经气提塔 9 内部液体分配器均匀地分配到各根管中,沿管壁成膜状下降。来自 CO_2 压缩机 8 的 14.0MPa 压力的 CO_2 气体由气提塔 9 底部导入塔内且在管内与合成反应液逆流相遇进行加热气提,管间以 2.6MPa 蒸汽提供热量,气提效率可达 80%~83%。合成反应液中的过剩氨及未转化的甲铵从气提塔 9 底部排出,液体中含有 15% NH_3 和 25% CO_2,并含有约 0.4% 的缩二脲。

从气提塔 9 顶部排出的温度为 180~185℃的 CO_2 及 NH_3、来自高压喷射泵 5 的新鲜液氨和来自高压惰性气体洗涤器 13 的甲铵液,两者在 14.0MPa 压力下,一并送入高压甲铵冷凝器 10 顶部。三股物流进入高压冷凝器 10 后,将来自气提塔 9 的气体进行冷凝并生成甲铵溶液。冷凝吸收反应所放出的热量可副产低压蒸汽,供低压分解、尿素溶液蒸发等使用。因此高压甲铵冷凝器 10 设有四个蒸汽气包 12。高压冷凝器 10 内保留了一些未冷凝的 NH_3 和 CO_2 气体,以便在合成塔 11 内再冷凝时利用其放热为甲铵脱水生产尿素吸热反应供热以维持塔内的自热平衡。

从合成塔 11 顶部排出的含有 NH_3 和 CO_2 的气体进入高压洗涤器 13,NH_3 和 CO_2 被来自低压吸收段并经加压后的甲铵液所冷凝和吸收。然后吸收液经高压喷射泵 5 和高压甲铵冷凝器 10 返回合成塔 11。而未冷凝的惰性气体和一定数量的氨从高压系统排出再经吸收塔 39 后进行放空。

经高压氨泵 3 加压到约 18MPa 的液氨,进入高压喷射泵 5 作为喷射物料,将来自高压洗涤器 13 的甲铵再升压至 0.3~0.4MPa 后,二者一并进入高压甲铵冷凝器 10 的顶部。高压喷射泵 5 设在合成塔 11 底部的标高位置,从合成塔 11 底部引出一股合成反应液与来自高压洗涤器 13 的甲铵液混合,然后一并进入喷射泵 5。

从气提塔 9 底部出来的尿素—甲铵溶液,减压到 0.25~0.35MPa,溶液得到闪蒸分解,并使溶液温度从 170℃降到 107℃,开始进入循环工段。气液混合物喷入精馏塔—分离器 15 顶部,然后尿素—甲铵液流入低压循环加热器 16,温度升到 135℃,甲铵进一步得到分解,并进入精馏塔下部的分离器,在此气液分离后,溶液经液位控制阀流入闪蒸槽 26,气体上升到精馏塔。蒸馏后导出的气体与来自吸收塔 44 的气体混合后送至浸没式低压甲铵冷凝器 19 底部,混合气体和来自低压吸收器液位槽 20 的液体从其下部一并进入,一起并流上升进行吸收。气液混合物从浸没式低压甲铵冷凝器 19 上部溢流进入液位槽 20 进行气液分离。一部分液体流入低压吸收器内的漏斗,与液位槽上的从吸收塔 39 出来的液体混合,靠动力作用从底部流入浸没式冷凝器 19 内,因其流速较快,故气液混合效果较好;另一部分液体从液位槽 20 底部导出,经高压甲铵泵 25 加压到 14MPa 以上,送入合成系统高压洗涤器 13 顶部作为吸收洗涤液。由液位槽 20 引出的气体经低压吸收器 20 的填料段,被来自吸收塔 39 的溶液和吸收循环冷却器 23 的循环甲铵液喷淋吸收,未能冷凝吸收的惰性气体经压力控制后放空。

自精馏塔 15 底部出来的尿素溶液,减压到 45kPa 后送到闪蒸槽 26,温度从 135℃下降到 91.6℃,有相当一部分水和氨闪蒸出来,闪蒸气进入闪蒸冷凝器 34 中冷凝下来,离开闪蒸槽

26 的尿素溶液质量分数约73%流入尿素溶液储槽27。

蒸发分两段进行。尿素溶液储槽27内的73%的尿素溶液用尿素溶液泵28打入一段升膜长管蒸发器29中,管间用0.4MPa的蒸汽加热,管内尿素溶液温度从98℃上升到130℃,从蒸发器29流出的气液混合物经分离器分离,气相经一段蒸发冷凝器35冷凝,达到95%浓度的尿素溶液离开一段分离器后进入二段升膜蒸发加热器30,管间以0.9MPa蒸汽加热,气液混合物在二段分离器中得到分离,最后尿素溶液质量分数达到99.7%。合格的熔融尿素经过用以保持真空的长管进入熔融尿素泵31,送到造粒塔顶的造粒喷头32,熔融尿素由于离心力的作用从旋转喷头的小孔中甩出,尿素粒子在塔内自上而下降落过程中,被逆流的冷空气冷凝固化为小颗粒,落到塔底的尿素粒子,由刮料机刮入溜槽,落到皮带运输机上,经自动称量后,送到散装仓库或进行包装。

闪蒸冷凝液和各段蒸发冷凝液含有一定量的NH_3和少量的CO_2,分别用泵送到吸收塔39或解吸塔44顶部进行解吸回收,排入下水道的液体氨含量应控制在0.05%(质量分数)以下。

近年来,荷兰斯塔米卡邦公司针对工艺中存在的问题作了一些改进,如增设原料气体的脱氢系统,解决尾气燃爆问题;增设水解设备,回收工艺废液中的尿素;增加尿素晶种造粒,提高尿素成品的机械强度以及低位热能的回收利用等。

五、未转化物的回收与循环

由于尿素合成为可逆反应,存在化学平衡,因此从尿素合成塔排出的物料,除含尿素和水外,尚有未转化为尿素的甲铵、过量NH_3和CO_2及少量的惰性气体。欲使这些未转化的物质重新利用,首先应使它们与反应产物尿素和水分离开来。分离方法是基于甲铵的不稳定性及NH_3和CO_2的易挥发性。先将合成反应液减压,然后通过加热或气提,使过量的氨汽化、甲铵分解并汽化,尿素和水则保留在液相中从而实现了分离。对分解与回收的总要求是:使未转化物料尽可能回收并尽量减少水分含量;尽可能避免有害的副反应发生。

1. 减压加热法

如果在合成操作压力下分解未转化物,即使温度高达190℃,化学平衡仍然朝着生成甲铵方向移动;若要使平衡朝着甲铵分解方向移动,必须使分解温度远高于190℃,但在这样高的温度下,有害的副反应和腐蚀将急剧地进行。为了使分解过程的温度不致过高,通常分解压力的选择应低于合成压力。为了保证未转化物全部分解和回收,一般采用多段减压加热分解、多段冷凝吸收的办法。如碳酸铵盐水溶液全循环法采用中压、低压两段分解和两段吸收。

分解过程在预分离器和分解塔(蒸馏塔)中进行,合成反应液在上述两设备中减压膨胀、蒸汽加热升温,促使游离氨进一步汽化及甲铵分解为NH_3和CO_2,然后加以回收。中压系统分解的未转化物量约占总量的85%~90%,因此对全系统的回收及技术经济指标影响很大。

从分解塔或气提塔出来的分解气中主要含有NH_3、CO_2、水蒸气和一些惰性气体,其具体组成随着合成反应液的组成和分解工艺参数而不同,回收分解气中的NH_3和CO_2并循环返回合成工序。溶液全循环法用溶剂吸收NH_3和CO_2,使没有产生结晶的高浓度甲铵溶液循环返回合成塔。

为了简化工艺过程和降低动力消耗,分解气的回收采用与分解过程相同的压力和相应的段数。分解过程若是多段顺流流程,则吸收过程就应采用多段逆流流程。一般在低压回收段需要增加一定量的水,以便将 NH_3 和 CO_2 充分地予以回收。在中压回收段,则利用低压回收段获得的稀甲铵液为介质回收中压分解气中的 NH_3 和 CO_2。这样就可减少甲铵液中的水量,保证了合成工序 H_2O 与 CO_2 比不致过高,既达到了尽可能回收 NH_3 和 CO_2,又维持了整个合成系统的水平衡。

2. 气提分离法

将合成反应液直接加热解析气体所需的分解温度过高,因而难以实现工业化。降低压力虽然可以降低分解温度,但又使用新溶液循环而所消耗的动力增加。气提法工艺具有既不减压又不降低分解温度的优点。

气提过程是在高压下操作的带有化学反应的解吸过程。合成反应液中的甲铵分解反应如下:

$$NH_4COONH_2(L) \Longleftrightarrow 2NH_3(g) + CO_2(g) \qquad (2-92)$$

这是一个吸热、体积增大的可逆反应。加热、降低气相中 NH_3 与 CO_2 某一组分分压,都可促使反应向右方进行,以促进甲铵的分解。气提法就是在保持与合成塔等压的条件下,在供热的同时采用降低气相中 NH_3 或 CO_2 某一组分(或 NH_3 或 CO_2)分压的办法来分解甲铵的过程。

CO_2 由于能与 NH_3 作用生成铵盐而溶解于液相中,随着气提的进行,液相中氨浓度逐渐减少,CO_2 溶解度也随之减少,因而尿素溶液中的 CO_2 一定能逸出。气提剂 CO_2 先溶解后逸出,即采用 CO_2 气提,不仅能驱出溶液中的 NH_3,而且还能逐出溶液中的 CO_2,这就是 CO_2 和 NH_3 气提法的基本原理。

六、尿素溶液的蒸发和造粒

1. 尿素溶液蒸发的原理

经过两次减压、加压分解(或气提加低压分解)和闪蒸工序,将尿素合成反应液中未反应物分离之后,得到温度为 95℃、质量分数 70% ~ 75% 的尿素溶液(其中 NH_3 与 CO_2 含量总和小于 1.0%)储存于尿素溶液储槽中。此尿素溶液经进一步蒸发浓缩到水分含量 < 0.3%,然后加工成固体尿素。

尿素溶液蒸发中存在两个问题:一是尿素的热稳定性差,随着尿素溶液的不断蒸浓,其沸点也随之升高;二是尿素溶液蒸发温度超过 130℃ 时,由于尿素溶液蒸发中存在较少的游离氨,因此尿素水解和缩二脲生成等有害副反应加剧。

在同一温度下,尿素溶液蒸发的操作压力越低,相应的尿素溶液饱和浓度就越高。因此,通过分段减压,对尿素溶液进行真空蒸发是有利的。

工业生产中为了获得 99.7% 的熔融尿素溶液同时抑制副反应,蒸发过程在真空下分两段进行。首先,在 2.7 ~ 3.3kPa 压力下,在第一段蒸发器中蒸发出大量水分,使尿素溶液浓度从 75% 蒸浓到 95% 左右,温度 130℃。由于沸点压力线位于尿素结晶线之上,因此在此压力下蒸发不致有结晶析出,能使蒸发正常进行。然后,在温度略高于饱和温度的条件下,连续将尿素溶液通入第二段蒸发器,在低于 5.3kPa 压力下,继续蒸发尿素溶液,此时溶液将会自动分离成固体尿素和水蒸气,尿素中的水分几乎被蒸干,从而获得了符合造粒要求的熔融尿素。为保证熔融尿素的流动性,二段蒸发温度应高于尿素的熔点,一般控制在 137 ~ 140℃ 之间。

2. 尿素的造粒

固体尿素成品有结晶尿素和颗粒尿素两种，因此其制取方法就有结晶法和造粒法。结晶法是在母液中产生结晶的自由结晶过程；造粒法则是在没有母液存在下的强制结晶过程。结晶尿素具有纯度较高、缩二脲含量低的优点，一般多用于工业生产的原料或配制成复混肥料或混合肥料。但结晶尿素呈粉末状或细晶状，不适宜直接作为氮肥施用。造粒法可以制得均匀的球状小颗粒，具有机械强度高、耐磨性好、有利于深施保持肥效等优点，同时可作为以钙镁磷肥或过磷酸钙为包裹层的包裹型复混肥料的核心，但其缩二脲含量偏高。

尿素的结晶或造粒，国内外大致采用以下几种方法：

（1）蒸发造粒法。将尿素溶液蒸浓到 99.7% 的熔融液再造粒成型，产品中缩二脲含量约为 0.8%~0.9%。

（2）结晶造粒法。将尿素溶液蒸浓到 80% 后送往结晶器结晶，再将所得结晶尿素快速熔融后造粒成型。粒状尿素产品中缩二脲含量较低（<0.3%）。

（3）结晶法。将尿素溶液蒸浓到约 80% 后在结晶器中于 40℃ 下析出尿素。目前常用的是有母液的结晶法，此外还有一种无母液的结晶法。

目前大中型尿素厂几乎都采用造粒塔造粒方法，所得尿素粒径多为 1~2.4mm。它是将 140℃、99.7% 的尿素熔融液滴与冷却介质（空气）逆流接触，降温至 60~70℃（此温度下颗粒具有较好的机械强度），经凝固和冷却两个过程而成颗粒状落于造粒塔底的漏斗中。

造粒塔为圆筒形混凝土结构式立塔，内壁采取涂防腐层或局部挂铝片等保护措施，以防腐蚀性介质对塔体的腐蚀。按塔内空气的流通形式，分强制通风和自然通风两种，通风量一般为 6000~10000m³/t 尿素。日产 1500~1700t 尿素装置造粒塔的内径为 18~20m，强制通风造粒塔有效高度为 35m 左右，自然通风造粒塔为 50m 左右。造粒塔喷淋装置有固定式和旋转式两种，固定式喷头靠静压头将熔融尿素向下喷出，其喷洒能力及喷洒半径较小，因此塔顶需装设多个喷头，以适应装置的生产能力。旋转式喷头转速约 300r/min，生产能力大，每塔仅用一个喷头。大型尿素厂普遍采用旋转式喷头。

【任务实施】

尿素合成生产操作控制

一、尿素合成塔操作控制要点

1. 温度

温度是影响高压热交换器操作的主要因素，游离 NH_3 的蒸发与甲铵的分解均需热量，为了使气提过程能在一定的温度下进行，并保证高压热交换器内物料始终保持熔融状态，就必须保持足够高的温度。因此在结构材料允许的条件下（主要指腐蚀危险），尽量提高温度对气提是有利的，现用材料的使用温度（壁温）一般不应超过 200℃（设计温度为 225℃），这就对蒸汽侧与工艺侧的温度提出了限制。如 2.0MPa 的饱和蒸汽温度为 214℃，则正常操作温度为 180℃左右，适当地改变蒸汽压力，可以改变传热量，从而改变管内的温度。如果生产负荷低，不相应地降低蒸汽压力，则将引起尿素溶液温度升高，从而使缩二脲的生成量和尿素的水解量相应地增加，同时，引起尿素溶液中的氧含量减少而使腐蚀加剧。

2. 氧含量

高压热交换器使用一段时间后,要检查分配器堵塞情况。如聚四氟乙烯填料碎块堵塞了液体分布器的孔眼,则没有液体进入管中,此时虽然蒸汽侧温度为210℃,也不会发生腐蚀,而另一部分没有堵孔眼的管子,液体负荷就会增大,液膜增厚,从底部进入的 CO_2 气量就会减少,氧含量也就随之减少,这时就会发生腐蚀。如果氧含量在 5min 内低于 0.7% ,应立即停车,否则就会发生腐蚀。当在关闭合成塔的出液阀后,在高压热交换器列管中还存在少量液膜,此时如果壳侧还有蒸汽加热就会造成腐蚀,所以在关闭合成塔出液阀的同时,应尽快将蒸汽压力降到 1.0MPa 以下。高压热交换器列管发生少量泄漏时,可通过分析蒸汽冷凝中的 NH_3 含量来加以确定,当大量泄漏时,壳侧就发生超压,爆破板就会爆破。

3. 高压热交换器底部的液位控制

这在操作上也是十分重要的,即必须在底部保持一定的液位,以防止高压的 CO_2 气体进入低压部分,造成超压。但液位又不能过高,要保证 CO_2 气的入口高出液面之上。如果液面过高,淹没了 CO_2 入口管,气体需鼓泡通过,就有可能使 CO_2 气在换热管内分配不均匀。若一旦造成管内缺氧(O_2 与 CO_2 一同进入),很快就会使管材腐蚀。因此在构造上使 CO_2 入口管伸得较高,比液体出口约高 1m。但由于在这个高度中储存的液体量有限,因此要求安装灵敏度很高的液位计来指导操作,这就是在此常用同位素(γ 射线)液位计的原因。

4. 停留时间

液体在高压热交换器内的停留时间,按设计要求应小于 1min,否则缩二脲的生成及尿素水解均将比较严重。正常生产时,经过高压热交换器后缩二脲含量增加 0.2% ~0.3% ,按目前设计数值,尿素的水解率为 4%。

二、尿素合成工段正常生产操作

1. 开车前的准备工作

(1)保证循环水系统、冲洗水系统、蒸汽系统、脱盐水系统仍在运行。
(2)高压系统封塔,合成塔充满物料;汽提塔壳侧压力控制 1.0MPa。
(3)中压、低压系统隔离、保压,氨受槽、碳氨液储槽液位正常。
(4)蒸发系统停运,工艺冷凝液系统停运。
(5)包装系统所有传送皮带运行。
(6)检查并确认循环水系统、蒸汽系统、冲洗水系统运行正常。
(7)检查并确认装置内所有报警、联锁均可靠并已投用。
(8)检查并确认现场所有仪表均已投用且工作状态良好。
(9)检查并确认装置内所有调节阀灵活好用,并校对各调节阀。
(10)检查并确认所有运转设备均处于备用状态。
(11)确认界区外有足够的 NH_3、CO_2 和蒸汽供装置开车使用。
(12)确认管道、设备畅通无堵塞。
(13)确认 CD、CY、冲洗水阀、所有切断阀、调节阀处于开车前正常位置。
(14)确认喷头、刮料机运行正常。

2. 系统正常开车

1)系统投料前准备

(1)按照正常的开车步骤,将 CO_2 压缩机开车至正常。

(2)中控确认高压系统压力≥8.0MPa,如低于此指标可向部门领导申请,联系现场高压系统升压到指标。

(3)工艺冷凝液系统运行正常。

(4)中控联系现场岗位启动泵一台,将压力调至高于高压系统压力1MPa;中控联系现场人员按照确认单冲洗高压系统各管线,确认中压系统中压隔离阀后管线、阀前管线以及其他重要管线畅通。

(5)中控联系现场,确认界区来氨管线冷热氨切断阀全开;联系调度,向尿素界区送氨,维持储槽液位平稳。

(6)蒸发系统预热:蒸发系统2#管线走水,中控稍开预热系统;中控根据蒸发系统各点工艺指标确认走水畅通后,联系现场岗位启动泵一台并入换热;视情况停2#管线走水。

(7)储槽满液位后启动泵一台,建立蒸发系统大循环。

(8)泵建立循环:中控联系现场岗位,联通低压系统;联系现场岗位,启动泵一台,建立低压循环。

(9)中控稍开流量,控制在 $0.4 \sim 0.5 m^3/h$,加水,控制液位 50% ,联系现场岗位启动一台泵保持回流。

(10)启动工作准备完毕,具备启动条件。

2)装置投料

(1)系统投料之前,通知现场全开角阀;向中压前系统放料,加回流氨,中压系统前后压力接近后,联系现场中压联通,并投用液位计冲洗水,送氨水吸收 CO_2 ,建立中压大循环。

(2)高压系统投氨:通知现场岗位打开泵出口切断阀,中控通知现场打开氨角阀,向反应器投氨,根据温度判断氨进入合成塔。

(3)高压系统投 CO_2 :投氨10min后,打开 CO_2 角阀,压力小幅调节,投 CO_2 ,压力下降时,视 CO_2 流量稳定后再缓慢开大,直到压差≤0.3MPa时。

(4)注意控制高压系统前后压差,使压力始终维持在 $1.1 \sim 1.3 MPa$ 。

(5)根据各控制点工艺指标适当调整系统。

三、尿素合成工段正常停车操作

1. 高压系统封塔

(1)接调度通知停车,做好退氨和 CO_2 准备。

(2)退 CO_2 出系统:操作时注意防止 CO_2 压缩机四段出口压力超压或过低,保持压力大于合成塔压力,关闭钝化空气和甲醇洗涤塔加水调节阀。

(3)退甲铵出系统:注意稳定电流和出口压力,通知现场岗位或中控通过摁钮停泵,冲洗泵体及出、入口管线,打开阀后CD排放阀,冲洗干净后关冲洗水及CD阀。

(4)退氨出系统:通知现场关氨角阀,打循环。

(5)联系调度停止送氨,同时中控记录累积量。

(6)当氨全部退出后封闭高压系统,通知现场关切断阀,现场开氨角阀少许,在出口压力接近指标高限时可以及时开氨角阀后 CD 阀排放泄压。

(7)控制压力到 1.0MPa 左右,防止超温,注意调整蒸汽管网,防止抽汽超压。

(8)视情况停氨泵,需停泵时通知现场岗位关泵出口阀。停泵后通知现场开氨角阀少许,开氨角阀后 CD 阀,排放积氨防止超压。

(9)视情况按压缩机停车程序停压缩机,转速回零后启自动盘车或手动盘车。

2. 蒸发造粒系统停车

(1)前系统断料后,中控打循环位,通知包装岗位。

(2)中控逐渐破蒸发一、二段真空,维持一、二段压差 30kPa,降低蒸发温度。

(3)通知现场蒸发用 2#LW 走水清洗,出口管线加 HW 冲洗,当储槽无液位后停泵,冲洗泵体及进出口管线。

(4)将顶部和喉管以及表冷器冲洗一次;当蒸发走水干净后,关所有 LW 阀;拉空后,停泵,将泵体及进口管内水排尽。

(5)视情况进行蒸发热煮。

3. 工艺冷凝液处理系统停车

(1)高压系统封塔前,将水解、解析气相退出低压系统,改为 BD 放空。

(2)调整阀位,保证水解器和解析塔的温度,使工艺冷凝液电导合格外送,调节废水回流阀维持塔液位正常。

(3)当塔液位拉到 20% 左右时,视情况停泵,水解器保温保压;保持预热状态。

(4)解析系统停运后,冬季防冻详见防冻方案。

四、尿素合成工段异常生产现象的判断和处理

合成尿素岗位异常生产现象的判断和处理方法见表 2-7。

表 2-7　合成尿素岗位异常生产现象的判断和处理方法

异常现象	原因分析判断	处理方法
中压吸收塔底部温度有异常升高	(1)换热器列管结垢严重,影响冷凝效果; (2)中压分解器漫液; (3)合成塔中 CO_2 转化率低,甲铵分解负荷增大,使换热器的冷凝负荷增加	(1)定期检查清洗换热器列管; (2)降低中压分解器液位; (3)调整合成塔配料,提高 CO_2 转化率
中压吸收塔液位漫液	(1)输出泵泵停; (2)高压系统向中压系统过料量太大	(1)立即关换热器液相阀,同时排放维持液位; (2)立即关小进口阀位,同时排放维持液位,加大泵的输出量
中压吸收塔的顶部温度升高	(1)CO_2 上窜到塔板上生成甲铵结晶影响洗涤效果; (2)中压液位太高,使甲铵液漫液到塔板,形成结晶或液位太低,底部鼓泡段吸收 CO_2 的效率降低,使 CO_2 上窜到顶部; (3)氨碳比低、水碳比高、汽提塔的液位太低,高压向中压窜气,或 CO_2 转化率低使中压吸收塔吸收负荷太大; (4)回流氨由于泵故障而中断,或是回流氨阀故障使回流氨中断	(1)增加回流氨量,防止 CO_2 上窜,必要时冲洗塔盘; (2)调整循环泵的循环量,在液位高时应减少循环量或排放冲洗塔板; (3)检查汽提塔液位降低原因并处理,检查高压回路的工艺状况调整进料,使 CO_2 转化率恢复正常; (4)立刻启动备用泵,并检查回流罐的液位以及液氨温度是否正常,检查回流氨阀的工作情况,如有故障应先开副线应急

【任务测评】

仿真模拟进行尿素合成操作,在计算机上进行尿素合成开车操作,调节至规定的操作条件后,再进行停车操作、事故处理操作;操作过程要严格按照操作规程来模拟;根据事故现象正确判断是何种事故,并按照事故处理方法来模拟;要求能正确读取温度、压力、流量仪表显示数值,计算机评分考核。

【任务小结】

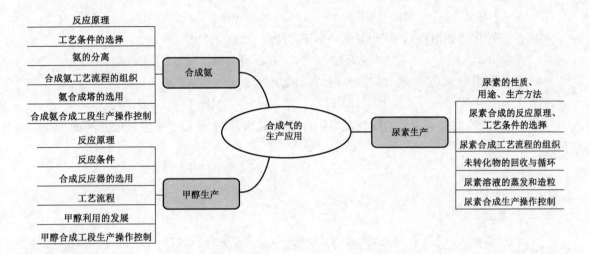

【项目小结】

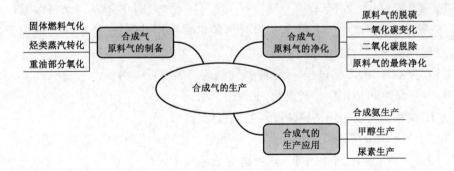

【项目测评】

一、选择题

1. 合成气的主要成分为(　　)。
 A. CO 和 H_2 B. CO_2 和 H_2 C. CO 和 CO_2 D. CO 和水蒸气

2. 下列不属于干法脱硫的方法是(　　)。
 A. 氧化铁法   B. 氧化锌法   C. 氢氧化铁脱硫法   D. 化学吸收法

3. 低温变换可将出口气中残余 CO 降至(　　)左右。
 A. 0.3%   B. 0.8%   C. 3%   D. 0.03%

4. 下列不属于物理脱碳方法的是( )。

    A. 低温甲醇法　　　　B. 水洗法　　　　　C. 碳酸丙烯酯法　　　D. 碳酸钾法

5. 工业上将与( )联合生产甲醇的工艺叫联醇工艺。

    A. 合成氨　　　　　　B. 合成气　　　　　C. 乙醇　　　　　　D. 乙烯

6. 甲醇合成单元总控随时注意所有指示、记录仪表,( )小时记录一次,( )小时现场巡检一次。

    A. 1,2　　　　　　　B. 2,2　　　　　　　C. 1,1　　　　　　　D. 2,1

7. 工业上合成甲醇的方法有( )。

    A. 高压法　　　　　　B. 低压法　　　　　C. 中压法　　　　　D. 以上都是

8. 按未转化物的循环利用程度,尿素生产方法可分为( )。

    A. 不循环法　　　　　B. 半循环法　　　　C. 全循环法　　　　D. 以上都是

9. 目前国内中、小型合成氨厂均采用( )的压力。

    A. 5 ~ 10MPa　　　　B. 10 ~ 15MPa　　　C. 15 ~ 20MPa　　　D. 20 ~ 32MPa

10. 造气工序的主要设备为煤气发生炉。当前生产中,主要用于小型合成氨厂的是( )的煤气发生炉。

    A. ϕ2740mm　　　　　　　　　　　　B. ϕ2740mm 和 ϕ3000mm

    C. ϕ2260mm　　　　　　　　　　　　D. ϕ3000mm

二、判断题

1. 以适量空气(或富氧空气)与水蒸气作为气化剂,所得气体的组成符合 $n_{CO + H_2}/n_{N_2}$ = 3.1 ~ 3.2 以能满足生产合成氨对氢氮比的要求的称为半水煤气。( )

2. 以煤与焦炭为原料的合成气生产方法有间歇和连续操作两种方式。( )

3. 间歇气化时,自本次开始送入空气至下一次再送入空气时止,称为一个工作循环。( )

4. 合成气中硫化物对各种催化剂具有强烈的毒害作用,同时还会腐蚀设备和管道,所以在进一步加工前必须进行脱硫。( )

5. CO 既是原料气的净化过程,又是原料气制造的继续。( )

6. CO 中变、低变可以用同一种催化剂。( )

7. CO_2 的脱除和回收净化是脱碳过程的双重任务。( )

8. 甲醇能与乙醇混溶,所以酒中可以含有甲醇。( )

9. Cu 基催化剂广泛应用于中低压法甲醇合成流程中。( )

10. 尿素在液氨中的溶解度较在水中的溶解度大。( )

三、填空题

1. 合成气是指_____和_____的混合气。

2. 煤气的成分取决于燃料和气化剂的种类以及气化条件。工业上按照所用气化剂各异可得到的不同煤气有_____、_____、_____、_____、_____。

3. 制取半水煤气的方法很多,按汽化炉床层形式可分为_____、_____、_____和_____。

4. 间歇式制半水煤气的工作循环一般包括_____、_____、_____、_____和_____五个阶段。

5. 合成气原料气中硫化物的形态可分为＿＿＿＿＿＿＿和＿＿＿＿＿＿。脱硫方法可归纳为＿＿＿＿＿＿＿和＿＿＿＿＿＿＿两大类。

6. CO 变换反应方程式为＿＿＿＿＿＿＿＿＿＿＿＿＿＿＿＿＿＿＿＿＿。

7. 氨合成反应方程式为＿＿＿＿＿＿＿＿＿＿＿＿＿＿＿＿＿。

8. CO 和 H_2 合成甲醇主反应方程式为＿＿＿＿＿＿＿＿＿＿＿＿＿＿＿＿＿＿。

9. 由 NH_3 和 CO_2 合成尿素的总反应为＿＿＿＿＿＿＿＿＿＿＿＿＿＿＿＿＿＿。

10. 目前甲醇合成催化剂分为两大类：＿＿＿＿＿＿＿、＿＿＿＿＿＿＿＿＿。

四、简答题

1. 合成气的生产方法有哪三种？各有什么特点？

2. 请列举出一些由合成气生产的产品。

3. 间歇式制取半水煤气过程中，一个工作循环要分为几个阶段？各个阶段的作用是什么？

4. 在天然气蒸汽转化系统中，将水碳比从 3.5～4.0 降至 2.5，试分析一段炉可能出现的问题及其解决办法。

5. 试分析烃类蒸汽转化过程中加压的原因和确定操作温度的依据。

6. 重油部分氧化法的实质是什么？试据工艺条件的确定说明。

7. 请查找相关资料，比较三种合成气原料气制备的方法间的异同及各自的优缺点。

8. 工业生产中，变换反应如何实现尽量接近最适宜温度曲线操作？变换炉段间降温方式和可用的介质有哪些？

9. 物理吸收法脱碳与化学吸收法相比，各种方法有哪些异同？

10. 采用甲烷化法的先决条件是什么？其操作温度的高低决定于什么？

11. 合成气原料气的制备需要哪些步骤？简述各步骤的原理。

12. 简述原料气最终净化的方法。

13. 有机化合物的结构对加氢反应速率有何影响？

14. 反应温度和压力是怎样影响加氢平衡的？

15. 加氢催化剂共分几种类型？各有何特点？

16. 一氧化碳加氢合成甲醇生产有几种工艺流程？各有何特点？

17. 高压法和低压法工艺流程各采用何种催化剂？

18. 如何选择 CO 加氢合成甲醇反应的操作条件？

19. 简述甲醇合成反应器的分类、结构及特点。

20. CO 加氢合成甲醇的工艺流程由哪几部分组成？

21. 由甲醇出发，可得到哪些主要的化工产品？有何用途？

22. 甲醇合成催化剂中毒及老化的原因是什么？生产中应如何控制和减少催化剂中毒？

23. 试写出合成气 CO 和 H_2 合成甲醇主、副反应方程式，并分析影响反应的因素。

24. 举例说明催化加氢反应在石油化工中的应用。

25. 简述尿素有哪些性质和用途？

26. 尿素生产的方法有哪些？主要采用什么方法？其特点是什么？

27. 对生产尿素的原料有什么要求？

28. 如何选择尿素合成工艺条件？不同尿素生产方法其对应的 n_{NH_3}/n_{CO_2}、n_{H_2O}/n_{CO_2} 各是多少？

29. 水溶液全循环法和气提法生产尿素的流程各有什么特点？

30. 采用减压加热法或气提法分离未转化物的原理是什么？

31. 为什么要采取多段分解与多段吸收来分解和回收未转化物？

32. 常见的尿素结晶或造粒方法有哪些？

五、方案设计

1. 请结合实际进行分析说明化工生产技术的发展与原料的来源、环境的影响有何关系？

2. 试综合讨论在补充气和循环气量不变情况下,压力和温度的上升意味着氨合成生产的优化还是恶化？如允许补充气和循环气体相应变化,结果如何？并说明原因。

项目三　石油烃类热裂解

【学习目标】

能力目标	知识目标	素质目标
1. 能够根据化学反应,分析工艺条件如何选择; 2. 能够画出石油裂解制乙烯的工艺流程图; 3. 能够画出顺序分离流程图; 4. 具有较强的分析判断能力,能进行化工工艺过程事故判断和异常状况处理; 5. 具有良好的画图和识图能力	1. 了解国内外乙烯生产的现状; 2. 掌握石油烃热裂解的原理; 3. 掌握裂解制乙烯的工艺条件; 4. 熟悉柴油裂解的工艺流程; 5. 熟悉气体净化的主要方法; 6. 掌握深冷分离的原理及工艺流程; 7. 熟悉裂解气分离的三种典型流程	1. 培养较好的逻辑推导和想象力; 2. 培养化工生产安全和环保意识; 3. 培养追求卓越、勇于探索的开拓创新精神; 4. 培养工作责任意识、质量意识; 5. 具备表达、沟通和与人合作、岗位与岗位之间合作的能力

【项目导入】

石油化工系列原料包括天然气、炼厂气、石脑油、柴油、重油等,它们都是由烃类化合物组成。烃类化合物在高温下不稳定,容易发生碳链断裂和脱氢等反应。

石油烃热裂解就是以石油烃为原料,利用石油烃在高温下不稳定、易分解的性质,在隔绝空气和高温条件下,使大分子的烃类发生断链和脱氢等反应,以制取低级烯烃的过程。工业上制取烯烃的方法有许多,其中最主要的方法是烃类热裂解。

工业上烃类热裂解制乙烯生产过程如图 3-1 所示:原料—热裂解—急冷—裂解气预处理—裂解气分离—产品(乙烯、丙烯)及联产品。虽然各生产装置所用的原料和生产技术有所差异,相应的工艺流程也不完全相同,但均包括裂解和分离两个基本过程。裂解是天然气或石油中的烃原料经一定的预加工后,进行高温裂解化学反应而获得裂解气的过程。分离则是裂解的后续加工过程,其任务是将裂解气分离,生产出高纯度的产品。

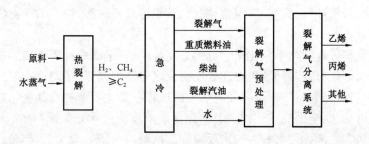

图 3-1　石油烃热裂解生产过程

石油烃热裂解的主要目的是生产乙烯,同时可得丙烯、丁二烯以及苯、甲苯和二甲苯等产品。它们都是重要的基本有机原料,所以石油烃热裂解是有机化学工业获取基本有机原料的主要手段,因而乙烯装置能力的大小实际上反映了一个国家有机化学工业的发展水平。

裂解能力的大小往往以乙烯的产量来衡量。乙烯在世界大多数国家几乎都有生产。2014年全球乙烯项目以石脑油及轻柴油为原料的比例为49.6%,较2013年下降了0.6个百分点;中东地区重质原料比例有所提高;亚洲地区重质原料比例仍处于下降通道,预计在2017年左右全球乙烯产业将进入新一轮景气周期的高峰。

我国乙烯工业已有50多年的发展历史,20世纪60年代初我国第一套乙烯装置在兰州化工厂建成投产,多年来,我国乙烯工业发展很快,乙烯产量逐年上升,2005年乙烯生产能力达到$773 \times 10^4 t/a$,居世界第三位。随着国家新建和改扩建乙烯装置的投产,预计到2020年,国内乙烯产能将达到$3560 \times 10^4 t/a$,当量需求在$4760 \times 10^4 t/a$左右。

虽然我国乙烯工业发展较快,但远不能满足经济社会快速发展的要求,不仅乙烯自给率下降,而且产品档次低、品种牌号少,一半的乙烯来自进口。2013年我国乙烯的进口量约为$170.33 \times 10^4 t$,2014年我国乙烯的进口量约为$149.72 \times 10^4 t$,同比减少12.1%;2015年我国乙烯的进口量约为$151.57 \times 10^4 t$,同比增加1.2%。因此,无论从乙烯在有机化工中的地位,还是从乙烯的需求量,都可以看出,以生产乙烯为主要目的的石油烃热裂解装置在石油化工中具有举足轻重的地位。

查一查:

　　工业上乙烯的生产方法都有哪些?各自有什么优缺点?发展方向如何?

任务一　热裂解原料的选择

【任务导入】

在裂解原料中,主要烃类有烷烃、环烷烃和芳烃,二次加工的馏分油中还含有烯烃。尽管原料的来源和种类不同,但其主要成分是一致的,只是各种烃的比例有差异。烃类在高温下裂解,不仅原料发生多种反应,生成物也能继续反应,其中既有平行反应又有连串反应,包括脱氢、断链、异构化、脱氢环化、脱烷基、聚合、缩合、结焦等反应过程,生成的产物也多达数十种甚至上百种。

因此,烃类裂解过程的化学变化是十分错综复杂的,要全面而准确地描述这样一个反应系统是非常困难的,而且有许多问题现在还处于研究之中。但是,为了对这一复杂的反应过程有一个概括的认识,现用图3-2来说明烃类热裂解过程中的主要产物及其变化关系。

由图3-2可见,要全面描述这样一个十分复杂的反应过程是很困难的,所以人们根据反应的前后顺序,将它们简化归类分为一次反应和二次反应。研究表明,烃类热裂解时发生的基元反应大部分都遵循自由基反应机理,有些反应是按分子反应机理进行的。

一、烃类裂解的一次反应

所谓一次反应是指以生成目的产物乙烯、丙烯等低级烯烃为主的反应。

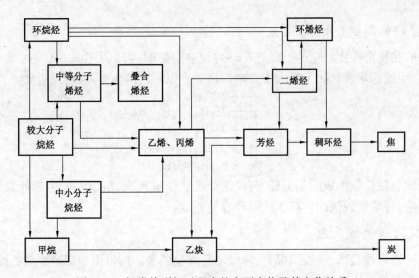

图 3 - 2　烃类热裂解过程中的主要产物及其变化关系

1. 烷烃裂解的一次反应

1) 断链反应

断链反应是 C—C 链断裂反应,反应后产物有两个,一个是烷烃,一个是烯烃,其碳原子数都比原料烷烃减少,其反应通式为:

$$C_{m+n}H_{2(m+n)+2} \longrightarrow C_nH_{2n} + C_mH_{2m+2}$$

2) 脱氢反应

脱氢反应是 C—H 链断裂的反应,生成的产物是碳原子数与原料烷烃相同的烯烃和氢气,其反应通式为:

$$C_nH_{2n+2} \longrightarrow C_nH_{2n} + H_2$$

断链反应是不可逆的,脱氢反应是可逆的。烃类热裂解反应属于自由基反应,不同烷烃断链和脱氢的难易,可以从分子结构中键能的数值大小来判断,见表 3 - 1。

表 3 - 1　各烷烃键能数值

化学键	键能,kJ/mol	化学键	键能,kJ/mol
H_3C—H	426.8	CH_3—CH_3	346
CH_3CH_2—H	405.8	CH_3—CH_2—CH_3	343.1
$CH_3CH_2CH_2$—H	397.5	CH_3CH_2—CH_2CH_3	338.9
$CH_3CH(CH_3)$—H	384.9	$CH_3CH_2CH_2$—CH_3	341.8
$CH_3CH_2CH_2CH_2$—H	393.2	—	—

从表 3 - 2 中可以看出:

(1) 同碳原子数的烷烃,C—H 键能大于 C—C 键能,因而,断链比脱氢容易。

(2) 烷烃的相对热稳定性随碳链的增长而降低,即碳链越长,越不稳定。

(3) 有支链的烷烃容易裂解或脱氢。

(4) 烷烃的脱氢能力与烷烃的分子结构有关。

2. 环烷烃的断链（开环）反应

环烷烃的热稳定性比相应的烷烃好。环烷烃热裂解时，可以发生 C—C 链的断裂（开环）与脱氢反应，生成乙烯、丙烯、丁烯和丁二烯等烃类。以环己烷为例，断链反应如下：

$$
\begin{array}{l}
\longrightarrow 2C_3H_6 \\
\longrightarrow C_2H_4 + C_4H_6 + H_2 \\
\longrightarrow C_2H_4 + C_4H_8 \\
\longrightarrow 3/2C_4H_6 + 3/2H_2 \\
\longrightarrow C_4H_6 + C_2H_6
\end{array}
$$

环烷烃的脱氢反应生成的是芳烃，芳烃缩合最后生成焦炭，所以不能生成低级烯烃，即不属于一次反应，环烷烃脱氢比开环生成烯烃容易。

3. 芳烃的断侧链反应

芳烃的热稳定性很高，一般情况下，芳烃不易发生断裂。所以由苯裂解生成乙烯的可能性极小。但烷基芳烃可以断侧链生成低级烷烃、烯烃和苯。

4. 烯烃的断链反应

常减压车间的直馏馏分中一般不含烯烃，但二次加工的馏分油中可能含有烯烃。大分子烯烃在热裂解温度下能发生断链反应，生成小分子的烯烃，例如：

$$ C_5H_{10} \longrightarrow C_3H_6 + C_2H_4 $$

二、烃类裂解的二次反应

所谓二次反应就是一次反应生成的乙烯、丙烯继续反应并转化为炔烃、二烯烃、芳烃直至生炭或结焦的反应。

烃类热裂解的二次反应比一次反应复杂。原料经过一次反应后，生成氢、甲烷和一些低分子量的烯烃如乙烯、丙烯、丁二烯、异丁烯、戊烯等，氢和甲烷在裂解温度下很稳定，而烯烃则可以继续反应。主要的二次反应有以下几种。

1. 低分子烯烃脱氢反应

$$ C_2H_4 \longrightarrow C_2H_2 + H_2 $$

$$ C_3H_6 \longrightarrow C_3H_4 + H_2 $$

$$ C_4H_8 \longrightarrow C_4H_6 + H_2 $$

2. 二烯烃叠合芳构化反应

$$ 2C_2H_4 \longrightarrow C_4H_6 + H_2 $$

$$ C_2H_4 + C_4H_6 \longrightarrow C_6H_6 + 2H_2 $$

3. 结焦反应

烃的生焦反应，要经过生成芳烃的中间阶段，芳烃在高温下发生脱氢缩合反应而形成多环芳烃，它们继续发生多阶段的脱氢缩合反应生成稠环芳烃，最后生成焦炭：

$$\text{烯烃} \xrightarrow{-H_2} \text{芳烃} \xrightarrow{-H_2} \text{多环芳烃} \xrightarrow{-H_2} \text{稠环芳烃} \xrightarrow{-H_2} \text{焦炭}$$

除烯烃外,环烷烃脱氢生成的芳烃和原料中含有的芳烃都可以脱氢发生结焦反应。

4. 生炭反应

在较高温度下,低分子烷烃、烯烃都有可能分解为碳和氢,这一过程是随着温度升高而分步进行的。如乙烯脱氢先生成乙炔,再由乙炔脱氢生成炭:

$$CH_2{=}CH_2 \longrightarrow CH{\equiv}CH \longrightarrow 2C + H_2$$

因此,实际上生炭反应只有在高温条件下才可能发生,并且乙炔生成的碳不是断链生成单个碳原子,而是脱氢稠合成几百个碳原子。

结焦和生炭过程二者机理不同,结焦是在较低温度下($\leqslant 927℃$)通过芳烃缩合而成;生炭是在较高温度下($>927℃$),通过生成乙炔的中间阶段,脱氢为稠合的碳原子。

由此可以看出,一次反应是生产的目的,而二次反应既造成烯烃的损失,浪费原料又会生炭或结焦,致使设备或管道堵塞,影响正常生产,所以是不希望发生的。因此,无论在选取工艺条件或进行设计,都要尽力促进一次反应,千方百计地抑制二次反应。

【任务分析】

从以上讨论中,可以归纳各族烃类的热裂解反应的大致规律:

(1)烷烃:正构烷烃最利于生成乙烯、丙烯,是生产乙烯的最理想原料。分子量越小则烯烃的总收率越高。异构烷烃的烯烃总收率低于同碳原子数的正构烷烃。随着分子量的增大,这种差别就减少。

(2)环烷烃:在通常裂解条件下,环烷烃脱氢生成芳烃的反应优于断链(开环)生成单烯烃的反应。含环烷烃多的原料,其丁二烯、芳烃的收率较高,乙烯的收率较低。

(3)芳烃:无侧链的芳烃基本上不易裂解为烯烃;有侧链的芳烃,主要是侧链逐步断链及脱氢。芳烃倾向于脱氢缩合生成稠环芳烃,直至结焦。所以芳烃不是裂解的合适原料。

(4)烯烃:大分子的烯烃能裂解为乙烯和丙烯等低级烯烃,但烯烃会发生二次反应,最后生成焦和炭。所以含烯烃的原料如二次加工产品作为裂解原料不好。

所以,高含量的烷烃,低含量的芳烃和烯烃是理想的裂解原料。

一、裂解原料特性

石油烃裂解所得产品收率与裂解原料的性质密切相关。而对相同裂解原料而言,则裂解所得产品收率取决于裂解过程的工艺条件。只有选择合适的工艺条件,并在生产中平稳操作,才能达到理想的裂解产品收率分布,并保证合理的清焦周期。

对于单纯的烃类或已知的原料,其性质可由各组成的特性来表示。但裂解原料(尤其是液体燃料)通常是组成复杂、组分不定、性质差异很大的混合物,其性质很难用各组分的性质表示,因此常用下列指标来表征原料特性。

1. 族组成(PONA)值

裂解原料油中各种烃,按其结构可以分为四大族,即链烷烃族、烯烃族、环烷烃族和芳香

族。这四大族的族组成以 PONA 值来表示,其含义如下:

P——烷烃(paraffin)　　　　　　　　O——烯烃(olefin)

N——环烷烃(naphtene)　　　　　　　A——芳烃(aromatics)

根据 PONA 值可以定性评价液体燃料的裂解性能,也可以根据族组成通过简化的反应动力学模型对裂解反应进行定量描述,因此 PONA 值是一个表征各种液体原料裂解性能的有实用价值的参数。

一般对石脑油而言,应选择 P > 65%、O < 1%、A < 5% 的石脑油作为裂解原料。

2. 氢含量

氢含量可以用裂解原料中所含氢的质量分数表示,也可以用裂解原料中 C 与 H 的质量比(称为碳氢比)表示。

氢含量:

$$w_{H_2} = \frac{N_H}{12N_C + N_H} \times 100\%$$

碳氢比:

$$m_C / m_H = \frac{12N_C}{N_H}$$

式中　N_H, N_C——原料烃中氢原子数和碳原子数。

氢含量顺序为烷烃 > 环烷烃 > 芳烃。

通过裂解反应,使一定含氢量的裂解原料生成含氢量较高的 C_4 和 C_4 以下轻组分和含氢量较低的 C_5 和 C_5 以上的液体。从氢平衡可以断定,裂解原料含氢量越高,获得的 C_4 和 C_4 以下轻烃的收率越高,相应乙烯和丙烯收率一般也较高。显然,根据裂解原料的氢含量既可判断该原料可能达到的裂解深度,也可评价该原料裂解所得 C_4 和 C_4 以下轻烃的收率。

3. 特性因数

特性因数 K 是表示烃类和石油馏分化学性质的一种参数,如下所示:

$$K = \frac{1.216\ T_B^{1/3}}{d_{15.6}^{15.6}}$$

$$T_B = \left(\sum_{i=1}^{n} \varphi_i T_i^{1/3} \right)^3$$

式中　T_B——立方平均沸点,K;

　　　$d_{15.6}^{15.6}$——相对密度;

　　　φ_i——i 组分的体积分数;

　　　T_i——i 组分的沸点,K。

K 值以烷烃最高,环烷烃次之,芳烃最低,它反映了烃的氢饱和程度。乙烯和丙烯总体收率大体上随裂解原料特性因数的增大而增加。

4. 关联指数

馏分油的关联指数(BMCI 值)是表示油品芳烃含量的指数。关联指数越大,则表示油品

的芳烃含量越高,其定义如下:

$$BMCI = \frac{48640}{T_V} + 473 \times d_{15.6}^{15.6} - 456.8$$

式中　T_V——体积平均沸点,K;

　　　$d_{15.6}^{15.6}$——相对密度。

烃类化合物的芳香性按下列顺序递增:正构链烷烃 < 带支链烷烃 < 烷基单环烷烃 < 无烷基单环烷烃 < 双环烷烃 < 烷基单环芳烃 < 无烷基单环芳烃(苯) < 双环芳烃 < 三环芳烃 < 多环芳烃。烃类化合物的芳香性越强,则 BMCI 值越大。对柴油以上的重组分而言,应选择BMCI值小于 15 的油品作为裂解的原料。

总之,裂解原料的各项指标大体有如下规律:原料含碳原子数越多,平均分子质量就越高,相对密度就越大,流程沸点就越高。而烃原料中烷烃含量高,则芳烃含量就低,含氢量也高,BMCI 值小,特性因数高。

二、裂解原料对生产的影响

烃类裂解制乙烯的原料来源很广,主要来自天然气、炼油装置和开采的原油,例如炼厂气、石脑油、拔头油、重整抽余油、直馏柴油和加氢裂化尾油等。目前世界上的乙烯约有 50% 是石脑油馏分制取,而气体原料约占 40%(其中乙烷 30%,丙烷 10%),其余由丁烷、粗柴油和其他原料制取。

不同的裂解原料对乙烯生产的影响也不同。乙烯生产成本的高低受原料量的多少、能耗的高低和装置投资的大小等影响。

1. 对乙烯收率的影响

原料密度由小到大,乙烯产率下降,裂解副产物增加,而生产每吨乙烯所需的原料增加。以柴油为原料所用的原料量是以乙烷为原料所用的原料量的 3 倍。

2. 对能耗的影响

随着原料密度由小到大,公用工程如电、冷却水和燃料等消耗也由小到大。

烃类裂解时,为了降低烃分压和防止炉管管壁结焦,必须注入蒸汽作为稀释剂。一般用稀释蒸汽比(蒸汽量/烃量)表示稀释蒸汽的用量。原料密度由小到大,稀释蒸汽比依次增大。

乙烯生产所需的原料量、水、电、汽和燃料量等,都随原料密度变大而增加,因此装置能耗随之增加。

3. 对装置投资的影响

在乙烯生产过程中,采用不同的原料建厂,投资差别很大。以乙烷、丙烷为原料,烯烃收率高,副产品很少,工艺较简单,因而投资较少;以重质油为原料,乙烯收率低,原料消耗定额大幅度提高;用减压柴油作为原料是用乙烷为原料的 3.9 倍,装置炉区较大,副产品数量大,分离较为复杂,则投资也较大。所以,原料密度由小到大,装置的生产成本由低到高。

世界不同地区和国家乙烯原料的选择不仅受本国资源的限制,更主要还受世界能源消费结构、油品市场、技术经济等复杂因素的影响。

【任务小结】

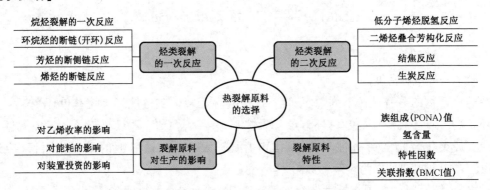

任务二　操作条件的确定

【任务分析】

影响热裂解结果的因素有许多,主要有原料特性、裂解工艺条件(如裂解温度、停留时间、烃分压)等。烃类裂解反应使用的原料是组成性质有很大差异的混合物,因此原料的特性无疑对裂解效果起着重要的决定作用,它是决定反应效果的内因,而工艺条件的调整、优化则是其外部条件。

【任务实施】

一、裂解温度

从自由基反应机理分析,温度对一次产物分布的影响,是通过影响各种链式反应相对量实现的。在一定温度范围内,提高裂解温度有利于提高一次反应所得的乙烯和丙烯的收率。理论计算 600℃ 和 1000℃ 下正戊烷和异戊烷一次反应的产品收率(质量分数)见表 3-2。

表 3-2　温度对一次反应的影响　　　　　　　　　　单位:%

裂解产物	正戊烷裂解		异戊烷裂解	
	600℃	1000℃	600℃	1000℃
H_2	1.2	1.1	0.7	1.0
CH_4	12.3	13.1	16.4	14.5
C_2H_4	43.2	46.0	10.1	12.6
C_3H_6	26	23.9	15.2	20.3
其他	17.3	15.9	57.6	50.6
总计	100.0	100.0	100.0	100.0

从裂解反应的化学平衡也可以看出,提高裂解温度有利于生成乙烯的反应,并相对减少乙烯消失的反应,因而有利于提高裂解的选择性。

从热力学角度分析,裂解是吸热反应,需要在高温下才能进行。温度越高对生成乙烯、丙烯越有利,但对烃类分解成碳和氢的副反应也越有利,即二次反应在热力学上占优势。因此,裂解生成烯烃的反应必须控制在一定的裂解深度范围内,换言之,裂解反应主要由反应动力学控制。

从动力学角度分析,升高温度,石油烃裂解生成乙烯的反应速率的提高大于烃分解为碳和氢的反应速率,即提高反应温度,有利于提高一次反应对二次反应的相对速率,有利于乙烯收率的提高,所以一次反应在动力学上占优势。因此应选择一个最适宜的裂解温度,发挥一次反应在动力学上的优势,而克服二次反应在热力学上的优势,既可提高转化率也可得到较高的乙烯收率。

一般当温度低于750℃时,生成乙烯的可能性较小,或者说乙烯收率较低;在750℃以上生成乙烯可能性增大,温度越高,反应的可能性越大,乙烯的收率越高。但当反应温度太高,特别是超过900℃时,甚至达到1100℃时,对结焦和生炭反应极为有利,同时生成的乙烯又会经历乙炔中间阶段而生成碳,这样原料的转化率虽有增加,产品的收率却大大降低。表3-3温度对乙烷转化率及乙烯收率的关系正说明了这一点。

表3-3 温度对乙烷转化率及乙烯收率的关系

温度,℃	832	871
停留时间,s	0.0278	0.0278
乙烷单程转化率,%	14.8	34.4
按分解乙烷计的乙烯产率,%	89.4	86.0

所以理论上烃类裂解制乙烯的最适宜温度一般在750～900℃之间。而实际裂解温度的选择还与裂解原料、产品分布、裂解技术、停留时间等因素有关。

不同的裂解原料具有不同最适宜的裂解温度,相对密度较小的裂解原料,裂解温度较高,相对密度较大的裂解原料,裂解温度较低。如某厂乙烷裂解炉的裂解温度是850～870℃,石脑油裂解炉的裂解温度是840～865℃,轻柴油裂解炉的裂解温度是830～860℃。若改变反应温度,裂解反应进行的程度就不同,一次产物的分布也会改变,所以可以选择不同的裂解温度,达到调整一次产物分布的目的,如裂解目的产物是乙烯,则裂解温度可适当地提高,如果要多产丙烯,裂解温度可适当降低。提高裂解温度还受炉管合金的最高耐热温度的限制,也正是管材合金和加热炉设计方面的进展,使裂解温度可从最初的750℃提高到900℃以上,目前某些裂解炉管已允许壁温达到1115～1150℃,但这不意味着裂解温度可选择1100℃以上,它还受到停留时间的限制。

二、停留时间

管式裂解炉中物料的停留时间是裂解原料经过辐射盘管的时间。由于辐射盘管中裂解反应在非等温变容的条件下进行,很难计算其真实的停留时间。工程中常用如下几种方式计算裂解反应的停留时间。

1. 表观停留时间 t_B

$$t_B = \frac{V_R}{V} = \frac{SL}{V}$$

式中 V_R,S,L——反应器容积、裂解管截面积、管长;

V——单位时间通过裂解炉的气体体积。

表观停留时间表述了裂解管内所有物料(包括稀释蒸汽)在管中的停留时间。

2. 平均停留时间 t_A

$$t_A = \int_0^{V_R} \frac{dV}{\alpha_V V}$$

式中　α_V——体积增大率,是转化率、温度、压力的函数;

　　　V——原料气的体积流量。

近似计算有

$$t_A = \frac{V_R}{\alpha_V' V'}$$

式中　V'——原料气在平均反应温度和平均反应压力下的体积流量;

　　　α_V'——最终体积增大率。

如果裂解原料在反应区停留时间太短,大部分原料还来不及反应就离开了反应区,原料的转化率很低,这样就增加了未反应原料的分离、回收的能量消耗。原料在反应区停留时间过长,对促进一次反应是有利的,故转化率较高,但二次反应更有时间充分进行,一次反应生成的乙烯大部分都发生二次反应而消失,乙烯收率反而下降。同时二次反应的进行,生成更多焦和炭,缩短了裂解炉管的运转周期,既浪费了原料,又影响正常的生产进行。表3-4列出了某原料在832℃下裂解时,停留时间对乙烷转化率和乙烯收率的影响,正可以说明这一问题。所以选择合适的停留时间,既可使一次反应充分进行,又能有效地抑制并减少二次反应。

表3-4　停留时间对乙烷转化率和乙烯收率的影响

温度,℃	832	832
停留时间,s	0.0278	0.0805
乙烷单程转化率,%	14.8	60.2
按分解乙烷计的乙烯收率,%	89.4	76.5

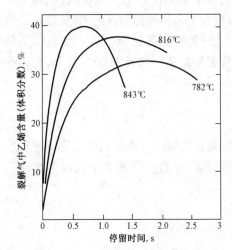

图3-3　温度和停留时间对
乙烷裂解反应的影响

3. 影响停留时间的因素

停留时间的选择主要取决于裂解温度,当停留时间在适宜的范围内,乙烯的生成量较大,而乙烯的损失较小,即有一个最高的乙烯收率称为峰值收率。如图3-3所示,不同的裂解温度,所对应的峰值收率不同,温度越高,乙烯的峰值收率越高,相对应的最适宜的停留时间越短,这是因为二次反应主要发生在转化率较高的裂解后期,如控制很短的停留时间,一次反应产物还没来得及发生二次反应就迅速离开了反应区,从而提高了乙烯的收率。

停留时间的选择除与裂解温度有关外,也与裂解原料和裂解工艺技术等有关,在一定的反应温度下,每一种裂解原料,都有它最适宜的停留时间,如裂解原料相对密度较大,则停留时间应短一些;原料相对密度较小则可选择稍长一些。20 世纪 50 年代由于受裂解技术限制,停留时间为 1.8 ~ 2.5s,目前一般为 0.15 ~ 0.25s(二程炉管),单程炉管可达 0.1s 以下,即以 ms 计。

从化学平衡的观点来看,如使裂解反应进行到平衡,所得烯烃很少,最后生成大量的氢和炭。为获得尽可能多的烯烃,必须采用尽可能短的停留时间进行裂解反应。从动力学来看,由于有二次反应,对每种原料都有一个最大乙烯收率的适宜停留时间。因此可以得出,短停留时间对生成烯烃有利。

三、烃分压与稀释剂

1. 压力对平衡转化率的影响

烃类裂解的一次反应是分子数增加的反应,降低压力对反应平衡向正反应方向移动是有利的,但是高温条件下,断链反应的平衡常数很大,几乎接近全部转化,反应是不可逆的,因此改变压力对断链反应的平衡转化率影响不大。对于脱氢反应,它是一可逆过程,降低压力有利于提高转化率。聚合、脱氢缩合、结焦等二次反应,都是分子数减少的反应,因此降低压力不利于平衡向产物方向移动,可抑制此类反应的发生。

2. 压力对反应速率的影响

烃类裂解的一次反应,是单分子反应,烃类聚合或缩合反应为多分子反应,压力不能改变速率常数的大小,但能通过改变浓度的大小来改变反应速率的大小。降低压力会使气相反应分子的浓度减少,也就减少了反应速率。浓度的改变虽对三个反应速率都有影响,但降低的程度不一样,浓度的降低使双分子和多分子反应速率的降低比单分子反应速率要大得多。

所以从动力学分析得出:压力不能改变反应速率常数,但降低压力能降低反应物浓度,降低压力可增大一次反应对于二次反应的相对速率,提高一次反应选择性。

故无论从热力学还是动力学分析,降低裂解压力对增产乙烯的一次反应有利,可抑制二次反应,从而减轻结焦的程度。表 3 - 5 说明了压力对裂解反应的影响。

表 3 - 5   压力对一次反应和二次反应的影响

反应		一次反应	二次反应
热力学因素	反应后体积的变化	增大	减少
	降低压力对平衡的影响	有利提高平衡转化率	不利提高平衡转化率
动力学因素	反应分子数	单分子反应	双分子或多分子反应
	降低压力对反应速率的影响	不利于提高	更不利于提高
	降低压力对反应速率的相对变化的影响	有利	不利

3. 稀释剂的降压作用

如果在生产中直接采用减压操作,因为裂解是在高温下进行的,当某些管件连接不严密时,有可能漏入空气,不仅会使裂解原料和产物部分氧化而造成损失,更严重的是空气与裂解气能形成爆炸性混合物而导致爆炸。另外如果采用减压操作,而对后继分离部分的裂解气压缩操作就会增加负荷,即增加了能耗。工业上常用的办法是在裂解原料气中添加稀释剂以降低烃分压,而不是降低系统总压。

稀释剂可以是惰性气体(如氮)或水蒸气。工业上都是用水蒸气作为稀释剂，其优点是：

(1)水蒸气在急冷时可以冷凝，很容易就实现了稀释剂与裂解气的分离。

(2)可以抑制原料中的硫对合金钢管的腐蚀。

(3)水蒸气在高温下能与裂解管中沉淀的焦炭发生如下反应：

$$C + H_2O \longrightarrow CO + H_2$$

使固体焦炭生成气体随裂解气离开，延长了炉管运转周期。

(4)水蒸气对金属表面起一定的氧化作用，使金属表面的铁、镍形成氧化物薄膜，可抑制这些金属对烃类气体分解生炭反应的催化作用。

(5)水蒸气的热容大，水蒸气升温时耗热较多，稀释水蒸气的加入，可以起到稳定炉管裂解温度、防止过热、保护炉管的作用。

(6)稀释水蒸气可降低炉管内的烃分压，水的摩尔质量小，同样质量的水蒸气其分压较大，在总压相同时，烃分压可降低较多。

加入水蒸气的量，不是越多越好，增加稀释水蒸气量，将增大裂解炉的热负荷，增加燃料的消耗量，增加水蒸气的冷凝量，从而增加能量消耗，同时会降低裂解炉和后部系统设备的生产能力。水蒸气的加入量随裂解原料而异，一般地说，轻质原料裂解时，所需稀释蒸气量可以降低，随着裂解原料相对密度变大，为减少结焦，所需稀释水蒸气量将增大。

四、裂解深度

裂解深度是指裂解反应的进行程度，由于裂解反应的复杂性，很难以一个参数准确地对其进行定量的描述。在工程中，根据不同的情况，常常采用如下一些参数衡量裂解深度，表3-6列出了表征裂解深度的常用指标。

表3-6 裂解深度的常用指标

裂解深度指标	适用范围	特点	局限
原料转化率 X	轻烃	容易分析测定	对于重馏分油原料，由于反应复杂，不易确定代表成分
甲烷收率 y	各种原料	容易分析测定	反应初期甲烷收率低
乙烯对丙烯的收率比	各种原料	容易分析测定	不宜用于裂解深度极高时
甲烷对丙烯的收率比	各种原料	容易分析测定，在裂解深度高时特别灵敏	裂解深度较浅时不敏感
液体产物的氢碳原子比	较重烃	可作为液相脱氢程度和引起结焦倾向的度量	轻烃裂解，液体产物不多时，用此指标无优点
裂解炉出口温度 T_{out}	各种原料	测量容易	不能用于不同炉型和不同操作条件的比较
裂解深度函数 S	各种原料	计算简单	不能用于停留时间过长情况
动力学裂解深度函数 KSF	各种原料	结合原料特性、温度和停留时间三个因素	不能用于停留时间过长情况

在表3-6的裂解深度各项指标中，科研和设计最常用的有动力学裂解深度函数 KSF 和转化率 X，在生产中最常用的有出口温度 T_{out}。为避开裂解原料性质的影响，将正戊烷裂解所得的计算值定义为动力学裂解深度函数 KSF：

$$KSF = \int k_5 d\theta = \int A_5 \exp\left(\frac{-E_5}{RT}\right) d\theta$$

式中　k_5——正戊烷的反应速率常数；

　　　θ——反应时间；

　　　A_5——正戊烷裂解反应的频率因子；

　　　E_5——正戊烷裂解反应的活化能；

　　　R——阿伏加德罗常数；

　　　T——反应温度。

一般地，$KSF = 0 \sim 1$ 时，为浅度裂解区，原料饱和烃含量迅速下降，低级烯烃含量接近直线上升。$KSF = 1 \sim 2.3$ 时，为中度裂解区，乙烯含量继续上升，KSF 为 1.7 处丙烯、丁烯含量出现峰值。$KSF > 2.3$，为深度裂解区，一次反应已停止。

综合本任务的讨论，石油烃热裂解的操作条件宜采用高温、短停留时间、低烃分压，产生的裂解气要迅速离开反应区，因为裂解炉出口的高温裂解气在出口温度条件下将继续进行裂解反应，使二次反应增加，乙烯损失随之增加，故需将裂解炉出口的高温裂解气加以急冷，当温度降到 650℃ 以下时，裂解反应基本终止。

【任务小结】

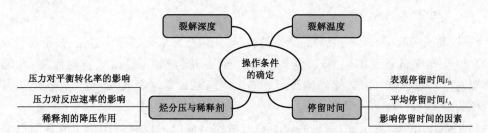

任务三　裂解生产过程的认识

【任务实施】

一、管式炉的基本结构和炉型

裂解条件需要高温、短停留时间，所以必须有一种能够获得相当高温度的裂解反应设备，这种设备通常采用管式裂解炉，裂解原料在裂解管内迅速升温并在高温下进行裂解，产生裂解气。管式炉裂解工艺是目前较成熟的生产乙烯工艺技术，我国近年来引进的裂解装置都是管式裂解炉。管式炉炉型结构简单，操作容易，便于控制和连续生产，乙烯、丙烯收率较高，动力消耗少，热效率高，裂解气和烟道气的余热大部分可以回收。

因此，作为裂解技术的反应设备管式炉，它既是乙烯装置的核心，又是挖掘节能潜力的关键设备。

对一个性能良好的管式炉来说，主要有以下几方面的要求：

（1）适应多种原料的灵活性。所谓灵活性是指同一台裂解炉可以裂解多种石油烃原料。

（2）炉管热强度高，炉子热效率高。由于原料升温，转化率增长快，需要大量吸热，所以要求热强度大，管径小可使比表面积增大，可满足要求；燃料燃烧除提供裂解反应所需的有效总热负荷外，还有散热损失、化学不完全燃烧损失、排烟损失等，损失越少，则炉子热效率越高。

（3）炉膛温度分布均匀。其目的是消除炉管局部过热所导致的局部结焦，达到操作可靠、运转连续、延长炉管寿命。

（4）生产能力大。裂解炉的生产能力一般以每台裂解炉每年生产的乙烯量来表示。为了适应乙烯装置向大型化发展的趋势，各乙烯技术专利商纷纷推出大型裂解炉。裂解炉大型化减少了各裂解装置所需的炉子数量，一方面降低了单位乙烯投资费用，减少了占地面积；另一方面，裂解炉台数减少，使散热损失下降，节约了能量，方便了设备操作、管理，降低了乙烯的生产成本、维修等费用。目前运行的单台气体裂解炉最大生产能力已达到 21×10^4 t，单台液体裂解炉最大生产能力达到 $(18 \sim 20) \times 10^4$ t。

（5）运转周期长。裂解反应不可避免地总有一定数量的焦炭沉积在炉管管壁和急冷设备管壁上。当炉内管壁温度和压力降达到允许的极限范围值时，必须停炉进行清焦。裂解炉投料后，其连续运转操作时间，称为运转周期，一般以天数表示。所以，减缓结焦速率，延长炉子运转周期，同样是考核一台裂解炉性能的主要指标。

不同的乙烯生产技术对裂解炉要求不同，因而有各种不同炉型的裂解炉以适应并满足其要求。

1. 管式炉的基本结构

为了提高乙烯收率和降低原料的能量消耗，管式炉技术取得了较大进展，并不断开发出各种新炉型。尽管管式炉有不同型式，但从结构上看，总是包括对流段（或称对流室）和辐射段（或称辐射室）组成的炉体、炉体内适当布置的由耐高温合金钢制成的炉管、燃料燃烧器等三个主要部分。

（1）炉体。由两部分组成，即对流段和辐射段。对流段内设有数组水平放置的换热管用来预热原料、工艺稀释水蒸气、急冷锅炉进水和过热的高压蒸汽等；辐射段由耐火砖（里层）和隔热砖（外层）砌成，在辐射段炉墙或底部的一定部位安装有一定数量的燃烧器，所以辐射段又称为燃烧室或炉膛，裂解炉管垂直放置在辐射室中央。为放置炉管，还有一些附件如管架、吊钩等。

（2）炉管。炉管前一部分安置在对流段的称为对流管，对流管内物料被管外的高温烟道气以对流方式进行加热并气化，达到裂解反应温度后进入辐射管，故对流管又称为预热管。炉管后一部分安置在辐射段的称为辐射管，通过燃料燃烧的高温火焰、产生的烟道气、炉墙辐射加热将热量经辐射管管壁传给物料，裂解反应在该管内进行，故辐射管又称为反应管。

在管式炉运行时，裂解原料的流向是先进入对流管，再进入辐射管，反应后的裂解产物离开裂解炉经急冷段给予急冷。燃料在燃烧器燃烧后，则先在辐射段生成高温烟道气并向辐射管提供大部分反应所需热量。然后，烟道气再进入对流段，把余热提供给刚进入对流管内的物料，然后经烟道从烟囱排放。烟道气和物料是逆向流动的，这样热量利用更为合理。

（3）燃烧器。燃烧器又称为烧嘴，它是管式炉的重要部件之一。管式炉所需的热量是通过燃料在燃烧器中燃烧得到的。性能优良的烧嘴不仅对炉子的热效率、炉管热强度和加热均匀性起着十分重要的作用，而且使炉体外形尺寸缩小、结构紧凑、燃料消耗低，烟气中 NO_X 等有害气体含量低。烧嘴因其所安装的位置不同分为底部烧嘴和侧壁烧嘴。管式裂解炉的烧嘴设置方式可分为三种:一是全部由底部烧嘴供热;二是全部由侧壁烧嘴供热;三是由底部和侧壁烧嘴联合供热。按所用燃料不同,又分为气体燃烧器、液体(油)燃烧器和气油联合燃烧器。

2. 管式裂解炉的炉型

由于裂解炉管构型及布置方式和烧嘴安装位置及燃烧方式的不同,管式裂解炉的炉型有多种,现以最具代表性的美国鲁姆斯(Lummus)公司炉型为例介绍。

1)Lummus SRT 裂解炉

SRT(short residence time)型裂解炉即短停留时间炉,是美国 Lummus 公司于 1963 年开发、1965 年工业化,是为了进一步缩短停留时间,改善裂解选择性,提高乙烯的收率,对不同的裂解原料有较大的灵活性,以后又不断地改进了炉管的炉型及炉子的结构,先后推出了SRT - Ⅰ ~ Ⅵ型裂解炉,是目前世界上大型乙烯装置中应用最多的炉型。燕山石化公司、扬子石化公司和齐鲁石化公司的乙烯生产装置均采用此种裂解炉(图 3 - 4)。

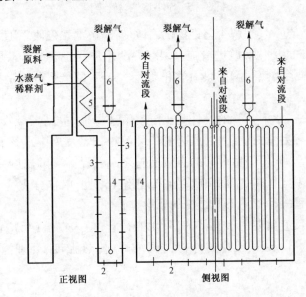

图 3 - 4　SRT - Ⅰ型竖管裂解炉示意图

1—炉体;2—油气联合烧嘴;3—气体无焰烧嘴;4—辐射段炉管;5—对流段炉管;6—急冷锅炉

(1)炉型结构。SRT 型裂解炉为单排双辐射立管式裂解炉,已从 SRT - Ⅰ型发展为近期采用的 SRT - Ⅵ型。SRT 型裂解炉的对流段设置在辐射室上部的一侧,对流段顶部设置烟道和引风机。对流段内设置进料、稀释蒸汽和锅炉给水的预热。从 SRT - Ⅲ型裂解炉开始,对流段还设置高压蒸汽过热,取消了高压蒸汽过热炉。在对流段预热原料和稀释蒸汽过程中,一般采用一次注入的方式将稀释的蒸汽注入裂解原料。当裂解炉需要裂解重质原料时,也采用二次注入稀释蒸汽的方案。

早期 SRT 型裂解炉多采用侧壁无焰烧嘴,为适应裂解炉烧油的需要,目前多采用侧壁烧嘴和底部烧嘴联合的布置方案。通常,底部烧嘴最大供热量可占总热负荷的 70% 。

(2)盘管结构。SRT - Ⅰ型炉采用多程等径辐射盘管,从 SRT - Ⅱ型裂解炉开始,SRT 型裂解炉均采用分支变管径辐射盘管,分支变径管是在入口段采用多根并联的小口径炉管,而出口段采用大口径炉管,沿管长流通截面积大体保持不变。由于小管径炉管单位体积的表面积大,相应可以提高入口段单位体积的热强度,并将热量更多转移到入口段,减低了高温出口段的热负荷,这就使沿管长的热负荷分配更趋合理,沿管长的物料温度和管壁温度趋于平缓。相应可以保证缩短停留时间并提高裂解温度。随着炉型的改进,辐射盘管的程数逐渐减少。SRT 型炉盘管结构如图 3-5 所示。

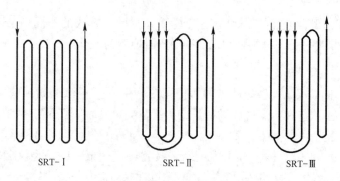

SRT-Ⅰ   SRT-Ⅱ   SRT-Ⅲ

图 3-5 SRT 型炉盘管结构

随着辐射盘管的改进,其裂解工艺性能随之改变,裂解的烯烃收率随之提高。

(3)SRT 型裂解炉的优化及改进措施。裂解炉设计开发的根本思想是提高过程选择性和设备的生产能力,根据烃类热裂解的热力学和动力学分析,降低烃分压是提高过程选择性的主要途径。

在众多改进措施中,辐射盘管的设计是决定裂解选择性、提高烯烃收率、提高对裂解原料适应性的关键。改进辐射盘管的结构,成为管式裂解炉技术发展中最核心的部分。改进辐射盘管金属材质是适应高温、短停留时间的有效措施之一。提高裂解温度并缩短停留时间的另一重要途径是改进辐射盘管的结构,20 多年来,相继出现了单排分支变径管、混排分支变径管、不分支变径管、单程等径管等不同结构的辐射盘管。

根据反应前期和反应后期的不同特征,采用变径管,使入口端(反应前期)管径小于出口端(反应后期),这样可以比等径管的停留时间缩短,传热强度、处理能力和生产能力有所提高。

2)Kellogg 毫秒裂解炉

超短停留时间裂解炉简称 USRT 炉,是美国 Kellogg 公司在 1978 年开发成功的一种炉型。在高裂解温度下,使物料在炉管内的停留时间缩短到 0.05~0.1s(50~100ms),所以也称为毫秒裂解炉。

毫秒炉由于管径较小,所需炉管数量多,致使裂解炉结构复杂,投资相对较高。因裂解管是单程,没有弯头,阻力降小,烃分压低,因此乙烯收率比其他炉型高。我国兰州石化公司采用此技术。

3)USC 裂解炉

超选择性裂解炉简称 USC 炉,是美国斯通—韦伯斯特(Stone & Webster)公司在 20 世纪 70 年代开发的一种炉型。USC 裂解技术是根据停留时间、裂解温度和烃分压条件的选择,使生成的产品中乙烷等副产品较少,乙烯收率较高而命名的。

短的停留时间和低的烃分压使裂解反应具有良好的选择性。大庆石化公司以及世界上很多石油化工厂都采用它来生产乙烯及其关联产品。

目前,工业装置中所采用的管式炉裂解有十几种,除以上介绍的外,还有 KTI 公司的 GK

裂解炉,Linde 公司的 LSCC 型裂解炉等。

我国在 20 世纪 90 年代,北京化工研究院、中国石化工程建设公司、兰州化工机械研究院等单位对裂解炉技术进行了深入研究和消化吸收,相继开发了多种具有同期世界先进水平的高选择性 CBL 裂解炉,并在辽阳石化、齐鲁石化、吉林石化、抚顺石化、燕山石化、天津乙烯和中原乙烯建成投产了 9 台 CBL - Ⅰ、CBL - Ⅱ、CBL - Ⅲ和 CBL - Ⅳ型炉,主要技术经济指标与同期国际水平相当。

近年来,中国石化集团公司与 Lummus 公司合作开发了 SL - Ⅰ和 SL - Ⅱ型两种大型裂解炉技术,并已投产,目前正在合作开发 SL - Ⅲ型裂解炉技术。

3. 裂解炉开停车操作主要步骤

1)开车操作(以单台炉为例)

(1)对炉膛和对流段盘管进行全面检查和清理,确认合格后封闭人孔。

(2)按要求加拆盲板。检查确认流程正确,所有的阀门处于正确的开关位置。

(3)将各紧急停车开关打至"正常"状态。

(4)汽包充水、联锁复位,炉膛置换 15min。

(5)燃料气系统准备,裂解炉点火。

(6)裂解炉通蒸汽:当炉膛温度升至 180℃时,向裂解炉内各点通入蒸汽。

(7)急冷系统的调整:当裂解炉出口的温度升到 204℃时,喷急冷水,控制裂解炉出口温度在 204℃。

(8)高压蒸汽切入,进行汽包排污,向汽包注入磷酸盐。

(9)温度升到指标后,全面检查确认正常,待初馏及压缩岗位按要求投油。

2)正常停车操作

当裂解炉烧焦完毕后,根据裂解炉降温曲线的要求进行降温。

(1)燃料气系统调整:逐渐降低燃料气量,当压力接近报警值时,逐对熄灭两相对的燃料气烧嘴。

(2)点火器系统的调整:燃料气烧嘴全部熄灭后,逐对熄灭点火器。

(3)裂解炉蒸汽量的调整:当炉膛温度降至 180℃时,裂解炉停蒸汽。

(4)急冷系统的调整:当裂解炉出口温度低于 204℃时,停急冷水。

(5)蒸汽系统的调整:当炉管出口温度低于 540℃时,将高压蒸汽切出系统。

二、裂解气急冷

1. 急冷方式

从裂解炉出来的裂解气是富含烯烃的气体和大量的水蒸气,温度为 727～927℃,烯烃反应性很强,若任它们在高温下长时间停留,仍会发生二次反应,引起结焦、烯烃收率下降及生成经济价值不高的副产物,因此需要将裂解炉出口高温裂解气尽快冷却,通过急冷以终止其裂解反应。当裂解气温度降至 650℃以下时,裂解反应基本终止。

急冷的方法有两种,一种是直接急冷,另一种是间接急冷。

(1)直接急冷。用急冷剂与裂解气直接接触,急冷剂用油或水,急冷下来的油水密度相差不大,分离困难,污水量大,不能回收高品位的热量。

（2）间接急冷。裂解炉出来的高温裂解气温度在 800～900℃，在急冷的降温过程中要释放大量热，是一个可以利用的热源，为此可用换热器进行间接急冷，回收这部分热量产生蒸汽，以提高裂解炉的热效率，降低产品成本，用于此目的的换热器称为急冷换热器。急冷换热器与汽包所构成的发生蒸汽的系统称为急冷锅炉，也有将急冷换热器称为急冷锅炉或废热锅炉的。采用间接急冷的目的是回收高品位的热量，产生高压水蒸气作动力能源以驱动裂解气、乙烯及丙烯的压缩机、汽轮机发电及高压水泵等机械，同时终止二次反应。

直接急冷设备费少，操作简单，系统阻力小，由于是冷却介质直接与裂解气接触，传热效果较好。但形成大量含油污水，油水分离困难，且难以利用回收的热量。而间接急冷对能量利用合理，可回收裂解气被急冷时所释放的热量，经济性较好，且无污水产生，故工业上多用间接急冷。

生产中一般都先采用间接急冷，即裂解产物先进急冷换热器，取走热量，然后采用直接急冷，即油洗和水洗来降温。

裂解原料不同，急冷方式有所不同。如裂解原料为气体，则适合的急冷方式为"水急冷"，其急冷系统如图 3 - 6 所示；而裂解原料为液体时，适合的急冷方式为"先油后水"，其急冷系统如图 3 - 7 所示。

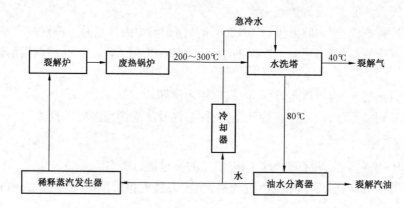

图 3 - 6　气体原料的急冷系统

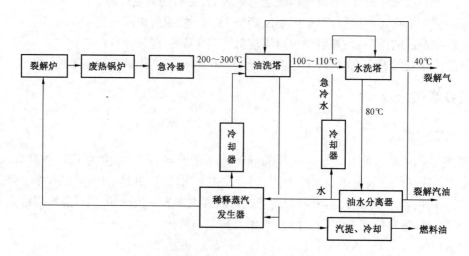

图 3 - 7　液体原料的裂解系统

2. 急冷设备

间接急冷的关键设备是急冷换热器(常以 TLE 或 TLX 表示)。急冷换热器与汽包所构成的水蒸气发生系统称为急冷废热锅炉。急冷废热锅炉的配置合理与否,直接影响到裂解技术性能的先进性、经济性和可靠性。比如,裂解反应的停留时间、烃分压、目的产品(烯烃)收率、炉子运行周期、蒸汽发生量、系统的压力降分配、温度分配以及炉子的操作控制及结构设计无不与 TLE 的配置有着密切的关系。

一般急冷换热器管内走高温裂解气,裂解气的压力约低于 0.1MPa,温度高达 800 ~ 900℃,进入急冷换热器后要在极短的时间(一般在 0.1s 以下)下降到 350 ~ 600℃,传热强度约达 418.7MJ/(m^2·h)左右。管外走高压热水,压力约为 11 ~ 12MPa,在此产生高压水蒸气,出口温度为 320 ~ 326℃。因此急冷换热器具有热强度高、操作条件极为苛刻、管内外必须同时承受较高的温度差和压力差的特点;同时在运行过程中还有结焦问题,所以生产中使用的不同类型的急冷锅炉都是考虑这些特点来研究和开发的,而与普通的换热器不同。

裂解气经过急冷换热器后,进入油洗和水洗。油洗的作用一是将裂解气继续冷却,并回收其热量;二是使裂解气中的重质油和轻质油冷凝洗涤下来回收,然后送去水洗。水洗的作用一是将裂解气继续降温到 40℃左右,二是将裂解气中所含的稀释蒸汽冷凝下来,并将油洗时没有冷凝下来的一部分轻质油也冷凝下来,同时也可回收部分热量。

以往采用美国 Lummus 公司技术的国内乙烯装置,大多配置 SHG 公司传统的双套管施密特式 TLE。20 世纪 90 年代中期 Lummus 公司与 SHG 公司推出"浴缸"式和"快速淬冷"式 TLE,首先用于欧美乙烯装置,直到最近几年,在中国石化集团公司与 Lummus 公司合作开发并在国内几家乙烯改扩建项目中使用的 10×10^4t/a 乙烯大型裂解炉装置上开始应用这两项 TLE 新技术。

由 Lummus 与 SHG 合作开发的"快速淬冷"式 TLE 已被用于短停留时间(停留时间在 200ms 以下)、中等处理能力炉管的裂解炉。该设计被特别用于 Lummus 最新型裂解炉 SRT – Ⅵ型炉,它也适用于其他炉管结构。新型 TLE 结合了传统 TLE 高比表面积和迅速冷却功能,即在传统 TLE 中具有低的进口停留时间和在线性 TLE 中可以消除返混的功能。新型 TLE 的设计如图 3 – 8 所示,为讨论方便,可以将设备分为三部分:(1)进口部分,包括用空气动力学原理特别设计的可以有效分配和分布气体进入冷却管的通道;(2)主冷却部分,利用在传统 TLE 和近年来在线性单元 TLE 中已经使用多年的双套管/椭圆连接管冷却系统;(3)出口部分,TLE 的出口封头形式和与传统 TLE 功能相同的气体收集部分然后输送到下游。

三、裂解炉和急冷锅炉的结焦与清焦

1. 裂解炉和急冷锅炉的结焦

在裂解和急冷过程中不可避免地会发生二次反应,最终会结焦,积附在裂解炉管的内壁上和急冷锅炉换热管的内壁上。

随着裂解炉运行时间的延长,焦的积累量不断地增加,有时结成坚硬的环状焦层,使炉管内径变小,阻力增大,使进料压力增加;另外由于焦层导热系数比合金钢低,有焦层的地方局部热阻大,导致反应管外壁温度升高,一是增加了燃料消耗,二是影响反应管的寿命,同时破坏了裂解的最佳工况,故在炉管结焦到一定程度时即应及时清焦。

为减少裂解炉结焦,国内外采用的结焦抑制技术主要有:

(1)采用结焦抑制剂。在裂解原料或稀释蒸汽中加入防焦添加剂,主要是含硫的化合物,以钝化炉管表面,减少自由基结焦的有效表面积,在炉管表面形成氧化层,延长炉管结焦周期。

(2)炉管表面涂层。国外许多公司在辐射段炉管的内表面喷涂特定的涂层来抑制和减少

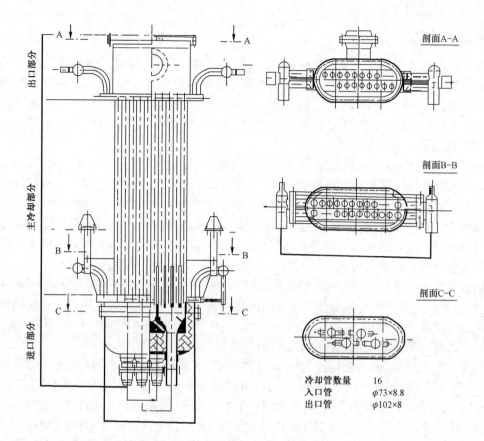

冷却管数量　　16
入口管　　　　φ73×8.8
出口管　　　　φ102×8

图3-8　快速淬冷式 TLE 结构图

结焦,延长运转周期,在这方面取得了显著的成果。

(3)新型炉管材料。Stone & Webster 公司和 Linde 公司正在开发一种防结焦的"陶瓷裂解炉管",可以从根本上避免炉管结焦。

当急冷锅炉出现结焦时,除阻力较大外,还引起急冷锅炉出口裂解气温度上升,以致减少副产高压蒸汽的回收,并加大急冷油系统的负荷。

减少急冷换热器结焦的措施有:

(1)控制裂解气在急冷换热器中的停留时间,一般控制在 0.04s 以下。

(2)控制裂解气冷却温度不低于其露点。

2. 裂解炉和急冷锅炉的清焦

当出现下列任一情况时,应进行清焦:

(1)裂解炉管管壁温度超过设计规定值。

(2)裂解炉辐射段入口压力增加值超过设计值。

(3)废热锅炉出口温度超过设计允许值,或废热锅炉进出口压差超过设计允许值。

清焦方法有停炉清焦法和不停炉清焦法(也称在线清焦)。停炉清焦法是将进料及出口裂解气切断(离线)后,将裂解炉和急冷锅炉停车拆开,分别进行除焦,用惰性气体和水蒸气清扫管线,逐渐降低炉温,然后通入空气和水蒸气烧焦,其化学反应为:

$$C + O_2 \longrightarrow CO_2$$

$$C + H_2O \longrightarrow CO + H_2$$

$$CO + H_2O \longrightarrow CO_2 + H_2$$

由于氧化(燃烧)反应是强放热反应,故需加入水蒸气以稀释空气中氧的浓度,以减慢燃烧速率。烧焦期间,不断检查出口尾气的二氧化碳含量,当二氧化碳浓度降至0.2%以下时,可以认为在此温度下烧焦结束。在烧焦过程中裂解管出口温度必须严格控制,不能超过750℃,以防烧坏炉管。

停炉清焦需3~4d,这样会减少全年的运转天数,设备生产能力不能充分发挥。不停炉清焦法是一个改进,有交替裂解法、水蒸气法、氢气清焦法等。交替裂解法是使用重质原料(如轻柴油等)裂解一段时间后有较多的焦生成,需要清焦时切换轻质原料(如乙烷)去裂解,并加入大量的水蒸气,这样可以起到裂解和清焦的作用。当压降减少后(焦已大部分被清除),再切换为原来的裂解原料。水蒸气、氢气清焦是定期将原料切换成水蒸气、氢气,也能达到不停炉清焦的目的。对整个裂解炉系统,可以将炉管组轮流进行清焦操作。不停炉清焦时间一般在24h之内,这样裂解炉运转周期大为增加。

在裂解炉进行清焦操作时,废热锅炉均在一定程度上可以清理部分焦垢,管内焦炭不能完全用燃烧方法清除,所以一般需要在裂解炉1~2次清焦周期内对废热锅炉进行水力清焦或机械清焦。

四、裂解工艺流程

裂解工艺流程包括原料供给和预热系统、裂解和高压水蒸气系统、急冷油和燃料油系统、急冷水和稀释水蒸气系统。图3-9所示是轻柴油裂解工艺流程。

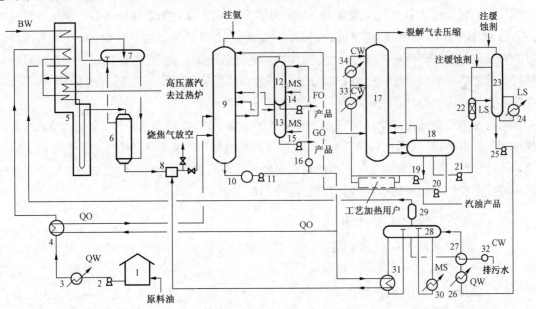

图3-9 轻柴油裂解工艺流程

1—原料油储罐;2—原料油泵;3,4—原料油预热器;5—裂解炉;6—急冷换热器;7—汽包;8—急冷器;9—油洗塔;
10—急冷油过滤器;11—急冷油循环泵;12—燃料油汽提塔;13—裂解轻柴油汽提塔;14—燃料油输送泵;
15—裂解轻柴油输送泵;16—燃料油过滤器;17—水洗塔;18—油水分离器;19—急冷水循环泵;
20—汽油回流泵;21—工艺水泵;22—工艺水过滤器;23—工艺水汽提塔;24—再沸器;
25—稀释蒸汽发生器给水泵;26,27—预热器;28—稀释蒸汽发生器汽包;29—分离器;
30—中压蒸汽加热器;31—急冷油换热器;32—排污水冷却器;33,34—急冷水冷却器;
QW—急冷水;CW—冷却水;QO—急冷油;BW—锅炉给水;GO—轻柴油;FO—燃料油

1. 原料油供给和预热系统

原料油从储罐 1 经换热器 3 和 4 与过热的急冷水和急冷油热交换后进入裂解炉的预热段。原料油供给必须保持连续、稳定,否则将直接影响裂解操作的稳定性,甚至有损毁炉管的危险。因此原料油泵须有备用泵及自动切换装置。

2. 裂解和高压蒸汽系统

预热过的原料油入对流段初步预热后与稀释蒸汽混合,再进入裂解炉的第二预热段预热到一定温度,然后进入裂解炉 5 的辐射段进行裂解。炉管出口的高温裂解气迅速进入急冷换热器 6 中,使裂解反应很快终止。

急冷换热器的给水先在对流段预热并局部汽化后送入高压汽包 7,靠自然对流流入急冷换热器 6 中,产生 11MPa 的高压水蒸气,从汽包送出的高压水蒸气进入裂解炉预热段过热,过热至 470℃ 后供压缩机的蒸汽透平使用。

3. 急冷油和燃料油系统

从急冷换热器 6 出来的裂解气再去油急冷器 8 中用急冷油直接喷淋冷却,然后与急冷油一起进入油洗塔 9,塔顶出来的气体为氢、气态烃和裂解汽油以及稀释水蒸气和酸性气体。

裂解轻柴油从油洗塔 9 的侧线采出,经汽提塔 13 汽提其中的轻组分后,作为裂解轻柴油产品。裂解轻柴油含有大量的烷基萘,是制萘的好原料,常称为制萘馏分。塔釜采出重质燃料油。自油洗塔釜采出的重质燃料油,一部分经汽提塔 12 汽提出其中的轻组分后,作为重质燃料油产品送出,大部分则作为循环急冷油使用。循环急冷油分两股进行冷却,一股用来预热原料轻柴油之后,返回油洗塔作为塔的中段回流;另一股用来发生低压稀释蒸汽,急冷油本身被冷却后循环送至急冷器作为急冷介质,对裂解气进行冷却。

急冷油系统常会出现结焦堵塞而危及装置的稳定运转,结焦产生原因有二:一是急冷油与裂解气接触后超过 300℃ 时性质不稳定,会逐步缩聚成易于结焦的聚合物;二是不可避免地由裂解管、急冷换热器带来的焦粒。因此在急冷油系统内设置 6mm 滤网的过滤器 10,并在急冷器油喷嘴前设较大孔径的滤网和燃料油过滤器 16。

4. 急冷水和稀释水蒸气系统

裂解气在油洗塔 9 中脱除重质燃料油和裂解轻柴油后,由塔顶采出进入水洗塔 17,此塔的塔顶和中段用急冷水喷淋,使裂解气冷却,其中一部分的稀释水蒸气和裂解汽油就冷凝下来。冷凝下来的油水混合物由塔釜引至油水分离器 18,分离出的水一部分供工艺加热用,冷却后的水再经急冷水换热器 33 和 34 冷却后,分别作为水洗塔 17 的塔顶回流和中段回流,此部分的水称为急冷循环水;另一部分相当于稀释水蒸气的水量,由工艺水泵 21 经过滤器 22 送入汽提塔 23,将工艺水中的轻烃汽提回水洗塔 17,保证塔釜中含油少于 $100\mu g/g$。此工艺水由稀释水蒸气发生器给水泵 25 送入稀释水蒸气发生器汽包 28,再分别由中压水蒸气加热器 30 和急冷油换热器 31 加热汽化产生稀释水蒸气,经气液分离器 29 分离后再送入裂解炉。这种稀释水蒸气循环使用系统,节约了新鲜的锅炉给水,也减少了污水的排放量。

油水分离槽18分离出的汽油,一部分由泵20送至油洗塔9作为塔顶回流而循环使用,另一部分从裂解气中分离出的裂解汽油作为产品送出。

经脱除绝大部分水蒸气和裂解汽油的裂解气,温度约为40℃,送至裂解气压缩系统。

5. 裂解中不正常现象产生的原因与处理方法

在烃类热裂解实际操作中常常出现许多异常现象,需要对其产生原因加以分析并及时处理,现归纳总结于表3-7。

表3-7　裂解中不正常现象产生的原因与处理方法

异常现象	产生原因	处理方法
裂解气出口温度升高	(1)指示仪表失灵; (2)燃料油量太高	(1)检查仪表指标是否正确; (2)调节燃料油量
炉管局部超温	管内壁结焦	清焦
汽油精馏塔塔釜温度升高	(1)急冷油循环泵及附属过滤器堵塞; (2)去急冷器循环量不足	(1)检查急冷器循环泵及附属过滤器是否堵塞; (2)检查调节阀是否开足,启动备用泵
工艺水解吸塔塔釜温度偏低	(1)仪表失灵或误动作; (2)工艺水解吸塔进水泵故障; (3)釜温高	(1)检查仪表; (2)检查进水泵,必要时启动备用泵; (3)调节再沸器及中间回流量,降低釜温
急冷废热锅炉液面波动	(1)指示仪表失灵; (2)锅炉给水不正常	(1)检查仪表是否正常,必要时切断遥控,改用现场手动控制; (2)检查锅炉给水系统

【任务小结】

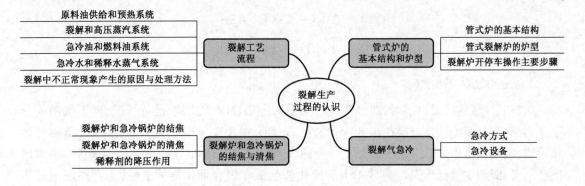

任务四　裂解气的处理

【任务导入】

裂解气中含有 H_2S、CO_2、H_2O、C_2H_2、CO 等气体杂质,来源主要有三个方面:一是原料中带来;二是裂解反应过程产生;三是裂解气处理过程引入。裂解气中的杂质含量见表3-8。

表 3 - 8　管式裂解炉裂解气中的杂质含量

杂质	质量分数	杂质	质量分数
$CO_2 + H_2S$	$(200 \sim 400) \times 10^{-6}$	C_2H_2	$(2000 \sim 5000) \times 10^{-6}$
H_2O	$(400 \sim 700) \times 10^{-6}$	C_3H_6	$(100 \sim 1500) \times 10^{-6}$

这些杂质含量虽不大,但对深冷分离过程是有害的,如果这些杂质不脱除,进入乙烯、丙烯产品,使产品达不到规定的标准。尤其是生产聚合级的乙烯、丙烯,其杂质含量的控制非常严格,为了达到产品所要求的规格,必须脱除杂质,对裂解气进行净化。此外,裂解气分离过程中需加压、降温,所以必须进行压缩与制冷来保证生产的要求。

【任务实施】

一、酸性气体的脱除

裂解气中的酸性气体主要是指 CO_2、H_2S 和其他气态硫化物。此外尚含有少量的有机硫化物,如氧硫化碳(COS)、二硫化碳(CS_2)、硫醚(RSR′)、硫醇(RSH)、噻吩等,也可以在脱酸性气体操作过程中除去。

1. 酸性气体的来源

裂解气中的酸性气体,一部分是由裂解原料带来的,另一部分是由裂解原料在高温裂解过程中发生反应而生成的,例如:

$$RSH + H_2 \longrightarrow RH + H_2S$$

$$CS_2 + 2H_2O \longrightarrow CO_2 + 2H_2S$$

$$COS + H_2O \longrightarrow CO_2 + H_2S$$

$$C + 2H_2O \longrightarrow CO_2 + 2H_2$$

$$CH_4 + 2H_2O \longrightarrow CO_2 + 4H_2$$

2. 酸性气体的危害

这些酸性气体含量过多时,对分离过程会带来危害:H_2S 能腐蚀设备管道,使干燥用的分子筛寿命缩短,还能使加氢脱炔用的催化剂中毒;CO_2 则在深冷操作中会结成干冰,堵塞设备和管道,影响正常生产。对于下游加工装置而言,酸性气体杂质对于乙烯或丙烯的进一步利用也有危害,例如生产低压聚乙烯时,CO_2 和硫化物会破坏聚合催化剂的活性;生产高压聚乙烯时,CO_2 在循环乙烯中积累,降低乙烯的有效压力,从而影响聚合速率和聚乙烯的分子量。所以必须将这些酸性气体脱除。

3. 酸性气体脱除的方法

工业生产中,一般采用吸收法脱除酸性气体,即在吸收塔内让吸收剂和裂解气进行逆流接触,裂解气中的酸性气体则有选择性地进入吸收剂中或与吸收剂发生化学反应。工业生产中常采用的吸收剂有 NaOH 或乙醇胺,用 NaOH 脱酸性气体的方法称为碱洗法,用乙醇胺脱酸性气体的方法称为乙醇胺法。两种方法具体情况比较见表 3 - 9。

表 3 – 9　碱洗法与乙醇胺法脱除酸性气体的比较

方法	碱洗法	乙醇胺法
吸收剂	氢氧化钠(NaOH)	乙醇胺($HOCH_2CH_2NH_2$)
原理	$CO_2 + 2NaOH \longrightarrow Na_2CO_3 + H_2O$ $H_2S + 2NaOH \longrightarrow Na_2S + 2H_2O$	$2HOCH_2CH_2NH_2 + H_2S \Longleftrightarrow (HOCH_2CH_2NH_3)_2S$ $2HOCH_2CH_2NH_2 + CO_2 \Longleftrightarrow (HOCH_2CH_2NH_3)_2CO_3$
优点	对酸性气体吸收彻底	吸收剂可再生循环使用,吸收液消耗少
缺点	碱液不能回收,消耗量较大	(1)乙醇胺法吸收不如碱洗法彻底; (2)乙醇胺法对设备材质要求高,投资相应增大(乙醇胺水溶液呈碱性,但当有酸性气体存在时,溶液 pH 值急剧下降,从而对碳钢设备产生腐蚀); (3)乙醇胺溶液可吸收丁二烯和其他双烯烃(吸收双烯烃的吸收剂在高温下再生时易生成聚合物,由此既造成系统结垢,又损失了丁二烯)
适用情况	裂解气中酸性气体含量少时	裂解气中酸性气体含量多时

4. 酸性气体脱除工艺流程

1)碱洗法工艺流程

碱洗可以采用一段碱洗,也可以采用多段碱洗。为了提高碱液利用率,目前乙烯装置大多采用多段(两段或三段)碱洗。图 3 – 10 为两段碱洗。

裂解气压缩机三段出口的裂解气经冷却并分离凝液后,再由 37℃预热至 42℃,进入碱洗塔,该塔分三段,Ⅰ段为水洗段(泡罩塔板),Ⅱ段和Ⅲ段为碱洗段(填料层),裂解气经两段碱洗后,再经水洗段水洗进入压缩机四段吸入罐。补充新鲜碱液含量为 18% ~ 20%,保证Ⅱ段循环碱液 NaOH 含量约为 5% ~7%;部分Ⅱ段循环碱液补充到Ⅲ段循环碱液中,以平衡塔釜排出的废碱。Ⅲ段循环碱液 NaOH 含量为 2% ~3%。

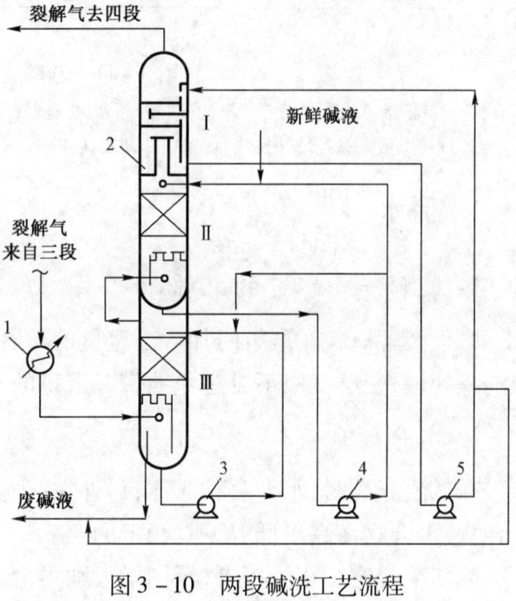

图 3 – 10　两段碱洗工艺流程
1—加热器;2—碱洗塔;
3,4—碱液循环泵;5—水洗循环泵

2)乙醇胺法工艺流程

用乙醇胺做吸收剂除去裂解气中的 CO_2 和 H_2S,是一种物理吸收和化学吸收相结合的方法,所用的吸收剂主要是一乙醇胺(MEA)和二乙醇胺(DEA)。

图 3 – 11 是 Lummus 公司采用的乙醇胺法脱酸性气的工艺流程。乙醇胺加热至 45℃后送入吸收塔的塔顶部,裂解气中的酸性气体大部分被乙醇胺溶液吸收后,送入碱洗塔进一步净化。吸收了 CO_2 和 H_2S 的富液,由吸收塔釜采出,在富液中注入少量洗油(裂解汽油)以溶解富液中重质烃及聚合物。富液和洗油经分离器分离洗油后,送到汽提塔进行解吸。汽提塔中解吸出的酸性气体经塔顶冷却并回收凝液后放空。解吸后的贫液再返回吸收塔进行吸收。

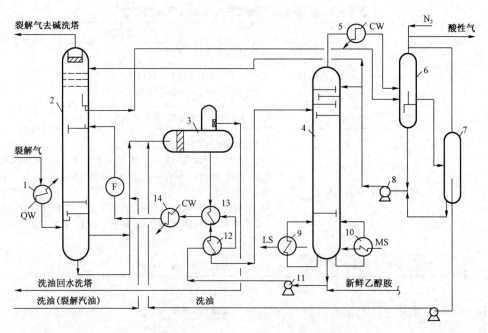

图 3 – 11　乙醇胺脱酸性气工艺流程

1—加热器;2—吸收塔;3—汽油—胺分离器;4—汽提塔;5—冷却器;6,7—分离罐;8—回流泵;9,10—再沸器;
11—胺液泵;12,13—换热器;14—冷却器;QW—急冷水;CW—冷却水;MS—中压水蒸气;LS—低压水蒸气

二、脱水

1. 裂解气中水分的来源

由于裂解原料在裂解时加入一定量的稀释蒸汽,所得裂解气经急冷水洗和脱酸性气体的碱洗等处理,裂解气中不可避免地带一定量的水(约 $400 \sim 700\mu g/g$)。

2. 水分的危害

在低温分离时,水会凝结成冰;另外在一定压力和温度下,水还能与烃类生成白色的晶体水合物,水合物在高压低温下是稳定的。

冰和水合物结在管壁上,轻则增大动力消耗,重则使管道堵塞,影响正常生产。

3. 脱水的方法

工业上对裂解气进行深度干燥的方法很多,主要采用固体吸附方法。吸附剂有硅胶、活性氧化铝、分子筛等。目前广泛采用的效果较好的是分子筛吸附剂。

三、脱炔

1. 炔烃的来源

在裂解反应中,由于烯烃进一步脱氢反应,使裂解气中含有一定量的乙炔,还有少量的丙炔、丙二烯。裂解气中炔烃的含量与裂解原料和裂解条件有关,对一定裂解原料而言,炔烃的含量随裂解深度的提高而增加。在相同裂解深度下,高温短停留时间的操作条件将有利于生成更多的炔烃。

2. 炔烃的危害

少量乙炔、丙炔和丙二烯的存在严重地影响乙烯、丙烯的质量。乙炔的存在还将影响合成催化剂寿命，恶化乙烯聚合物性能，若积累过多还具有爆炸的危险。丙炔和丙二烯的存在，将影响丙烯聚合反应的顺利进行。

3. 脱除的方法

在裂解气分离过程中，裂解气中的乙炔将富集于 C_2 馏分，丙炔和丙二烯将富集于 C_3 馏分。乙炔的脱除方法主要有溶剂吸收法和催化加氢法：溶剂吸收法是采用特定的溶剂选择性地将裂解气中少量的乙炔或丙炔和丙二烯吸收到溶剂中，达到净化的目的，同时也相应地回收一定量的乙炔；催化加氢法是将裂解气中的乙炔加氢成为乙烯。两种方法各有优缺点，一般在不需要回收乙炔时，都采用催化加氢法脱除乙炔。丙炔和丙二烯的脱除方法主要是催化加氢法，此外一些装置也曾采用精馏法脱除丙烯产品中的炔烃。

1）催化加氢除炔的反应原理

催化加氢法是在催化剂存在下将炔烃加氢变成烯烃的方法。它的优点是：不会给裂解气和烯烃馏分带入任何新杂质，工艺操作简单，又能将有害的炔烃变成产品烯烃。

C_2 馏分加氢可能发生如下反应：

主反应：

$$CH \equiv CH + H_2 \longrightarrow CH_2 = CH_2$$

副反应：

$$CH \equiv CH + 2H_2 \longrightarrow CH_3 - CH_3$$

$$CH_2 = CH_2 + H_2 \longrightarrow CH_3 - CH_3$$

乙炔也可能聚合生成二聚、三聚等俗称绿油的物质。

碳三馏分加氢可能发生下列反应：

主反应：

$$CH \equiv C - CH_3 + H_2 \longrightarrow CH_2 = CH - CH_3$$

$$CH_2 = C = CH_2 + H_2 \longrightarrow CH_2 = CH - CH_3$$

副反应：

$$CH_2 = CH - CH_3 + H_2 \longrightarrow CH_3 - CH_2 - CH_3$$

$$nC_5H_4 \longrightarrow (C_5H_4)_n \quad 低聚物$$

$$C_4H_6 \longrightarrow 高聚物$$

生产中希望主反应发生，这样既脱除炔烃，又增加烯烃的收率；而不发生或少发生副反应，因为副反应虽除去了炔烃，乙烯或丙烯却受到损失，远不及主反应那样对生产有利。要实现这样的目的，最主要的是催化剂的选择，工业上脱炔用钯系催化剂为多，它是一种加氢选择性很强的催化剂，其加氢反应难易顺序为：丁二烯＞乙炔＞丙炔＞丙烯＞乙烯。

2）前加氢与后加氢

用催化加氢法脱除裂解气中的炔烃有前加氢和后加氢两种不同的工艺技术。在脱甲烷塔之前进行加氢脱炔称为前加氢，即氢气和甲烷尚没有分离之前进行加氢除炔，前加氢因氢气未分出就进行加氢，加氢用氢气是由裂解气中带入的，不需外加氢气，因此，前加氢又叫作自给加氢；在脱甲烷塔之后进行加氢脱炔称为后加氢，即裂解气中所含氢气、甲烷等轻质馏分分出后，再对分离所得到的 C_2 馏分和 C_3 馏分分别进行加氢的过程，后加氢所需氢气由外部供给。

前加氢由于氢气自给，故流程简单，能量消耗低，但前加氢也有不足之处：

（1）加氢过程中，乙炔浓度很低，氢分压较高，因此，加氢选择性较差，乙烯损失量多。同时副反应的剧烈发生，不仅造成乙烯、丙烯加氢遭受损失，而且可能导致反应温度的失控，乃至出现催化剂床层温度飞速上升。

（2）当原料中乙炔、丙炔、丙二烯共存时，当乙炔脱除到合格指标时，丙炔、丙二烯却达不到要求的脱除指标。

（3）在顺序分离流程中，裂解气的所有组分均进入加氢除炔反应器，丁二烯未分出，导致丁二烯损失量较高，此外裂解气中较重组分的存在，对加氢催化剂性能有较大的影响，使催化剂寿命缩短。

后加氢是对裂解气分离得到的 C_2 馏分和 C_3 馏分，分别进行催化选择加氢，将 C_2 馏分中的乙炔，C_3 馏分中的丙炔和丙二烯脱除，其优点有：

（1）因为是在脱甲烷塔之后进行，氢气已分出，加氢所用氢气按比例加入，加氢选择性高，乙烯几乎没有损失。

（2）加氢产品质量稳定，加氢原料中所含乙炔、丙炔和丙二烯的脱除均能达到指标要求。

（3）加氢原料气体中杂质少，催化剂使用周期长，产品纯度也高。

但后加氢属外加氢操作，通入的本装置所产氢气中常含有甲烷。为了保证乙烯的纯度，加氢后还需要将氢气带入的甲烷和剩余的氢脱除，因此，需设第二脱甲烷塔，导致流程复杂，设备费用高。前加氢与后加氢的具体情况见表 3 – 10。

表 3 – 10　前加氢与后加氢技术的比较

项目	前加氢	后加氢
工艺流程	比较简单	比较复杂（多第二脱甲烷塔）
反应器体积	较大	较小
能量消耗	较少	较多
操作难易	操作较易	较难
催化剂用量	较多，但不需经常再生	较少，但需经常再生
乙烯损失量	较多	较少

所以前加氢与后加氢各有其优缺点，目前更多厂家采用后加氢方案，但前脱乙烷分离流程和前脱丙烷分离流程配上前加氢脱炔工艺技术，经济指标也较好。

3）后加氢工艺流程

目前工业中脱乙炔过程仍以采用后加氢为主,使用钯系催化剂。进料中乙炔的含量高于0.7%,一般采用多段绝热床或等温反应器。图3-12为Lummus公司采用的双段绝热床加氢的工艺流程。脱乙烷塔顶回流罐中未冷凝C_2馏分经预热并配注氨之后进入第一段加氢反应器,反应后的气体经段间冷却后进入第二段加氢反应器。反应后的气体经冷却后送入绿油塔,在此用乙烯塔抽出的C_2馏分吸收绿油。脱除绿油后的C_2馏分经干燥后送入乙烯精馏塔。

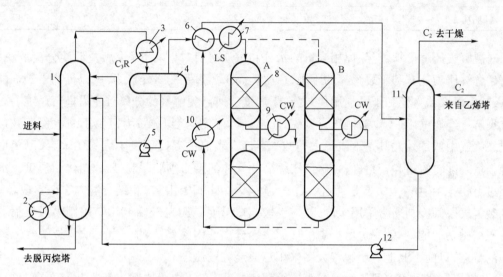

图3-12　双段绝热床加氢工艺流程

1—脱乙烷塔；2—再沸器；3—冷凝器；4—回流罐；5—回流泵；6—换热器；7—加热器；8—加氢反应器；
9——段间冷却器；10—冷却器；11—绿油吸收塔；12—绿油泵；CW—冷却水；LS—低压水蒸气；C_3R—C_3馏分

两段绝热反应器设计时,通常使运转初期在第一段转化乙炔80%,其余20%在第二段转化。而在运转后期,随着第一段加氢反应器内催化剂活性的降低,逐步过渡到第一段转化20%,第二段转化80%。

四、裂解气的压缩和制冷

1. 裂解气的压缩

在深冷分离装置中用低温精馏方法分离裂解气时,温度最低的部位是在甲烷和氢气的分离段,而且所需的温度随操作压力的降低而降低。例如:脱甲烷塔操作压力为3.0MPa时,为分离甲烷所需塔顶温度约$-100 \sim -90℃$；当脱甲烷塔压力为0.5MPa时,为分离甲烷所需塔顶温度则需下降到$-140 \sim -130℃$。而为获得一定纯度的氢气,则所需温度更低,不仅需要大量的冷量,而且要用很多耐低温钢材制造的设备,这无疑增大了投资和能耗,在经济上不够合理。所以生产中根据物质的冷凝温度随压力增加而升高的规律,可对裂解气加压,从而使各组分的冷凝点升高,即提高深冷分离的操作温度,这既有利于分离,又可节约冷冻量和低温材料。不同压力下某些组分的沸点见表3-11。从表中可以看出,乙烯在常压下沸点是$-104℃$,即乙烯气体需冷却到$-104℃$才能冷凝为液体,但当加压到1.013MPa时,只需冷却到$-55℃$即可。

表 3-11　不同压力下某些组分的沸点　　　　　　　　　单位：℃

组分　　压力，MPa	0.1103	1.013	1.519	2.026	2.523	3.039
H_2	-263	-244	-239	-238	-237	-235
CH_4	-162	-129	-114	-107	-101	-95
C_2H_4	-104	-55	-39	-29	-20	-13
C_2H_6	-86	-33	-18	-7	3	11
C_3H_6	-47.7	9	29	37	44	47

对裂解气压缩冷却，能除掉相当量的水分和重质烃，以减少后续干燥及低温分离的负担。提高裂解气压力还有利于裂解气的干燥过程，提高干燥过程的操作压力，可以提高干燥剂的吸湿量，减少干燥器直径和干燥剂用量，提高干燥度。所以裂解气的分离首先需进行压缩。

裂解气经压缩后，不仅会使压力升高，而且气体温度也会升高，为避免压缩过程温升过大造成裂解气中双烯烃尤其是丁二烯之类的二烯烃在较高的温度下发生大量的聚合，以至形成聚合物堵塞叶轮流道和密封件，裂解气压缩后的气体温度必须要限制，压缩机出口温度一般不能超过 100℃，在生产上主要是通过裂解气的多段压缩和段间冷却相结合的方法来实现。

裂解气段间冷却通常采用水冷，相应各段入口温度一般为 38～40℃。采用多段压缩可以节省压缩做功的能量，效率也可提高。根据深冷分离法对裂解气的压力要求及裂解气压缩过程中的特点，目前工业上对裂解气大多采用三段至五段压缩。

同时，压缩机采用多段压缩可减少压缩比，也便于在压缩段之间进行净化与分离，例如脱酸性气体、干燥和脱重组分可以安排在段间进行。

2. 制冷

深冷分离裂解气需要把温度降到 -100℃ 以下，为此，需向裂解气提供低于环境温度的冷剂，获得冷量的过程称为制冷。深冷分离中常用的制冷方法有两种：冷冻循环制冷和节流膨胀制冷。

1）冷冻循环制冷

冷冻循环制冷的原理是利用制冷剂自液态汽化时，要从物料或中间物料吸收热量因而使物料温度降低的过程。所吸收的热量，在热值上等于它的汽化潜热。液体的汽化温度（沸点）是随压力的变化而改变的，压力越低，相应的汽化温度也越低。

（1）氨蒸气压缩制冷。氨蒸气压缩制冷系统可由四个基本过程组成。

① 蒸发：在低压下液氨的沸点很低，如压力为 0.12MPa 时沸点为 -30℃。液氨在此条件下，在蒸发器中蒸发变成氨蒸气，则必须从通入液氨蒸发器的被冷物料中吸取热量，产生制冷效果，使被冷物料冷却到接近 -30℃。

② 压缩：蒸发器中所得的是低温、低压的氨蒸气。为了使其液化，首先通过氨压缩机压缩，使氨蒸气压力升高。

③ 冷凝：高压下的氨蒸气的冷凝点是比较高的。例如，把氨蒸气加压到 1.55MPa 时，其冷凝点是 40℃，此时，可由普通冷水做冷却剂，使氨蒸气在冷凝器中变为液氨。

④ 膨胀:若液氨在1.55MPa压力下汽化,由于沸点为40℃,不能得到低温,为此,必须把高压下的液氨,通过节流阀降压到0.12MPa,若在此压力下汽化,温度可降到-30℃。节流膨胀后形成低压、低温的气液混合物进入蒸发器,在此液氨又重新开始下一次低温蒸发,形成一个闭合循环操作过程。

氨通过上述四个过程,构成了一个循环,称之为冷冻循环。这一循环,必须由外界向循环系统输入压缩功才能进行,因此,这一循环过程是消耗了机械功,换得了冷量。

氨是上述冷冻循环中完成转移热量的一种介质,工业上称为制冷剂或冷冻剂。冷冻剂本身物理化学性质决定了制冷温度的范围,如液氨降压到0.098MPa时进行蒸发,其蒸发温度为-33.4℃,如果降压到0.011MPa,其蒸发温度为-40℃,但是在负压下操作是不安全的。因此,用氨作制冷剂,不能获得-100℃的低温。所以要获得-100℃的低温,必须用沸点更低的气体作为制冷剂。

原则上,沸点低的物质都可以用作制冷剂,而实际选用时,则需选用可以降低制冷装置投资、运转效率高、来源容易、毒性小的制冷剂。对乙烯装置而言,乙烯和丙烯为本装置产品,已有储存设施,且乙烯和丙烯已具有良好的热力学特性,因而均选用乙烯和丙烯作为制冷剂。在装置开工初期尚无乙烯产品时,可用混合C_2馏分代替乙烯作为制冷剂,待生产出合格乙烯后再逐步置换为乙烯。

(2)丙烯制冷系统。在裂解气分离装置中,丙烯制冷系统为装置提供-40℃以上温度级的冷量。其主要冷量用户为裂解气的预冷、乙烯制冷剂冷凝、乙烯精馏塔塔顶冷凝、脱乙烷塔塔顶冷凝、脱丙烷塔塔顶冷凝等。最大用户是乙烯精馏塔塔顶冷凝器,约占丙烯制冷系统总功率的60%～70%;其次是乙烯制冷剂的冷凝和冷却,占17%～20%。在需要提供几个温度级冷量时,可采用多级节流、多级压缩、多级蒸发,以一个压缩机组同时提供几种不同温度级冷量,如丙烯冷剂从冷凝压力逐级节流到0.9MPa、0.5MPa、0.26MPa、0.14MPa,并相应制取16℃、-5℃、-24℃、-40℃四个不同温度级的冷量。

(3)乙烯制冷系统。乙烯制冷系统用于提供裂解气低温分离装置所需-40～-102℃各温度级的冷量。其主要冷量用户为裂解气在冷箱中的预冷以及脱甲烷塔塔顶冷凝。如对高压脱甲烷的顺序分离流程,乙烯制冷系统冷量的30%～40%用于脱甲烷塔塔顶冷凝,其余60%～70%用于裂解气脱甲烷塔进料的预冷。大多数乙烯制冷系统均采用三级节流的制冷循环,相应提供三个温度级的冷量,通常提供-50℃、-70℃、-100℃左右三个温度级的冷量。

(4)乙烯—丙烯复迭制冷。用丙烯作制冷剂构成的冷冻循环制冷过程,把丙烯压缩到1.864MPa的条件下,丙烯的冷凝点为45℃,很容易用冷水冷却使之液化,但是在维持压力不低于常压的条件下,其蒸发温度受丙烯沸点的限制,只能达到-45℃左右的低温条件,即在正压操作下,用丙烯作制冷剂,不能获得-100℃的低温条件。用乙烯作制冷剂构成冷冻循环制冷中,维持压力不低于常压的条件下,其蒸发温度可降到-103℃左右,即乙烯作制冷剂可以获得-100℃的低温条件,但是乙烯的临界温度为9.9℃,临界压力为5.15MPa,在此温度之上,不论压力多大,也不能使其液化,即乙烯冷凝温度必须低于其临界温度9.9℃,所以不能用普通冷却水使之液化。为此,乙烯冷冻循环制冷中的冷凝器需要使用制冷剂冷却。工业生产中常采用丙烯作制冷剂来冷却乙烯,这样丙烯的冷冻循环和乙烯冷冻循环制冷组合在一起,构成乙

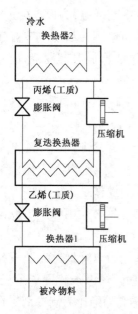

冷水

换热器2

丙烯(工质)

膨胀阀　压缩机

复迭换热器

乙烯(工质)

膨胀阀　压缩机

换热器1

被冷物料

图 3 – 13　乙烯—丙
烯复迭制冷

烯—丙烯复迭制冷,见图 3 – 13。

在乙烯—丙烯复迭制冷循环中,冷水在换热器 2 中向丙烯供冷,带走丙烯冷凝时放出的热量,丙烯被冷凝为液体。然后,经节流膨胀降温,在复迭换热器中汽化,此时向乙烯气供冷,带走乙烯冷凝时放出的热量,乙烯气变为液态乙烯,液态乙烯经膨胀阀降压到换热器 1 中汽化,向被冷物料供冷,可使被冷物料冷却到 – 100℃左右。在图 3 – 13 中可以看出,复迭换热器既是丙烯的蒸发器(向乙烯供冷),又是乙烯的冷凝器(向丙烯供热)。当然,在复迭换热器中一定要有温差存在,即丙烯的蒸发温度一定要比乙烯的冷凝温度低,才能组成复迭制冷循环。用乙烯作制冷剂在正压下操作,不能获得 – 103℃以下的制冷温度。生产中需要 – 103℃以下的低温时,可采用沸点更低的制冷剂,如甲烷在常压下沸点是 – 161.5℃,因而可制取 – 160℃温度级的冷量。但是由于甲烷的临界温度是 – 82.5℃,若要构成冷冻循环制冷,需用乙烯作制冷剂为其冷凝器提供冷量,这样就构成了甲烷—乙烯—丙烯三元复迭制冷。在这个系统中,冷水向丙烯供冷,丙烯向乙烯供冷,乙烯向甲烷供冷,甲烷向低于 – 100℃冷量用户供冷。

2) 节流膨胀制冷

所谓节流膨胀制冷,就是气体由较高的压力通过一个节流阀迅速膨胀到较低的压力,由于过程进行得非常快,来不及与外界发生热交换,膨胀所需的热量必须由自身供给,从而引起温度降低。工业生产中脱甲烷分离流程中,利用脱甲烷塔顶尾气的自身节流膨胀可降温到获得 – 160 ~ – 130℃的低温。

3) 热泵

常规的精馏塔都是从塔顶冷凝器取走热量,由塔釜再沸器供给热量,通常塔顶冷凝器取走的热量是塔釜再沸器加入热量的 90% 左右,能量利用很不合理。如果能将塔顶冷凝器取走的热量传递给塔釜再沸器,就可以大幅度地降低能耗。但同一塔的塔顶温度总是低于塔釜温度,根据热力学第二定律:“热量不能自动地从低温流向高温”,所以需从外界输入功。这种通过做功将热量从低温热源传递给高温热源的供热系统称为热泵系统。该热泵系统是既向塔顶供冷又向塔釜供热的制冷循环系统。

常用的热泵系统有闭式热泵系统、开式 A 型热泵系统和开式 B 型热泵系统等几种。如图 3 – 14 所示。

闭式热泵的塔内物料与制冷系统介质之间是封闭的,而用外界的工作介质为制冷剂。液态制冷剂在塔顶冷凝器 5 中蒸发,使塔顶物料冷凝,蒸发的制冷剂气体再进入压缩机 1 升高压力,然后在塔釜再沸器 2 中冷凝为液体,放出的热量传递给塔釜物料,液体制冷剂通过节流阀 4 降低压力后再去塔顶换热,完成一个循环,这样塔顶低温处的热量,通过制冷剂而传到塔釜高温处。在此流程中,制冷循环中的制冷剂冷凝器与塔釜再沸器合成一个设备,在此设备中,制冷剂冷凝放热,而釜液吸热蒸发。闭式热泵特点是操作简便、稳定,物料不会污染,出料质量容易保证。但流程复杂,设备费用较高。

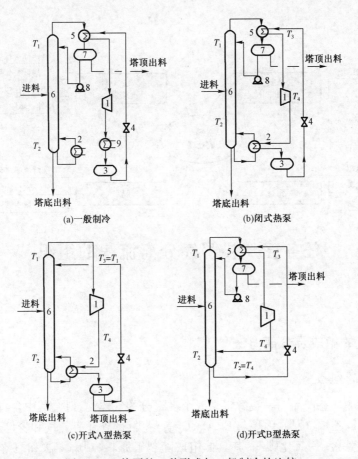

图 3-14 热泵的三种形式与一般制冷的比较

1—压缩机;2—再沸器;3—制冷剂储罐;4—节流阀;5—塔顶冷凝器;6—精馏塔;7—回流罐;8—回流泵;
9—冷剂冷凝器;T_1—塔顶温度;T_2—塔底温度;T_3—塔顶循环物料温度;T_4—塔底循环物料温度

开式 A 型热泵流程不用外来制冷剂,直接以塔顶蒸出低温烃蒸气作为制冷剂,经压缩提高压力和温度后,送去塔釜换热,放出热量而冷凝成液体。凝液部分出料,部分经节流降温后流入塔。此流程省去了塔顶换热器。

开式 B 型热泵流程直接以塔釜出料为制冷剂,经节流后送至塔顶换热,吸收热量蒸发为气体,再经压缩升压升温后,返回塔釜。塔顶烃蒸气则在换热过程中放出热量凝成液体。此流程省去了塔釜再沸器。

开式热泵特点是流程简单,设备费用较闭式热泵少,但制冷剂与物料合并,在塔操作不稳定时,物料容易被污染,因此自动化程度要求较高。

在裂解气分离中,可将乙烯制冷系统与乙烯精馏塔组成乙烯热泵,也可将丙烯制冷系统与丙烯精馏塔组成丙烯热泵,两者均可提高精馏的热效率,但必须相应增加乙烯制冷压缩机或丙烯制冷压缩机的功耗。对于丙烯精馏来说,丙烯塔采用低压操作时,多用热泵系统。当采用高压操作时,由于操作温度提高,冷凝器可以用冷却水作制冷剂,故不需用热泵。对于乙烯精馏来说,乙烯精馏塔塔顶冷凝器是丙烯制冷系统的最大用户,其用量约占丙烯制冷总功率的60% ~70%,采用乙烯热泵不仅可以节约大量的冷量,有显著的节能作用,而且可以省去低温下操作的换热器、回流罐和回流泵等设备,因此乙烯热泵得到了更多的利用。

【任务小结】

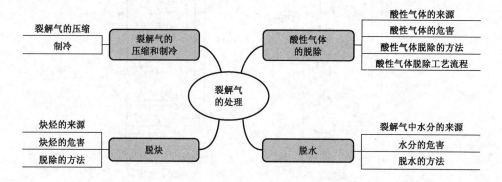

任务五　裂解气分离流程的组织

【任务分析】

一、裂解气的组成及分离方法

1. 裂解气的组成

石油烃裂解的气态产品——裂解气是一个多组分的气体混合物,其中含有许多低级烃类,主要是甲烷、乙烯、乙烷、丙烯、丙烷与 C_4、C_5、C_6 等烃类,此外还有氢气和少量杂质如硫化氢和二氧化碳、水分、炔烃、一氧化碳等,其具体组成随裂解原料、裂解方法和裂解条件不同而异。表 3-12 列出了用不同裂解原料所得裂解气的组成。

表 3-12　不同裂解原料得到的几种裂解气组成(体积分数)　　　　单位:%

组分	原料来源		
	乙烷裂解	石脑油裂解	轻柴油裂解
H_2	33.98	14.09	13.18
$CO + CO_2 + H_2S$	0.19	0.32	0.27
CH_4	4.39	26.78	21.24
C_2H_2	0.19	0.41	0.37
C_2H_4	31.51	26.10	29.34
C_2H_6	24.35	5.78	7.58
C_3H_4	—	0.48	0.54
C_3H_6	0.76	10.30	11.42
C_3H_8	—	0.34	0.36
C_4	0.18	4.85	5.21
C_5	0.09	1.04	0.51
$\geqslant C_6$	—	4.53	4.58
H_2O	4.36	4.98	5.40

要得到高纯度的单一的烃,如重要的基本有机原料乙烯、丙烯等,就需要将它们与其他烃类和杂质等分离开来,并根据工业上的需要,使之达到一定的纯度,这一操作过程,称为裂解气的分离。裂解、分离、合成是有机化工生产中的三大加工过程。分离是裂解气提纯的必然过程,为有机合成提供原料,所以起到举足轻重的作用。

各种有机产品的合成,对于原料纯度的要求是不同的。有的产品对原料纯度要求不高,例如用乙烯与苯烷基化生产乙苯时,对乙烯纯度要求不太高。对于聚合用的乙烯和丙烯的质量要求则很严,生产聚乙烯、聚丙烯要求乙烯、丙烯纯度在 99.9% 以上,其中有机杂质不允许超过 $5 \sim 10 \mu g/g$。这就要求对裂解气进行精细的分离和提纯,所以分离的程度可根据后续产品合成的要求来确定。

2. 裂解气的分离方法

裂解气的分离和提纯工艺,是以精馏分离的方法完成的。精馏方法要求将组分冷凝为液态。甲烷和氢气不容易液化,C_2 以上的馏分相对地比较容易液化。因此,裂解气在除去甲烷、氢气以后,其他组分的分离就比较容易。所以分离过程的主要矛盾是如何将裂解气中的甲烷和氢气先行分离。解决这对矛盾的不同措施,便构成了不同的分离方法。

工业生产上采用的裂解气分离方法,主要有油吸收精馏分离和深冷分离两种。

油吸收精馏分离是利用裂解气中各组分在某种吸收剂中的溶解度不同,用吸收剂吸收除甲烷和氢气以外的其他组分,然后用精馏的方法,把各组分从吸收剂中逐一分离。此方法流程简单,动力设备少,投资少,但技术经济指标和产品纯度差,现已被淘汰。

工业上一般把冷冻温度高于 -50℃ 称为浅度冷冻(简称浅冷);而在 -50 ~ -100℃ 之间称为中度冷冻;把等于或低于 -100℃ 称为深度冷冻(简称深冷)。

深冷分离是在 -100℃ 左右的低温下,将裂解气中除了氢和甲烷以外的其他烃类全部冷凝下来。然后利用裂解气中各种烃类的相对挥发度不同,在合适的温度和压力下,以精馏的方法将各组分分离开来,达到分离的目的。因为这种分离方法采用了 -100℃ 以下的冷冻系统,故称为深度冷冻分离,简称深冷分离。深冷分离法是目前工业生产中广泛采用的分离方法,它的经济技术指标先进、产品纯度高、分离效果好,但投资较大、流程复杂、动力设备较多,需要大量的耐低温合金钢。因此,适宜于加工精度高的大工业生产。本任务重点介绍裂解气的精馏分离的深冷分离方法。

二、分离流程组织

1. 裂解气分离流程组织

经预分馏系统处理后的裂解气是含氢和各种烃的混合物,可利用各组分沸点的不同,在加压低温条件下经多次精馏分离,并在精馏分离的过程中采用吸收、吸附或化学反应的方法脱除裂解气中残余的水分、酸性气体(CO_2、H_2S)、一氧化碳、炔烃等杂质,得到合格的分离产品。

裂解气分离装置有三部分组成:

(1)压缩和制冷系统。该系统的任务是加压、降温,以保证分离过程顺利进行。

(2)净化系统。为了排除对后继操作的干扰,提高产品的纯度,通常设置有脱酸性气体、脱水、脱炔和脱一氧化碳等操作过程。

(3)精馏分离系统。这是深冷分离的核心,其任务是将各组分进行分离并将乙烯、丙烯产品精制提纯。它由一系列塔器构成,如脱甲烷塔、乙烯精馏塔和丙烯精馏塔等。

由不同精馏分离方案和净化方案可以组成不同的裂解气分离流程,见表3-13。

表 3 - 13　裂解气分离流程组织方案

精馏分离方案	净化方案	分离流程组织方案
(1)顺序分离流程:先脱甲烷再脱乙烷最后脱丙烷; (2)前脱乙烷流程:先脱乙烷再脱甲烷最后脱丙烷; (3)前脱丙烷流程:先脱丙烷再脱甲烷最后脱乙烷	(1)前加氢:脱乙炔塔在脱甲烷塔前; (2)后加氢:脱乙炔塔在脱甲烷塔后	(1)顺序分离流程(后加氢); (2)前脱乙烷前加氢流程; (3)前脱乙烷后加氢流程; (4)前脱丙烷前加氢流程; (5)前脱丙烷后加氢流程

不同分离工艺流程的主要差别在于精馏分离烃类的顺序和脱炔烃的安排,共同点是先分离不同碳原子数的烃,再分离同碳原子数的烷烃和烯烃。

2. 深冷分离流程

裂解气经压缩和制冷、净化过程为深冷分离创造了条件——高压、低温、净化。深冷分离的任务就是根据裂解气中各低碳烃相对挥发度的不同,用精馏的方法逐一进行分离,最后获得纯度符合要求的乙烯和丙烯产品。

深冷分离工艺流程比较复杂,设备较多,能量消耗大,并耗用大量钢材,故在组织流程时需全面考虑,因为这直接关系到建设投资、能量消耗、操作费用、运转周期、产品的产量和质量、生产安全等多方面的问题。裂解气深冷分离工艺流程,包括裂解气深冷分离中的每一个操作单元。每个单元所处的位置不同,可以构成不同的流程。目前具有代表性三种分离流程是:顺序分离流程、前脱乙烷分离流程和前脱丙烷分离流程。

1)顺序分离流程

顺序分离流程是按裂解气中各组分碳原子数由小到大的顺序进行分离,即先分离出甲烷、氢,其次是脱乙烷及乙烯的精馏,接着是脱丙烷和丙烯的精馏,最后是脱丁烷,塔底得 C_5 馏分。

顺序深冷分离流程如图 3 - 15 所示。裂解气经过压缩机 Ⅰ、Ⅱ、Ⅲ 段压缩,压力达到 1.0MPa,送入碱洗塔 2,脱除酸性气体。碱洗后的裂解气再经压缩机的 Ⅳ、Ⅴ 段压缩,压力达到 3.7MPa,送入干燥器 4 用分子筛脱水。干燥后的裂解气进入冷箱 5 逐级冷凝,分出的凝液分为四股按其温度高低分别进入脱甲烷塔 6 的不同塔板,分出的富氢经甲烷化脱除 CO 及干燥器脱水后,作为 C_2 馏分和 C_3 馏分加氢脱炔用氢气。在脱甲烷塔顶脱除甲烷馏分,塔釜是 C_2 以上馏分,送入第一脱乙烷塔 7。在脱乙烷塔顶分出的 C_2 馏分,经加氢反应器 10 脱除乙炔和经干燥器脱水后送入第二脱甲烷塔 8,在塔顶脱除加氢时带入的甲烷、氢,循环回压缩机,塔釜主要是乙烷和乙烯,送入乙烯精馏塔 9,通过精馏操作在塔顶得乙烯产品,塔釜的乙烷循环回裂解炉;脱乙烷塔釜的 C_3 以上馏分,进入脱丙烷塔 11,塔顶分出 C_3 馏分经加氢反应器 10 脱除丙炔、丙二烯和经干燥器脱水后送入第二脱乙烷塔 12,在塔顶脱除加氢时带入的 C_2 以下馏分,循环回压缩机,塔釜主要是丙烷和丙烯,送入丙烯精馏塔 13,通过精馏操作塔顶得丙烯产品,塔釜的丙烷循环回裂解炉;脱丙烷塔釜的 C_4 以上馏分进入脱丁烷塔 14,塔顶分出 C_4 馏分,塔底得 C_5 馏分。

2)前脱乙烷分离流程

前脱乙烷分离流程是以脱乙烷塔为界限,将物料分成两部分:一部分是轻组分,即甲烷、

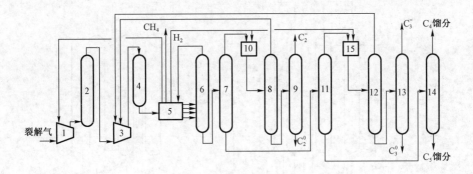

图 3-15　顺序深冷分离工艺流程图

1—压缩Ⅰ、Ⅱ、Ⅲ段;2—碱洗塔;3—压缩Ⅳ、Ⅴ段;4—干燥器;5—冷箱;6—脱甲烷塔;7—第一脱乙烷塔;
8—第二脱甲烷塔;9—乙烯塔;10、15—加氢反应器;11—脱丙烷塔;12—第二脱乙烷塔;13—丙烯塔;14—脱丁烷塔

氢、乙烷和乙烯等组分;另一部分是重组分,即丙烯、丙烷、丁烯、丁烷以及 C_5 以上的烃类。然后再将这两部分各自进行分离,分别获得所需的烃类。

前脱乙烷分离流程如图 3-16 所示。该流程的压缩、碱洗及干燥等部分与顺序分离流程相同。不同的是干燥后的裂解气首先进入脱乙烷塔 5,塔顶分出 C_2 以下馏分,即甲烷、氢、C_2 馏分,然后送入(前)加氢反应器 6 脱除乙炔,脱除乙炔后的裂解气进入脱甲烷塔 7(顶部设置有冷箱 8,冷箱作用与顺序分离流程相同),塔顶分出甲烷、氢,塔釜的乙烷和乙烯送入乙烯精馏塔 9,经精馏塔顶得到乙烯产品;脱乙烷塔釜的 C_3 以上馏分,送入脱丙烷塔 11,后续流程与顺序分离流程相同。

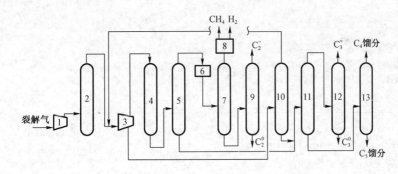

图 3-16　前脱乙烷深冷分离工艺流程图

1—Ⅰ~Ⅲ段压缩;2—碱洗塔;3—Ⅳ、Ⅴ段压缩;4—干燥器;5—脱乙烷塔;6—加氢反应器;
7—脱甲烷塔;8—冷箱;9—乙烯塔;10—甲烷化塔;11—脱丙烷塔;12—丙烯塔;13—脱丁烷塔

3)前脱丙烷分离流程

前脱丙烷分离流程如图 3-17 所示。前脱丙烷分离流程是以脱丙烷塔为界限,将物料分为两部分:一部分为丙烷及比丙烷更轻的组分;另一部分为 C_4 及以上的烃类。然后再将这两部分各自进行分离,获得所需产品。裂解气经压缩机Ⅰ、Ⅱ、Ⅲ段压缩 1 后,经碱洗塔 2 和干燥器 3 首先进入脱丙烷塔 4,塔顶分出 C_3 以下馏分,即甲烷、氢、C_2 馏分和 C_3 馏分,再进入Ⅳ、Ⅴ段压缩 6,之后经冷箱 8 进入脱甲烷塔 9,后序操作与顺序分离流程相同;脱丙烷塔釜得到的 C_4 以上馏分,送入脱丁烷塔 5,塔顶分出 C_4 馏分,塔釜得 C_5 馏分。

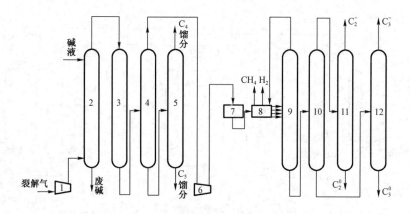

图 3-17　前脱丙烷深冷分离工艺流程图

1—Ⅰ~Ⅲ段压缩;2—碱洗塔;3—干燥器;4—脱丙烷塔;5—脱丁烷塔;6—Ⅳ段压缩;
7—加氢除炔反应器;8—冷箱;9—脱甲烷塔;10—脱乙烷塔;11—乙烯塔;12—丙烯塔

4)三种流程的比较

三种工艺流程的比较见表 3-14。

表 3-14　三种工艺流程的比较

比较项目	顺序分离流程	前脱乙烷分离流程	前脱丙烷分离流程
操作问题	脱甲烷塔在最前,釜温低,再沸器中不易发生聚合而堵塞	脱乙烷塔在最前,压力高,釜温高,如 C_4 以上烃含量多,二烯烃在再沸器聚合,影响操作且损失丁二烯	脱丙烷塔在最前,且放置在压缩机段间,低压时就除去了丁二烯,再沸器中不易发生聚合而堵塞
冷量消耗	全馏分都进入了脱甲烷塔,加重了脱甲烷塔的冷冻负荷,消耗高能级位的冷量多,冷量利用不够合理	C_3、C_4 烃不在脱甲烷而是在脱乙烷塔冷凝,消耗低能级位的冷量,冷量利用合理	C_4 烃在脱丙烷塔冷凝,冷量利用比较合理
分子筛干燥负荷	分子筛干燥是放在流程中压力较高、温度较低的位置,对吸附有利,容易保证裂解气的露点,负荷小	与顺序分离流程相同	由于脱丙烷塔在压缩机三段出口,分子筛干燥只能放在压力较低的位置,对吸附不利,且三段出口 C_3 以上重质烃不能较多冷凝下来,负荷大
加氢脱炔方案	多采用后加氢	可用后加氢,但最有利于采用前加氢	可用后加氢,但前加氢经济效果更好
塔径大小	脱甲烷塔负荷大,塔径大,且耐低温钢材耗用多	脱甲烷塔负荷小,塔径小,而脱乙烷塔塔径大	脱丙烷塔负荷大,塔径大,脱甲烷塔塔径介于前两种流程之间
对原料的适应性	对原料适应性强,无论裂解气轻、重均可	最适合 C_3、C_4 烃含量较多而丁二烯含量少的气体	可处理较重的裂解气,对含 C_4 烃较多的裂解气,本流程更能体现其优点
采用该流程的公司	美国 Lummus 公司和 Kellogg 公司	德国 Linde 公司和美国 Brown & Root 公司	美国 Stone & Webster 公司

3. 分离流程的主要评价指标

（1）乙烯回收率。乙烯回收率高低对于工厂的经济性有很大影响,它是评价分离装置是否先进的一项重要技术经济指标。影响乙烯回收率高低的关键是冷箱尾气中乙烯的损失(占乙烯总量的2.25%)和乙烯塔釜液 C_2 馏分中带出乙烯的损失(占乙烯总量的0.40%)。

（2）能量的综合利用水平。这决定了单位产品(乙烯、丙烯等)所需的能耗,主要能耗设备的分析表明,冷量主要消耗在甲烷塔(52%)和乙烯塔(36%)。

由上可知,脱甲烷塔和乙烯塔既是保证乙烯回收率和乙烯产品质量(纯度)的关键设备,又是冷量主要消耗所在。因此,对脱甲烷塔和乙烯塔作为重点讨论。

查一查：
　　我国各石油化工厂乙烯装置采用的深冷分离工艺流程有哪些?

三、分离流程中的关键设备

1. 脱甲烷塔

脱甲烷塔的中心任务是将裂解气中甲烷、氢、乙烯及比乙烯更重的组分进行分离。分离过程是利用低温,使裂解气中除甲烷和氢外的各组分全部液化,然后将不凝气体甲烷和氢分出。分离的轻关键组分是甲烷,重关键组分为乙烯。对于脱甲烷塔,希望塔釜中甲烷的含量应该尽可能低,以利于提高乙烯的纯度。塔顶尾气中乙烯的含量应尽可能少,以利于提高乙烯的回收率,所以脱甲烷塔对保证乙烯的回收率和纯度起着决定性的作用;同时脱甲烷塔是分离过程中温度最低的塔,能量消耗也最多,所以脱甲烷塔是精馏过程中关键塔之一。对整个深冷分离系统来说,设计上的考虑、工艺上的安排、设备和材料的选择,都是围绕脱甲烷塔而进行的。影响脱甲烷的操作条件有进料中 CH_4 与 H_2 分子比、温度和压力。

1）进料中 CH_4 与 H_2 分子比

CH_4 与 H_2 分子比大,尾气中乙烯含量低,即提高乙烯的回收率。这是由于裂解气中所含的氢和甲烷都进入了脱甲烷塔塔顶,在塔顶为了满足分离要求,要有一部分甲烷的液体回流。但如有大量氢气存在,降低了甲烷的分压,甲烷气体的冷凝温度会降低,即不容易冷凝,会减少甲烷的回流量。所以在满足塔顶露点的要求条件下,在同一温度和压力水平下,分子比越大,乙烯损失率越小。

2）温度和压力

图3-18反映了脱甲烷塔操作温度和操作压力的关系。降低温度和提高压力都有利于提高乙烯的回收率,但温度的降低、压力的提高都受到一定条件的制约,温度的降低受温度级位的限制,压力升高主要影响分离组分的相对挥发度。所以工业中有高压法、中压法和低压法三种不同的压力操作方法。

（1）低压法。低压法的操作条件为压力0.6~0.7MPa,顶温-140℃左右,釜温-50℃左右。由于压力

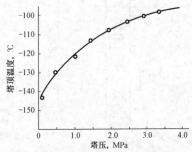

图3-18　脱甲烷塔操作温度和操作压力

低,相对挥发度较大,所以分离效果好。又由于温度低,所以乙烯回收率高。虽然需要低温级冷剂,但因易分离,回流比较小,折算到每吨乙烯的能量消耗,低压法仅为高压法的70%多一些。低压法也有不利之处,如需要耐低温钢材、多一套甲烷制冷系统、流程比较复杂,同时低压法并不适合所有的裂解气分离,只适用于裂解气中CH_4与C_2H_4比值较大的情况,但该法是脱甲烷技术发展方向。

(2)中压法。中压法的操作条件为压力为1.05 ~ 1.25MPa,脱甲烷塔顶温度为−113℃。为了满足脱甲烷塔顶温度的要求,低压脱甲烷工艺增加了独立的闭环甲烷制冷系统,因此低压脱甲烷只适用于以石脑油和轻柴油等重质原料裂解的气体分离,以保证有足够的甲烷进入系统,提供一定量的回流。而对乙烷、丙烷等轻质原料进行裂解,则由于裂解气中甲烷量太少,不适宜采用低压脱甲烷工艺。为此TPL公司采用了中压脱甲烷的工艺流程。

(3)高压法。高压法的操作条件为压力为3.1 ~ 4.1MPa,脱甲烷塔顶温度为−96℃左右,不必采用甲烷制冷系统,只需用液态乙烯冷剂即可。由于脱甲烷塔顶尾气压力高,可借助高压尾气的自身节流膨胀获得额外的降温,比甲烷冷冻系统简单。此外提高压力可缩小精馏塔的容积,所以从投资和材质要求看,高压法是有利的,但分离效果不如低压法。该法具有技术成熟的特点。

3) 前冷和后冷

在生产中,脱甲烷塔系统为了防止低温设备散冷,减少其与环境接触的表面积,常把节流膨胀阀、高效板式换热器、气液分离器等低温设备,封闭在一个用绝热材料做成的箱子中,此箱称之为冷箱。冷箱可用于气体和气体、气体和液体、液体和液体之间的热交换,在同一个冷箱中允许多种物质同时换热,冷量利用合理,从而省掉了一个庞大的列管式换热系统,起到了节能的作用。

按冷箱在流程中所处的位置,可分为前冷(又称前脱氢)和后冷(又称后脱氢)两种。冷箱在脱甲烷塔之前的称为前冷流程,前冷是用塔顶馏分的冷量将裂解气预冷,通过分凝将裂解气中大部分氢和部分甲烷分离,这样使H_2/CH_4比下降,提高了乙烯回收率,同时减少了甲烷塔的进料量,节约能耗。冷箱在脱甲烷塔之后的称为后冷流程,后冷仅将塔顶的甲烷氢馏分冷凝分离而获富甲烷馏分和富氢馏分。此时裂解气是经脱甲烷塔精馏后才脱氢故也称后脱氢工艺。前冷流程适用于规模较大、自动化程度较高、原料较稳定、需要获得纯度较高的副产氢的场合。目前工业生产中应用前冷流程的较多。

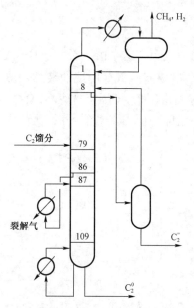

图 3 − 19　乙烯塔示意图

2. 乙烯塔

C_2馏分经加氢脱炔后,主要含有乙烷和乙烯。乙烯—乙烷馏分在乙烯塔中进行精馏,塔顶得到聚合级乙烯,塔釜液为乙烷,乙烷可返回裂解炉进行裂解。乙烯塔是出成品的塔,消耗冷量较大,约为总制冷量的38% ~ 44%,仅次于脱甲烷塔。因此乙烯塔的操作好坏,直接影响着产品的纯度、收率和成本,所以它也是深冷分离中的一个关键塔,见图3 − 19。

1) 乙烯精馏的方法

压力对乙烷—乙烯的相对挥发度有较大的影响,压力增大,相对挥发度降低,使塔板数增多或回流比加大,对乙烷—乙烯的分离不利。当压力一定时,塔顶温度就决定了出料组成。如操作温度升高,塔顶重组分含量就会增加,产品纯度就下降;如果温度太低,则浪费冷量。同时,塔釜温度控制低了,塔釜轻组分含量升高,乙烯收率下降;如釜温太高,会引起重组分结焦,对操作不利。

生产中有低压乙烯精馏工艺流程和高压乙烯精馏工艺流程。低压乙烯精馏塔的操作压力一般为0.5 ~ 0.8MPa,此时塔顶冷凝温度为 -60 ~ -50℃,塔顶冷凝器需要乙烯作为制冷剂。生产中常采用开式热泵。高压乙烯精馏塔的操作压力一般为1.9 ~ 2.3MPa,相应塔顶温度为-35 ~ -23℃,塔顶冷凝器使用丙烯冷剂即可。

2) 乙烯塔的操作条件

表3 - 15是乙烯塔的操作条件,可见低压法塔的温度低,高压法塔的温度较高。乙烯塔进料中乙烷和乙烯占99.5%以上,所以乙烯塔可看作是二元精馏系统。根据相律,乙烯—乙烷二元气液系统的自由度为2。塔顶乙烯纯度是根据产品质量要求来规定的,所以温度与压力两个因素只能规定一个,例如规定了塔压,相应温度也就定了。关于压力、温度以及乙烯相对浓度与相对挥发度的关系如图3 - 20所示。

表3 - 15　乙烯塔的操作条件

工厂	塔压 MPa	塔顶温度 ℃	塔底温度 ℃	回流比	乙烯纯度	实际塔板数		
						精馏段	提馏段	总板数
X	2.1 ~ 2.2	-27.5	10 ~ 20	7.4	≥98%	41	50	91
H	2.2 ~ 2.4	-18 ±2	0 ±5	9	≥95%	41	32	73
G	0.6	-70	-43	5.13	≥99.5%	—	—	70
L	0.57	-69	-49	2.01	≥99.9%	41	29	70
C	2.0	-32	-8	3.73	>99.9%	—	—	119

从图3 - 20可以看出,随着操作压力的增加,乙烯和乙烷的相对挥发度将减小;随着操作温度的增加,乙烯和乙烷的相对挥发度也减小。

操作压力对相对挥发度有较大的影响,一般可以采取降低操作压力的办法来增大相对挥发度,从而使精馏塔的塔板数和回流比降低,见图3 - 21。操作压力降低以后,精馏塔的操作温度也降低,因而需要制冷剂的温度级位低,对精馏塔的材质有比较高的要求,从这些方面来看,操作压力低是不利的。操作压力的选择还要考虑乙烯的输送压力。此外,压力的确定还要与整个流程相适应。

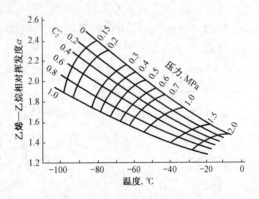

图3 - 20　乙烯—乙烷的相对挥发度

综上所述,乙烯塔操作压力的确定可由下列因素来决定:制冷的能量消耗、设备投资、产品乙烯的输送压力以及脱甲烷塔的操作压力等。此外,乙烯塔沿塔板的温度和组成分布不成线性关系,图 3 - 22 是乙烯塔温度分布的实际生产数据,加料板为第 29 块塔板。由图可见精馏段靠近塔顶的各板的温度变化较小,在提馏段温度变化很大,即在提馏段中沿塔板向下,乙烯的浓度下降很快,而在精馏段沿塔板向上温度下降很少,即乙烯浓度增大较慢。因此乙烯塔与脱甲烷塔不同,乙烯塔精馏段塔板数较多,回流比大。

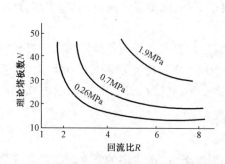
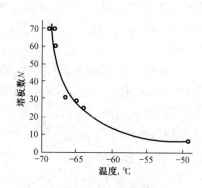

图 3 - 21　压力对回流比和理论塔板数的影响　　　图 3 - 22　乙烯塔温度分布

3) 乙烯塔的节能

对于顶温低于环境温度,而且顶底温差较大的精馏塔,如在精馏段设置中间冷凝器,可用温度比塔顶回流冷凝器稍高的较廉价的冷剂作为冷源,以代替一部分塔顶原来用的低温级冷剂提供的冷量,可节省能量消耗。在提馏段设置中间再沸器,可用温度比塔釜再沸器稍低的较廉价的热剂作热源,同样也可节约能量消耗。

乙烯塔与脱甲烷塔相比,前者精馏段的塔板数较多,回流比大。大回流比对精馏段操作有利,可提高乙烯产品的纯度,对提馏段则不起作用。为了回收冷量,在提馏段采用中间再沸器装置,这是对乙烯塔的一个改进。

在后加氢工艺中,乙烯塔的进料还含有少量甲烷,它会带入塔顶馏分乙烯中,从而影响产品的纯度。因此,在乙烯塔之前可设置第二脱甲烷塔,将甲烷脱去后再作乙烯塔的进料。但目前工业上多不设第二脱甲烷塔,而采用侧线出料法,即在乙烯塔顶附近的几块塔板(第 7、第 8 块),侧线引出高纯度乙烯,而塔顶引出含少量甲烷的粗乙烯回压缩系统,这是对乙烯塔的第二个改进。这一改进就相当于一塔起到两塔的作用。由于拔顶段(侧线出料口至塔顶)采用了乙烯的大量回流,因而这对脱甲烷作用要比设置第二脱甲烷塔还有利,既简化了流程,又节省了能量。由于将两个塔的负荷集中于一个塔进行,所以对塔的自动化控制程度要求较高,另外,因为塔顶气相引入冷凝器的不是纯乙烯,故此时乙烯塔就不能采用热泵精馏。

4) 脱甲烷塔和乙烯塔比较

脱甲烷塔和乙烯塔由于两塔的关键组分不同,所以有很多不同,其比较见表 3 - 16。

表 3 - 16　脱甲烷塔和乙烯塔的对比

塔	对乙烯产量的作用	关键组分		关键组分相对挥发度	回流比	塔板数	精馏段与提馏段之比
		轻	重				
脱甲烷塔	控制乙烯损失率	CH_4	C_2H_4	较大	较小	较少	较小
乙烯精馏塔	决定乙烯纯度	C_2H_4	C_2H_6	较小	较大	较多	较大

3. 丙烯塔

丙烯塔就是分离丙烯和丙烷的塔,塔顶得到丙烯,塔底得到丙烷。由于丙烯—丙烷的相对挥发度很小,彼此不易分离,要达到分离目的,就得增加塔板数、加大回流比,所以,丙烯塔是分离系统中塔板数最多、回流比最大的一个塔,也是运转费和投资费较多的一个塔。丙烯塔是石油气分离中一个超精馏的典型例子。

目前,丙烯塔操作有高压法与低压法两种。压力在1.7MPa以上的称高压法,高压法的塔顶蒸汽冷凝温度高于环境温度,因此,可以用工业水进行冷凝,产生凝液回流。塔釜用急冷水(目前较多的是利用水洗塔出来的约85℃以上温度的急冷水作加热介质)或低压蒸汽进行加热,这样设备简单,易于操作。缺点是回流比大,塔板数多。压力在1.2MPa以下的称低压法,低压法的操作压力低,有利于提高物料的相对挥发度,从而塔板数和回流比就可减少。由于此时塔顶温度低于环境温度,故塔顶蒸汽不能用工业水来冷凝,必须采用制冷剂才能达到凝液回流的目的。工业上往往采用热泵系统。

由于操作压力不同,塔的操作条件和动力的相对消耗也有较大的差异。低压法(热泵流程)多消耗丙烯压缩动力,而少消耗水和蒸汽;高压法则少消耗丙烯压缩动力,而多消耗冷却水。由于丙烯塔的操作压力不同,精馏塔的操作条件也有比较大的出入。丙烯塔的操作条件见表3-17,L厂是低压法,B厂是高压法。

表3-17 丙烯塔的操作条件

厂别	塔径 mm	实际塔板数			塔压 MPa	温度,℃		回流比
		精馏段	提馏段	合计		塔顶	塔釜	
L	1000	62	38	100	1.15	23	25	15
B	4500	93	72	165	1.75	41	50	14.5

丙烯塔可由一个塔身或两个塔身串联而成。当两个塔身串联时中间需要一个接力泵进行联结。

四、裂解气分离操作中的异常现象

在裂解气分离实际操作中,常常遇到许多异常现象,将其归纳总结见表3-18。

表3-18 裂解气分离操作中的异常现象

生产工序	不正常现象	产生原因
碱洗法脱硫	(1)碱洗塔H_2S分析不合格; (2)碱洗塔CO_2分析不合格	(1)碱洗液浓度过低,碱洗液循环量过少,泵停车; (2)碱洗液浓度过高
脱水	干燥后水含量不合格	干燥剂再生不好;使用周期过长;物料含水量过高;干燥剂结炭;装填量不够或干燥剂质量不合格
脱炔及一氧化碳	(1)加氢反应器温度过高; (2)加氢反应器温差低; (3)甲烷化反应器温度过低	(1)氢气加入量过高,进口温度过高,催化剂活性太高而选择性太差,导致乙烯浓度加氢; (2)氢气与甲烷之比小,催化剂中毒; (3)预热温度不高,氢气流量过高或过低
制冷	(1)制冷机喘振; (2)冷剂用后温度高	(1)流量低于波动点,吸入的物料温度过高,制冷剂中含不凝气过高; (2)制冷剂蒸发压力高,冷剂量少,冷剂中重组分含量高
深冷分离	(1)塔液泛; (2)冻塔	(1)加热太激烈,釜温过高,负荷过大; (2)物料干燥不好,水分积累太多

【任务测评】

口述深冷分离的顺序分离流程、前脱乙烷分离流程和前脱丙烷分离流程。

【知识拓展】

<h2 style="text-align:center">乙烯生产新技术的研究开发</h2>

一、KBR 公司和 Exxon 公司联合推出乙烯新技术

Kellogg Brown&Root(KBR)公司计划将其结合几种乙烯技术特点的选择性裂解优化回收(Score)乙烯工艺工业化。该工艺将 Exxon 公司目前尚未发放商业许可证的短停留(LRT)裂解炉技术，与 KBR 公司的裂解技术相结合，可提高收率、提高选择性和降低投资费用，并能灵活地在同一个裂解炉选择裂解乙烷和石脑油。将 Exxon 公司的 LRT 工艺和 KBR 公司的裂解炉设计相结合，可以使年产 100×10^4 t 乙烯生产的裂解炉数量从 9～10 个减少到 5～6 个。

二、新的工艺技术

(1)ALCET 技术：Brown &Root 推出了先进的低投资乙烯技术(ALCET)，采用溶剂吸收分离甲烷工艺，是对原有的油吸收进行改进，与目前加氢与前脱丙烷结合起来，除去 C_4 及 C_4 以上馏分之后，再进入油吸收脱甲烷系统，从甲烷和较轻质组分中分离 C_2 以上组分，它无须脱甲烷塔和低温甲烷、乙烯制冷系统，对乙烯分离工艺做出了较大的改进，无论对新建乙烯装置和老装置的改扩建都有一定的意义。

(2)膜分离技术：我国专家于 20 世纪 80 年代，Kellogg 公司于 1994 年提出将膜分离技术用于乙烯装置中，用中空纤维膜从裂解气中预分离出部分氢，从而使被分离气体中乙烯及较重组分的浓度明显提高，因而减少了乙烯制冷的负荷，并使原乙烯装置明显提高其生产能力。

(3)催化精馏加氢技术：Lummmus 公司提出的催化精馏加氢是将加氢反应和反应产物的分离合并在一个精馏塔内进行，在该塔的精馏段内，部分和全部被含有催化剂的填料所取代，该催化剂的填料既能达到选择性催化加氢的目的，又能同时起到分离的作用。催化精馏加氢技术在乙烯装置中主要用于 C_3 馏分中丙炔与丙二烯的选择加氢，C_4 馏分选择性或全部加氢，C_4 与 C_5 混合馏分全加氢以及裂解汽油的选择性或全加氢。

三、抑制裂解炉结焦技术

裂解炉结焦，会降低产物产率，增加能耗和缩短炉管寿命，为了抑制结焦，近 20 年来，在裂解炉设计和操作方面已做了很大的改进。

使用涂覆技术降低炉管结焦：Westaim 表面工程产品公司的 Cotalloy 技术采用等离子体和气相沉积工艺使合金和陶瓷相结合，并经过表面热处理后形成涂层。

使用结焦抑制剂所获得的经验表明：加抑制剂的方法及设施是成功和安全抑制结焦的关键因素。FSI(Forest Star International)设计了一种新装置并在俄罗斯的 6 套乙烯装置中进行实际应用，它们能消除影响结焦抑制剂技术成功应用的一些因素。操作经验已经表明，通过采取 FSI 装置后，两次清焦操作间的运行期延长了 3 倍，由原来每 45d 清焦一次费时 100h 到现在的每 135d 费时 2～4h，并且安装了 FSI 装置的裂解炉运行比较稳定。

综上所述，由于烃类热裂解生产烯烃的技术在整个化学工业中占举足轻重的地位，因此国

内外化学工作者对于其新工艺、新设备的研究,新材料的应用,过程的优化配置等方面仍给予极大关注,并不断有新的技术出现,这应引起我们的重视。

【任务小结】

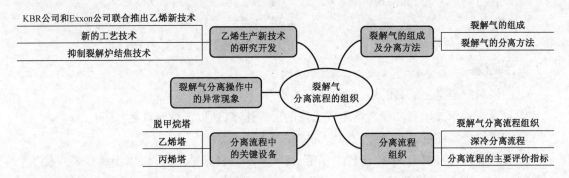

【项目小结】

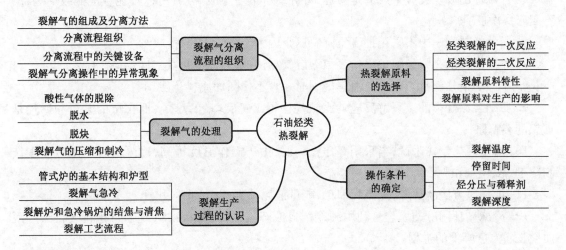

【项目测评】

一、选择题

1. 烃类裂解反应在管式炉的( )中进行。

   A. 辐射管　　　　B. 对流管　　　　C. 燃烧器　　　　D. 烟囱

2. ( )的产量往往标志着一个国家基本有机化学工业的发展水平。

   A. 甲烷　　　　　B. 乙烯　　　　　C. 苯　　　　　　D. 丁二烯

3. 温度等于或低于( )称为深度冷冻,简称深冷。

   A. −50℃　　　　B. −80℃　　　　C. −96℃　　　　D. −100℃

4. 在脱甲烷操作过程中,( )有利于提高乙烯的纯度。

   A. 提高压力和降低温度　　　　　　　B. 降低压力和提高温度

   C. 提高压力和温度　　　　　　　　　D. 降低压力和温度

5. 理论上烃类裂解制乙烯的最适宜温度一般为( )。

   A. 850~870℃　　B. 750~850℃　　C. 700~900℃　　D. 750~900℃

6. 丙烯精馏塔具有( )的特点。

    A. 塔板数最多,回流比最大   B. 塔板数最少,回流比最大

    C. 塔板数最多,回流比最小   D. 塔板数最少,回流比最小

7. 要获得 -130℃的低温条件,应采用( )制冷系统。

    A. 氨   B. 丙烯

    C. 乙烯—丙烯复迭   D. 甲烷—乙烯—丙烯复迭

二、判断题

1. 乙烯精馏塔是出成品的塔,作用相当关键,所以塔板数最多。( )

2. 升温有利于加快石油烃裂解生成乙烯的反应速率,所以温度越高越好。( )

3. 裂解气经压缩后,会使压力升高,气体温度下降。( )

4. 由于烯烃带有双键,结构比较不稳定,自然界中也有大量烯烃,所以用烯烃来直接生产乙烯也是合理,经济的方法。( )

5. 环烷烃的脱氢反应生成的是芳烃,芳烃缩合最后生成焦炭,所以不能生成低级烯烃,即不属于一次反应。( )

6. 石油烃热裂解中不采用抽真空降总压是因为经济上不合理。( )

7. 急冷的目的是将裂解炉出口高温裂解气尽快冷却,以终止其二次反应。( )

8. 不停炉清焦就是裂解炉在清焦的同时一直不中断加原料。( )

9. 归纳各族烃类的热裂解反应的大致规律得出:高含量的烷烃,低含量的芳烃和烯烃是理想的裂解原料。( )

10. 对于丙烯精馏来说,当采用高压操作时,由于操作温度提高,冷凝器可以用冷却水作制冷剂,故不需用热泵。( )

11. 前加氢方法脱炔烃,其流程简单,能量消耗低,可以大量采用。( )

12. 冷冻循环制冷的原理是利用制冷剂自液态汽化时,要从物料或中间物料吸收热量因而使物料温度降低的过程。( )

13. 油吸收法分离裂解气,由于此方法流程简便,动力设备少,投资少,所以应用广泛。( )

三、填空题

1. 烃类裂解过程一般采取的操作条件有_____、_____和_____。

2. 生产中根据物质的冷凝温度随压力增加而_____的规律,可对裂解气加压,从而使各组分的冷凝点_____,即提高深冷分离的操作温度,这既有利于分离,又可节约冷量和低温材料。

3. 石油烃热裂解的主要目的是_____,同时可得_____,通过进一步的分离还可以得到_____以及_____、_____和_____等产品。

4. 酸性气体主要指_____和_____。脱除酸性气体的方法是_____。

5. 脱除裂解气中的炔烃工业上一般采取_____和_____。

6. 在乙烯—丙烯复迭制冷中,_____向_____供冷,_____向_____供冷,_____向冷量用户供冷。

7. 裂解气深冷分离典型的工艺流程是_____、_____、_____。

8. 制冷方法有_____、_____和_____三种。

9. 裂解气组成中少量杂质有_____、_____、_____、_____等。

10. 脱甲烷塔分离的轻关键组分是_____,重关键组分为_____。对于脱甲烷塔,希望塔釜中_____的含量应该尽可能低,以利于提高乙烯的_____。塔顶尾气中_____的含量应尽可能少,以利于提高乙烯的_____。

11. 氨压缩制冷系统可由四个基本过程组成,分别是_____、_____、_____和_____。

12. _____塔是深冷分离中温度最低的塔能量消耗也最大的塔;_____塔是分离系统中塔板数最多回流比最大的塔。

13. 不同的裂解原料具有不同最适宜的裂解温度,较轻的裂解原料,裂解温度_____,较重的裂解原料,裂解温度_____。

14. 可选择不同的裂解温度,达到调整一次产物分布的目的,如裂解目的产物是乙烯,则裂解温度可适当地_____,如果要多产丙烯,裂解温度可适当_____。

15. 不同的裂解温度,所对应的乙烯峰值收率不同,温度越高,乙烯的峰值收率_____,相对应的最适宜的停留时间_____。

16. 工业上常用在裂解原料气中添加稀释剂来_____,常用的稀释剂为_____。

17. 从结构上看,管式炉一般包括_____、_____和_____三大部分。

18. 急冷的目的有两个:_____和_____;急冷方式是先_____,后_____。

19. 制冷方法有_____、_____和_____三种。

20. 轻柴油裂解的工艺流程包括_____系统、_____系统、_____系统和_____系统。

21. 深冷分离时,水蒸气的危害有_____和_____。脱水方法通常是_____。

22. 脱除 CO 时常用的方法是_____,其方程式为_____。

23. 目前具有代表性的三种裂解气分离流程是:_____流程,_____流程和_____流程。

24. 深冷分离过程主要由_____、_____和_____三大系统组成。

25. 一次反应是指_____;二次反应是指_____;_____是不希望发生的。

四、简答题

1. 烃类裂解的原料主要有哪些?选择原料应考虑哪些方面?

2. 停留时间的长与短对裂解有何影响?

3. 分析裂解温度对生产的影响。

4. 裂解过程中为何加入水蒸气?水蒸气的加入原则是什么?

5. 管式裂解炉裂解的生产技术要点是什么?目前代表性的技术有哪些?Lummus 公司的 SRT 型裂解炉由 I 型发展到Ⅵ型,它的主要改进是什么?采取的措施是什么?

6. 裂解炉和急冷锅炉的清焦条件是什么?

7. 间接急冷与直接急冷各有何优缺点?

8. 深冷分离主要由哪几个系统组成?各系统的作用分别是什么?

9. 裂解气为什么要进行压缩？

10. 简述复迭制冷的原理，它与一般的制冷有何区别？

11. 裂解气分离的目的是什么？工业上采用哪些分离方法？

12. 酸性气体的主要组成是什么？有何危害？脱除酸性气体主要用什么方法，其原理分别是什么？

13. 说明裂解气中水的来源以及危害，常用的脱水方法有哪些？

14. 为什么要脱除裂解气中的炔烃？脱炔的工业方法有哪几种？

15. 比较三种深冷分离流程的特点。

16. 热裂解过程中能耗的主要部位有哪些？生产中各采用哪些节能途径？

项目四　芳烃的转化

【学习目标】

能力目标	知识目标	素质目标
1. 充分了解脱烷基化、C_8 芳烃的异构化、C_8 芳烃单体的分离等过程； 2. 熟练进行歧化与烷基转移生产操作； 3. 会分析脱烷基化、歧化与烷基转移、C_8 芳烃的异构化、C_8 芳烃单体的分离等工艺过程的影响因素	1. 掌握芳烃的来源与生产方法； 2. 掌握脱烷基化、歧化与烷基转移、C_8 芳烃的异构化、C_8 芳烃单体的分离等原理； 3. 熟悉芳烃生产技术发展方向	1. 具有良好的观察力、逻辑判断力； 2. 养成脚踏实地、爱岗敬业的职业意识； 3. 培养诚实守信、谦虚好学、自觉奉献的职业素质

【项目导入】

苯、甲苯、二甲苯等芳烃是石油化工重要的基础原料，它们被广泛地应用于医药、炸药、染料、农药等传统化学工业以及高分子材料、合成橡胶、合成纤维、合成洗涤剂、表面活性剂等新型工业。本项目主要讨论苯、甲苯、二甲苯等轻质芳烃的生产过程。

一、芳烃的来源与生产方法

芳烃最初完全来源于炼焦的副产物。随着化学工业的迅速发展，炼焦副产的芳烃无论从数量、质量还是芳烃的种类上都远远不能满足生产的需求。而与此同时，在石油化工生产中得到的芳烃比煤焦副产芳烃优良，因而由石油制取芳烃得到了迅速的发展。现在全世界95%以上的芳烃都来自石油，品质优良的石油芳烃已成为芳烃的主要来源。

从石油中制取芳烃主要有两种加工工艺：一是石脑油催化重整工艺；二是烃类裂解工艺，即从石油裂解制乙烯副产的裂解汽油中回收芳烃。此外，在石油加工过程中，也可以取得一些芳烃。近几年来，裂解汽油加氢制芳烃由于原料来源丰富、产品纯度高等特点得到迅速发展。

1. 催化重整

催化重整简称为重整，是石油化工的主要过程之一。重整工艺的最初目的是通过把汽油中的直链烷烃异构化和环烷烃芳构化，以提高汽油的品位，增加汽油的辛烷值。随着石油化工对芳烃需求量的剧增，重整成为生产高浓度单环芳烃的重要方法。

催化重整是用60～140℃的直馏汽油或石脑油作为原料，在一定温度、压力和催化剂存在的条件下加氢，使汽油组分中碳链重新调整，正构烷烃发生异构化，某些非芳烃转化为芳烃。由于生产中常用催化剂是铼和铂，所以常称为铂重整或铂铼重整。

催化重整可得到重整油和重整氢。重整油中含芳烃量在30%～60%。重整氢中含氢量为85%～95%，可作为原料精制中预加氢的氢气来源。

1）基本化学反应

重整过程较复杂，存在一系列平行反应，主要反应有以下几种：

（1）六元环烷烃脱氢芳构化：

$$\bigcirc \Longleftrightarrow \bigcirc + 3H_2$$

（2）五元环烷烃异构、脱氢芳构化：

$$\bigcirc\!\!-CH_3 \Longleftrightarrow \bigcirc \Longleftrightarrow \bigcirc + 3H_2$$

（3）烷烃脱氢环化，再芳构化：

$$C_6H_{14} \Longleftrightarrow \bigcirc + H_2$$

$$\bigcirc \Longleftrightarrow \bigcirc + 3H_2$$

此外，还有正构烷烃的异构化、加氢裂化以及脱烷基、迭合、缩合等副反应。

以上反应都为吸热反应。因此，重整过程必须供给足够的热量。在选用原料时，应该选择含环烷烃多的烃类，这对提高芳烃的收率是有利的。

2）工艺条件

（1）温度。提高温度不但提高了反应速率，也使芳构化反应向正方向进行，有利于提高芳烃的收率。但是，提高温度也会使烃类的深度脱氢和催化剂积炭速率加快，最终导致产物中轻组分增多，重整油收率降低；同时，催化剂也会由于积炭而缩短寿命。所以，反应温度一般控制为 480～520℃。

（2）压力。在氢气存在下，铂催化剂能使不饱和烃加氢生成饱和烃，同时，阻碍缩合及聚合反应的发生。从热力学上说，低压对环烷烃和烷烃脱氢芳构化反应是有利的，并能抑制加氢裂化反应。但在低压下，由于氢分压的降低，催化剂表面积炭速率增大，所以催化剂易失活，使操作周期缩短。但氢气分压过高，虽然催化剂表面积炭速率降低，延长操作周期，但不利于脱氢生成芳烃的反应，而有助于加氢裂化反应，生成气态产物，降低重整油收率。若重整装置采用铂－铼双金属催化剂，采用催化剂连续再生工艺，在低压高温条件下仍可长期操作，并获得高收率的芳烃。目前，采用的最低压力已达 0.29～0.49MPa。

（3）空速。空速是指在单位体积催化剂上、在单位时间内，所通过的液体进料体积量，其表示式为：

$$空速 = \frac{反应器进料量}{反应器内催化剂的体积}$$

提高空速可以提高重整装置的处理能力，对芳构化反应影响不大，但受到催化剂活性和反应条件的制约。空速低，意味着反应时间的增长，常会导致加氢裂化反应的加剧，引起氢耗增加并加快催化剂的积炭。

选择空速时应考虑原料性质，通常对环烷烃原料宜采用较高空速，对烷烃原料宜用较低的空速。一般铂重整装置控制空速为 3～4h^{-1}，铂铼重整装置采用空速为 2h^{-1}。

（4）氢油比。在总压不变的情况下，提高氢油比意味着提高氢分压，有利于减少催化剂表面上积炭，延长其寿命。但提高氢油比后，会使循环氢量增大，压缩机的消耗功率增加；当氢油比过大时，会由于反应时间的减少而降低了转化率。通常控制氢油比为 5～8。

3）重整工艺

重整工艺由三部分组成：一是原料预处理，包括预分馏、预加氢等过程；二是催化重整反应与催化剂再生；三是产物分离。重整工艺示意图如图4-1所示。

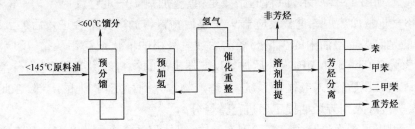

图4-1 催化重整工艺示意图

原料预处理的方法是预分馏和预加氢。预分馏的目的是将不能转化为芳烃的C_5馏分尽可能切除；预加氢的目的是脱除原料中的氮、硫、氧、烯烃及重金属。

以贵金属铂为催化剂进行的以生产芳烃为目的的催化重整是应用最广泛的工艺，其流程图如图4-2所示。

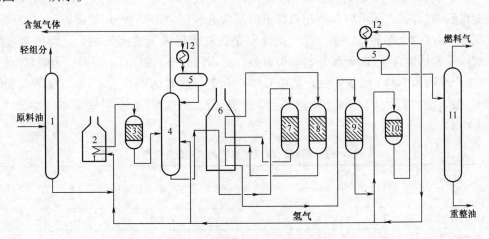

图4-2 铂重整工艺流程图

1—预分馏塔；2—预加氢加热炉；3—预加氢反应器；4—汽提塔；5—分离器；6—重整加热炉；
7,8,9—重整反应器；10—后加氢反应器；11—稳定塔；12—冷凝器

原料油（低于145℃馏分）进入预分馏塔1，塔顶蒸出低于60℃的轻质馏分，塔底引出的60～145℃的馏分油作为铂重整的原料油。该原料油与循环氢气混合后经预加氢加热炉2加热至350℃左右，之后进入预加氢反应器3。反应器内装有以氧化铝为载体的钼酸钴催化剂，在此反应器内进行脱硫、脱氮及脱部分贵金属等反应，同时钼酸钴催化剂能吸附原油中的微量砷、铅等易使铂催化剂中毒的化合物。预加氢反应器的工艺条件是：温度为340～370℃，压力为1.82～2.43MPa。反应物出反应器进入预加氢汽提塔4，从塔的中下部加入一部分来自重整工段的含氢气体，以脱除预加氢过程中生成的硫化氢、氨、水等物质。塔顶出来的汽提物经冷凝器12冷凝后进入分离器5，在分离器中进行气液分离，分出的含氢气体可作燃料或柴油加氢用；分出的液相是经过预处理的重整原料油。预处理后的重整原料油与循环氢气在汽提塔4中混合后进入重整加热炉6，由加热炉加热到485～503℃后，进入重整反应器。

催化重整反应在三个串联反应器中进行，其原因是：催化重整反应是吸热反应，在反应过

程中需不断供给热量,为此,在加热炉中设置了与三个反应器相对应的三个加热炉段。重整反应器中使用的是以氧化铝为载体的铂催化剂。由于大部分环烷烃芳构化反应在第一个反应器内进行,所以该反应器出口温度降低得最多,必须重新进入重整加热炉加热,再进入下一个反应器进行反应。如图4-2所示,原料的路线是:重整加热炉—重整反应器7—重整加热炉—重整反应器8—重整加热炉—重整反应器9,重整后物料与循环氢汇合进入后加氢反应器10。后加氢的目的是除去重整油中的少量烯烃。后加氢采用的催化剂是钼酸钴,反应温度为340~370℃,压力为2.03~3.04MPa。从后加氢反应器出来的物料经冷凝后,进入分离器5,含氢的气体经压缩机升压后,进入氢循环系统,液态产物进入到稳定塔11的上部,在此脱除C_4及C_4以下组分,釜液进入到芳烃抽提工序进行芳烃分离。

重整过程可以得到大量富含氢气的副产气体(以体积计氢含量为80%~90%),这些廉价的氢气既可以用于各种石油馏分油或产品的加氢精制或加氢裂化,又可以用于合成有机产品。

2. 裂解汽油加氢

1)裂解汽油的组成

在石油烃裂解生产乙烯的过程中,自裂解炉出来的裂解气,经急冷、冷却、压缩及深冷分离,在制得乙烯的同时,还可以获得相当数量的富含芳烃的液态产物,即裂解汽油。裂解汽油集中了裂解副产中全部的C_6~C_9芳烃,因而它是石油芳烃的重要来源之一。裂解汽油的产量、组成以及芳烃的含量,随裂解原料和裂解条件的不同而异。例如,用煤柴油为裂解原料时,裂解汽油产率约为24%(质量分数),其中C_6~C_9的芳烃含量达45%左右;以石脑油为裂解原料生产乙烯时能得到大约20%(质量分数)的裂解汽油,其中芳烃含量为40%~80%,如表4-1所示。

表4-1 石脑油裂解汽油的组成(质量分数)　　　　单位:%

烃类 \ 组分	C_5	C_6	C_7	C_8	C_9	合计
双烯烃	3.1	1.6	1.9	1.7	1.6	9.9
单烯烃	4.1	3.4	1.8	1	1.6	11.9
饱和烃	4.5	1.4	0.4	0	0	6.3
芳烃	0	33.0	15.6	9.6	13.7	71.9
合计	11.7	39.4	19.7	12.3	16.9	100.0

由表4-1中的数据可知,裂解汽油中除富含芳烃外,还含有相当数量的二烯烃、单烯烃、少量饱和烃(直链烷烃和环烷烃),此外,还含有硫、氧、氮、氯等元素的有机物及苯乙烯等。据分析,裂解汽油中含200多种组分,组成相当复杂。

2)裂解汽油加氢的原理

由于裂解汽油中含有大量的二烯烃、单烯烃等不饱和烃类,易聚合生成胶质,在加氢过程中,因胶质沉积于催化剂表面,受热后结焦,促使催化剂活性急剧下降,既影响过程的操作,又影响最终所得芳烃的质量。所以,必须先进行预处理,除去裂解汽油中生成的胶质,使其含量控制在10mg/100mL以下。

此外,含硫、氮、氧、重金属等元素的有机物对后续生产芳烃工序的催化剂、吸附剂均构成危害,会使催化剂因中毒而活性降低。因此,这些元素的含量必须控制,如裂解汽油含硫量要小于 0.02%,氢气中硫化氢含量要求在 5mg/kg 以下。

在裂解汽油的加氢过程中主要发生的反应有以下几种:

(1)不饱和烃加氢,生成饱和烃或芳烃,如:

$$CH_3CH=CHCH_2CH_2CH_3 + H_2 \longrightarrow CH_3CH_2CH_2CH_2CH_2CH_3$$

$$CH_3CH=CHCH=CHCH_3 + H_2 \longrightarrow CH_3CH=CHCH_2CH_2CH_3$$

$$\underset{\bigcirc}{}-CH=CH_2 + H_2 \longrightarrow \underset{\bigcirc}{}-CH_2-CH_3$$

(2)含硫、氮、氧、氯等有机物在加氢过程中,结构破坏,生成饱和烃或芳烃,如:

$$\underset{S}{\square} + 4H_2 \longrightarrow CH_3CH_2CH_2CH_3 + H_2S$$

$$\underset{\bigcirc}{OH} + H_2 \longrightarrow \underset{\bigcirc}{} + H_2O$$

$$\underset{N}{\bigcirc} + H_2 \longrightarrow CH_3CH_2CH_2CH_2CH_3 + NH_3$$

3)工艺条件

(1)反应温度。加氢是放热反应,降低温度有利于反应向加氢的方向进行,但是温度降低,会使反应速率放慢,对工业生产不利。提高温度,可提高反应速率,缩短平衡时间,但是,温度过高,既会使芳烃加氢又易产生裂解与结焦,从而降低催化剂的使用周期。所以,裂解汽油加氢必须控制在合适的温度下。二烯烃加氢在中等温度下即能进行,而单烯烃加氢和硫、氧、氮等有机化合物的加氢一般要在 260℃ 以上才能发生,在 320℃ 时反应最快,420℃ 时催化剂表面积炭增加。所以裂解汽油的加氢过程一般采用两段进行:一段加氢采用高活性催化剂,反应温度控制在 60~110℃,使二烯烃在一段加氢中脱除;二段加氢主要是脱除单烯烃以及氧、硫、氮等杂质,一般采用钼—钴催化剂,反应温度控制在 320~360℃。

(2)反应压力。加氢反应是体积缩小的反应,提高压力有利于反应的进行。加氢反应的压力主要是氢分压。增加压力不但能加快加氢反应速率,而且可以抑制脱氢及裂解等副反应,减少催化剂表面结焦和积炭。但是,由于裂解汽油中含有大量的芳烃,过高的氢分压会使芳烃因加氢而被破坏。所以,在加氢过程中,氢分压应控制在合适的范围内。一般,第一段加氢的氢分压约为 4.7MPa,第二段加氢的氢分压约为 3.5MPa。

(3)氢油比。提高氢油比,可以使反应进行得更完全,对抑制烯烃聚合结焦和控制反应温度也有一定效果。然而,提高氢油比会使氢的循环量增加,从而使能耗增加。一般来说,由于第二段加氢反应温度高,催化剂活性低,所以,第二段的氢油比要比第一段的氢油比大。

4)工艺流程

以生产芳烃原料为目的的裂解汽油加氢工艺普遍采用两段加氢法,其工艺流程如图 4-3 所示。

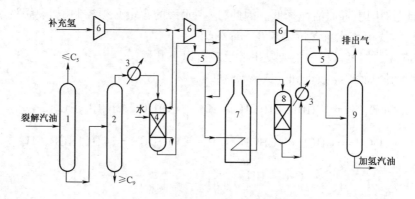

图 4 - 3　裂解汽油二段加氢工艺流程图

1—脱 C_5 塔;2—脱 C_9 塔;3—换热器;4——段加氢反应器;

5—气液分离器;6—压缩机;7—加热炉;8—二段加氢反应器;9—稳定塔

裂解汽油要进行预分馏,将其中不能转化为芳烃的 C_5 及 C_5 以下馏分以及 C_9 及 C_9 以上馏分除去。裂解汽油首先进入脱 C_5 塔 1,分离出 C_5 馏分;再进入脱 C_9 塔 2,脱除 C_9 及 C_9 以上馏分。之后,分离所得的 $C_6 \sim C_8$ 中间馏分送入一段加氢反应器 4,同时通入加压氢气进行液相加氢反应。一段加氢反应器为固定床反应器,内装以氧化铝为载体、以贵重金属钯为主要活性组分的催化剂,该催化剂的特点是加氢活性高、寿命长。在该反应器中进行的主要反应是将易于聚合的二烯烃转化为单烯烃,烯基芳烃转化为芳烃。由于采用了活性较高的催化剂,反应在较低的温度下即可进行液相选择加氢,从而避免了因为采用高温而导致的二烯烃的聚合和结焦。一段加氢反应器的工艺条件是:反应温度 60 ~ 110℃、反应压力 2.60MPa,加氢后的双烯烃含量接近零,聚合物可抑制在允许限度内。为维持反应器内氢分压,需要加入过量氢气,未反应的氢气经分离后进入氢循环系统,部分循环使用,部分作为两段加氢的补充氢。一段加氢反应器是列管式的,管内是催化剂,管间是冷却水。加氢反应是放热反应,反应放出的热量靠冷却水带走。

从一段加氢反应器 4 出来的物料经换热后进入气液分离器 5,富氢气体进入氢循环系统,液相部分与氢混合后进入加热炉 7,物料在加热炉中被加热后发生汽化,并进一步加热到反应温度 280 ~ 340℃,之后,进入二段加氢反应器 8。

在二段加氢反应器中进行的主要反应有两类:一是单烯烃加氢生成饱和烃;二是含氧、硫、氮等元素的有机物加氢,生成饱和烃或芳烃。第二类反应使物料中的氧、氮、硫等杂质因为分子结构被破坏而除去,为得到高质量的芳烃原料创造条件。在二段加氢反应器中使用的催化剂普遍采用非贵重金属钴—钼系列,具有加氢和脱硫性能,并以氧化铝为载体。该段加氢是在 300℃ 以上的气相条件下进行的。二段加氢反应器一般都采用绝热式固定床反应器。

经二段加氢的物料换热后进入气液分离器 5,分出的气相是富含氢的气体,返回循环氢系统,液相部分送到稳定塔 9,目的是除去硫化氢、氨和水等杂质,塔釜液是加氢汽油被送到芳烃抽提装置。

二、芳烃馏分的分离

催化重整得到的重整油或裂解汽油加氢后得到的加氢汽油都是芳烃与非芳烃的混合物,所以要想得到芳烃,必须把芳烃和非芳烃进行分离。由于相同碳原子数的烷烃、环烷烃和芳烃间沸点十分相近,而且芳烃与许多非芳烃又易形成共沸物,因此,不能用一般精馏的方法将其分离,在大规模工业生产中,主要采用溶剂抽提法分离芳烃和非芳烃。

1. 溶剂抽提

溶剂抽提,又称液—液萃取,是分离液体混合物的一种单元操作过程。在液体混合物中,加入选定的溶剂(又称萃取剂),利用混合物中各组分在该溶剂中溶解度的差异,使混合物中欲分离的一个或几个组分优先溶解于溶剂中,达到与其他组分完全或部分分离的过程叫作溶剂抽提或萃取过程。在溶剂抽提过程中,所选用的溶剂称为萃取剂,混合液中欲分离的组分称为抽提物(或溶质),溶剂溶解溶质后得到的溶液叫抽提液(萃取液),原混合物中的溶质被溶剂抽提后,剩下的溶液叫抽余液。

用抽提操作从烃类混合物中分离出芳烃的过程叫作芳烃抽提。其中芳烃是抽提物(溶质),芳烃溶于溶剂后形成抽提液(芳烃+溶剂),而抽提出芳烃后的残液叫抽余液(非芳烃+少量溶剂),进行抽提过程的设备叫抽提塔。芳烃抽提过程示意图如图4-4所示。

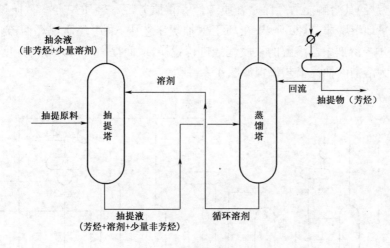

图4-4 芳烃抽提示意图

溶剂自塔顶注入向下流动,抽提原料由塔中部进入,由于密度较小而向上流动,与溶剂逆流接触,原料中的芳烃溶解于溶剂中,抽余液(非芳烃+少量溶剂)自塔顶溢出,抽提液(芳烃+溶剂+少量非芳烃)自塔底流出。抽提液进入蒸馏塔,根据芳烃与溶剂的沸点差异,用蒸馏方法把芳烃分离出来,回收的溶剂循环使用。

在芳烃抽提过程中,最关键的是抽提溶剂的选择。溶剂性能对于抽提速率、芳烃收率及其纯度都有很大影响。为此,要求溶剂具有以下性能:

(1)选择性好,对芳烃的溶解能力强,对非芳烃的溶解能力尽量小。

(2)溶解性要好,对芳烃要有较高的溶解度,以降低溶剂的使用量。

(3)与原料油的密度差要大,便于抽提液与抽余液的分离。

(4)与芳烃沸点差要大,以便于用精馏方法分离芳烃与溶剂。

(5)溶剂沸点要高,以减少操作时溶剂损失。

(6)表面张力要大,不易乳化,不易发泡。

(7)无毒,无腐蚀。

(8)价廉、来源丰富。

事实上,要选择完全具有上述条件的溶剂是不现实的,所以在选择溶剂时要考虑选择的溶剂应具备最主要的性能,如高选择性和对芳烃溶解能力强等。

工业上常用的芳烃抽提溶剂主要有环丁砜(四甲基砜)、二甲基亚砜、二甘醇、三甘醇等,下面主要介绍环丁砜抽提工艺。

2. 环丁砜抽提工艺

环丁砜是普遍采用的一种芳烃抽提溶剂,是五员环的杂环化合物,结构式是:

$$\begin{array}{c} CH_2-CH_2 \\ | \qquad | \\ CH_2-CH_2 \end{array} \; S \begin{array}{c} O \\ \\ O \end{array}$$

环丁砜的相对分子质量为 120,相对密度为 1.26,沸点为 287℃,熔点为 28℃,比热容为 4.9J/(kg·℃)。与其他溶剂相比,环丁砜的优点是:选择性高、溶解能力强、沸点高、热稳定性好、密度大、比热容小、对碳钢腐蚀性小等。缺点是:环丁砜虽选择性较高,但也能或多或少地溶解一些非芳烃,其溶解能力顺序是轻质芳烃 > 重质芳烃 > 轻质烷烃 > 重质烷烃。正是由于环丁砜能少量地溶解非芳烃,所以,在环丁砜抽提工艺中,采用轻质烷烃回流反洗(或称回洗)的方式,通过与溶剂中已溶解的重质烷烃进行置换,从而提高所得芳烃的纯度。

以环丁砜为溶剂的抽提工艺流程如图 4-5 所示。

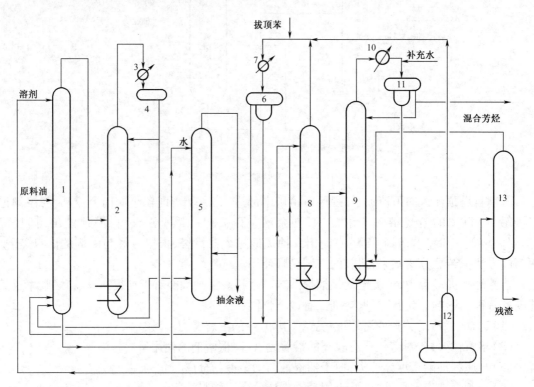

图 4-5　芳烃抽提工艺流程图

1—抽提塔;2—抽余液分馏塔;3,7,10—冷凝器;4—回流罐;5—抽余液水洗塔;
6,11—油水分离器;8—抽提液提馏塔;9—溶剂回收塔;12—水蒸出塔;13—溶剂再生塔

原料油、溶剂环丁砜分别从抽提塔 1 的中间和塔顶进入,由于密度的差异,原料油向上,溶剂向下,在塔内逆向接触。原料油中的芳烃及部分非芳烃被抽至溶剂中,剩余的油料即抽余液从塔的顶部导出,送至抽余液分馏塔 2 处理。溶剂溶解了芳烃和部分非芳烃后形成抽提液,

抽提液从抽提塔的底部导出,导出液送往抽提液提馏塔8。由于抽提液中抽提的非芳烃大部分是重质非芳烃,其沸点与溶剂相近,不利于后面的溶剂回收。所以在抽提塔1的底部引入反洗液(回流的轻质非芳烃,来自抽余液分馏塔2和油水分离器6),反洗液在抽提塔的下部与抽提液逆向接触,通过与溶剂中的重质烷烃的置换,洗去抽提液中的重质非芳烃,轻质非芳烃和抽提液一起由塔底导出。

抽余液分馏塔2的作用是,从塔顶采出轻质非芳烃,返回抽提塔1的底部作反洗液。塔底导出抽余液,因其中含少量溶剂,故送水洗塔5回收。水洗塔利用环丁砜与水互溶的性质,通过水洗回收抽余液中的溶剂。在水洗塔中,水从上部进入,抽余液从底部引入,水与抽余液逆流接触,水吸收溶剂后,由底部引出去水蒸出塔12。水洗塔的顶部导出抽余液,冷凝后去储槽,部分作回流,其余的抽余液出装置。

抽提塔1的底部得到抽提液,抽提液主要由溶剂环丁砜、芳烃和轻质非芳烃组成。抽提液与贫溶剂(来自溶剂回收塔9)混合后进入抽提液提馏塔。提馏液中加入溶剂的目的是降低烃浓度,改善芳烃与非芳烃的相对挥发度,并可节能与降低设备负荷,提高芳烃纯度。

在抽提液提馏塔8中,贫溶剂(含少量芳烃的溶剂)与抽提液从塔顶加入,由于芳烃与轻质非芳烃间具有较大的相对挥发度,因此用提馏的方法较容易将它们分离。塔顶为轻质非芳烃,与水蒸出塔12顶部导出的水及非芳烃汇合,经油水分离器6分离,上层油入抽提塔1底部作反洗液,下层水返回水蒸出塔12循环使用。提馏塔底导出溶剂与芳烃混合液,送入溶剂回收塔9。在溶剂回收塔中,利用芳烃和溶剂的沸点差较大的特点,用蒸馏的方法将两者进行分离。溶剂回收塔的塔顶导出混合芳烃,经水洗涤后进入油水分离器,上层的油去蒸馏工序进一步分离,下层的水返回抽余液水洗塔5。溶剂回收塔的塔底导出贫溶剂,大部分去抽提塔1和抽提液提馏塔8循环使用,少量送去溶剂再生塔13再生。再生量根据溶剂的色泽而定,再生后的溶剂由塔顶以气相导出,直接送入溶剂回收塔9底部,塔釜残液定期清除。

原料油经芳烃抽提后,得到混合芳烃和非芳烃(抽余液)。化工生产中大量使用的苯、甲苯和二甲苯等单一芳烃需要通过蒸馏过程才能得到。芳烃抽提后蒸馏流程如图4-6所示。

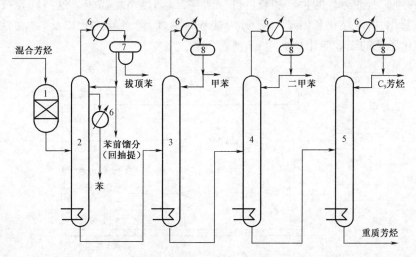

图4-6　芳烃抽提后蒸馏流程
1—白土塔;2—苯塔;3—甲苯塔;4—二甲苯塔;5—C₉芳烃塔;6—冷凝器;7—液液分离器;8—塔顶回流罐

当对芳烃产品要求高时,混合芳烃在进行分馏前需在白土塔中用白土处理,目的是用化学吸附的方法除去微量烯烃。若抽提原料主要是 C₆、C₇芳烃混合物,则苯从苯塔侧线出料,可省去甲苯塔、二甲苯塔及 C_9 芳烃塔。

芳烃抽提装置中的溶剂回收塔的塔顶导出的混合芳烃进入白土塔1,用白土处理除去芳烃中所含的微量烯烃。之后,送入苯塔2中部,苯塔顶部导出馏分经冷凝后,进入液液分离器,分离器的上层为苯前馏分,返回抽提塔作反洗剂,下层为拔顶苯,返回抽提过程,与水蒸出塔的塔顶液相汇合。苯塔的上部导出纯苯,塔底残液送入甲苯塔3。甲苯塔3的顶部导出甲苯,塔底残液进入二甲苯塔4。二甲苯塔4的顶部导出二甲苯,塔底残液进入 C_9 芳烃塔,在该塔中,塔顶导出 C_9 芳烃,塔底得到重质芳烃。经过芳烃抽提后蒸馏流程的分离,混合芳烃被分离成苯、甲苯、二甲苯等芳烃。

三、芳烃的转化方法

从催化重整和裂解汽油加氢得到的芳烃馏分的组成是有差异的,产量也不尽相同。如果仅以这些来源来获得各种芳烃的话,必然产生供求不平衡的矛盾,有的芳烃因需求量小而过剩,有的芳烃因需求量大而供不应求。如聚酯纤维工业中大量使用的二甲苯的需求量非常大,上述来源无法满足要求,而上述来源中甲苯的产量却供过于求。所以,必须采用芳烃转化工艺把过剩的芳烃转化为工业上大量需要的芳烃。芳烃转化工艺能根据市场的需求,调节各种芳烃的产量。这些转化工艺包括:脱烷基化、歧化、烷基转移、烷基化和异构化等。

任务一　芳烃之间的转化

【任务导入】

尽管从催化重整油和加氢裂化汽油的芳烃抽提中得到了石油芳烃,但市场对苯和对二甲苯需求量很大,供不应求,而甲苯的情况是供大于求。同时石油芳烃中的其他组分如间二甲苯、邻二甲苯和一些重质芳烃也得不到充分利用。为了解决这一矛盾,开发了一系列的芳烃转化技术,目的是对石油芳烃的种类和数量进行调整,以满足市场需求。这些转化技术主要有:烷基苯脱烷基化、甲苯歧化和甲苯与 C_9 芳烃烷基转移、C_8 芳烃异构化以及芳烃的烷基化等工艺。芳烃转化工艺的工业应用如图4-7所示。

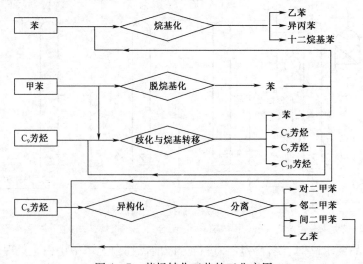

图4-7　芳烃转化工艺的工业应用

【任务实施】

一、芳烃歧化与烷基转移

芳烃歧化与烷基转移是一项重要的芳烃转化工艺,它较好地解决了芳烃的品种和数量供需不平衡的矛盾。芳烃歧化与烷基转移工艺就是利用过剩的甲苯和 C_9 芳烃来生产需要的苯和对二甲苯。

图 4-8 是以甲苯和 C_9 芳烃为原料,通过歧化和烷基转移生产苯和对二甲苯的物料平衡示意图。从图中可以看到,100 份甲苯和 80 份 C_9 芳烃通过歧化和烷基转移,再配以二甲苯异构装置,可制得 36 份苯和 102 份对二甲苯。因此,芳烃的歧化和烷基转移能将甲苯和 C_9 芳烃有效地转化为苯和对二甲苯,是一种能最大限度生产对二甲苯的方法。

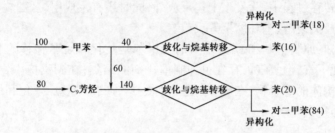

图 4-8 歧化、烷基转移生产苯和对二甲苯物料平衡示意图

1. 反应原理

芳烃的歧化反应是指两个相同芳烃分子在催化剂作用下,一个芳烃分子的侧链烷基转移到另一个芳烃分子上去的过程;烷基转移反应是指两个不同芳烃分子间发生烷基转移的过程。

以生产对二甲苯为目的的甲苯歧化和甲苯与 C_9 芳烃的烷基转移工艺过程,发生的化学反应有以下几种。

1)主反应

歧化反应:

烷基转移反应:

—— 151 ——

2）副反应

在临氢条件下，发生加氢脱烷基反应：

$$\text{C}_6\text{H}_5\text{CH}_3 + \text{H}_2 \Longrightarrow \text{C}_6\text{H}_6 + \text{CH}_4$$

烷基转移：

$$\text{C}_6\text{H}_6 + 2\,\text{C}_6\text{H}_4(\text{CH}_3)_2 \Longrightarrow 2\,\text{C}_6\text{H}_5\text{CH}_3 + \text{C}_6\text{H}_3\text{CH}_3(\text{CH}_3)_3$$

在歧化和烷基转移过程中，除发生上述反应外，同时还有生成甲烷、乙烷、乙苯的其他副反应，以及芳烃加氢、烃类裂解、苯环缩聚等反应。

从上面反应可知：原料甲苯和 C_9 芳烃中的三甲苯是歧化和烷基转移的有效成分；从理论上看，主反应不消耗氢气，但氢气的存在可抑制催化剂的结焦；在副反应中，消耗氢气；产物中的二甲苯是各种异构体的混合物；在反应过程中，原料和产物均参加歧化和烷基转移反应，所以，产物的组成相当复杂。

2. 影响因素

（1）催化剂。甲苯歧化反应的催化剂大多数是以固体酸为基础的含金属或金属氧化物的物质。根据载体不同可分为硅酸系（天然沸石）和分子筛系（合成沸石）两类，其中以分子筛作载体的催化剂活性较高。用于本反应的催化剂主要有 X 型分子筛、Y 型分子筛、丝光沸石和 ZSM 系列分子筛。

（2）反应温度。歧化和烷基转移反应都是可逆反应。由于热效应较小，温度对化学平衡影响不大。但催化剂的活性一般随反应温度的升高而升高，而且温度升高，反应速率加快，所以，提高温度有利于加快反应速率。但是，升高温度会带来不利因素，一是苯环裂解等副反应增加，造成目的产物收率降低；二是催化剂积炭加速，使用寿命降低。温度低，虽然副反应少、原料损失少，但转化率低，造成循环量大、运转费用高。综合考虑各方面的因素，歧化和烷基转移反应的温度应控制在合适的范围，以确保甲苯有较高的转化率，一般，当温度为 400 ~ 500℃ 时，相应的转化率为 40% ~ 45% 。

（3）反应压力。此反应无体积变化，所以压力对平衡组成影响不明显。但是，压力增加既可使反应速率加快，又可提高氢分压，有利于抑制积炭，从而提高催化剂的稳定性。一般选取压力为 2.94MPa 左右。

（4）氢油比。甲苯歧化等主反应虽然不需要氢气，但氢气存在能减少催化剂表面积炭，延长使用周期；同时，氢气又能起热载体的作用。氢气用量也不宜过大，过大会使反应速率下降，同时由于循环氢气量增加，造成费用增加。一般氢油比为 10，即循环氢气量（物质的量）为加料液量的 10 倍，氢气的浓度大于 80% 。

（5）原料的组成。从反应原理可知，原料中的 C_9 只有三甲苯是生成二甲苯的有效成分，所以原料中 C_9 芳烃三甲苯浓度的高低，直接影响反应生成物的组成（表 4 – 2）。由表中可以看到，原料中三甲苯浓度的不同，生成的 C_8 芳烃与苯的物质的量之比也不一样。因此，利用加入原料中 C_9 芳烃含量的不同，来调节二甲苯和苯生成的比例。同时，当原料中三甲苯浓度在

50%左右时,生成物中 C_8 芳烃的浓度最大。为此,采用三甲苯含量较高的 C_9 芳烃作为生产对二甲苯的原料。

表4-2 原料组成对产品组成的影响(体积分数) 单位:%

序号	原料组成		产品组成			
	甲苯	三甲苯	轻质非芳烃	苯	二甲苯	其他重质芳烃
1	100	0	3.5	37	55	4.5
2	66.7	33.3	5	12	83	—
3	50	50	3.9	8.7	87.4	—

3. 工艺流程

以甲苯和 C_9 芳烃为原料的歧化和烷基转移生产苯和二甲苯的工艺流程(临氢法)如图4-9所示。

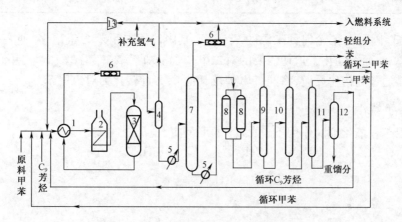

图4-9 甲苯歧化、烷基转移工艺流程图

1—换热器;2—加热炉;3—反应器;4—气液分离器;5—换热器;6—空气冷凝器;7—汽提塔;
8—白土塔;9—苯塔;10—甲苯塔;11—二甲苯塔;12—脱 C_9 芳烃塔;13—氢气压缩机

原料甲苯、循环的甲苯、C_9 芳烃、循环 C_9 和氢气混合后,经过换热器1预热,然后进入加热炉2,在加热炉中被加热到反应温度为 400～500℃。之后,进入反应器3,各种物料在此反应器中发生歧化和烷基转移反应,由于反应热效应很小,所以反应器一般采用绝热式固定床。反应产物与进料换热后经过空气冷凝器6,冷凝后进入气液分离器4,在此分出循环氢气,氢气经氢气压缩机13加压后重新回到反应系统。为了保持氢气的纯度,将部分循环氢排放到燃料系统或异构化装置,并补充新鲜氢气。自气液分离器4底部排出的液体,换热后进入汽提塔7,脱除轻馏分。轻馏分经空气冷凝器后出装置。塔底的釜液经换热后,进入白土塔8。物料经白土吸附除去少量的烯烃。随后,进入苯塔9,从塔顶可得到99.8%的苯。苯塔9釜液进入甲苯塔10,塔顶产物为甲苯,循环回反应系统。甲苯塔釜液去二甲苯塔11,塔顶得到混合二甲苯,送到 C_8 分离系统进一步分离,二甲苯塔釜液去脱 C_9 芳烃塔12,塔顶得 C_9 芳烃可循环使用,塔底得重馏分 C_{10} 以上重芳烃。

甲苯歧化反应芳烃的收率为97%,所得到的混合二甲苯中含对二甲苯24%～25%,邻二甲苯23%～25%,间二甲苯48%～50%,乙苯0.5%～2%。

二、C₈ 混合芳烃的异构化

无论是甲苯歧化,还是裂解汽油加氢,所得的 C₈ 芳烃,都是对位、邻位、间位二甲苯和乙苯的混合物,其组成因芳烃来源不同有所差异。表 4-3 是不同来源的 C₈ 混合芳烃的组成。

表 4-3 不同来源的 C₈ 混合芳烃的组成(质量分数)　　　　　　单位:%

原料 异构体	甲苯歧化	催化重整	裂解汽油
乙苯	<1	21	45
对二甲苯	26	18	12
间二甲苯	50	39	29
邻二甲苯	24	22	14
合计	100	100	100

从表 4-3 中可见,不论何种来源的 C₈ 芳烃,其中以间二甲苯含量最多,通常是对位和邻位二甲苯的总和,而石油化工迫切需要的对二甲苯含量却不多。为了增加对二甲苯的产量,最有效的方法是通过异构化反应,将间二甲苯及其他 C₈ 芳烃转化为对二甲苯。

1. 反应原理

混合二甲苯在催化剂的作用下,可发生如下反应:

乙苯在催化剂的作用下,也可能转化为二甲苯,其反应过程为:

在发生上述主反应的同时,也可能发生如下的副反应:

$$\underset{\text{C}_2\text{H}_5}{\bigcirc} \overset{+\text{H}_2}{\rightleftharpoons} \bigcirc + \text{C}_2\text{H}_6$$

$$2\underset{\text{CH}_3}{\underset{\text{CH}_3}{\bigcirc}} \rightleftharpoons \underset{\text{CH}_3}{\bigcirc} + \underset{\text{CH}_3}{\underset{(\text{CH}_3)_2}{\bigcirc}}$$

$$2\underset{\text{C}_2\text{H}_5}{\bigcirc} \longrightarrow \bigcirc + \underset{\text{C}_2\text{H}_5}{\underset{\text{C}_2\text{H}_5}{\bigcirc}}$$

二甲苯异构化反应是一个可逆、热效应不大的反应,反应前后体积没有变化。因此,反应温度和反应压力的变化对平衡组成都没有多大影响。

异构化的实质是把对二甲苯含量低于平衡组成的 C_8 芳烃,通过异构使其接近反应温度及反应压力下的热力学平衡组成。在二甲苯异构化的产物中,对二甲苯的质量分数为 20% 左右,转化率不高,因此,C_8 芳烃异构化工艺必须与二甲苯分离工艺联合生产,才能最大限度地生产对二甲苯。

2. 影响因素

(1)催化剂。目前工业上采用的催化剂有贵金属、非贵金属、氧化硅和卤化物四种。其中,最常用的是氧化硅、氧化铝、分子筛等载体上载以贵金属钯形成的催化剂。这类异构化催化剂具有双功能,既有异构化所需的酸性中心,又有加氢脱氢的活性中心(能使乙苯转化为二甲苯),具有较高的活性和选择性。

(2)反应温度。温度降低,C_8 芳烃平衡组成中,对二甲苯浓度增高。所以,反应温度低一些,有利于对二甲苯的生成。但是,当温度较低时,反应速率较慢,若采用贵金属为催化剂,则加氢作用显著,而异构化反应活性不好。特别是,当温度低于一定值时,产品则以加氢产物为主,二甲苯收率降低。因此,温度选择要权衡催化剂性能等各方面的因素。一般选取反应器的进口温度为 400~450℃。

(3)反应压力。反应压力对二甲苯的异构化反应无明显影响。但是,从乙苯转化为二甲苯与温度、压力等因素均有关。乙苯是经过加氢过程异构化为二甲苯的,而加氢反应是放热反应。所以,提高压力即提高氢分压,有利于乙苯异构为二甲苯。氢分压太低,易使催化剂表面积炭、失活,一般反应压力为 1.37~2.30MPa。

(4)氢油比。氢气不仅起到保护催化剂的作用而且参加化学反应,所以需不断地补充新鲜氢气,以保证有一定浓度(>80%)的循环氢气,并控制氢油比(氢气同进料液之间的物质的量之比)为 6∶1。

(5)原料要求。异构化反应总是使反应物料向恢复平衡组成的方向进行。所以,原料中目的产物 C_8 芳烃,例如对二甲苯浓度越低,越有利于异构化反应向生成对二甲苯方向进行。由于催化剂的使用,要求异构化的原料不能含有水分,故原料在进入反应系统之前,必须经汽提塔脱水,控制水分含量为 10mg/kg 以下。

3. 二甲苯异构化的流程

在石油化工生产中异构化过程必须与异构体的分离过程互相配合,即异构—分离相结合的工艺生产对二甲苯。也就是说,先分离出 C_8 混合芳烃中的对二甲苯(或对二甲苯和邻二甲苯),然后将余下的 C_8 芳烃非平衡物料,通过异构化方法转化为对二甲苯、间二甲苯、邻二甲苯平衡物料,再进行分离。如此循环,直至 C_8 芳烃全部转化为对二甲苯。

以贵金属钯为催化剂进行二甲苯异构化的生产流程如图 4-10 所示。来自二甲苯分离装置的 C_8 芳烃(已除去大部分对二甲苯),与重整装置或歧化装置来的循环氢气混合,经换热器 4 与从反应器 2 来的反应产物进行热交换后,在加热炉 1 中加热到反应温度,之后,进入异构化反应器 2。反应器 2 为绝热式固定床反应器,反应生成物从反应器底部流出,经换热器 4 与原料换热后进入空气冷凝器 5,冷凝冷却到 40℃,再进入气液分离器 6 进行气液分离,气体部分是富氢,从分离器的顶部流出,大部分经循环压缩机 3 加压后与新鲜氢气一起返回反应系统,少部分循环氢(废氢气)排出系统作燃料气。从产品分离器 6 底部流出的液体经换热后进入脱庚烷塔 8。脱庚烷塔 8 主要作用是脱除 C_7 以下轻组分,轻组分从塔顶蒸出后经空气冷凝器后进入分离器 9,气体部分进入燃料气系统,液体部分除一部分回流外,其余部分进入重整装置脱戊烷塔。脱庚烷塔底物料是除去轻组分后的 C_8 芳烃,为防止反应生成的微量烯烃带入分离装置,C_8 芳烃进入白土塔除去烯烃,之后,去精馏系统用精馏方法除去 C_9 以上芳烃。最后,将所得混合二甲苯送二甲苯分离装置分离。

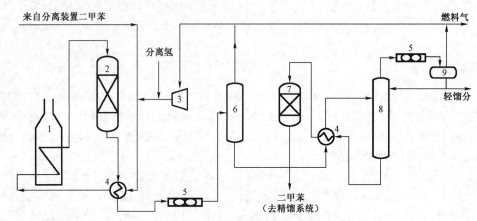

图 4-10　C_8 芳烃异构化流程示意图

1—加热炉;2—反应器;3—氢气压缩机;4—换热器;5—空气冷凝器;
6—产品分离器;7—白土塔;8—脱庚烷塔;9—分离器

三、芳烃烷基化

芳烃烷基化是指芳烃分子中,苯环上的一个或多个氢原子被烷基取代而生成烷基苯的反应。目前,工业上乙苯、异丙苯和高级烷基苯的生产均属于烷基化反应。

芳烃烷基化反应是催化反应,参加反应的物质由原料芳烃和能提供烷基的烷基化剂组成。在石油化工中普遍采用苯与烯烃(如乙烯、丙烯、十二烯等)进行烷基化反应,也可用其他的烷基化剂,如卤代烷、醇、醚等。

1. 烷基化的基本原理

1)烷基化催化剂

芳烃烷基化可使用的催化剂均属酸性催化剂,大体可分为以下三类:

(1)酸性卤化物类催化剂:主要有(活性由高至低排列)$AlBr_3$、$AlCl_3$、$FeCl_3$、BF_3、$ZnCl_2$ 等。目前普遍采用的是 $AlCl_3$ 催化剂,以 HCl 为助催化剂。这种催化剂的优点是:催化剂活性高,可在较低温度(90~100℃)、较低压力下进行反应,在烷基化反应的同时可使副产物多烷基苯进行脱烷基反应。$AlCl_3$ 催化剂的主要缺点是对设备有较强腐蚀性,消耗量较大,对原料的水分含量要求严格。但是,因其价廉易得,催化活性高,仍被广泛使用。

（2）质子酸类催化剂：主要有（活性由高至低排列）H_2SO_4、H_3PO_4、HF 等。最常采用的是磷酸—硅藻土固体催化剂。这种催化剂的优点是：选择性高、腐蚀性小、"三废"排放量小。缺点是反应温度和压力较高,多烷基苯不能在烷基化条件下进行脱烷基反应。

（3）分子筛类催化剂。烷基化反应中,分子筛催化剂的优点是：活性高、反应选择性高、烯烃转化率高、反应可在较低压力下进行、过程三废排放量极少、对设备无腐蚀等。但分子筛催化剂也有一定的缺陷：反应副产聚合物分子易在分子筛孔道聚集,造成堵塞,使催化剂失活,故分子筛催化剂寿命短、需频繁再生。

工业上,根据所使用的催化剂的不同,烷基化方法可分为液相法和气相法两种。如乙苯生产多采用以 $AlCl_3$ 为催化剂的液相烷基化法,而异丙苯生产多采用以固体磷酸作催化剂的气相烷基化法。

2）烷基化反应

（1）苯烷基化生成单烷基苯。芳烃烷基化反应是强烈的放热反应,热力学趋势较大,常见的反应有：

上述反应均为可逆反应,由于反应是放热反应,较高的反应温度不利于烷基化反应进行。所以,在生产中适当地降低反应温度,及时移出反应热,对烷基化反应是有利的。

（2）单烷基苯继续生成多烷基苯。在芳烃烷基化过程中,由于烷基使苯环变得更为活泼,所以反应并不停止在生成单烷基苯上,还会继续生成二烷基苯和多烷基苯。常见的反应有：

$$C_6H_6 + C_nH_{2n} \rightleftharpoons C_6H_5(C_nH_{2n+1})$$

$$C_6H_5(C_nH_{2n+1}) + C_nH_{2n} \rightleftharpoons C_6H_4(C_nH_{2n+1})_2$$

$$C_6H_4(C_nH_{2n+1})_2 + C_nH_{2n} \rightleftharpoons C_6H_3(C_nH_{2n+1})_3$$

这些多烷基苯的生成给单烷基苯的生产带来不利的影响：增加原料的消耗、降低单烷基苯的收率和设备利用能力,而且给产品分离与提纯带来困难,致使烷基苯生产成本增加。在石油化工生产中抑制多烷基苯生成的通常方法是：原料中加入过量的苯。

（3）多烷基苯发生烷基转移反应。烷基化反应是可逆反应,即在烷基化反应过程中同时进行着脱烷基的反应。通常称烷基化反应为烃化反应,称脱烷基反应为反烃化反应。常见的化学反应如下：

$$C_6H_6 + C_6H_4(C_nH_{2n+1})_2 \rightleftharpoons C_6H_5(C_nH_{2n+1})$$

$$2C_6H_6 + C_6H_3(C_nH_{2n+1})_3 \rightleftharpoons 3C_6H_5(C_nH_{2n+1})$$

从上述反应可知,多烷基苯发生烷基转移反应是有利的。可以利用烷基化反应的可逆性,也就是让生成的多烷基苯再与未反应的苯进行烷基转移反应,多烷基苯脱烷基,再转化为单烷基苯,从而提高原料芳烃和烯烃的利用率。

必须注意的是,在芳烃烷基化过程中,还存在着其他形式的芳烃转化反应,如异构化反应、歧化反应、烯烃聚合反应等,所以芳烃烷基化的产物是复杂的混合物。

2. 苯烷基化生产乙苯

苯烷基化生产乙苯的方法较多,但在石油化工生产中占主流的方法是液相烷基化法。这种方法是以乙烯和苯为原料,用 $AlCl_3$ 作催化剂,HCl 为助催化剂,通过烷基化反应进行。

1)反应原理

液相法生产乙苯过程中发生的主要反应有:

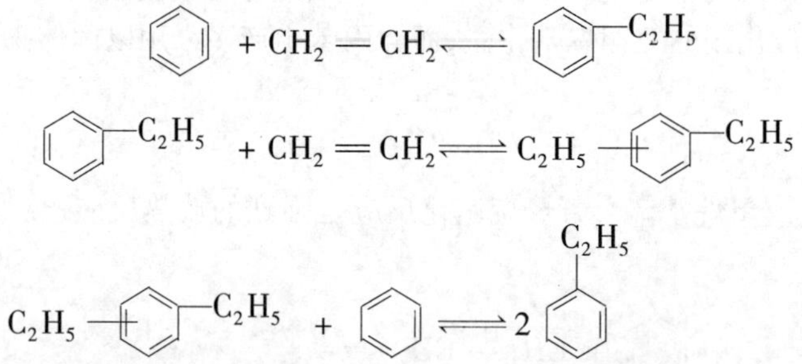

在苯乙基化反应的过程中,使用的催化剂是 $AlCl_3$,但反应中真正起催化作用的是苯、乙烯、$AlCl_3$ 以及 HCl 生成的油状红棕色的三元络合物,俗称红油,所以采用 $AlCl_3$ 催化剂时,必须有助催化剂 HCl 存在才能起催化作用。

在生产中,HCl 的来源可通过以下两种方法来获得:

(1)加入一定量的水或靠原料中带入的微量水分,使 $AlCl_3$ 水解放出 HCl。

$$AlCl_3 + 3H_2O \longrightarrow 3HCl + Al(OH)_3$$

(2)加入一定量的氯乙烷或氯丙烷,使它与苯反应产生 HCl。

$$C_2H_5Cl + C_6H_6 \longrightarrow C_6H_5C_2H_5 + HCl$$

$AlCl_3$ 配合物与有机液体的互溶性较差,所以可利用 $AlCl_3$ 的这一性质从反应产物中脱除下来,这样,配合物可始终留在反应系统中循环使用。

2)影响因素

(1)温度。烷基化反应为放热反应,温度较低时反应就有很好的转化率,但反应因温度低而速率很慢;提高反应温度,可以加快烃化反应的速率,但不利于烯烃的吸收。而且当温度超过120℃时络合物因树脂化而失去活性,此外,反应温度过高,腐蚀会变得严重。所以,苯乙基化反应的温度一般控制为 90~100℃。

(2)压力。$AlCl_3$ 配合物在常压下就具有很高的催化活性,乙烯几乎全部转化,所以,通常均为常压操作。但当使用稀乙烯原料时,为提高反应速率,加快乙烯的吸收,也可适当提高反应压力,如在 0.5~0.6MPa 下进行。

(3)乙烯和苯的物质的量之比。原料中乙烯和苯的物质的量之比对生产的产物组成有很大的影响。图 4-11 是乙烯与苯物质的量之比对产物影响的示意图。从图中可以看到:原料中乙烯含量增加,即增加烷基化剂的量,多乙苯产率增加,原料消耗增加,苯收率下降。所以在生产中严格控制两者的物质的量之比,通常选用乙烯与苯的物质的量之比为 0.5∶1。因为,当乙烯与苯的物质的量之比较大时,增大物质的量之比,乙苯的收率增加不大,而多乙苯的产率却增加明显,所以通过控制乙烯的用量来控制多乙苯的产率。

（4）催化剂。乙基化反应中使用的 $AlCl_3$ 催化剂的纯度要求在 97.5% ~98.5% 以上,而且必须无水。催化剂用量主要与烷基化温度有关,在 80℃时 $AlCl_3$ 催化剂用量为 9% ~12% 为宜;在温度为 100℃时, $AlCl_3$ 催化剂用量只需7% ~8% 即可。

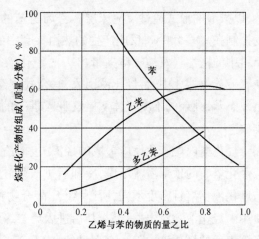

图 4 - 11　乙烯与苯物质的量之比对产物影响

原料中一些杂质对催化剂有很大的影响。原料乙烯中硫化氢、乙炔、一氧化碳及含氧化合物(如乙醛、乙醚)等能破坏催化络合物或使其钝化,引起催化剂的中毒与失活。原料苯中的硫化物同样是乙基化反应的催化毒物,直接影响生产正常进行。

3)工艺流程

乙烯与苯烷基化反应生产乙苯的工艺流程由催化剂配合物的配制、烷基化反应、配合物的沉降分离、中和除酸和乙苯的精制等工序组成,其工艺流程如图 4 - 12 所示。

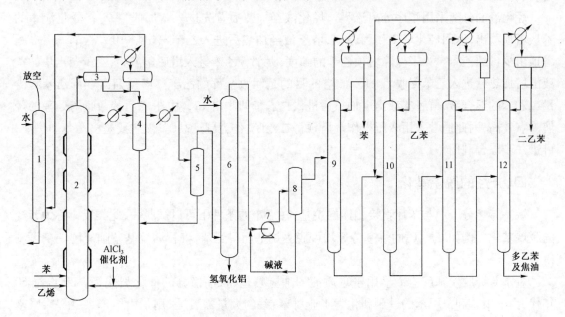

图 4 - 12　乙烯与苯烷基化生产乙苯工艺流程图

1—尾气吸收塔;2—烃化塔;3—气液分离器;4、5—烃化液沉降槽;6—水洗塔;
7—中和泵;8—油碱分离器;9—苯回收塔;10—乙苯蒸出塔;11—乙苯回收塔;12—二乙苯回收塔

苯烃化塔是典型的鼓泡式反应器,由于反应液具有酸性,对设备具有强烈的腐蚀作用,所以在塔内衬有石墨砖,作为防腐层。由于反应是放热反应,因此,在塔外壁设有夹套装置。夹套装置一般分为四节,通入冷却水,调节塔内的温度。

苯与 $AlCl_3$ 催化剂从烃化塔 2 的塔底进入,装满全塔的 80%。乙烯从烃化塔 2 的底部进入,以鼓泡的形式通过反应床层。乙烯与苯的物质的量之比为(0.5~0.6):1。烃化塔的温度控制在90~100℃,反应产生的热由夹套中的冷却水带走。未反应的乙烯、苯蒸气、氯化氢、原料中的惰性气及被气体夹带出去的烃化液一起从烃化塔的顶部排出,进入气液分离器3。在气液分离器3中,将烃化液回收,其余气体经冷凝器部分冷凝后进入气液分离器,在此分离出液态苯,其余的不凝气体从尾气吸收塔1的底部进入,通过水洗回收其中的HCl,而后尾气排放。

烃化塔内烷基化反应形成的烃液,包括乙苯、多乙苯及未反应的苯等与 AlCl$_3$ 催化剂一起从烃化塔2的顶部溢流出塔,冷却后进入烃化液沉降槽4进行沉降分离。由于 AlCl$_3$ 配合物与烃化液不溶且密度不同,所以 AlCl$_3$ 配合物将沉于分离槽的底部,出槽后流回烃化塔2循环使用。烃化液溢流出槽,经冷却后进入第二级沉降槽,进一步分离出 AlCl$_3$ 配合物。经二级沉降分离后的烃化液中仍含有少量的 AlCl$_3$ 配合物。这些配合物的存在使烃化液显酸性,加剧对设备和管道的腐蚀。所以,含少量配合物的烃化液送到水洗塔6,进一步除去其中的 AlCl$_3$ 配合物。水从水洗塔6的顶部进入,在塔内,AlCl$_3$ 配合物被水解为氢氧化铝和氯化氢,大部分氯化氢被水洗去,但仍有少量的氯化氢存在于烃化液中。为了使烃化液呈中性,水洗后的烃化液需进一步的碱洗,以除去其中含有的氯化氢。烃化液从水洗塔6的顶部出塔,与20%(质量分数)的碱液混合,经中和泵7打入油碱分离器8,使烃化液与碱分离。碱循环使用,烃化液送精馏装置进行分离。

烃化液的分离采用顺序分离流程。烃化液经加热后首先进入苯回收塔9,将烃化液中的苯从塔顶蒸出,返回烃化塔2作为原料,塔釜液经加热后进入乙苯蒸出塔10。乙苯蒸出塔的塔顶出少量纯乙苯。为了保障塔顶乙苯的纯度,大部分乙苯进入塔底釜液中,乙苯蒸出塔的釜液出塔加热后进入乙苯回收塔11。此塔的目的是回收全部的乙苯。塔顶馏出全部乙苯和少量二乙苯的混合液,塔底釜液出塔加热后进入二乙苯回收塔12。由于二乙苯回收塔处理的烃液沸点较高,因此通常采用减压操作。塔顶得二乙苯,作为副产品;釜液主要是多乙苯和焦油,可进一步综合利用。

四、芳烃的脱烷基化

烷基芳烃分子中与苯环直接相连的烷基,在一定的条件下可以被脱去,此类反应称为芳烃的脱烷基化。例如 C$_7$~C$_9$ 的烷基芳烃均可脱去烷基而得到苯,将石油烷基萘临氢脱烷基可制得萘。

烷基芳烃脱烷基反应最早用于重质油的加氢裂化、石油馏分的催化裂化等。20世纪60年代,由于甲苯和二甲苯的过剩和化学工业对苯、萘的大量需要,采用了由甲苯、二甲苯、甲基萘脱烷基制苯和萘的工艺。

1. 脱烷基化的方法

1)烷基芳烃的催化脱烷基

烷基苯在催化裂化的条件下可以发生脱烷基反应生成苯和烯烃。此反应为苯烷基化的逆反应,是强吸热反应。例如异丙苯在硅酸铝催化剂作用下于 350~550℃ 催化脱烷基成苯和丙烯:

$$\text{C}_6\text{H}_5\text{—CH(CH}_3)_2 \Longrightarrow \text{C}_6\text{H}_6 + \text{CH}_3\text{CH}=\text{CH}_2$$

反应的难易程度与烷基的结构有关,不同烷基苯脱烷基次序为:叔丁基 > 异丙基 > 乙基 > 甲基。烷基越大越容易脱去,甲苯最难脱甲基,所以这种方法不适用于甲苯脱甲基制苯。

2)烷基芳烃的催化氧化脱烷基

烷基芳烃在某些氧化催化剂作用下用空气氧化可发生氧化脱烷基生成芳烃母体及二氧化碳和水,其反应通式可表示如下:

$$\text{C}_6\text{H}_5\text{—C}_n\text{H}_{2n+1} + \frac{3}{2}\text{O}_2 \longrightarrow \text{C}_6\text{H}_6 + n\text{CO}_2 + n\text{H}_2\text{O}$$

例如甲苯在 400 ~ 500℃,在铀酸铋催化剂存在下,用空气氧化则脱去甲基而生成苯,选择性可达 70%。此法尚未工业化,其主要问题是氧化深度难控制,反应选择性较低。

3)烷基芳烃的加氢脱烷基

在大量氢气存在及加压下,使烷基芳烃发生氢解反应脱去烷基生成母体芳烃和烷烃:

$$\text{C}_6\text{H}_5\text{—R} + \text{H}_2 \longrightarrow \text{C}_6\text{H}_6 + \text{RH}$$

这一反应在工业上广泛用于甲苯脱甲基制苯、甲基萘脱甲基制萘:

$$\text{C}_6\text{H}_5\text{—CH}_3 + \text{H}_2 \longrightarrow \text{C}_6\text{H}_6 + \text{CH}_4$$

$$\text{C}_{10}\text{H}_7\text{—CH}_3 + \text{H}_2 \longrightarrow \text{C}_{10}\text{H}_8 + \text{CH}_4$$

在氢气存在下有利于抑制焦炭的生成,但在临氢脱烷基条件下也会发生下面的深度加氢裂解副反应:

$$\text{C}_6\text{H}_5\text{—CH}_3 + 10\text{H}_2 \longrightarrow 7\text{CH}_4$$

烷基芳烃的加氢脱烷基过程,又分成催化法和热法两种。以甲苯加氢脱甲基制苯为例对这两种方法的比较见表 4 - 4。可以看出,两法各有优缺点。由于热法不需催化剂,苯收率高和原料适应性较强等优点,所以采用加氢热脱烷基的装置日渐增多。

表 4 - 4　催化法和热法脱烷基的比较

项目	催化法	热法
反应温度,℃	530 ~ 650	600 ~ 700
反应压力,MPa	2.94 ~ 7.85	1.96 ~ 4.90
苯收率,%	96 ~ 98	97 ~ 99
催化剂	需要	不需要
反应器运转周期	半年	一年
空速大小	较小(反应器较大)	较大(反应器较小)
原料要求	原料适应性差,非芳烃和 C$_9$ 含量不能太高	原料适应性较好,允许含非芳烃达 30%,C$_{9+}$ 芳烃达 15%

项目	催化法	热法
氢的要求	对 CO、CO_2、H_2S、NH_3 等杂质含量有一定要求	杂质含量不限制
气态烃生成量	少	稍多
氢耗量	低	稍高
反应器材质要求	低	高
苯纯度(产品),%	99.9~99.95	99.99

4)烷基苯的水蒸气脱烷基

本法是在加氢脱烷基同样的反应条件下,用水蒸气代替氢气进行的脱烷基反应。通常认为这两种脱烷基方法具有相同的反应历程:

$$\text{C}_6\text{H}_5\text{—CH}_3 + H_2O \longrightarrow \text{C}_6\text{H}_6 + CO + 2H_2$$

$$\text{C}_6\text{H}_5\text{—CH}_3 + 2H_2O \longrightarrow \text{C}_6\text{H}_6 + CO_2 + 3H_2$$

甲苯还可以与反应中生成的氢作用进行脱烷基化反应:

$$\text{C}_6\text{H}_5\text{—CH}_3 + H_2 \longrightarrow \text{C}_6\text{H}_6 + CH_4$$

同样在脱烷基的同时也伴随发生苯环的如下开环裂解反应:

$$\text{C}_6\text{H}_5\text{—CH}_3 + 14H_2O \longrightarrow 7CO_2 + 18H_2$$

$$\text{C}_6\text{H}_5\text{—CH}_3 + 10H_2 \longrightarrow 7CH_4$$

水蒸气法突出的优点是以廉价的水蒸气代替氢气作为反应剂,反应过程还副产大量含氢气体。但此法与加氢法相比苯收率较低,一般在 90%~97%,需用贵金属铑作催化剂,成本较高。

2. 甲苯加氢脱烷基化制苯

1)反应原理

主反应:

$$\text{C}_6\text{H}_5\text{—CH}_3 + H_2 \longrightarrow \text{C}_6\text{H}_6 + CH_4$$

副反应:

$$\text{C}_6\text{H}_6 + 3H_2 \longrightarrow \text{C}_6\text{H}_{12}$$

$$\text{C}_6\text{H}_{12} + 6H_2 \longrightarrow 6CH_4$$

$$CH_4 \longrightarrow C + 2H_2$$

催化剂主要是由含量为 4% ~20%（质量分数）的周期表中第Ⅳ、第Ⅷ族中的 Cr、Mo、Fe、Co 和 Ni 等元素的氧化物负载于 Al_2O_3、SiO_2 等载体上所组成。最常用的是氧化铬—氧化铝、氧化钼—氧化铝和氧化铬—氧化钼—氧化铝催化剂。为了抑制芳烃裂解生成甲烷等副反应的进行，常加入少量碱和碱土金属为助催化剂；为防止抑制缩合产物和焦的生成，提高催化剂的选择性，也可在反应区内加入反应物料量的 10% ~15%（质量分数）的水蒸气。

2）工艺流程

（1）以氧化铬—氧化铝为催化剂的甲苯脱甲基制苯的工艺过程如图 4－13 所示。新鲜原料甲苯与循环甲苯、新鲜氢气与循环氢气经加热炉 1 加热到所需温度后进入反应器 2，反应后的气体产物经冷却器冷凝、冷却后，气液混合物进入闪蒸分离器 3，分出的氢气一部分直接返回反应器；另一部分中除一小部分排出作燃料外，其余送至纯化装置除去轻质烃，提高浓度后再返回到反应器使用。凝液芳烃经稳定塔 4 去除轻质烃和白土塔 5 脱去烯烃后至苯精馏塔 6，塔顶得产品苯。塔釜重馏分送再循环塔 7，塔顶蒸出未转化的甲苯再返回反应器使用，塔底的重质芳烃排出系统。

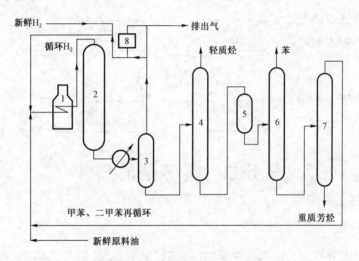

图 4－13　甲苯催化加氢脱甲基制苯工艺流程图

1—加热炉；2—反应器；3—闪蒸分离器；4—稳定塔；5—白土塔；6—苯塔；7—再循环塔；8—解吸剂槽

此工艺过程采用绝热式反应器，为了保持一定的反应器出口温度也有采用两只反应器串联的，在两只反应器之间喷入液体甲苯进行骤冷。操作条件为：反应温度 595 ~650℃，压力 0.5 ~0.6MPa，液空速 1 ~5h^{-1}，$n_{氢}/n_{甲苯}$ 为 4 ~5。当以纯甲苯为原料时，甲苯的单程转化率为 80% 左右，选择性可达 98% 左右。

（2）甲苯加氢热脱甲基制苯的工艺过程。此工艺流程基本上与催化加氢脱甲基的流程相似，只是反应温度较高，热量需要合理利用，其流程如图 4－14 所示。

原料甲苯与循环芳烃（未转化甲苯和少量联苯）、新鲜氢气与循环氢气混合，经换热后进入加热炉 1，加热到所需温度后进入反应器 2，由于加氢及氢解副反应的发生，反应热很大，为了控制所需反应温度，可向反应区喷入冷氢和甲苯。反应产物经废热锅炉 3、换热器 5 进行能量回收后，再经冷却、分离、稳定和白土处理，最后分馏得到产品苯，纯度大于 99.9%（摩尔分数），苯收率为理论值的 96% ~100%。未转化的甲苯和其他芳烃经再循环塔 11 分出后，返回反应器 2 使用。本法具有副反应少、重芳烃（蒽等）收率低等特点。

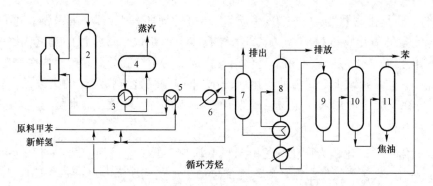

图 4 - 14 甲苯加氢热脱甲基制苯工艺流程图

1—加热炉;2—反应器;3—废热锅炉;4—汽包;5—换热器;6—冷却器;
7—分离器;8—稳定塔;9—白土塔;10—苯塔;11—再循环塔

【任务小结】

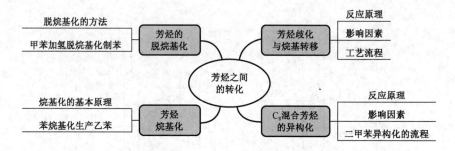

任务二 C₈ 芳烃的分离

【任务导入】

各种 C_8 芳烃馏分均为二甲苯三种异构体(邻二甲苯、间二甲苯、对二甲苯)和乙苯的混合物。混合物中各组分含量因生产工艺和反应条件不同而有所不同。表 4 - 5 是某一异构化装置 C_8 产品的组成。

表 4 - 5 C₈ 芳烃馏分的平衡组成(427℃)

组分	邻二甲苯	间二甲苯	对二甲苯	乙苯
摩尔分数,%	22.4	47.8	21.5	8.3

在化学工业中,需要大量的 C_8 芳烃单体,尤其是对二甲苯,所以混合二甲苯的单体分离是非常重要的。

C_8 芳烃中各组分的主要物理性质见表 4 - 6。

表 4 - 6 C₈ 芳烃中各组分的物理性质

组分	乙苯	对二甲苯	间二甲苯	邻二甲苯
沸点,℃	136.19	138.35	139.10	144.41
熔点,℃	-94.98	13.26	-47.87	-25.17

由表4-6中数据可以看到,对二甲苯与间二甲苯之间的沸点差仅为0.75℃,用普通精馏的方法进行分离非常困难,需要很多的塔板数和很大的回流比,从经济的角度行不通。所以,C_8芳烃的分离必须采用其他的工艺进行分离。

【任务实施】

目前,用于分离二甲苯的方法主要有结晶分离法、吸附分离法和模拟移动床吸附分离法。

一、结晶分离法

从表4-5可见,虽然C_8芳烃中的各馏分的沸点相近,但它们的熔点相差较大,其中对二甲苯的熔点最高。因此,可利用各组分熔点的差异,将各组分进行分离。做法是:将C_8混合芳烃逐步冷凝,首先对二甲苯被结晶出来,然后滤除液相部分,即邻二甲苯、间二甲苯和乙苯的混合物,则可得晶体对二甲苯。

工业上采用的结晶分离法通常是二级结晶法,即结晶分离过程分为两个阶段来进行,如图4-15所示。C_8混合芳烃经与一级母液换热后与循环的二级母液一起进入第一级结晶器2,第一级结晶器的温度一般控制在-80~-60℃。第一级结晶器温度控制得较低,其目的是使对二甲苯尽量结晶出来,以提高对二甲苯的收率。原料经第一级结晶后形成液固两相,进入固液分离器5中进行分离,液相被称为一级母液,其中尚残留10%~15%的对二甲苯,返回二甲苯异构化工段;固相是邻二甲苯、间二甲苯、对二甲苯混合物的结晶体,其中对二甲苯纯度约90%。结晶混合物中之所以含有少量的邻二甲苯、间二甲苯是由于结晶温度控制较低的缘故。第一级结晶器中形成的晶体经过熔化器7加热熔化后,再送入第二级结晶器3中进行第二阶段结晶分离。第二阶段结晶温度较高,通常为0~20℃,目的是提高对二甲苯晶体的纯度。由于温度较高,对二甲苯被结晶时,其他C_8芳烃都不能结晶。所以,经第二级结晶后,得到的二级母液中含有大量的对二甲苯,需要将二级母液返回第一级结晶器,以回收对二甲苯。同时,二级结晶得到的结晶体中对二甲苯的浓度在98%以上,经熔化器8加热熔化后,出装置作为产品。第一、第二级结晶器进行的结晶过程需要大量的冷量,冷量的提供装置是冷冻系统4,通过低温制冷剂在结晶器和制冷系统间进行循环来提供冷量。

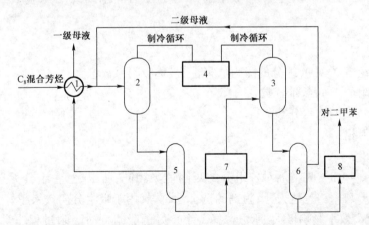

图4-15 对二甲苯冷冻结晶分离流程示意图

1—换热器;2—第一结晶器;3—第二结晶器;4—冷冻系统;5,6—固液分离器;7,8—溶化器

二、吸附分离法

所谓吸附分离法就是利用某种固体吸附剂,有选择地吸附混合物中某一组分,随后使之从吸附剂上解吸出来,从而达到分离的目的。对二甲苯与各异构体混合物的分离,是采用对于对二甲苯吸附力较强,而对其他异构体吸附力较弱的一种固体吸附剂,把对二甲苯有选择地吸附,随后再用一种解吸剂使对二甲苯从吸附剂上解吸出来,从而达到分离对二甲苯与其他异构体的目的。

1. 吸附的基本原理

当某一固体物质与气流或液流接触一定时间后,气流或液流中的某一种物质浓集于固体表面,在固体表面形成一定厚度的"膜"。例如,把一块状硅胶放置于潮湿的空气中,过一段时间之后,空气中的水分子浓集于胶块表面,形成一层水分子"膜"。如果精确称量前后硅胶的质量,会发现硅胶块的质量增加了。固体的这种将某些分子吸引过来并附着在其表面上的现象叫吸附,那种固体叫吸附剂,气体或液体中被吸附的物质叫吸附质。根据吸附质的相态不同,吸附又分为气—固吸附及液—固吸附两大类。

吸附的逆过程,即吸附质从吸附剂上脱离下来的过程叫脱附或解吸。例如,吸附了水分的硅胶块放置于干燥而高温的空气流中一段时间后,吸附水层的水分又脱离硅胶块表面而逸向空气中,再精确称量硅胶块,结果,质量减少了。可以将吸附质脱附的物质叫脱附剂,也叫解吸剂。显然,吸附与解吸互为逆过程。根据吸附质在吸附剂表面是否发生化学变化,吸附又分为物理吸附与化学吸附两大类,不发生化学变化的吸附叫物理吸附,发生化学变化的叫化学吸附。前述的硅胶块对水的吸附是物理吸附,很多化学过程中,催化剂对反应物的吸附是化学吸附。

具有大比表面积的物质一般都具有吸附能力,如活性炭、硅胶、活性氧化铝等。近40年来发展起来的合成沸石即"分子筛",是优良吸附剂。

在吸附过程中,总希望吸附剂能很好地吸附吸附质,而对混合物中其他物质的吸附的能力差,吸附剂的这种性能叫吸附选择性,吸附选择性可用选择吸附系数 β 来表示:

$$\beta_{X/Y} = \frac{(X/Y)_A}{(X/Y)_L}$$

式中　$\beta_{X/Y}$——组分 X 对 Y 组分的吸附选择性,又称吸附系数;

　　　X——吸附质 X 的摩尔分数,%;

　　　Y——组分 Y 的摩尔分数,%;

　　　A——吸附相;

　　　L——液相。

显然,当 $\beta_{X/Y}=1$ 时,吸附剂对各组分的吸附能力相同,所以,对各组分无选择性,不能用于吸附分离。$\beta_{X/Y}$ 与 1 相差越大,吸附剂的选择性越强,用于吸附分离效果越好。

吸附剂对分离效率影响极大,所以选择一个良好的吸附剂对吸附过程非常重要。吸附剂除具有很好的吸附选择性外,还必须有吸附容量大(单位质量吸附剂的吸附能力)、解吸速率快、热稳定性和化学稳定性高、机械强度高、粉末生成量少、寿命长、操作稳定、价格低廉且来源充足等特点。

在 C_8 混合芳烃的吸附分离中,不同金属离子的分子筛选择吸附系数不同(表 4 - 7)。由表中可以看到用钾和钡阳离子交换的 K - Ba - Y 型分子筛是良好的吸附剂。

表 4 -7　不同金属离子交换的 Y 型分子筛的选择吸附系数

Y 型分子筛	选择吸附系数		
	对二甲苯/间二甲苯	对二甲苯/邻二甲苯	对二甲苯/乙苯
Na 型	0.75	—	1.32
Ba 型	1.27	—	1.86
K 型	1.82	—	1.15
K - Ba 型	3.35	3.11	2.32

解吸剂的选择在吸附工艺中与吸附剂同样重要,两者若能协调,可以获得满意的分离效果。选用的解吸剂必须满足两个基本条件:一是吸附剂对解吸剂的吸附能力应和吸附剂对被解吸组分的吸附能力大体相近或稍弱,以利于吸附剂与吸附质能反复的吸附交换;二是解吸剂能与除吸附质外的其他任一组分互溶,且与吸附质之间有足够的沸点差(至少 15℃),以便借助于一般精馏方法即可将两者分离。解吸剂还应兼备热稳定性、化学稳定性、不污染,价廉易得等特点。目前,在 C_8 混合芳烃分离中,应用较多的解吸剂是甲苯和二乙苯。

2. 移动床基本原理

最初的吸附操作在固定床上进行,但固定床的缺点是间歇操作,吸附与解吸交替进行。为克服固定床的缺点,出现了移动床吸附分离工艺。

在移动床内,固体吸附剂自上而下移动,与物料和解吸剂作逆向运动。吸附剂从吸附器底部出来,吸附有惰性物质 B 及解吸剂 D 的吸附剂在吸附器外由提升管提升到吸附器上部重新进入吸附器,这样,吸附剂在吸附器内连续移动,实现整套装置的连续运转。

移动床工作原理示意图如图 4 -16(a)所示,吸余相组成随吸附器床层高度的变化情况如图 4 -16(b)所示。

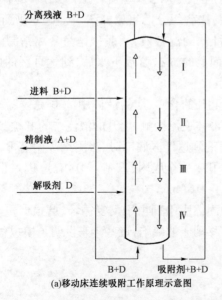

(a)移动床连续吸附工作原理示意图

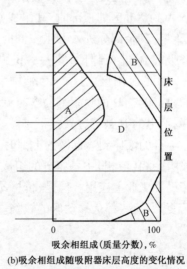

(b)吸余相组成随吸附器床层高度的变化情况

图 4 - 16　移动床连续吸附工作原理示意图以及吸余相组成随吸附器床层高度的变化情况

假设进料中含有 A、B 两组分,其中,A 的吸附力强,是吸附质,在 C_8 芳烃分离中,相当于对二甲苯;B 相当于邻二甲苯、间二甲苯。如图 4-16(a)所示,原料进口、解吸剂进口和精制液出口将移动床分为四个区;即Ⅰ区——吸附质 A(对二甲苯)的吸附区;Ⅱ区——B 的解吸区;Ⅲ区——A 的解吸区;Ⅳ区——B 的吸附区。

在移动床内固体吸附剂自上而下移动,与自下而上的物料逆流接触,并由塔底出塔外循环至塔顶形成闭路循环。原料 A+B,即 C_8 混合芳烃从塔的中上部进入吸附塔,A 被选择性地吸附,解吸剂 D 从塔的下部加入塔内逆流而上,将被吸附的 A、B 可逆地解吸下来。混有解吸剂的精制液 A+D 在塔的中部进行部分出料;混有解吸剂的分离残液(抽余液)B+D 在塔顶引出一部分,其余部分再返回塔底循环。精制液 A+D 和抽余液 B+D 再用精馏的方法进行分离。

为了说明移动床的工作原理,下面将四个区的功能分别阐述如下:

Ⅰ区——吸附质 A(对二甲苯)的吸附区。它的作用是吸附有 B、D 的吸附剂从塔顶进入,在不断下降的过程中与含有 D 的原料液 A、B 的混合液逆流接触,液相中的 A 被完全吸附,同时吸附剂上的 B、D 被置换出来。液相到达Ⅰ区的顶部时已不含吸附质 A。不含 A 的分离残液(抽余液)是 B、D 的混合液,从塔顶排出,一部分循环到Ⅳ区,其余部分出装置。在Ⅰ区各阶段吸余相(液相)中各组分的组成如图 4-16(b)所示。

Ⅱ区——B 的解吸区。它的作用是将吸附剂上被吸附的 B 完全解吸。在此区,来自Ⅰ区的吸附有 A、B、D 的吸附剂与逆流而上的来自Ⅲ区的含有 A、D 的液流接触,由于吸附剂对 A 的吸附能力远强于 B,所以在两液相接触中,吸附剂上的 B 被 A、D 完全置换下来。当吸附剂到达Ⅱ区的底部时,只吸附有 A、D。自下而上的液流置换下吸附剂上的 D 后,其组成是 A、B、D 的混合液,由Ⅱ区的顶部进入Ⅰ区。在Ⅱ区各阶段吸余相(液相)中各组分的组成如图 4-16(b)所示。

Ⅲ区——A 的解吸区。它的作用是将吸附剂上吸附的 A 完全解吸下来。在该区中,来自Ⅱ区的吸附有 A、D 的吸附剂与自下而上的解吸剂 D 逆流接触,由于解吸剂 D 在吸附剂上的吸附能力与吸附质 A 的吸附能力十分相近,吸附剂与大量的 D 逆流接触,其结果是 D 把 A 从吸附剂上冲洗下来。在Ⅲ区各阶段吸余相(液相)中各组分的组成如图 4-16(b)所示。当解吸剂解吸下 A 到达Ⅱ区的顶部时,其组成是 A 和 D 的混合液,一部分作为分离精制液(提馏液)排出吸附塔,其余部分进入Ⅱ区。同时吸附剂上的 A 被解吸下来后,到达Ⅲ区的底部时,只吸附有解吸剂 D,进入到下一区——B 的吸附区。

Ⅳ区——B 的吸附区。这一区的作用是将上升的含 B、D 的液体中的 B 完全吸附除去。来自Ⅲ区的只吸附有 D 的吸附剂与含有 B、D 的液体逆流接触,上升的液流中的 B 被吸附剂吸附,同时吸附剂上的 D 被部分置换下来。当吸附剂到达Ⅳ区底部时,吸附剂吸附有 B、D,返回Ⅰ区循环。上升的液体到达Ⅳ区的上部时,由于 B 被完全吸附,只剩下 D 组分,进入Ⅲ区。在Ⅳ区各阶段吸余相(液相)中各组分的组成见图 4-16(b)。

移动床已在工业上应用。但是,价格昂贵的固体吸附剂由于反复循环,磨损严重,并且提升设备过于复杂,这些都是移动床的缺陷。针对移动床的缺陷,近些年来发明了模拟移动床吸附分离装置。

3. 模拟移动床吸附分离法

模拟移动床的工作原理是:在移动床中如果使固体吸附剂在床内固定不动,而将物料进出口点连续向上移,与保持进料口不动而固体吸附剂连续自上而下移动的效果是一样的。利用这一原理设计的吸附分离装置称为模拟移动床。

图 4 – 17 是立式模拟移动床工作原理示意图。A 代表对二甲苯,B 代表间二甲苯等其他 C_8 芳烃,D 代表解吸剂如甲苯或对二乙基苯等。整个吸附分离过程是在吸附塔 1 中进行的。吸附塔分为若干塔节,一般为 24 节(为简化,图中只分 12 节),各塔节中均装有固定的吸附剂,并有管线与旋转阀 3 相连,并通过旋转阀与四个进出口控制阀相连。图 4 – 17 中吸附塔与旋转阀之间的连线,有四条是实线,它们表示吸附塔在某一时刻的工作状态:第 12 块板是抽余液 B + D 出口;第 9 块板是原料 A + B 的进口;第 6 块板是抽提液 A + D 的出口;第 3 块板是解吸剂 D 的入口。整个吸附塔被四个进出口分成四个区工作。假定随着旋转阀的旋转,把通入解吸剂的管线 3 移到 4,这时其他管线也就相应地向上移动一节,A + D 移到 7,原料 A + B 移到 10,B + D 移到 1。旋转阀的转动是根据原料处理量、原料组成、吸附剂的填充量等,用计时开关来进行控制的。

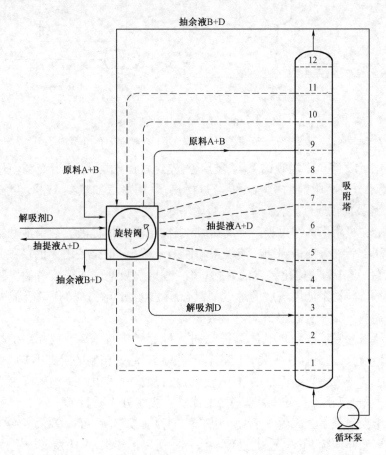

图 4 – 17　模拟移动床工作原理示意图

1 ~ 12—吸附塔塔节

循环泵的作用是使塔内液体始终自下而上流动。循环泵的进出口也是在不断变更的,随时处于不同的区间,由于各区间的流速不一样,循环泵的流速也在随时变化。

以吸附法来分离 C_8 混合芳烃中的对二甲苯,收率可达 90% 以上,纯度在 99% 以上,其生产过程如图 4 – 18 所示。

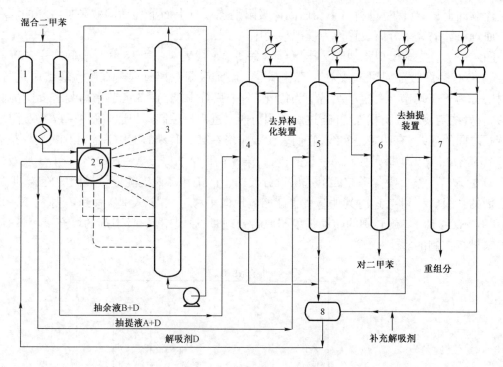

图4-18 吸附分离工艺流程图

1—白土塔;2—旋转阀;3—吸附塔;4—抽余液塔;5—抽提液塔;6—成品塔;7—解吸剂再精馏塔;8—解吸剂槽

来自异构化工段脱 C_9 塔塔顶的 C_8 混合芳烃,先经过白土塔1(两台交替使用),目的是脱除水分,以避免水分对吸附剂的影响。再经过换热,并用蒸汽加热到177℃,再通过旋转阀2进入吸附塔3,解吸剂也通过旋转阀2进入吸附塔3。

C_8 混合芳烃在吸附塔内经过吸附分离后,形成抽余液和抽提液。抽余液和抽提液从吸附塔流出经旋转阀2后被分别送到抽余液塔4和抽提液塔5。抽余液塔4的塔顶是不含对二甲苯的 C_8 混合芳烃,可作为异构化装置的原料;塔底流出解吸剂。抽提液塔的塔顶是粗对二甲苯;塔底是解吸剂,与抽余液塔塔底的解吸剂汇合后,少部分(约1%)送解吸剂再精馏塔7,其余的进入解吸剂槽8,之后经旋转阀再进入吸附塔。

来自抽提液塔的塔顶产品是粗对二甲苯,进入成品塔进行分离。成品塔的塔顶馏出物是主要含甲苯的轻馏分,送芳烃抽提装置回收利用,塔底产品是精制的对二甲苯。

少量的解吸剂进入解吸剂再精馏塔7进行分离,从塔顶采出的是纯解吸剂送到解吸剂槽8,返回吸附塔3循环利用,塔底是解吸剂中的高沸点重组分物质。

模拟移动床吸附分离法的优点是对二甲苯的单程回收率高(可达92%~99%)、液相操作简便、流程简单、操作连续、条件缓和、过程经济等。所以近年来,本法发展较快,在新建厂中已占主流。

【知识拓展】

芳烃生产技术发展方向

近年来,芳烃生产技术主要向着拓展芳烃原料来源、利用新技术增加 PX(对二甲苯)产量以及提高二甲苯分离效率、降低能耗等方向发展。

一、轻烃芳构化技术

为获得新的芳烃来源,近年来国内外对轻烃芳构化的研究非常活跃。通过芳构化技术可将一些不宜作重整原料的 LPG(液化石油气)馏分、轻石脑油馏分、轻烯烃及天然气等轻烷烃原料转化为芳烃,从而提高这些廉价原料的利用价值。催化剂是芳构化技术的关键,已开发的催化剂主要分为两类:一类是以 Al_2O_3 为载体、以 Pt 和 Cr_2O_3 等为活性组分,同时具有脱氢和环化功能的催化剂;另一类是改性的 HZSM – 5 分子筛催化剂。

目前,一些轻烃芳构化技术已进入工业应用阶段。如日本旭化成公司开发的 Alpha 工艺已在日本建成了 $17.5 \times 10^4 t/a$ 的工业试验装置。该装置以轻烯烃馏分为原料,采用绝热式固定床反应器,催化剂交替再生。

国内在轻烃芳构化技术研究方面也取得了一些进展,如石油化工科学研究院(RIPP)考察了丙烷在 ZRP 分子筛和硅改性 ZRP 分子筛上的芳构化反应。在 ZRP 分子筛上,液体产物中的二甲苯异构体基本上呈热力学平衡分布,对位选择性差;在硅改性 ZRP 分子筛上,随 SiO_2 含量的增加,ZRP 分子筛外表面的活性中心被覆盖的程度增加,液体产物中二甲苯异构体对位选择性逐渐增加,从 4.1% 提高到 13.3%。

以甲烷为原料的芳构化研究目前还处于实验室研究阶段。

二、甲苯和甲醇烷基化制高产率 PX

以廉价的甲苯和甲醇烷基化制备高产率 PX 已成为近年来的开发热点,目前研究多集中在催化剂的性能改进方面。

美孚公司开发的以磷酸铵等含磷化合物改性的硅铝比为 450 的 ZSM – 5 沸石催化剂,甲醇转化率可达 97.8%,甲苯转化率为 28.4%,PX 选择性为 96.8%。GTC 公司和印度 IPCC 公司联合开发了新的甲苯甲醇烷基化工艺和催化剂,采用固定床反应器和专用高硅沸石催化剂,PX 选择性为 85% 以上,催化剂运行周期 6~12 个月。

三、PX 增产技术

通过新型催化剂的开发和工艺组合,改进甲苯歧化、烷基转移、重芳烃脱烷基、异构化等技术,仍是当前 PX 增产技术的开发重点。

1. 甲苯歧化与烷基转移

对于传统的甲苯非选择性歧化与烷基转移技术,主要是开发更高性能的催化剂,以进一步提高其反应转化率和目的产物的选择性,并同时提高其反应空速、降低氢烃比。另外,提高 C_{10+} 芳烃的处理能力以充分利用重芳烃,提高非芳烃的处理能力以降低抽提单元负荷、减少能耗,也是甲苯歧化技术的发展趋向。

UOP 公司开发了以喷雾浸渍法制备的硫酸锆为催化剂,液相法非临氢的甲苯歧化与 C_9 芳烃烷基转移的改进工艺。UOP 公司还推出了一种利用两种催化剂的新工艺,将 C_9 芳烃与苯转化为 C_8 芳烃,通过双重烷基转移反应减少重芳烃的乙基损失,提高了二甲苯的选择性,减少了轻烃的生成。

菲纳公司公布了一种处理含高非芳烃原料的甲苯歧化的工艺,催化剂是用镍、钯或铂改性的丝光沸石,可处理甲苯含量为 80% ~ 90%、非芳烃含量为 10% ~ 20% 的进料,甲苯转化率为 50.7%。

SRIPT 开发了大孔 β 沸石型催化剂 MXT – 01,通过适当加强烷基转移反应,抑制甲苯歧化反应,可处理高 C_9 芳烃原料,并提高 C_8 芳烃产量,减少苯的产量。

至于选择性甲苯歧化,进一步提高其对位选择性及 PX 的收率仍是今后的研发重点。同时,为了更好地利用 C_9 及以上重芳烃资源,开发甲苯选择性歧化技术与苯、C_9 芳烃烷基转移技术相结合的组合工艺也将是未来发展趋势。

2. 二甲苯异构化

近年来,二甲苯异构化的研究主要侧重于催化剂的性能改进方面,以进一步提高乙苯的转化率和 PX 的选择性,减少芳环损失。在这方面 UOP 公布了多项专利:如一种以硅铝比为 20 ~ 45 的硅铝酸沸石和非沸石型分子筛为载体、铂族金属为活性组分、无机氧化物为黏合剂的催化剂,可有效转化乙苯,同时提高二甲苯混合物中的 PX 浓度,降低了苯的生成,减少了芳环的损失,产物中的 PX 含量可达 90% 以上。另一种以 β 沸石和 MTW 型沸石组成的催化剂,经表面酸洗脱铝处理,MTW 型沸石中硅铝比在 20 ~ 45,提高了对二甲苯产率,C_8 芳环的损失可降至 2.6%。同时,进料中可以包含不高于 30% 的如环烷烃和链烷烃等非芳烃化合物。

在二甲苯异构化工艺方面,催化剂布置向着双层或多层系统发展,通常一层为乙苯转化催化剂,另一层为二甲苯异构化催化剂。如 UOP 公司开发的双层催化剂体系,第一层为 ZSM – 5/Al_2O_3,未添加金属组分,主要起二甲苯异构化作用;第二层催化剂为 ZSM – 48/Al_2O_3,加入约 0.5% 的 Pt,具有加氢和脱氢作用,可以有效地使乙苯选择性异构化为二甲苯,提高了平衡浓度中的 PX 浓度。

3. 二甲苯分离

在二甲苯吸附分离工艺诞生后,结晶分离法已较少使用。近年来随着二甲苯择形技术开发,混合二甲苯溶液中 PX 浓度可提高至 80% 以上,使结晶分离法优势得以发挥,因此,结晶分离法又重新受到了人们的重视。一些已工业化的新型结晶分离技术主要有 BEFSPROKEM 公司的熔化静态洁净工艺(MSC)、SulzurChemthech 公司的降膜结晶工艺及 Raython/Niro 的结晶工艺。这些工艺得到的 PX 产品纯度均能达到 99.9% 以上。

IFP 在其吸附法分离工艺的基础上开发出了吸附与结晶相结合的组合工艺——Eluxyl 工艺,已实现工业化。与单纯的吸附分离工艺相比,组合工艺投资费用少,对原料要求低,适合对现有结晶法装置的改造。UOP 也开发了类似的组合工艺——HysorbXP。

BP 公司利用变压吸附技术分别开发了与结晶分离技术和模拟移动床分离技术相结合的两套组合工艺。

此外,利用高分子膜分离芳烃的研究日益受到重视,很可能是未来二甲苯分离的一个发展方向。

近年来,我国对 PX 的需求呈快速增长之势,供应缺口逐年增大。预计未来 5 年需求量仍将以年均 17% 左右的速率增长。因此,加快国内 PX 生产装置的建设与扩能改造,增加 PX 产量,提高自给率势在必行。

【任务小结】

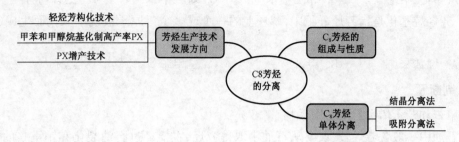

【项目小结】

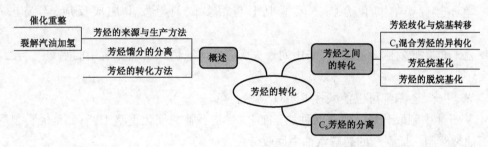

【项目测评】

一、选择题

1. 芳烃 C_9H_{10} 的同分异构体有(   )。

    A. 3 种   B. 6 种   C. 7 种   D. 8 种

2. 将石油中的(   )转变为芳烃的过程,叫作石油的芳构化。

    A. 烷烃或脂环烃   B. 乙烯   C. 炔烃   D. 醇

3. "三苯"指的是(   )。

    A. 苯、甲苯、乙苯   B. 苯、甲苯、苯乙烯

    C. 苯、苯乙烯、乙苯   D. 苯、甲苯、二甲苯

4. 在溶剂抽提过程中,所选用的溶剂称为(   )。

    A. 萃取液   B. 萃取剂   C. 抽提液   D. 提余液

5. 原混合物中的溶质被溶剂抽提后,剩下的溶液叫(   )。

    A. 萃取液   B. 萃取剂   C. 抽提液   D. 抽余液

6. 催化重整可得到(   )和重整氢。

    A. 芳烃   B. 重整油   C. 烷烃   D. 环烷烃

7. 不论何种来源的 C_8芳烃,其中以间二甲苯含量最多,通常是对二甲苯和邻二甲苯的总和,而石油化工迫切需要的(   )含量却不多。

    A. 间二甲苯   B. 邻二甲苯   C. 对二甲苯   D. 乙苯

8. 烷基芳烃分子中与苯环直接相连的烷基,在一定的条件下可以被脱去,此类反应称为(   )。

    A. 芳烃的脱烷基化   B. 芳烃的烷基化

    C. 芳烃的异构化   D. 芳烃歧化

9. 甲苯歧化反应生成苯和(　　)。

    A. 间二甲苯   B. 邻二甲苯   C. 对二甲苯   D. 三者均有

10. 芳烃烷基化是指芳烃分子中,苯环上的一个或多个氢原子被烷基取代而生成(　　)的反应。

    A. 烷基苯   B. 甲苯   C. 二甲苯   D. 乙苯

二、判断题

1. 甲苯和苯乙烯都是苯的同系物。(　　)

2. 石油中一般含芳烃较少,要从石油中取得芳烃,主要经过石油裂化和铂重整的加工过程。(　　)

3. 单环芳烃类有机化合物一般情况下与很多试剂易发生加成反应,不易进行取代反应。(　　)

4. 乙苯催化脱氢制苯乙烯中,采用列管式反应器比绝热式反应器所用的水蒸气与乙苯的比例大。(　　)

5. 苯、甲苯、乙苯都可以使酸性 $KMnO_4$ 溶液褪色。(　　)

6. 从石油中制取芳烃主要有两种加工工艺:一是石脑油催化重整工艺;二是烃类裂解法,即从石油裂解制乙烯副产的裂解汽油中回收芳烃。(　　)

7. 溶剂抽提,又称液—液萃取,是分离液体混合物的一种单元操作过程。(　　)

8. 根据吸附质的相态不同,吸附又分为气—固吸附及液—固吸附两大类。(　　)

9. 芳烃溶于溶剂后形成抽余液(芳烃＋溶剂)。(　　)

10. 芳烃的歧化反应是指两个相同芳烃分子在催化剂作用下,一个芳烃分子的侧链烷基转移到另一个芳烃分子上去的过程。(　　)

三、简答题

1. 工业芳烃的来源有哪些?

2. 何谓重整汽油和裂解汽油? 裂解汽油的组成怎样?

3. 什么是催化重整? 影响重整的因素有哪些?

4. 裂解汽油加氢工艺中,为何采用分段加氢? 影响加氢的因素有哪些?

5. 什么是萃取? 在芳烃分离过程中为何采用溶剂萃取? 在该过程中常采用的萃取剂有哪些?

6. 在芳烃生产过程中,芳烃抽提的作用是什么? 影响因素有哪些?

7. 由甲苯抽取苯和对二甲苯的反应原理是什么? 影响因素有哪些?

8. 叙述甲苯歧化和烷基转移的目的和工艺过程。

9. 如何由 C_8 混合芳烃制备对二甲苯? 基本生产过程是什么?

10. C_8 混合芳烃的分离方法是什么? 其原理分别是什么?

11. 模拟移动床的工作原理是什么?

四、方案设计

芳烃中的苯和对二甲苯需求量较大,请设计出二者的增产方案,可采用多种原料,并选出最理想的原料。

项目五　催化脱氢和氧化脱氢

【学习目标】

能力目标	知识目标	素质目标
1. 能查阅资料获取苯乙烯和丁二烯生产的相关信息； 2. 能进行苯乙烯和丁二烯生产工艺条件的分析、判断和选择； 3. 能阅读和绘制苯乙烯和丁二烯生产工艺流程图； 4. 能结合生产实际初步判断装置常见异常事故并掌握处理方法	1. 了解苯乙烯和丁二烯性质、用途； 2. 掌握苯乙烯和丁二烯生产过程的原理及工艺参数条件分析方法； 3. 了解苯乙烯和丁二烯生产中的主要设备结构、控制方法及三废治理、安全卫生防护； 4. 熟悉苯乙烯和丁二烯生产开车、停车过程及异常事故的处理方法	1. 具有安全生产意识和经济意识、逐渐树立责任感； 2. 具有分析问题、解决问题的能力，逐渐形成自我学习能力； 3. 具备表达、沟通和与人合作、岗位与岗位之间合作的能力

【项目导入】

一、催化脱氢和氧化脱氢的应用

在基本有机化工生产中，催化脱氢和氧化脱氢反应是两类相当重要的化学反应，是生产高分子合成材料单体的基本途径。工业上应用的催化脱氢和氧化脱氢反应主要有烃类脱氢、含氧化合物脱氢和含氮化合物脱氢等几类，其中以烃类脱氢最为重要。利用这些反应，可生产合成橡胶、合成塑料、合成树脂、化工溶剂等重要化工产品，如表 5 - 1 所示。表中最具代表性、产量最大、应用最广的产品是苯乙烯和丁二烯。

表 5 - 1　催化脱氢和氧化脱氢反应及其产品的主要用途

反应类别	反应式	产品主要用途
正丁烷脱氢制 1,3 - 丁二烯 （以下简称丁二烯）	$n - C_4H_{10} \xrightarrow{-H_2} n - C_4H_8 \xrightarrow{-H_2} C_4H_6$	合成橡胶单体 ABS 工程塑料单体
正丁烯氧化脱氢制丁二烯	$n - C_4H_8 + \frac{1}{2}O_2 \longrightarrow C_4H_6 + H_2O$	合成橡胶单体 ABS 工程塑料单体
异戊烯脱氢制异戊二烯	$i - C_5H_{10} \longrightarrow CH_2 = CH - \overset{CH_3}{C} = CH_2 + H_2$	合成橡胶单体
异戊烯氧化脱氢制异戊二烯	$i - C_5H_{10} + \frac{1}{2}O_2 \longrightarrow CH_2 = CH - \overset{CH_3}{C} = CH_2 + H_2O$	合成橡胶单体
乙苯脱氢制苯乙烯	+ H_2	聚苯乙烯塑料单体 ABS 工程塑料单体合成橡胶单体合成离子交换树脂

反应类别	反应式	产品主要用途
正十二烷脱氢制正十二烯	$n - C_{12}H_{26} \longrightarrow n - C_{12}H_{24} + H_2$	合成洗涤剂原料
甲醇氧化脱氢制甲醛	$CH_3OH + \dfrac{1}{2}O_2 \longrightarrow HCHO + H_2O$ （空气不足量）	酚醛树脂单体
乙醇氧化脱氢制乙醛	$CH_3CH_2OH + \dfrac{1}{2}O_2 \longrightarrow CH_3CHO + H_2O$ （空气不足量）	有机原料
乙醇脱氢制乙醛	$CH_3CH_2OH \longrightarrow CH_3CHO + H_2$	有机原料
正己烷脱氢芳构化	$n - C_6H_{14} \longrightarrow$ <化学结构：苯> $+ 4H_2$	溶剂,有机原料
正庚烷脱氢芳构化	$n - C_7H_{16} \longrightarrow$ <化学结构：甲苯，带CH₃> $+ 4H_2$	溶剂,有机原料

二、催化脱氢和氧化脱氢的反应类型

烃类脱氢反应根据脱氢的性质、反应方向和所得产品性质不同,分为以下几类:

（1）环烷烃脱氢:

$$\text{<环己烷结构>} \xrightarrow{\text{催化剂}} \text{<苯结构>} + 3H_2$$

（2）直链烷烃脱氢:

$$n - C_4H_{10} \xrightarrow{-H_2} n - C_4H_8 \xrightarrow{-H_2} C_4H_6$$

（3）芳烃脱氢:

$$\text{<苯环>}-CH_2-CH_3 \xrightarrow{\text{催化剂}} \text{<苯环>}-CH=CH_2 + H_2$$

（4）直链烃脱氢环化或芳构化:

$$n - C_6H_{14} \longrightarrow \text{<苯结构>} + 4H_2$$

（5）醇类脱氢:

$$CH_3CH_2OH \longrightarrow CH_3CHO + H_2$$

$$CH_3CHOHCH_3 \longrightarrow CH_3COCH_3 + H_2$$

　　脱氢反应由于受到化学平衡的限制,转化率不高,特别是低级烷烃和低级烯烃的脱氢反应,转化率一般较低。从化学平衡角度来看,增大反应物的浓度或降低生成物的浓度,都有利于反应的进行。如果将生成的氢气移走,则平衡会向脱氢方向移动,可提高平衡转化率。

　　将产物氢气移出的方法有两种,一是直接将氢气移出;二是加入某种物质,让其与所要移走的氢气结合,这些物质称为氢接受体。常用的氢接受体为氧气(或空气)、卤素和含硫化合物等,它们能夺取烃分子中的氢,使其转变为相应的不饱和烃被氧化,这种类型的烃类脱氢反应称为氧化脱氢。

氢接受体与氢结合时不仅可使平衡向脱氢方向转移,而且由于这些氢接受体与氢结合时可放出大量的热量,又可大大降低热量消耗,补充反应所需热量。

常见的氧化脱氢有:

(1)直链烃氧化脱氢:

$$C_4H_8 + \frac{1}{2}O_2 \longrightarrow C_4H_6 + H_2O$$

(2)芳烃氧化脱氢:

$$\bigcirc-C_2H_5 + \frac{1}{2}O_2 \longrightarrow \bigcirc-CH=CH_2 + H_2O$$

(3)醇类氧化脱氢:

$$CH_3CH_2OH + \frac{1}{2}O_2 \longrightarrow CH_3CHO + H_2O$$

三、催化脱氢的催化剂

脱氢反应是吸热反应,要求在较高的温度条件下进行,伴随的副反应较多,所以要求脱氢催化剂有较好的选择性和耐热性,而金属氧化物催化剂的耐热性好于金属催化剂,该催化剂在脱氢反应中受到重视。

对烃类脱氢催化剂的要求是:首先具有良好的活性和选择性,能够尽量在较低的温度条件下进行反应;其次催化剂的热稳定性好,能耐较高的操作温度而不失活;第三是化学稳定性好,金属氧化物在氢气的存在下不被还原成金属态,同时在大量的水蒸气下催化剂颗粒能长期运转而不粉碎,保持足够的机械强度;第四是具有良好的抗结焦性能和易再生性能。

工业生产中常用的脱氢催化剂有 Cr_2O_3—Al_2O_3 系列、氧化铁系列、磷酸钙镍系列:

(1)Cr_2O_3—Al_2O_3 系列催化剂,活性组分是 Cr_2O_3,Al_2O_3 作载体,助催化剂是少量的碱金属或碱土金属,其组成是 Cr_2O_3 为 $18\% \sim 20\%$,Al_2O_3 为 $80\% \sim 82\%$。水蒸气对此类催化剂有中毒作用,故不能采用水蒸气稀释法,而直接用减压法,且该催化剂易结焦,再生频繁。

(2)氧化铁系列催化剂,其活性组分是氧化铁(Fe_2O_3),助催化剂是 Cr_2O_3 和 K_2O。Cr_2O_3 可以提高催化剂的热稳定性,还可以起到稳定铁的价态作用。K_2O 可以改变催化剂表面的酸度,以减少裂解反应的进行,同时提高催化剂的抗结焦性。据研究,脱氢反应起催化作用的可能是 Fe_3O_4,这类催化剂具有较高的活性和选择性。但在氢的还原气氛中,其选择性很快下降,这可能是二价铁、三价铁和四价铁之间的相互转化而引起的,为此需在大量水蒸气存在下,阻止氧化铁被过渡还原。所以氧化铁系列脱氢催化剂必须用水蒸气作稀释剂。由于 Cr_2O_3 的毒性较大,已采用 Mo 和 Ce 来代替成为无铬的氧化铁系列催化剂。

(3)磷酸钙镍系列催化剂,以磷酸钙镍为主体,添加 Cr_2O_3 和石墨。如 $Ca_8Ni(PO_4)_6$—Cr_2O_3—石墨催化剂,其中石墨含量为 2%,Cr_2O_3 含量为 2%,其余为磷酸钙镍。该催化剂对烯烃脱氢制二烯烃具有良好的选择性,但抗结焦性能差,需用水蒸气和空气的混合物再生。

任务一　乙苯催化脱氢生产苯乙烯

【任务导入】

苯乙烯又名乙烯基苯,是无色油状液体,常压下沸点为 145.2℃,凝点 -30.6℃,难溶于水 (25℃时单体在水中溶解度为 0.032%,水在单体中溶解度为 0.07%),能溶于甲醇、乙醇及乙醚等溶剂。

苯乙烯在高温下容易裂解和燃烧,生成苯、甲苯、甲烷、乙烷、碳、一氧化碳、二氧化碳和氢气等。苯乙烯蒸气与空气能形成爆炸混合物,其爆炸范围为 1.1% ~ 6.1%。

苯乙烯毒性中等,在特定条件下猛烈发生聚合。苯乙烯在空气中允许浓度为 0.1mg/L,浓度过高、接触时间过长,则对人的眼睛、呼吸系统有刺激作用,对中枢神经起抑制作用。不过,在遵守一定的安全防护措施情况下,苯乙烯是比较安全的有机化合物。

为避免发生聚合,储存和运输苯乙烯中一般加入至少 10mg/kg 的 TBC 阻聚剂,最好不用密闭容器。尽量在室温下储存,若温度高于 27℃时,要考虑采取冷冻措施。储存的容器要求不用橡胶或含铜的材料制造。

苯乙烯具有乙烯基烯烃的性质,反应性能极强,如氧化、还原、氯化等反应均可进行,并能与卤化氢发生加成反应。苯乙烯暴露于空气中,易被氧化成醛、酮类。苯乙烯易自聚生成聚苯乙烯树脂,也易与其他含双键的不饱和化合物共聚。例如苯乙烯与丁二烯、丙烯腈共聚,其共聚物可用以生产 ABS 工程塑料,与丙烯腈共聚为 AS 树脂,与丁二烯共聚可生成乳胶或合成橡胶 SBR。此外苯乙烯还广泛用于制药、涂料、纺织等工业。

20 世纪 70 年代以后,由于能源危机和化工原料价格上升以及消除公害等因素,进一步促使老工艺向节约原料、降低能耗、消除"三废"和降低成本等目标改进,并取得许多显著成果,使苯乙烯生产技术达到新的水平。除传统的苯和乙烯烷基化生成乙苯进而脱氢的方法外,出现了 Halcon 乙苯共氧化联产苯乙烯和环氧丙烷工艺、Mobil/Badger 乙苯气相脱氢工艺等新的工业生产路线,同时积极探索以甲苯和裂解汽油等新的原料路线。迄今工业上用乙苯直接催化脱氢法生产的苯乙烯占世界总生产能力的 90%。

【任务分析】

一、反应原理

1. 主反应和副反应

1)主反应

$$\text{C}_6\text{H}_5\text{—CH}_2\text{—CH}_3 \xrightarrow{\text{催化剂}} \text{C}_6\text{H}_5\text{—CH}=\text{CH}_2 + \text{H}_2$$

2)副反应

在主反应进行的同时,还发生一系列副反应,生成苯、甲苯、甲烷、乙烷、烯烃、焦油等副产物:

$$\text{C}_6\text{H}_5-\text{CH}_2-\text{CH}_3 \rightleftharpoons \text{C}_6\text{H}_6 + \text{CH}_2=\text{CH}_2$$

$$\text{C}_6\text{H}_5-\text{CH}_2-\text{CH}_3 + \text{H}_2 \rightleftharpoons \text{C}_6\text{H}_5-\text{CH}_3 + \text{CH}_4$$

$$\text{C}_6\text{H}_5-\text{CH}_2-\text{CH}_3 + \text{H}_2 \rightleftharpoons \text{C}_6\text{H}_6 + \text{CH}_3-\text{CH}_3$$

$$\text{C}_6\text{H}_5-\text{CH}_2-\text{CH}_3 \rightleftharpoons 8\text{C} + 5\text{H}_2$$

$$\text{C}_6\text{H}_5-\text{CH}_2-\text{CH}_3 + 16\text{H}_2\text{O} \rightleftharpoons 8\text{CO}_2 + 21\text{H}_2$$

为减少在催化剂上的积炭,需在反应器进料中加入高温水蒸气,从而发生下述反应:

$$\text{C} + 2\text{H}_2\text{O} \longrightarrow \text{CO}_2 + 2\text{H}_2$$

脱氢反应是 1mol 乙苯生成 2mol 产品(苯乙烯和氢),因此加入蒸汽也可降低苯乙烯在系统中的分压,有利于提高乙苯的转化率。

2. 催化剂

乙苯脱氢工艺过程的关键技术是催化剂。催化剂的性能决定了乙苯的转化率和生成苯乙烯的选择性、蒸汽/烃比、液体时空速(LHSV)、运转周期等,也就是说催化剂的性能决定了脱氢过程的经济性。

国外许多公司对脱氢催化剂进行了大量研究。早期,美国采用 Standard 石油公司的 1707[*] 催化剂(Fe_2O_3—CuO—$\text{K}_2\text{O}/\text{MgO}$);德国采用 Farben 公司 Lu—114G 催化剂(ZnO—K_2CrO_4—K_2SO_4—MgO—CaO—Al_2O_3)。之后,脱氢催化剂都发展成以铁为基础的多组分催化剂。壳牌公司开发了以钾、铬为助催化剂的铁系催化剂 Shell 105(Fe_2O_3—K_2O—Cr_2O_3),为世界所广泛采用。由于铁化合物 Fe_2O_3 在反应过程的高温下还原成低价氧化铁,导致催化剂因结炭而失活,加入 Cr_2O_3 起稳定剂作用,K_2O(以 K_2CO_3 形式加入)具有抑制结炭的作用。20 世纪 70 年代以前用 Fe—Cr 催化剂;20 世纪 70 年代以后考虑到催化剂生产过程中 Cr 对环境的污染,苯乙烯生产厂家开始了无铬催化剂的研究与开发。

乙苯脱氢催化剂生产厂商主要有两家:Criterion 催化剂公司(壳牌公司和美国氰胺公司合资)和 Sud – Chemie 集团(包括德国 Sud – Chemie、美国联合催化剂公司和日本 Nissen Giedler 公司)。另外 Dow 和 BASF 则生产供本公司用的催化剂。Criterion 催化剂公司主要提供 C – 025A、C – 045、Versi Cat 和 Iron Cat 等型号催化剂,而 Sud – Chemie 集团主要提供 G – 64、G – 84 和 Styromax 系列催化剂。

今后催化剂开发方向是在减小水蒸气与乙苯的配比和降低压降的条件下提高选择性。催化剂使用的蒸汽与烃的比值一般为 8 ~ 10,LHSV 一般为 0.4 ~ 0.5h^{-1}。1995 年,Weymonth 实验室开发成功一种催化剂稳定工艺(CST)主要还是在催化剂本身配方和制备工艺上有所创新。

兰州石化公司、上海石油化工研究院和大连化学物理研究所也分别研究开发了 T315、

GS04、GS05、DC-1、DC-2、D3 等乙苯脱氢制苯乙烯催化剂,催化剂性能均达到国外同类催化剂水平。现将主要牌号乙苯脱氢制苯乙烯催化剂的工艺指标列于表5-2。

表5-2 主要牌号乙苯脱氢制苯乙烯催化剂的工艺指标

牌号	乙苯转化率,%	苯乙烯选择性,%	催化剂寿命,a
美国 G84C	65	96.7	1.5~2
G64	56	91	1.5~2
Shell 105	56	90	1.5~2
德国 BASF 催化剂	~60	93	>1.5
前苏联 K-24	70~75	90	>1.5
前苏联 K-26	75	90	>1.5
上海石油化工研究院 GS04,05	60	95	>1.0
兰州石化公司 T315	>55	90	>1.0

二、工艺条件

1. 反应温度

由反应原理的主、副反应知道,乙苯脱氢反应为可逆吸热反应。从热力学方面分析可知,升高反应温度,反应平衡常数增大,乙苯平衡转化率提高,苯乙烯平衡收率提高;从动力学上分析,反应温度升高,反应速率加快,乙苯转化率提高。当反应温度为600℃时,基本上没有裂解副产物生成;当温度超过600℃,随着温度升高,裂解副反应速率增加更快,副产物苯、甲苯、苯乙炔、聚合物等生成量增多,苯乙烯产率下降。另外,适宜的反应温度还应根据催化剂活性温度范围来确定,一般采用580~620℃,新催化剂控制在580℃左右。

2. 反应压力和水蒸气用量

乙苯脱氢反应是一个气体分子数增多的可逆反应。理论上,低压有利于乙苯平衡转化率及苯乙烯平衡收率的提高。但是,真空条件下进行高温操作易燃易爆,在工业生产中极不安全。为解决这一矛盾,工业上通常采用通入过热水蒸气的办法。这样,既降低了反应组分的分压,推动了平衡的有利移动,又避免了真空操作,保证了生产的安全运行。同时通入水蒸气还有如下作用:(1)水蒸气的热容比较大,通入过热水蒸气,可以供给脱氢反应所需要的部分热量,有利于反应温度稳定;(2)水蒸气可以脱除催化剂表面的积炭,恢复催化剂的活性,延长催化剂再生的周期;(3)水蒸气能将吸附在催化剂表面的产物置换,有利于产物脱离催化剂表面,加快产品生成速率;(4)主催化剂氧化铁在氢气中会被还原成低价氧化态,甚至被还原成金属铁,而金属铁对深度分解反应具有催化作用,通入水蒸气可以阻碍氧化铁被过度还原,以获得较高的选择性。

水蒸气用量增多,乙苯平衡转化率提高。而当水蒸气与乙苯的物质的量之比超过9时,乙苯转化率已无明显提高,而能量消耗更增大,设备生产能力降低。根据生产实践,采用水蒸气与乙苯的物质的量之比为(6~9):1左右。

3. 空速

乙苯脱氢是个复杂反应,空速低,接触时间增加,加剧副反应的发生,选择性下降,故需采用较高的空速,以提高选择性。虽然转化率不是很高,未反应的原料气可以循环使用,但必然会造成耗能增加。因此需要综合考虑,选择最佳空速。

4. 催化剂颗粒度

催化剂颗粒的大小影响乙苯脱氢反应的反应速率,脱氢反应的选择性随粒度的增加而降低,可解释为主反应受内扩散影响大,而副反应受内扩散影响小的缘故。所以,工业上常用较小颗粒度的催化剂,以减少催化剂的内扩散阻力。同时还可以将催化剂进行高温焙烧改进,以减少催化剂的微孔结构。

三、工艺流程

乙苯脱氢生产苯乙烯的工艺流程主要包括乙苯脱氢、苯乙烯精制与回收两大部分。

1. 乙苯脱氢部分

乙苯脱氢反应是强吸热反应,反应不仅要在高温下进行,而且需在高温条件下向反应系统供给大量的热量。根据供热方式及所采用的脱氢反应器型式的不同,相应的生产工艺流程也有差异。目前工业上采用的反应器型式主要有两种:一是由美国道化学公司创始的绝热式脱氢反应器;二是由德国巴斯夫公司首先采用的等温式脱氢反应器。这两种不同形式反应器的工艺流程的主要差别在于脱氢部分的水蒸气用量不同,热量的供给和回收利用不同。

1)绝热式反应器脱氢部分工艺流程

苯乙烯生产装置多采用绝热式脱氢反应器,其主要工艺有两种:Fina – Badger 法和 Monsanto法。这两种工艺原则上相似,但在细节上有些差异,所以在投资费用、产品收率、产品质量、能量利用、阻聚剂消耗、工厂操作可靠性以及操作弹性上有所不同。其中,Fina – Badger 脱氢工艺在现代苯乙烯工厂应用的比例超过 50%。绝热式乙苯脱氢工艺流程如图 5 – 1 所示。

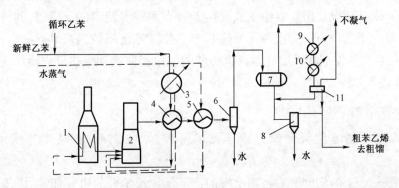

图 5 – 1　绝热式乙苯脱氢工艺流程

1—蒸汽过热炉;2—绝热反应器;3—预热器;4—第一换热器;5—第二换热器;
6、8—油水分层器;7、9、10—冷凝器;11—回收装置

2）等温式反应器脱氢部分工艺流程

等温脱氢工艺过程可用 BASF 的流程作代表,见图 5 - 2。等温脱氢过程中反应产物与原料气系统进行热交换,用烟道气直接加热的方法间接提供反应热,这是与绝热反应最大的不同。其优点是进料水蒸气比例减小,反应在 580 ~ 610℃进行,处于乙苯热裂解温度之下,有利于提高苯乙烯收率。

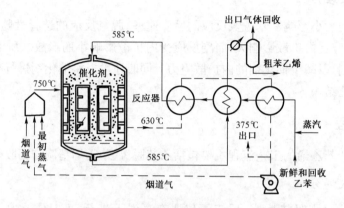

图 5 - 2 BASF 乙苯等温脱氢生产苯乙烯工艺流程

据计算,在相同转化率情况下,绝热反应收率为 88% ~ 91%,而等温反应收率为 92% ~ 94%。但是等温脱氢过程也有其缺点,比如受管式反应器催化剂床的压降限制,要求同时采用几个大型反应器操作,投资费用必然增加。

3）脱氢反应器型式与结构

近几年,在脱氢反应器上有许多改进,改进的目标是减少水蒸气比例、减少压降、降低过热温度、提高单程收率。由于各种新型脱氢炉的应用,苯乙烯选择性保持在 90% ~ 91% 的情况下,乙苯转化率由过去的 40% 提高到 60% 以上。UOP 公司设计的圆筒状辐射流动反应器,乙苯转化率达 50% ~ 73%,已被工业上普遍采用。Badger 公司设计了类似的反应器。Monsanto 化学公司设计的双蒸汽注射二段绝热反应器,乙苯转化率比单个反应器提高 10%,水蒸气比例有所下降,单位生产能力略有增加。UOP 公司设计的多段径向流动反应器提高了苯乙烯单程收率。Lummus 公司设计出兼有绝热式反应器特点和等温特点的反应器,其投资比等温式反应器低,水蒸气比也较传统绝热式反应器低,乙苯转化率较高。Momsanto 化学公司和 Lummus 公司还合作开发成功了带有蒸汽再沸器的二段径向流动绝热反应器。上述新型脱氢反应器示意于图 5 - 3。

2. 苯乙烯精制与回收部分

粗苯乙烯经精制才能得到聚合级苯乙烯,同时回收副产品,其工艺流程如图 5 - 4 所示。

粗苯乙烯进入乙苯蒸出塔 1,将未反应的乙苯及比乙苯轻的组分如苯、甲苯等与苯乙烯分离。塔顶分出的苯、甲苯、乙苯经冷凝冷却后部分回流入塔,其余部分送入苯、甲苯回收塔 2,在此塔中将苯、甲苯与乙苯分离,塔釜得到的乙苯循环进入反应器脱氢,塔顶得到的苯、甲苯经冷凝冷却后,部分回流,其余部分送入苯、甲苯分离塔 3,在此塔中将苯和甲苯分

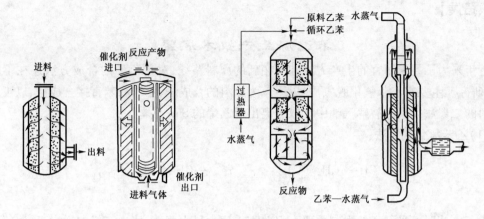

图 5 – 3　新型脱氢反应器

(a) UOP 圆筒辐射流动式；(b) Badger 圆筒辐射流动式；(c) UOP 多段径向流动式；
(d) Monsanto 和 Lummus 带蒸汽再沸器和二段径向流动式

离。乙苯蒸出塔 1 塔釜液主要是苯乙烯，含有少量的焦油，将其送入苯乙烯精馏塔 4 中进行精馏，塔顶获得纯度在 99% 以上的苯乙烯单体。塔釜的焦油中含有一定量的苯乙烯，可进行回收。上述流程中乙苯蒸出塔和苯乙烯精馏塔均需在减压下操作，为了防止苯乙烯的聚合，塔釜需加阻聚剂，例如二硝基苯酚、叔丁基邻苯二酚等。

精制苯乙烯关键生产技术有两个：一是采用高效阻聚剂以减少苯乙烯的损失；二是对沸点接近的乙苯、苯乙烯的分离塔的改进。

（1）传统生产工艺中长期用硫磺作阻聚剂，但由于硫在苯乙烯中溶解度不大，大量硫磺的使用使蒸馏过程中产生较多焦油。含硫焦油残渣的处理在环

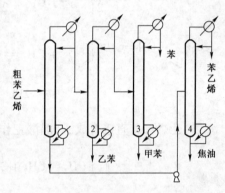

图 5 – 4　粗苯乙烯的分离和精制流程

1—乙苯蒸出塔；2—苯、甲苯回收塔；
3—苯、甲苯分离塔；4—苯乙烯精馏塔

境要求越来越苛刻情况下成了难题。积极开发非硫阻聚剂是各生产厂商近年不断探索的课题。作为工业用高效阻聚剂，对乙苯和苯乙烯应具有良好的溶解性和热稳定性，在 80 ~ 130℃ 下具有高的阻聚能力、用量少、性质稳定、易于脱除、价廉、易得、无毒无污染等特点。

（2）塔设备的改进和回收技术的发展。苯乙烯工业生产初期，乙苯—苯乙烯精馏采用金属丝网填料塔。随着生产规模的扩大，因填料塔分离效果较差，到 20 世纪 60 年代出现了板式塔工艺。近年来，国外又开发出板效高、阻力小的新型填料，各生产厂均相继改用新型填料塔，节能效果显著。如采用 Intalox 填料的一个 550kt/a 乙苯—苯乙烯分离精馏装置，与原用板式塔相比，塔釜温度由 106℃ 降到 83℃，塔釜压力由 30.9kPa 降到 13.7kPa，苯乙烯聚合损失由 1.42% 降到 0.024%。再如，Monsanto 公司采用 Mellapak 填料后，塔顶压力由 32.3kPa 降到 9.3kPa，釜温由 83℃ 降到 76℃，塔釜压力由 41.2kPa 降到 18.3kPa，处理能力提高 55%，聚合物大大减少。

苯乙烯生产技术展望

近年来为了寻求便宜的生产方法和开拓新的原料路线,对苯乙烯的合成方法还在不断地开发、研究。主要有乙苯氧化脱氢法、以甲苯为原料的合成法、乙烯和苯直接合成法、以丁二烯为原料的二聚法以及由裂解汽油中萃取分离出苯乙烯的 Stex 法。

(1)乙苯氧化脱氢法:

$$\text{C}_6\text{H}_5\text{—CH}_2\text{—CH}_3 + \frac{1}{2}\text{O}_2 \longrightarrow \text{C}_6\text{H}_5\text{—CH}=\text{CH}_2 + \text{H}_2\text{O}$$

由于乙苯脱氢受平衡的限制需要高温并需采用大量水蒸气,使生产成本增大,采用氧化脱氢法就可不受平衡限制。

(2)以甲苯为原料的合成法(540~650℃):

$$2\,\text{C}_6\text{H}_5\text{—CH}_3 + 2\text{PbO} \longrightarrow \text{C}_6\text{H}_5\text{—CH}=\text{CH—C}_6\text{H}_5 + 2\text{Pb} + 2\text{H}_2\text{O}$$

$$\text{C}_6\text{H}_5\text{—CH}=\text{CH—C}_6\text{H}_5 + \text{CH}_2=\text{CH}_2 \longrightarrow 2\,\text{C}_6\text{H}_5\text{—CH}=\text{CH}_2$$

$$2\text{Pb} + \text{O}_2 \longrightarrow 2\text{PbO}$$

(3)乙烯和苯直接合成法(醋酸钯作用下):

$$\text{C}_6\text{H}_6 + \text{CH}_2=\text{CH}_2 + \frac{1}{2}\text{O}_2 \longrightarrow \text{C}_6\text{H}_5\text{—CH}=\text{CH}_2 + \text{H}_2\text{O}$$

(4)以丁二烯为原料的二聚法:

$$2\text{CH}_2=\text{CH—CH}=\text{CH}_2 \xrightarrow{\text{二聚}} \text{乙烯基环己烷}$$

$$\text{乙烯基环己烷} \xrightarrow{\text{脱氢}} \text{C}_6\text{H}_5\text{—CH}=\text{CH}_2 + \text{H}_2$$

(5)裂解汽油中萃取分离苯乙烯的 Stex 法。乙烯工厂中联产裂解汽油,如不进行两段加氢而由其中直接萃取分离,可得到相当数量苯乙烯。日本东丽公司开发了这一技术,称为 Stex 法。据称,Stex 法可生产出纯度大于 99.7% 的苯乙烯,而生产成本仅为乙苯脱氢法的一半。

【任务实施】

乙苯催化脱氢生产苯乙烯操作

一、乙苯脱氢岗位主要职责

负责炉油(粗苯乙烯)的生产,脱氢是其主体作业。它包括对乙苯投入到炉油采出的生产过程进行调节、控制、检查、记录,并预防和处理生产事故。

二、乙苯脱氢岗位主要技能要求

（1）按工艺规程和岗位操作法独立进行脱氢炉点火、升温、投料等各项的开车、停车操作和正常操作，保证系统稳定运行。根据工艺参数、运行状态及分析数据判断出生产波动的原因，并能提出调节措施，具有对本系统检修后及更新改造设备进行试车和试生产的能力。

（2）能及时发现和处理本系统超温、泄漏、堵塞等生产过程中出现的异常现象和事故，在遇到突然停水、停电、停汽时能及时发现和妥善紧急处理，并具备进行系统的安全检查等应变和事故处理能力。

（3）正确使用本系统各种机、电、仪（或计算机）、计量器具等设施；检查和判断机、电、仪（或计算机）一般故障的原因；进行脱氢炉、换热器、罐等一般静止设备的清理、检修及工艺验收工作，具备设备及仪表使用维护能力。

（4）具备空速、线速、乙苯转化率、收率及选择性的工艺（工程）计算能力。

（5）能看懂本系统带控制点的工艺流程图和设备平面布置图，能画出本系统工艺流程简图和脱氢炉结构简图等。

三、苯乙烯精馏岗位主要职责

负责苯乙烯、乙苯的生产；对炉油或烃化液投入苯乙烯或乙苯产出的生产过程进行检查、记录、调控，并预防和处理生产事故。

四、苯乙烯精馏岗位主要技能要求

苯乙烯精馏岗位要求具有以下能力：

（1）进行开车前的真空操作，正确进行投料前的各阀门启、闭；正确控制投料后的升温速率和苯乙烯在塔内的停留时间；对操作过程进行分析判断，控制最佳工艺参数；对大修后设备和更新改造设备进行试车及试生产等工艺操作。

（2）发现和正确处理真空度下降、苯乙烯聚合堵塞等异常现象和事故；突然停水、停电、停汽时及时发现和妥善紧急处理；进行本系统的安全检查等应变和事故处理。

（3）正确使用系统所用机、电、仪（或计算机）、计量器具等设施，准确判断运行是否正常、检修、监护和检查；进行精馏塔、换热器、储罐等静止设备的清理检修及工艺验收，具备设备及仪表使用维护能力。

（4）根据生产过程、生产负荷的变化进行精馏塔的物料计算等工艺计算。

（5）能看懂本系统带控制点的工艺流程图、设备平面布置图及静止设备结构简图，能绘制本系统的工艺流程简图等。

五、苯乙烯生产仿真实例

苯乙烯仿真以某石化企业 $8 \times 10^4 t/a$ 苯乙烯装置的苯乙烯单元为依据建设而成，由苯乙烯工段全流程装置模型、装置模拟控制系统、计算机控制（DCS）系统、苯乙烯工段仿真软件、实训评价与管理系统等组成。

如图 5－5 所示，工艺流程分为 7 个工段：乙苯脱氢工段、汽提工段、尾气压缩工段、苯乙烯粗分离工段、乙苯回收工段、苯乙烯精制工段、苯/甲苯回收工段。

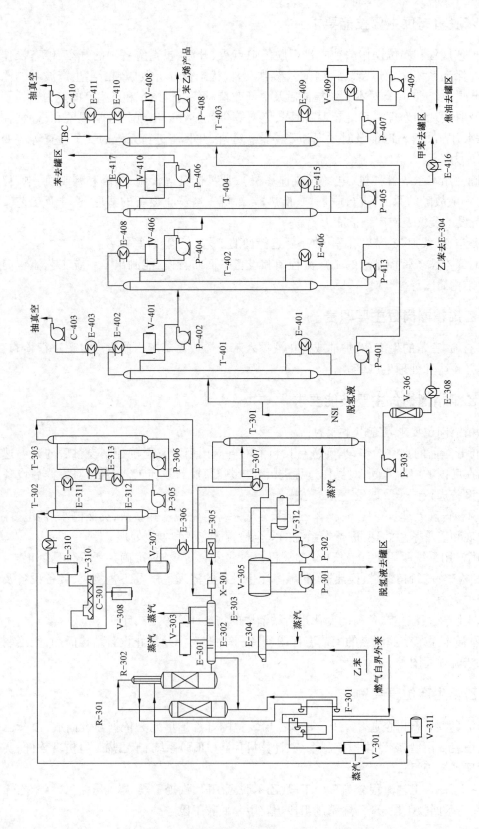

图5-5 8×10⁴t/a苯乙烯装置工艺流程

【任务小结】

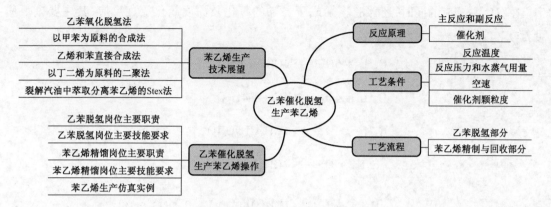

任务二 正丁烯氧化脱氢生产丁二烯

【任务导入】

丁二烯通常指1,3 - 丁二烯,又名二乙烯、乙烯基乙烯。丁二烯在常温常压下为无色而略带大蒜气味的气体,沸点 -4.6℃,在空气中的爆炸极限2% ~11.5%(体积分数)。丁二烯微溶于水和醇,易溶于苯、甲苯、乙醚、氯仿、二甲基甲酰胺、糠醛、二甲基亚砜等有机溶剂。

丁二烯是一种非常活泼的化合物,易挥发,易燃烧,与氧接触易形成具有爆炸性的过氧化物及爆米花状的聚合物。气体丁二烯比空气重,一旦泄出易在地面及低洼处积聚,与空气形成爆炸物,明火、静电等均可导致爆炸。在丁二烯的生产、储存和运输过程中,必须采取严格的安全措施。

丁二烯具有毒性,低浓度下能刺激黏膜和呼吸道,高浓度能引起麻醉作用。工作场所空气中允许的丁二烯浓度为 0.1mg/L。

丁二烯分子中具有共轭双键,化学性质活泼,能与氢、卤素、卤化氢发生加成反应,易发生自身聚合反应,也容易与其他不饱和化合物发生共聚反应,是高分子材料工业的重要单体,也是有机合成的原料。其主要用途是合成橡胶,其次是合成树脂及其他化工产品。

工业上获取丁二烯的方法主要有三种:丁烷或丁烯催化脱氢制取丁二烯、从烃类裂解制乙烯的副产物 C_4 馏分抽提丁二烯、丁烯氧化脱氢制取丁二烯。氧化脱氢法于 1965 年开始工业化,它开辟了从 C_4 馏分中获取丁二烯的新途径,而且较以前丁烯催化脱氢法有许多显著优点。因此,颇为科学界和企业界所重视,已逐渐取代了丁烯催化脱氢法。

【任务分析】

一、反应原理

1. 主、副反应

1)主反应

丁烯在催化剂作用下氧化脱氢制丁二烯,其主反应为:

$$C_4H_8 + \frac{1}{2}O_2 \longrightarrow C_4H_6 + H_2O$$

2）副反应

在发生主反应的同时，还伴有丁烯或丁二烯的氧化及深度氧化等副反应，其主要副反应如下：

$$C_4H_8 + 6O_2 \longrightarrow 4CO_2 + 4H_2O$$

$$C_4H_8 + 4O_2 \longrightarrow 4CO + 4H_2O$$

$$3C_4H_8 + 2O_2 \longrightarrow 4CH_3CH_2CHO$$

$$C_4H_8 + O_2 \longrightarrow 2CH_3CHO$$

$$C_4H_8 + \frac{3}{2}O_2 \longrightarrow C_4H_4O(呋喃) + 2H_2O$$

除此之外，还有丁烯的三种异构体，以很快的速率进行异构化反应：

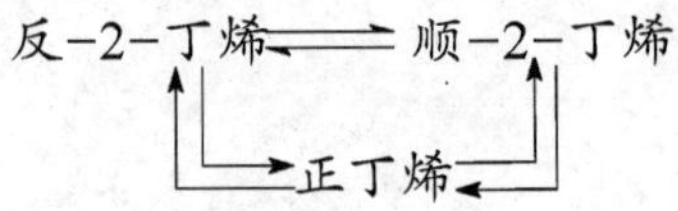

丁烯氧化脱氢生成丁二烯，一般是由反 $-2-$ 丁烯先异构化为正丁烯，然后正丁烯再氧化脱氢生成丁二烯。直接由顺、反 $-2-$ 丁烯氧化脱氢生成丁二烯所占比例甚少。

2. 催化剂

丁烯氧化脱氢反应是一个复杂过程，在反应过程中同时有许多副反应发生，为了有效地加速主反应的进行，抑制副反应的发生，提高反应的选择性，常常在反应过程中使用催化剂。已研究的正丁烯氧化脱氢制丁二烯的催化剂有许多种，其中应用于工业上的主要有两类，即钼酸铋系催化剂和尖晶石型铁系催化剂。

1）钼酸铋系催化剂

钼酸铋系催化剂是以 Mo – Bi 氧化物为活性组分，以碱金属、Ⅷ族元素的氧化物为助剂的多组分催化剂，例如 Mo – Bi – P – Fe – Ni – K – O、Mo – Bi – P – Fe – Co – Ni – Ti – O 等。常用载体为 SiO_2 或 Al_2O_3。催化剂制备采用流化床浸渍法，包括浸渍、干燥、分解及活化。钼酸铋系催化剂使用周期长，性能稳定，选择性高，不足之处是副产物含氧化合物尤其是有机酸的生成量较多，三废污染较严重。

2）尖晶石型铁系催化剂

$ZnFe_2O_4$、$MnFe_2O_4$、$MgFe_2O_4$、$ZnCrFeO_4$ 和 $Mg_{0.1}Zn_{0.9}Fe_2O_4$ 等铁酸盐是具有尖晶石型（$A^2 + B_2^3 + O_4$）结构的氧化物，是 20 世纪 60 年代后期开发的一类丁烯氧化脱氢催化剂。这类催化剂对丁烯氧化脱氢具有较高的活性和选择性，含氧副产物少，三废污染少。丁烯在这类催化剂上氧化脱氢，转化率可达 70% 左右，选择性达 90% 或更高。我国科学家自行研究，具有代表性的催化剂有 H – 198 和 B – 02 尖晶石铁系催化剂。两类催化剂性能举例见表 5 – 3。

表5－3　丁烯氧化脱氢制丁二烯反应的催化剂及性能举例

类型	催化剂	温度 ℃	转化率 %	选择性 %	收率 %	含氧化物(质量分数) %
钼酸铋系	Mo – Bi – P	480	63 ~ 68	77 ~ 78	53	8.4
尖晶石型铁系	H – 198	360	68 ~ 70	90	61 ~ 63	—
	B – 02	300 ~ 550	67.5 ~ 70.3	90 ~ 92	62 ~ 68	0.65 ~ 0.80
	F – 84 – 13	370 ~ 380	76 ~ 78	91.2 ~ 92.8	69 ~ 72	0.83

二、工艺条件

1. 反应温度

表5－4列出了采用 H－198 尖晶石型铁系催化剂在流化床反应器中,反应温度对丁烯氧化脱氢反应的影响。

表5－4　反应温度对丁烯氧化脱氢的影响(摩尔分数)　　　　单位:%

温度,℃	丁二烯收率	丁烯转化率	丁二烯选择性	$CO + CO_2$ 生成率
360	65.71	69.81	94.13	4.09
365	69.27	73.85	93.93	4.48
370	70.83	75.38	93.96	4.54
375	72.33	76.77	94.22	4.43
380	71.71	76.12	94.21	4.40

注:表中数据为压力 0.5MPa、丁烯空速 $300h^{-1}$、水烯比 11 及氧烯比 0.72 的条件下测得。

从表5－4数据可以看出,反应温度在一定范围内升高,丁烯转化率和丁二烯收率随之增加,而 CO 和 CO_2 生成率之和仅略有增加,丁二烯选择性无明显变化。过高的反应温度会导致丁烯深度氧化反应加剧,不利于产物丁二烯的生成,且温度过高,会使催化剂失活。反应温度太低,主反应速率减慢,丁烯转化率和丁二烯收率随之下降,设备生产能力降低。因此,应选择适宜的反应温度,以保证丁烯转化率和丁二烯收率在较经济的范围内,以及反应在稳定的操作条件下进行。

反应温度的选择还与催化剂种类和反应器结构型式有关。如 H－198 催化剂常使用于流化床反应器,反应温度一般控制在360 ~ 380℃;而 B－02 催化剂常使用于固定床二段绝热反应器,反应器出口气体温度控制可高达 550 ~ 570℃。

2. 反应压力

反应压力对反应过程的影响如图 5－6 所示。从图中可以看出,随着压力的增加,转化率、收率和选择性都下降。这是因为主反应为分子数增加的反应,压力的增加不利于

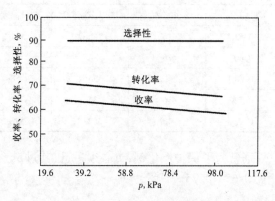

图 5－6　压力对反应过程的影响

化学平衡向着生成目的产物方向进行。虽然从动力学方程看,压力增加有利于提高丁烯分压,加快反应速率。但由于主反应级数低于副反应,所以压力升高更有利于副反应的进行。工业生产中操作压力的确定,主要考虑流体输送及过程压降问题。

3. 丁烯空速

丁烯空速大小表明催化剂活性的高低,它对反应过程的影响见表 5-5。

表 5-5　丁烯空速对反应的影响

丁烯空速,h^{-1}	丁二烯收率,%	丁烯转化率,%	丁二烯选择性,%	$CO + CO_2$ 生成率,%
250	72.73	77.47	93.88	4.47
280	71.94	76.62	93.89	4.68
300	70.18	74.92	93.67	4.74
320	69.99	74.63	93.78	4.63
350	69.66	74.02	94.11	4.35

由表 5-5 可见,空速由 $250h^{-1}$ 增至 $350h^{-1}$,丁烯转化率和丁二烯收率均下降,丁二烯选择性虽有所增加,但不明显。因此,丁烯空速的选择主要是从催化剂活性、停留时间、传质传热及生产能力等多方面考虑。

采用流化床反应器,空速与反应器的流化质量有直接关系,空速过高,导致催化剂带出量增加;空速太低,流化不均匀,易造成局部过热,催化剂失活,副反应增加,选择性下降。一般,流化床反应器丁烯空速为 $200 \sim 300h^{-1}$,固定床反应器丁烯空速为 $300 \sim 500h^{-1}$,甚至更高。

4. 氧烯比

丁烯氧化脱氢采用的氧化剂可以是纯氧、空气或富氧空气,一般采用空气。由于丁二烯收率与所用氧量直接有关,故氧烯比是一个很重要的控制参数。如表 5-6 所示,随氧烯比增加,转化率增加而选择性下降。由于转化率增加幅度较大,故丁二烯收率开始是增加的,但超过一定范围,氧烯比再增加时收率却下降。这是因为氧烯比增加到一定值后,生成乙烯基乙炔、甲基乙炔等炔烃化合物和甲醛、乙醛、呋喃等含氧化合物的副反应增加,且生成 CO 和 CO_2 的深度氧化反应也加剧,降低了反应选择性和丁二烯收率。但氧烯比过小,即氧量不足,将促使催化剂中晶格氧减少,使催化剂活性降低,同时缺氧还会使催化剂表面积炭加快,寿命缩短。

表 5-6　氧烯比对丁烯氧化脱氢影响

$n_{氧}:n_{丁烯}$	$n_{水蒸气}:n_{丁烯}$	进口温度,℃	出口温度,℃	转化率,%	选择性,%	收率,%
0.52	16	346.7	531.7	72.2	95.0	68.5
0.60	16	345	556	77.7	93.9	72.9
0.68	16	346	584	80.7	92.2	74.4
0.72	16	344	609	79.5	91.6	72.8
0.72	18	352.8	596.5	80.6	91.4	73.7

通常为了保护催化剂,氧必须过量,其过量系数一般为理论量的 30% ~50%,即控制氧烯比为 0.65 ~0.75。

5. 水烯比

水蒸气作为稀释剂和热载体,具有调节反应物与产物分压、带出反应热、避免催化剂过热的功能,水蒸气的加入还具有缩小丁烯爆炸极限、清除催化剂表面积炭以延长催化剂使用寿命的作用。水蒸气与丁烯比对反应的影响见表5-7。由表可知,水烯比在9~13,丁烯转化率、丁二烯收率及选择性均有提高,而含氧化合物含量略有下降。在工业生产中,一般流化床反应器控制在9~12,固定床反应器控制在12~13。

表5-7 水烯比对丁烯氧化脱氢的影响

$n_水 : n_烯$	丁烯转化率,%	丁二烯收率,%	丁二烯选择性,%	CO + CO₂生成率,%
9	70.98	66.02	93.01	4.96
10	72.74	67.82	93.24	4.92
11	74.90	70.02	93.48	4.88
12	75.32	70.08	94.00	4.52
13	75.66	71.29	94.22	4.38

注:表中数据为反应温度370℃、反应压力为0.5MPa、丁烯空速为300h⁻¹、氧烯比为0.72的条件下测得。

三、工艺流程

丁烯氧化脱氢生产丁二烯的工艺流程因所采用的催化剂和反应器型式不同可分为两类,即采用流化床反应器的丁烯氧化脱氢工艺流程和采用固定床反应器的丁烯氧化脱氢工艺流程。

1. 流化床反应器生产丁二烯的工艺流程

目前,国内流化床反应器进行丁烯氧化脱氢生产丁二烯,均采用 H-198 铁酸盐尖晶石催化剂,其工艺流程如图5-7所示。

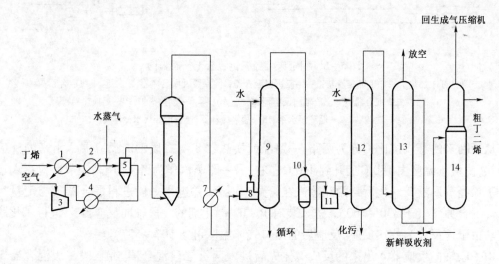

图5-7 丁烯氧化脱氢流化床法工艺流程图

1—丁烯蒸发器;2—丁烯过热器;3—空气压缩机;4—空气过滤器;5—旋风混合器;6—流化床反应器;7—废热锅炉;8—淬冷器;9—水冷塔;10—过滤器;11—生成气压缩机;12—洗醛塔;13—油吸收塔;14—解吸塔

原料丁烯经蒸发和过热水蒸气混合后,进入旋风混合器5。空气经空气压缩机压缩并预热到一定温度,从另一方向进入旋风混合器。丁烯:水:氧的配料比为1:10:0.7(物质的量之比),充分混合后的气体由底部进入流化床反应器6,在催化剂作用下进行丁烯氧化脱氢反应。反应过程利用床层内部换热器控制反应温度在 355～370℃。反应生成气进入反应器上部二级旋风分离器,将气流夹带的催化剂颗粒分离并返回反应器。为了终止二次反应,生成气迅速送废热锅炉 7 急冷,并回收部分热量,副产蒸汽供进料配比用。

离开废热锅炉的反应气体进入淬冷器 8 和水冷塔 9 进一步降温,并洗去夹带的催化剂粉尘。由塔底出来的水进入沉降槽,将催化剂粉尘沉降后,水循环使用。反应气体由塔顶引出,过滤后进入压缩机 11 升压至 1.1MPa 左右,以增加吸收过程传质推动力。升压后的气体送入洗醛塔 12,用水洗去其中所含醛、酮等含氧化合物。塔釜废水送化污池进行处理。自洗醛塔顶出来的反应气进入油吸收塔 13,与塔上部进入 60～90℃沸程的馏分油逆流接触,丁二烯和丁烯被吸收,未被吸收的气体(N_2、CO、CO_2、O_2)由塔顶放空。富含丁烯和丁二烯的吸收油从塔釜引出送入解吸塔 14,在解吸塔上段侧线采出粗丁二烯,送精制工序,塔釜吸收油循环使用。

2. 绝热式固定床反应器生产丁二烯的工艺流程

绝热式固定床反应器进行丁烯氧化脱氢生产丁二烯,一般采用 B-02 铁系尖晶石催化剂,其工艺流程如图 5-8 所示。

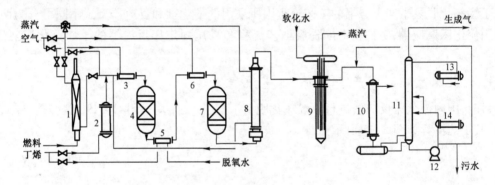

图 5-8　固定床丁烯氧化脱氢工艺流程图

1—开工加热炉;2—丁烯蒸发器;3——段进料混合器;4——段轴向反应器;5—二段一级混合器;
6—二段二级混合器;7—二段轴向反应器;8—前换热器;9—废热锅炉;10—后换热器;
11—洗酸塔;12—循环污水泵;13—盐水冷却器;14—循环污水冷却器

从管网来的蒸汽按比例分为两路:一路经前换热器 8 与二段轴向反应器 7 出来的反应气体换热,使蒸汽温度由 180℃上升到 460℃左右;另一路蒸汽作为旁路,用来调节反应器入口温度。丁烯经蒸发器 2 气化后与两路蒸汽在管路中混合,并进入一段进料混合器 3 与定量空气混合。混合原料气于 330～360℃,进入装有 B-02 催化剂的一段轴向反应器 4,进行氧化脱氢反应。由于该反应为放热反应,反应后的出口气体温度可达 507～557℃。

由一段轴向反应器 4 出来的反应气体先后进入两级二段混合器,在二段一级混合器 5 内喷入脱氧水,并按二段配料比加入液态丁烯馏分;在二段二级混合器 6 内,按二段配比要求加入空气。混合好的气体于 300℃左右进入二段轴向反应器 7 继续反应。

二段轴向反应器出口反应气体温度为 550～570℃,经前换热器 8 与配料蒸汽换热后温度降至 300℃左右进入废热锅炉 9,产生 0.6MPa(表压)的蒸汽并入蒸汽管网。从废热锅炉出来的反应气体温度约 200℃,为充分利用配料蒸汽的相变热,在管道上向废热锅炉出口的反应气喷入定量的水冷塔凝液,使其增湿饱和后进入后换热器 10,用循环软水回收其冷凝热。部分冷凝后的气液两相物料经分离后,液相去循环水泵,气相从塔下部进入洗酸塔11。洗酸塔顶加入10℃的冷却水,塔中部加入经冷却后的塔凝液,反应气在塔内经充分冷却,除去大量水分并洗去酸、酮和醛类,然后送后处理系统(与流化床法流程相同)。60℃的塔凝液与分离罐的冷凝液一起由循环水泵加压后,大部分经冷却后循环使用,少量送去增湿,多余部分送往污水处理系统。

【任务小结】

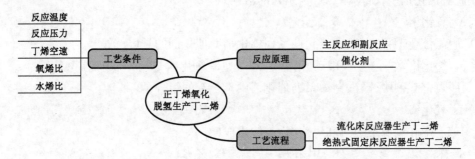

【项目小结】

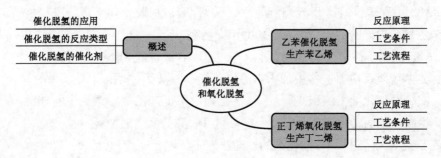

【项目测评】

一、选择题

1. 工业上应用的催化脱氢和氧化脱氢反应中,最为重要的是(　　)。

　　A. 烃类脱氢　　　　　　　　　　　B. 含氧化合物脱氢

　　C. 含氮化合物脱氢　　　　　　　　D. 含硫化合物脱氢

2. 下列化工产品中,最具代表性、产量最大、应用最广的产品是(　　)。

　　A. 异戊二烯　　　　B. 苯乙烯　　　　C. 正十二烯　　　　D. 甲醛

3. 下列化工产品中,(　　)是 ABS 工程塑料单体。

　　A. 异戊二烯　　　　B. 苯乙烯　　　　C. 正十二烯　　　　D. 丁二烯

4. 下列化工产品中,(　　)是合成橡胶单体。

　　A. 异戊二烯　　　　B. 苯乙烯　　　　C. 正十二烯　　　　D. 丁二烯

5. 下列化工产品中,(　　)是合成洗涤剂原料。

　　A. 异戊二烯　　　　B. 苯乙烯　　　　C. 正十二烯　　　　D. 甲醛

6. 下列化工产品中,(　　)是酚醛树脂单体。

　　A. 异戊二烯　　　　B. 苯乙烯　　　　C. 正十二烯　　　　D. 甲醛

7. 不属于常用的氢接受体的是( )。

    A. 氧气   B. 氮气   C. 卤素   D. 含硫化合物

8. 对烃类脱氢催化剂的要求是( )。

    A. 具有良好的活性   B. 具有良好的选择性

    C. 能够在较高的温度条件下进行反应   D. 能耐较高的操作温度

    E. 化学稳定性好   F. 有良好的抗结焦性能和易再生性能

9. 脱氢催化剂中,$Cr_2O_3 - Al_2O_3$系列的活性组分是( )。

    A. 氧化铬   B、氧化铝   C、氧化铁   D、磷酸钙镍

10. 脱氢催化剂中,可以是氧化铁系列催化剂助催化剂的是( )。

    A. 氧化铬   B. 氧化铝   C. 氧化铁   D. 磷酸钙镍

11. 脱氢催化剂中,磷酸钙镍系列催化剂中不含有的组分是( )。

    A. 氧化铬   B. 氧化铝   C. 石墨   D. 磷酸钙镍

12. 苯乙烯在高温下裂解和燃烧时,不能生成( )。

    A. 苯   B. 甲苯   C. 乙苯   D. 乙烷

13. 苯乙烯与丁二烯、丙烯腈共聚,其共聚物可用以生产( )。

    A. ABS 工程塑料   B. AS 树脂   C. 合成橡胶 SBR   D. 乳胶

14. 苯乙烯与丙烯腈共聚,其共聚物可用以生产( )。

    A. ABS 工程塑料   B. AS 树脂   C. 合成橡胶 SBR   D. 乳胶

15. 在乙苯脱氢反应器进料中加入高温水蒸气,具有以下作用( )。

    A. 减少在催化剂上的积炭   B. 降低苯乙烯在系统中的分压

    C. 提高乙苯的转化率   D. 降低反应热消耗

16. 乙苯脱氢工艺过程中,催化剂的性能决定了( )。

    A. 乙苯的转化率   B. 生成苯乙烯的选择性

    C. 液体时空速   D. 运转周期

17. 乙苯脱氢工艺适宜的反应温度一般采用( )

    A. ≤580℃   B. 580～620℃   C. 560～600℃   D. ≥620℃

18. 工业上通常采用( )办法降低反应压力。

    A. 减少进料   B. 降低温度   C. 过热水蒸气   D. 移走反应物

19. 工业上采用的乙苯脱氢反应器型式主要有( )

    A. 绝热式反应器   B. 等温式反应器   C. 流化床反应器   D. 固定床反应器

20. 两种不同形式乙苯脱氢反应器的工艺流程的主要差别在于( )。

    A. 脱氢部分的水蒸气用量不同   B. 热量的供给和回收利用不同

    C. 原料需求量不同   D. 操作温度不同

21. 等温脱氢过程与绝热反应最大的不同是( )。

    A. 脱氢部分的水蒸气用量不同   B. 热量的供给和回收利用不同

    C. 原料需求量不同   D. 操作温度不同

22. 乙苯蒸出塔的塔釜液主要是( )。

    A. 乙苯   B. 苯乙烯   C. 苯   D. 甲苯

23. 精制苯乙烯生产技术关键有（　　）。
　　A. 采用高效阻聚剂以减少苯乙烯的损失
　　B. 对沸点接近的乙苯、苯乙烯的分离塔的改进
　　C. 水蒸气、原料的用量
　　D. 热量的供给和回收利用

24. 苯乙烯工业生产初期，乙苯—苯乙烯精馏采用（　　）填料塔。
　　A. 拉西环　　　　　B. 鞍环　　　　　C. 鲍尔环　　　　　D. 金属丝网

25. 丁二烯易溶于（　　）。
　　A. 水　　　　　　　B. 醇　　　　　　C. 苯　　　　　　　D. 甲苯
　　E. 氯仿　　　　　　F. 糠醛

26. 丁二烯分子中具有共轭双键，化学性质活泼，能与（　　）发生加成反应
　　A. 氢　　　　　　　B. 醇　　　　　　C. 卤素　　　　　D. 卤化氢　　　　E. 苯

27. 丁二烯主要用途是（　　）。
　　A. 合成树脂　　　　B. 合成橡胶　　　C. 合成塑料　　　D. 合成其他化工产品

28. 工业上获取丁二烯的方法主要有（　　）。
　　A. 丁烷或丁烯催化脱氢制取丁二烯
　　B. 从烃类裂解制乙烯的副产物 C_4 馏分抽提丁二烯
　　C. 丁烯氧化脱氢制取丁二烯
　　D. 烃类裂解制丁二烯

29. 丁烯氧化脱氢生成丁二烯，一般是由（　　）。
　　A. 反 – 2 – 丁烯先异构化为正丁烯，然后正丁烯再氧化脱氢生成丁二烯
　　B. 顺 – 2 – 丁烯氧化脱氢生成丁二烯
　　C. 反 – 2 – 丁烯氧化脱氢生成丁二烯
　　D. 顺 – 2 – 丁烯先异构化为正丁烯，然后正丁烯再氧化脱氢生成丁二烯

30. 钼酸铋系催化剂是以（　　）为活性组分。
　　A. 碱金属　　　　　　　　　　　B. Mo – Bi 氧化物
　　C. SiO_2　　　　　　　　　　　D. Al_2O_3

31. 丁烯空速的选择主要是从（　　）等多方面考虑。
　　A. 催化剂活性　　　B. 停留时间　　　C. 传质传热　　　D. 生产能力

32. 丁烯氧化脱氢采用的氧化剂可以是（　　）。
　　A. 纯氧　　　　　　B. 空气　　　　　C. 富氧空气　　　D. 氮气

33. 丁烯氧化脱氢中，水蒸气作为稀释剂和热载体，具有（　　）功能。
　　A. 调节反应物与产物分压　　　　　B. 带出反应热
　　C. 避免催化剂过热　　　　　　　　D. 调节空速

34. 丁烯氧化脱氢生产丁二烯的工艺流程因所采用的（　　）不同可分为两类。
　　A. 温度　　　　　B. 压力　　　　　C. 反应器型式　　　D. 催化剂

35. 国内流化床反应器进行丁烯氧化脱氢生产丁二烯，均采用（　　）催化剂。
　　A. 钼酸铋系　　　　　　　　　　　B. H – 198 铁酸盐尖晶石
　　C. B – 02 铁系尖晶石催化剂　　　　D. Cr_2O_3 – Al_2O_3 系列

36. 绝热式固定床反应器进行丁烯氧化脱氢生产丁二烯,一般采用( )催化剂。

    A. 钼酸铋系   B. H-198 铁酸盐尖晶石

    C. B-02 铁系尖晶石催化剂   D. $Cr_2O_3-Al_2O_3$ 系列

二、判断题

1. 催化脱氢和氧化脱氢反应是生产高分子合成材料单体的基本途径。( )

2. 如果将生成的氢气移走,则平衡会向脱氢方向移动,会降低平衡转化率。( )

3. 氢接受体与氢结合时可使平衡向脱氢方向转移。( )

4. 接受体与氢结合时要吸收一定的热量。( )

5. 脱氢反应是吸热反应,要求在较高的温度条件下进行反应。( )

6. 氧化铁系列催化剂中,氧化铬可以提高催化剂的热稳定性,还可以起着稳定铁的价态作用。( )

7. 水蒸气对氧化铁系列催化剂有中毒作用。( )

8. 苯乙烯是合成单体,可以生产塑料,所以无毒。( )

9. 苯乙烯具有乙烯基烯烃的性质,反应性能极强。( )

10. 苯乙烯暴露于空气中,易被氧化成醛、酮类。( )

11. 苯乙烯易自聚生成聚苯乙烯树脂。( )

12. 乙苯脱氢工艺过程的关键技术是催化剂。( )

13. 乙苯脱氢反应为可逆放热反应。( )

14. 随着温度升高,裂解反应速率加快,苯乙烯生成量增多。( )

15. 水蒸气用量越多,乙苯平衡转化率提高,所以水蒸气越多越好。( )

16. 乙苯脱氢是个复杂反应,空速低,接触时间增加,加剧副反应的发生,选择性下降,故需采用较高的空速。( )

17. 脱氢反应的选择性随催化剂粒度的增加而增加。( )

18. 催化剂进行高温焙烧改进,以减少催化剂的微孔结构。( )

19. 乙苯脱氢反应是强吸热反应,反应不需要在高温下进行。( )

20. 乙苯脱氢生产苯乙烯的工艺流程主要包括乙苯脱氢、苯乙烯精制与回收两大部分。( )

21. 世界范围内正在操作或建设中的苯乙烯生产装置基本上都采用绝热式脱氢反应器。

22. 绝热式脱氢反应器主要工艺有两种:Fina-Badger 法和 Monsanto 法。( )

23. 粗苯乙烯经精制才能得到聚合级苯乙烯,同时回收副产品。( )

24. 乙苯蒸出塔和苯乙烯精馏塔均需在减压下操作。( )

25. 丁二烯微溶于水和醇,易溶于苯、甲苯、乙醚、氯仿、二甲基甲酰胺、糠醛、二甲基亚砜等有机溶剂。( )

26. 气体丁二烯比空气轻,一旦泄出易在地面及低洼处积聚。( )

27. 反应温度越高丁烯转化率和丁二烯收率也越高。( )

28. 丁二烯生产工艺中,随着压力的增加,转化率、收率和选择性都下降。( )

29. 采用流化床反应器,空速与反应器的流化质量有直接关系。( )

30. 空速太高,易造成局部过热,催化剂失活。( )

31. 氧烯比过小,氧量不足,催化剂中晶格氧减少,使催化剂活性降低。( )

32. 为了保护催化剂,丁二烯生产工艺中氧必须过量。( )

三、简答题

1. 催化脱氢反应共有几种类型？

2. 乙苯催化脱氢的主、副反应有哪些？

3. 试述压力对催化脱氢平衡的影响。

4. 提高温度对催化脱氢平衡有何影响？

5. 乙苯催化脱氢生成苯乙烯的催化剂有几种？其性能如何？

6. 乙苯催化脱氢生产苯乙烯的反应部分有几种流程？各有何优缺点？反应器结构如何？

7. 苯乙烯精制的技术关键是什么？

8. 乙苯脱氢生产苯乙烯的工艺流程由哪几部分组成？

9. 工业上生产丁二烯的方法有几种？

10. 丁烯氧化脱氢合成丁二烯生产过程的影响因素有哪些？它们对反应结果有何影响？

11. 丁烯氧化脱氢合成丁二烯过程中加入水蒸气的目的是什么？水蒸气的用量对工艺过程有何影响？

12. 丁烯氧化脱氢所采用的催化剂有几种类型？

13. 画出流化床法丁烯氧化脱氢生产丁二烯的工艺流程。

14. 苯乙烯和丁二烯的毒性如何？在生产、储存和运输过程中，有哪些安全注意事项？

项目六　催化氧化

【学习目标】

能力目标	知识目标	素质目标
1. 了解催化氧化在石油化学工业中的应用； 2. 能区别均相催化氧化和非均相催化氧化； 3. 能进行设备标识的识别，能识读工艺流程； 4. 具有化工工艺指标分析能力； 5. 能对催化氧化反应进行分类； 6. 了解催化氧化反应的共性； 7. 会选择催化氧化的氧化剂	1. 掌握催化氧化的定义； 2. 掌握乙醛催化自氧化制醋酸的工艺流程和反应条件； 3. 掌握乙烯络合氧化制乙醛的工艺流程和反应条件； 4. 掌握丙烯氨氧化生产丙烯腈的工艺流程和反应条件； 5. 熟悉乙醛催化自氧化、乙烯络合、丙烯氨氧化的基本原理及催化剂	1. 培养吃苦耐劳、爱岗敬业的职业素质； 2. 培养团队协作的精神和石油化工行业的职业道德； 3. 培养大胆创新精神； 4. 培养不伤害自己、不伤害他人、不被他人伤害的安全意识； 5. 培养环保意识和社会责任感

【项目导入】

一、催化氧化的应用

催化氧化是以生产化工原料、中间体及石油化工产品为目的的氧化过程，在石油化工生产中有着广泛的应用。早在 1896 年，德国巴登苯胺纯碱公司已用催化氧化法将萘氧化成邻苯二甲酸酐。此后，催化氧化技术在甲醇氧化制甲醛，乙醛氧化制醋酸，高级烷烃氧化制仲醇，环烷烃氧化制醇、酮混合物，Wacker 法制醛或酮，烯丙基氧化制不饱和腈，芳烃氧化制芳酸等过程中成功地得以应用。

近年来，随着石油化学工业的发展和选择性氧化有效催化剂的成功开发，催化氧化技术取得了更大的进展。新工艺、新技术不断开发和完善，使氧化产品类型不断扩大。目前由催化氧化过程生产的重要有机化工产品见表 6 – 1。表 6 – 1 中所列产品，它们量大用途广，有些是有机化工的重要原料和中间体，有些是三大合成材料的重要单体，有些是用途广泛的溶剂，在石油化学工业中占有十分重要的地位。

表 6 – 1　重要的催化氧化产品

醇类	醛类	酮类	酸类	酸酐和酯	环氧化物	有机过氧化物	有机腈	二烯烃
乙二醇	甲醛	丙酮	醋酸	醋酐	环氧乙烷	过氧化氢异丙苯	丙烯腈	丁二烯
高级醇	乙醛	甲乙酮	丙烯酸	苯酐	环氧丙烷	过氧化氢异丁烷	苯二腈	
环己醇	丙烯醛	环己酮	己二酸	顺丁烯二酸酐		过氧化氢乙苯	甲基丙烯腈	
异丁醇		苯己酮	甲基丙烯酸	均苯四酸二酐			乙腈	
			对苯二甲酸	醋酸乙酯				
			高级脂肪酸	丙烯酸酯				

二、催化氧化反应分类

1. 按反应物与氧的作用形式分类

在石油化工生产中,各种氧化产品所涉及的氧化反应大体可分为以下五类。

(1)在反应物分子中直接引入氧:

$$CH_2 = CH_2 + \frac{1}{2}O_2 \longrightarrow CH_3CHO$$

$$CH_3CHO + \frac{1}{2}O_2 \longrightarrow CH_3COOH$$

(2)反应物分子只脱去氢,脱下的氢被氧化为水:

$$CH_3CH_3 + \frac{1}{2}O_2 \longrightarrow CH_2 = CH_2 + H_2O$$

$$CH_3CH_2OH + \frac{1}{2}O_2 \longrightarrow CH_3CHO + H_2O$$

(3)反应物分子脱去氢,氢被氧化为水,并同时添加氧:

$$CH_2 = CH-CH_3 + O_2 \longrightarrow CH_2 = CH-CHO + H_2O$$

$$CH_3-\langle\text{benzene}\rangle-CH_3 + 3O_2 \longrightarrow COOH-\langle\text{benzene}\rangle-COOH + 2H_2O$$

(4)两个反应物分子共同失去氢,氢被氧化为水:

$$CH_2 = CH-CH_3 + NH_3 + \frac{3}{2}O_2 \longrightarrow CH_2 = CH-CN + 3H_2O$$

$$2\langle\text{benzene}\rangle-CH_3 + O_2 \longrightarrow \langle\text{benzene}\rangle-CH = CH-\langle\text{benzene}\rangle + 2H_2O$$

(5)降解氧化反应:

① 部分降解氧化反应。碳—碳键部分氧化,作用物分子脱氢和碳键的断裂同时发生:

$$CH_3CH = CH_2 + O_2 \longrightarrow CH_3CHO + HCHO$$

$$\langle\text{benzene}\rangle + \frac{9}{2}O_2 \longrightarrow \begin{array}{c} HC-C=O \\ \| \quad\quad O \\ HC-C=O \end{array} + 2CO_2 + 2H_2O$$

② 完全降解氧化反应。碳—碳键完全氧化,生成二氧化碳和水:

$$C_2H_6 + \frac{7}{2}O_2 \longrightarrow 2CO_2 + 3H_2O$$

$$C_2H_5OH + 3O_2 \longrightarrow 2CO_2 + 3H_2O$$

前四类反应,反应物分子中没有 C—C 键的断裂,主要发生在 C—H 键上。第五类反应,反应物分子中 C—C 键、C—H 键同时受到攻击而使碳链发生断裂,这类反应使反应物 C 原子不能充分利用,产物组成复杂。尤其是完全降解氧化反应,产物是 CO_2 和 H_2O,不仅损失了原料,而且有大量热量放出,使反应不易控制。故在氧化反应过程中应尽量避免完全降解氧化反应的发生。

2. 按反应物相态分类

工业上根据反应物状态不同,可将氧化反应分为液相氧化反应和气相氧化反应。液相氧化反应是指液体烃类在催化剂作用下通过空气(或氧)进行氧化的过程,此反应温度一般较低,但选择性好。较典型的是异丙苯液相氧化制苯酚,间甲基异丙苯液相氧化制取间苯酚等。气相氧化反应是将有机化合物的蒸气与空气(或氧)的混合气在高温下通过催化剂,使有机物适度氧化,生成目的产物的过程,工业上主要用于制备醛、羧酸、酸酐等。

三、催化氧化反应过程的共性

1. 强放热反应

催化氧化反应是强放热反应,尤其是完全氧化反应,释放的热量比部分氧化反应要大 8～10 倍。故在氧化过程中,必须严格控制反应温度,及时移走反应热。若释放的反应热不能及时移走,将会使反应温度迅速上升,反应速率加快,促使副反应增加,反应选择性下降,严重时可能导致反应温度无法控制,甚至发生爆炸。氧化反应的这一特点,在氧化反应器的设计上必须引起高度重视,除考虑足够的传热面积以移走热量,设备上还必须开设防爆口,装上安全阀或防爆膜。

2. 反应不可逆

烃类和其他有机化合物氧化反应的 $\Delta G^{\theta} < 0$,且负值很大,为热力学上不可逆,不受化学平衡的限制,理论上可达 100% 的单程转化率,这在热力学上非常有利。但许多反应为保证较高的选择性,转化率须控制在一定范围,否则会造成深度氧化而降低目的产物的收率。如丁烷氧化制顺酐,一般控制丁烷的转化率在 85%～90%,以保证生成的顺酐不继续深度氧化。

3. 氧化途径复杂多样

烃类及其绝大多数衍生物均可发生氧化反应,且存在平行、连串副反应的竞争。由于催化剂和反应条件的不同,氧化反应可以经过不同的路径,转化为不同的氧化产物。而这些产物往往比原料的反应性更强,更不稳定,易发生深度氧化,最终生成二氧化碳和水。因此,反应条件和催化剂的选择非常重要,尤其是催化剂的选择是决定氧化路径的关键。

4. 过程易燃易爆

烃类氧化反应一般以氧或空气作氧化剂,而烃类与氧或空气易形成爆炸性混合物,在设计和操作过程中应特别注意安全。表 6-2 列出了某些烃类与空气混合后的爆炸极限。

表 6-2　某些烃类与空气混合的爆炸极限(体积分数)　　　单位:%

爆炸极限	乙炔	乙烯	丙烯	丙烷	丁二烯	苯	甲苯	邻二甲苯	萘
下限	2.3	3～3.5	2.0	2.3	2.0	1.4	1.27	1.0	0.9
上限	82	16～29	11.1	9	11.5	9.5	7.0	6.4	5.9

四、氧化剂的选择

要在烃类或其他有机物分子中引入氧,可采用的氧化剂有多种,常见的有空气、纯氧、过氧化氢以及其他过氧化物等。对于产量巨大的石油化工产品而言,具有重要价值的氧化剂是空气或纯氧。

空气或纯氧作氧化剂,来源丰富,价格低廉,且无腐蚀性。以空气为氧化剂,比纯氧便宜,容易获得,但氧分压低,含大量的惰性气体,因而生产过程中动力消耗大,反应设备体积大,废气排放量也较多;用纯氧作氧化剂则可降低废气排放量,减小反应器体积,但需空分装置。究竟是使用空气还是纯氧,要视技术经济分析而定。

用空气或纯氧对某些烃类及其衍生物进行氧化,生成的烃类过氧化物或过氧酸,也可用作氧化剂进行氧化反应,如乙苯经空气氧化生成过氧化氢乙苯,将其与丙烯反应,可制得环氧丙烷。近年来,过氧化氢作为氧化剂发展迅速,使用过氧化氢氧化条件温和,操作简单,反应选择性高,不易发生深度氧化反应。

以上氧化剂在使用过程中,往往需配用相应的催化剂来提高氧化反应的速率和选择性。根据反应所采用催化剂的类型和反应物系相态的不同,催化氧化可分为均相催化氧化和非均相催化氧化。

【知识拓展】

有关爆炸的知识

物质在瞬间以机械功的形式释放出大量气体和能量的现象叫爆炸,爆炸可分为物理爆炸和化学爆炸。空气和可燃性气体等混合气体的爆炸、空气和煤屑或面粉的混合物爆炸等,都由化学反应引起,而且都是氧化反应。但爆炸并不都与氧气有关,如氯气与氢气混合气体的爆炸;且爆炸并不都是化学反应,如蒸汽锅炉爆炸、汽车轮胎爆炸则是物理变化。

可燃性气体、蒸气或粉尘与空气组成的混合物,并不是在任何浓度下都会发生爆炸,而是必须在一定的浓度比例范围内才能发生燃烧和爆炸。这种可燃物在空气中形成爆炸性混合物的最低浓度叫爆炸下限,最高浓度叫爆炸上限。可燃物浓度在爆炸上限和爆炸下限之间都能发生爆炸,这个浓度范围称为该物质的爆炸极限。

爆炸必须具备以下三个条件:

(1)爆炸性物质:能与氧气(空气)反应的物质,包括气体、液体和固体。气体如氢气、乙炔、甲烷等;液体如酒精、汽油;固体如粉尘、纤维粉尘等。

(2)氧气、空气。

(3)点燃源:明火、电气火花、机械火花、静电火花、高温、化学反应、光能等。

任务一　均相催化氧化

【任务导入】

均相催化氧化是指反应组分与催化剂相态相同,不存在相界面。均相催化氧化大多是气相或液相氧化反应,单纯的气相氧化反应因缺少合适的催化剂,且反应较难控制,故在工业上很少采用。液相氧化反应一般具有以下特点：

（1）反应物与催化剂同相，不存在固体表面上活性中心分布不均匀的问题，作为活性中心的过渡金属活性高，选择性好；

（2）反应条件比较缓和，反应平稳，易于控制；

（3）反应设备结构简单，容积小，生产能力高；

（4）反应温度通常不太高，分布比较均匀；

（5）在腐蚀性较强的体系时要采用特殊材质；

（6）催化剂多为贵金属，因此，必须分离回收。

在均相氧化反应中，乙醛氧化制醋酸、高级烷烃氧化制脂肪酸等氧化技术在工业上应用较早。这类氧化反应常用过渡金属离子为催化剂，具有自由基链式反应的特点，称为催化自氧化反应。1959 年，乙烯均相催化氧化制乙醛的瓦克法（Wacker）实现工业化，该法用 $PdCl_2$ - $CuCl_2$ - HCl 水溶液作催化剂，在反应过程中，烯烃先与 Pd^{2+} 形成活性络合物，然后转化为产物，也就是另一类均相氧化反应——络合催化氧化。

近年来，人们对均相催化氧化技术的研究给予高度的重视，并获得了迅速的发展，新的反应类型不断出现。例如在 $PdCl_2$ - $CuCl_2$ - LiCl - CH_3COOLi 催化剂存在下，乙烯、一氧化碳和氧直接羰化氧化合成丙烯酸；乙烯在 TeO - HBr 催化剂存在下，在醋酸介质中合成乙二醇等氧化方法。另外，还开发了用有机过氧化物为氧化剂的均相氧化新工艺，主要是应用于烯烃的环氧化，特别是环氧丙烷的生产，有良好的选择性，颇为世界各国关注。均相催化氧化反应类型较多，本任务主要讨论工业上广泛采用的催化自氧化和络合催化氧化两类反应，而以醋酸和乙醛为代表性产物。

【任务分析】

一、乙醛催化自氧化制醋酸

自氧化反应是指具有自由基链式反应特征，能自动加速的氧化反应。在无催化剂存在的条件下，反应也能自动进行，但需较长的诱导期。催化剂能加速链的引发，促进反应物引发成自由基，缩短或消除反应诱导期，大大加速氧化反应，称为催化自氧化。工业上常用此类反应生产有机酸和过氧化物。在适宜的条件下，也可获得醇、醛、酮等中间氧化产物。催化自氧化反应主要在液相中进行，常用过渡金属离子作催化剂。最典型的催化自氧化反应是乙醛催化自氧化制醋酸。

1. 醋酸的性质和用途

醋酸化学名为乙酸，是具有刺激性气味的无色液体，沸点 118℃，闪点 38℃，自燃点 426℃。纯醋酸（无水醋酸）在 16.58℃ 时就凝结成冰状固体，故称冰醋酸。醋酸能与水以任何比例互溶，溶于水后，冰点降低。醋酸也能与苯、醇等许多有机溶剂互溶。醋酸不燃烧，但其蒸气是易燃的，醋酸蒸气在空气中的爆炸极限是 4% ~17.0%（体积分数）。

醋酸是一种重要的有机化工原料，用途广泛，大量用于醋酸纤维工业和合成醋酸乙烯、醋酸酯等，也可作为医药、农药、染料、食品和化妆品等工业的原料。

2. 醋酸的生产方法

醋酸的合成方法主要有丁烷和轻油氧化法、甲醇羰基化法及乙醛氧化法三种。

（1）丁烷和轻油氧化法。丁烷和轻油氧化法的原料可以是丙烷、丁烷或轻油馏分。用正丁烷作原料时，醋酸的收率最高。该法用纯氧或空气作氧化剂，用含钴、锰等金属的醋酸盐或环烷酸盐作催化剂，在一定温度、压力下液相氧化，生成含醋酸、丙酸、丁酸、醛、酮、酯等混合氧化物，经分离提纯得到醋酸及一系列有用的副产品。由于副产物较多，分离过程复杂，且耐腐蚀钢材消耗也较多，只有少数国家仍在采用。但随着石油化学工业的发展，该法的原料来源不断增加，特别是 $C_4 \sim C_8$ 馏分，因而在世界范围内仍具有一定的发展前景。

（2）甲醇羰基化法。甲醇羰基化法早在 19 世纪初已进行研究，但由于反应条件苛刻、腐蚀严重、选择性低等难于实现工业化。1968 年，美国 Monsanto 公司成功开发了用铑作催化剂，在 3MPa、175℃条件下合成醋酸的新工艺。该工艺具有反应条件缓和、甲醇选择性高、提纯过程简单、原料路线多样化等优点，在许多国家已成为生产醋酸的主要方法。

（3）乙醛氧化法。乙醛氧化法具有工艺简单、技术成熟、收率高、成本低等，是目前工业上应用得最广泛的一种方法。该法的原料路线较多，煤、石油、天然气及农副产品都可作为原料。下面进行重点介绍。

此外，乙烯直接氧化制醋酸的方法 1997 年在日本实现了工业化，此法是以钯为催化剂的气相反应，与甲醇羰基化法或由乙烯经乙醛生产醋酸的方法相比，工艺流程简单，操作容易控制，装置投资费用较低，约为甲醇法的一半，为乙醛法的 70%。

3. 反应原理

1）自发反应原理

乙醛在常温和一定压力下，与氧气发生自氧化反应，生成醋酸，此反应是一个强放热反应，反应方程式为：

$$CH_3CHO + \frac{1}{2}O_2 \longrightarrow CH_3COOH + 294kJ/mol$$

常温下，乙醛可吸收空气中的氧自氧化为醋酸，这可能是由于乙醛分子中—CH＝O 基团中的 H 容易解离而生成自由基 $CH_3\dot{C}O$，且 $CH_3\dot{C}O$ 与氧作用生成的自由基 $CH_3COO\dot{}$ 反应性较大之故。$CH_3COO\dot{}$ 与乙醛结合生成过氧醋酸，而过氧醋酸可分解为醋酸并放出新生态氧，此新生态氧又能使一个分子乙醛氧化为醋酸。

在无催化剂存在下，过氧醋酸的分解速率十分缓慢，会使反应系统中积累过量的过氧醋酸，而过氧醋酸是一不稳定的具有爆炸性的化合物，其浓度积累到一定程度会突然分解而发生爆炸。因此，工业上由乙醛氧化制醋酸需在催化剂存在下进行。

2）催化反应原理

工业上由乙醛制醋酸常用的催化剂是可变价的锰、钴、镍等金属的醋酸盐或它们的混合物。一般醋酸锰效果较好，醋酸收率高，其反应机理可能为：

链的引发　　　　　　　　$CH_3CHO + Mn^{3+} \longrightarrow CH_3\dot{C}O + H^+ + Mn^{2+}$

链的传递　　　　　　　　　　$CH_3\dot{C}O + O_2 \longrightarrow CH_3COO\dot{}$

$$CH_3COO\dot{} + CH_3CHO \longrightarrow CH_3COOOH + CH_3\dot{C}O$$

所生成的过氧醋酸在催化剂存在下能与乙醛形成中间复合物（由于复合物的分解速率很

快,在反应物中几乎检查不出,因此其结构尚未弄清),然后分解成二分子醋酸:

$$CH_3COOOH + CH_3CHO \xrightarrow{\text{醋酸锰}} \text{中间复合物}$$

$$\text{中间复合物} \xrightarrow{\text{醋酸锰}} 2CH_3COOH$$

催化剂醋酸锰能加速中间复合物的形成和分解,使反应系统中过氧醋酸的浓度保持在较低程度,不致发生爆炸。催化剂的用量约为原料量的 0.1%(质量分数)。用量过低时氧的吸收率较低,仅达 93% ~ 94%,用量过高则给生产带来一定麻烦,如增加蒸发器的清洗频率等。

3)副反应

在主反应进行的同时,常伴有以下副反应:

$$CH_3CHO + 2O_2 \longrightarrow HCOOH + CO_2 + H_2O$$

$$CH_3COOH + CH_3OH \longrightarrow CH_3COOCH_3 + H_2O$$

$$3CH_3CHO + O_2 \longrightarrow CH_3CH(OCOCH_3)_2 + H_2O$$

$$2CH_3CHO + 5O_2 \longrightarrow 4CO_2 + 4H_2O$$

主要副产物是甲酸、甲醇、醋酸甲酯、二醋酸亚乙酯、二氧化碳等,反应温度较高或采用醋酸钴作催化剂时,这些副产物会增多。

4. 工艺条件的影响及选择

(1)原料纯度。原料中若含水会使催化剂失活,若含三聚乙醛或甲酸会使氧吸收率降低,应尽量减少它们的含量(质量分数),要求乙醛含量 > 99.7%,水含量 < 0.03%,三聚乙醛含量 < 0.01%。

(2)氧化剂。乙醛氧化所用氧化剂可以是空气或纯氧。工业上常采用纯氧作氧化剂,氧气能被反应充分吸收,效率较高,且乙醛不会被大量惰性气体带走。

(3)氧的扩散和吸收。氧的扩散和吸收对氧化过程有很大影响,它与通氧速率有关。通氧速率越快,气液接触面越大,氧的吸收率就越高。但当超过一定限度,由于氧的显著过量,氧的吸收率反而会降低,甚至带走大量的乙醛、醋酸。为了加快氧的扩散和吸收速率,可将氧气分上、中、下几段通入反应器中,并设置氧气分布器,使之均匀地分散成适当大小的气泡。

(4)反应温度。升高温度有利于过氧醋酸的形成和分解,但过高的温度会使副反应加快,并使易挥发的乙醛大量进入氧化塔上部的气相空间,而氧的溶解度却随温度升高而降低,这样气相中氧和乙醛的浓度增大,形成爆炸危险;若温度过低(< 40℃),氧化速率降低,过氧醋酸分解缓慢,造成过氧醋酸积累,也具有危险性。一般用纯氧作氧化剂时,温度控制在 55 ~ 85℃。

(5)反应压力。升高压力有利于氧被吸收,并能减少乙醛的挥发损失,但升高压力会使设备投资费用和操作费用增加,并增大爆炸的可能性。因此,只需稍加压力使乙醛在反应温度下保持液态。当用纯氧作氧化剂时,反应器顶部控制压力为 0.15MPa 左右。

5. 工艺流程

乙醛催化自氧化制醋酸的工艺流程如图 6 - 1 所示。乙醛和催化剂溶液自氧化反应塔的中上部加入,氧分两段或三段鼓泡通入反应塔,在反应塔中进行气液鼓泡反应,生成醋酸。氧化液自塔底流出,由循环泵输向外冷却器,在外冷却器中进行热交换,反应热由循环冷却水带走。降温后的氧化液再循环回氧化反应塔,反应液在塔内的停留时间约3h,反应温度由循环液进口温度控制。通入反应塔的氧量约大于理论需氧量10%,乙醛转化率可达97%,氧的吸收率约为98%。

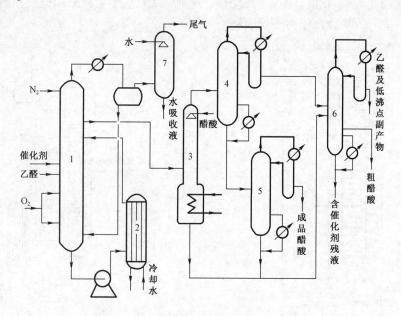

图6-1 乙醛催化自氧化制醋酸工艺流程

1—氧化反应塔;2—外冷却器;3—蒸发器;4—脱轻组分塔;5—脱重组分塔;6—醋酸回收塔;7—尾气吸收塔

未吸收的氧夹带着乙醛和醋酸蒸气自反应塔顶端排出,由于乙醛和氧能形成爆炸混合物,故氧化塔上部气相空间中氧浓度和温度必须严格控制。通常是通入一定量的氮,以稀释未反应的氧,使排出的尾气中氧含量低于爆炸极限。由于氧化温度高于常压下乙醛的沸点温度,氧化塔需保持一定的操作压力。尾气中带出的乙醛,经低温冷凝器分离后进入尾气吸收塔,回收后放空。

从氧化塔中上部溢流出来的氧化产物预热后进入蒸发器,用少量醋酸喷淋洗涤,蒸发分离掉醋酸锰和不易挥发的副产物。蒸气进入脱轻组分塔,分离除去沸点低于醋酸的物质,如未反应的少量乙醛及副产物醋酸甲酯、甲酸和水等,这些物质从塔顶蒸出。而醋酸与微量高沸物从塔底利用塔间压差进入脱重组分塔,除去高沸点副产物,可得纯度高于99%以上的成品醋酸。

蒸发器分离的醋酸盐和不挥发副产物、脱轻组分塔蒸出的副产物以及脱重组分塔除去的高沸点副产物等可经醋酸回收塔进一步分离,以回收未反应的乙醛、副产物甲酸甲酯和粗醋酸等。含有催化剂醋酸锰的残液,则送催化剂回收装置回收醋酸锰和粗醋酸。

6. 氧化反应器

乙醛催化自氧化生产醋酸的主要设备是氧化反应器,其结构必须满足乙醛氧化反应的工艺要求。而乙醛氧化制醋酸的主要特点是:反应是强放热反应,介质具有强腐蚀性,反应潜伏着爆炸危险等。故采用的氧化反应器要求是:能提供充分的相接触面,使反应过程良好,发挥最大限度的生产能力;能有效地移走反应热;设备材料必须具有耐腐蚀性能,并有安全防爆装置等。为满足以上要求,工业上常用的是鼓泡式塔式反应器,简称氧化塔,其气体分布装置一般采用多孔分布板或多孔管。按移除热量方式不同,氧化塔有两种型式:内冷却型和外冷却型。

1) 内冷却型氧化塔

具有多孔分布板的内冷却型氧化塔,氧分数段通入,每段设有冷却盘管,如图6-2所示。原料液体从底部送入,氧化液从上部溢流出来,这种型式反应器可以采用分段控制冷却水量和通氧量,但传热面太小,生产能力受到限制。

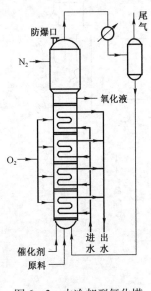

图6-2　内冷却型氧化塔

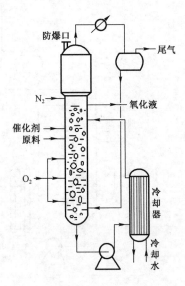

图6-3　外冷却型氧化塔

2) 外冷却型氧化塔

在大规模生产中都采用具有外循环冷却器的外冷却型氧化塔,如图6-3所示。此塔是一个空塔,设备结构简单,反应液在反应器外的冷却器中进行强制循环以除去反应热,循环液的进口略高于原料乙醛的入口,而氧化液的溢流口高于循环液进口。该塔具有设备生产能力大、产量高、反应塔内浓度分布均匀、生产容易控制、制造检修方便等优点。因此,在大规模生产醋酸时,都采用此塔。

在乙醛生产醋酸过程中,为了减少中间氧化产物,增加醋酸收率,上述两种氧化塔都采用全返混型。为使氧化塔耐腐蚀,延长因腐蚀引起的停车检修时间,氧化塔选用含镍、铬、钼、钛等的不锈钢材质。反应器的安全装置一般是采用防爆膜或安全阀。

二、乙烯络合氧化制乙醛

络合催化氧化,又称配位催化氧化,是均相催化氧化的另一重要领域。所用的催化剂是过渡金属的络合物,最主要的是Pd络合物。反应机理与催化自氧化不同,催化自氧化是通过可变价过渡金属离子的单电子转移引起链引发及氢化过氧化物的分解来实现氧化的过程。而在络合催化氧化反应中,催化剂的过渡金属中心原子与反应物分子形成配位键使其活化,并在配位上进行反应。具有代表性的络合催化氧化反应是在20世纪50年代末研究开发成功的乙烯在$PdCl_2 - CuCl_2 - HCl$水溶液中,直接氧化制乙醛的反应。

1. 乙醛性质和用途

乙醛是无色透明、易挥发的液体,具有辛辣的刺激性气味。熔点-123.5℃,沸点20.8℃,

着火点 43℃。乙醛能与水、乙醇、乙醚等以任何比例混合。乙醛蒸气与空气形成爆炸性混合物，爆炸范围 3.8% ~57%。乙醛的沸点较低，极易挥发，因此在运输过程中，先使乙醛聚合为沸点较高的三聚乙醛，到目的地后再分解为乙醛。

乙醛分子中具有羰基，反应能力很强，易发生氧化、缩合、聚合、加成等多种类型的反应。乙醛氧化可制醋酸、酸酐和过氧酸，与醇缩合可制季戊四醇、丁烯醇、正丁醇、1,3 – 丁二醇等；与苯酚缩聚生产的酚醛树脂可作涂料、黏合剂、酚醛塑料等；与氢氰酸反应得氰醇，可转化为乳酸、丙烯腈、丙烯酸酯等。此外，乙醛还广泛用于纺织、医药、塑料、化纤、燃料、香料和食品等工业。

2. 乙醛的工业生产方法

工业上生产乙醛的方法主要有乙炔水合法、乙醇氧化或脱氢法、丙烷—丁烷直接氧化法及乙烯络合氧化法四种。

乙炔水合法是乙炔在汞盐催化剂的作用下液相水合生产乙醛，技术成熟，乙醛纯度高。但以电石水解制得的乙炔为原料，能耗较大，同时使用硫酸汞作催化剂，毒性大，设备腐蚀严重。由于石油和天然气制炔技术的快速发展以及非汞催化剂的研究开发，乙炔水合法仍是一种有前途的工艺路线。

乙醇氧化或脱氢法以乙醇为原料，需考虑原料的来源。若以粮食发酵制得的乙醇为原料，则成本较高；而以乙烯水合制得的乙醇为原料，就比较经济合理。

丙烷—丁烷直接氧化法由于氧化副产物种类多、生成量大、分离困难、回收不易等问题，一般采用不多。

乙烯络合氧化法，又称瓦克法，是 20 世纪 60 年代的新工艺。该法乙烯原料来源丰富廉价，工艺过程简单，反应条件温和，乙醛收率高，副反应少，三废处理容易，被认为是生产乙醛最经济的方法，世界上约有 70% 的乙醛采用此法来生产。本任务主要介绍乙烯络合氧化法生产乙醛。

3. 反应原理

1）基本反应过程

将乙烯和氧（或空气）在一定的条件下，通入氯化钯、氯化铜的盐酸溶液进行液相氧化生产乙醛，化学反应式为：

$$CH_2\!=\!CH_2 + \frac{1}{2}O_2 \xrightarrow[\text{120 ~ 130℃,300 ~ 350kPa}]{\text{PdCl}_2 - \text{CuCl}_2 - \text{HCl 水溶液}} CH_3CHO + 244.53kJ/mol$$

实际上反应不是一步完成，而是由以下三个基本氧化还原反应组成：

（1）乙烯的羰化反应。乙烯在氯化钯水溶液中羰化反应，被氯化钯氧化为乙醛并析出金属钯，反应中乙醛分子中的氧来自水分子：

$$CH_2\!=\!CH_2 + PdCl_2 + H_2O \longrightarrow CH_3CHO + Pd\downarrow + 2HCl \qquad (1)$$

（2）金属钯的再氧化。反应（1）析出的金属钯被系统中的氯化铜氧化，变为二价钯，而氯化铜被还原为氯化亚铜：

$$Pd + 2CuCl_2 \longrightarrow PdCl_2 + 2CuCl \qquad (2)$$

钯的氧化反应速率较快，几乎可与第一步同时完成。所以，只要催化剂系统内有足够量的氯化铜存在，很少量的氯化钯就能够完成乙烯的连续羰化反应。

（3）氯化亚铜的氧化。反应（2）生成的氯化亚铜在盐酸溶液中迅速被氧化为氯化铜。

$$2CuCl + \frac{1}{2}O_2 + 2HCl \longrightarrow 2CuCl_2 + H_2O \qquad (3)$$

在上述反应中，反应（1）被还原的钯，通过反应（2）转变为二价钯，而反应（2）被还原的一价铜，在反应（3）中被氧化为二价铜，可见，上述三个反应组成了催化剂的循环体系。其中，$PdCl_2$是催化剂，$CuCl_2$是氧化剂，称共催化剂，没有$CuCl_2$的存在，就不能完成此催化过程。虽然反应（1）和反应（2）不需要氧，但系统中氧的存在也是必要的，其作用是将低价铜重新氧化转变成高价铜，以保持催化剂溶液中有一定浓度的$CuCl_2$，实现乙烯氧化制乙醛的完整过程。

2）催化剂溶液组成对其活性和稳定性的影响

乙烯络合氧化制乙醛的催化剂溶液中含有一定量的氯化钯、氯化铜、氯化亚铜、盐酸和水等，这些物质在溶液中能解离成Cu^{2+}、Cu^+、Cl^-、H^+或络合物$PdCl_4^{2-}$。在反应过程中，这些离子的浓度会随着化学反应的进行而发生改变。因此，工业生产中必须选择适宜的催化剂溶液组成，并控制其钯含量、铜含量、氧化度和pH值，以保持催化剂活性和稳定性。

（1）钯含量。在乙烯羰化反应中，具有催化能力的是氯化钯。氯化钯在溶液中以络合物$PdCl_4^{2-}$形式存在，而羰化反应速率与$PdCl_4^{2-}$浓度的一次方成正比。因此，催化剂溶液中氯化钯含量越高，乙烯的转化率也高，乙醛的产量增加。但其浓度过高，超过平衡浓度，则过量部分以金属钯沉淀析出，因而催化剂溶液中氯化钯含量应保持一定的浓度范围。根据实践经验，催化剂溶液中氯化钯含量在$0.2 \sim 0.3 kg/m^3$最佳。

（2）铜含量。氯化铜在反应中是金属钯的氧化剂，一般以Cu^+和Cu^{2+}之和称为总铜含量。在反应中，为了使钯氧化反应有效地进行，维持催化剂的高活性，必须有足够多的Cu^{2+}。但总铜含量过高，可使催化剂活性过高，反应不易控制，副产物增多，乙醛收率下降。因此，在生产过程中，一般总铜含量控制在$65 \sim 70 kg/m^3$，铜、钯物质的量之比为200：1左右。

（3）氯铜原子比。在催化剂溶液中，氯离子以两种形式存在，一种与Pd^{2+}和Cu^+形成$PdCl_4^{2-}$和$CuCl_2^-$络合物，保证$PdCl_4^{2-}$的平衡及Pd被氧化，提高Cl^-浓度有利于钯的氧化。另一种是游离态的Cl^-，提高其浓度却使乙烯羰化反应速率下降，两种效果相互制约，必须控制Cl^-浓度。一般在满足钯氧化反应平衡的前提下采用低浓度氯离子。工业生产中常用氯铜原子比表示，通常控制氯铜物质的量之比为$(1.4 \sim 1.6)$：1。

（4）氧化度。氧化度是Cu^{2+}浓度与总铜离子浓度的比值，即$[Cu^{2+}]/([Cu^{2+}] + [Cu^+])$。对于一定的氯铜比，有一最佳的氧化度，此时羰化速率最快。氧化度过高，Cu^{2+}在一定的氯铜比下增加，Cu^+减少，与Cu^+络合所耗Cl^-也随之减少，游离的Cl^-增加，从而阻碍乙烯羰化反应的进行。相反，氧化度过低，Cu^{2+}较少，不能维持较高的$PdCl_4^{2-}$浓度，钯易从溶液中析出，使乙烯羰化反应速率降低。在工业生产中，氧化度一般大于0.7。

（5）pH值。羰化反应速率与H^+浓度成反比，故催化溶液的酸度不宜过大。但催化剂溶液又必须保持酸性，不然会有碱式铜盐沉淀，不利于Cu^+的氧化。一般溶液的pH值控制在$0.8 \sim 1.3$，若在范围之外，则补加盐酸溶液可得到适当调节。此外，催化剂溶液中钯盐含量减少、氯化亚铜沉淀的生成以及循环气中氧含量的减少都会导致pH值的降低。

3）副反应

在钯盐催化下，乙烯的络合催化氧化反应具有良好的选择性，生成副产物的量不多，约5%，主要有以下几种：

（1）平行副反应。乙烯与 HCl 反应生成氯乙烷、氯乙醇等副产物：

$$CH_2 = CH_2 + HCl \longrightarrow CH_3CH_2Cl$$

$$2HCl + \frac{1}{2}O_2 \longrightarrow Cl_2 + H_2O$$

$$CH_2 = CH_2 + Cl_2 + H_2O \longrightarrow ClCH_2CH_2OH + H^+ + Cl^-$$

（2）连串副反应。主要有氯代、氧化、缩合等，生成氯代乙醛、氯代乙酸、烯醛、树脂状物质及深度氧化产物二氧化碳和水。此外，还可能有氯甲烷和草酸铜等副产物生成。这些副反应的发生，不仅会影响产品的收率，还会影响催化剂的活性。主要是因为副反应中草酸铜沉淀的生成、盐酸的消耗使催化剂溶液中 Cu^{2+}、H^+、Cl^- 等离子浓度降低，而改变催化剂的组成。因此，为使催化剂保持一定活性，在反应过程中应不断补充盐酸，并将催化剂加热再生以分解草酸铜沉淀。

4. 反应条件

反应条件主要包括原料纯度、原料气配比、原料转化率、反应温度、反应压力等，对乙烯络合氧化制乙醛的反应速率和选择性影响较大，必须选择适宜值。

（1）原料气纯度。原料乙烯中若含有乙炔、硫化氢和一氧化碳等杂质，易使钯催化剂中毒，降低反应速率，因此原料纯度必须严格控制。乙炔能与 Cu^+ 反应生成易爆炸的乙炔铜，并能与钯盐作用，生成钯炔化合物和析出金属钯，使催化剂组成发生变化，活性下降。硫化氢与氯化钯在酸性溶液中生成稳定的硫化物沉淀。而一氧化碳能将钯盐还原为钯。此外，原料气中惰性气体增加，会使放空量增大，乙烯的放空损失增加。因此，工业上使用的乙烯原料，要求纯度在 99.5% 以上，乙炔含量 < 30μg/g，硫化氢 < 3μg/g。为避免由氧气带入过多的惰性气体，氧的纯度也要求达到 99.5%。

（2）原料气配比。乙烯和氧气的配比从化学方程式来看，应为 2：1，此配比恰好处在乙烯—氧气的爆炸范围内，对生产十分不利。在实际生产过程中，常采用乙烯大量过量的办法使其处于爆炸范围之外。过量的乙烯须循环使用，为保证安全，必须控制循环气中乙烯含量在 65% 左右，氧含量在 8% 左右。若氧含量达到 9% 或乙烯含量降至 60% 时，就须立即停车，并用氮气置换系统内气体，排入火炬烧掉。此外，为使循环气组成稳定，惰性气体不致过于积累，生产中需放掉一小部分循环气。

（3）转化率。虽然催化剂对羰化反应具有良好的选择性，但在氧存在下，易发生连串副反应。这些副反应不仅使乙醛的收率降低，且导致催化剂活性下降。为抑制副反应的发生并使催化剂保持足够高的活性，必须严格控制较低的转化率，使生成的产物乙醛迅速离开反应区。此外，转化率还受到安全操作因素的限制。一般控制乙烯的转化率在 30% ~35%。

（4）反应温度。乙烯氧化制乙醛是放热反应，降低温度，对平衡有利。但温度过低，反应热不能及时移出，这主要是因为反应热是靠催化剂溶液中的水和产物乙醛的汽化移走，所以应当保证反应在沸腾情况下进行。一般控制反应温度为 120 ~130℃。

（5）反应压力。乙烯氧化制乙醛在气—液相中进行，增加压力有利于乙烯和氧气在催化剂液体中溶解，加速反应的进行。但由于反应温度、能耗、设备防腐的热性能及生成副产物等因素的制约，反应压力也不宜过高。由温度和压力的对应关系，当温度为 120 ~130℃ 时，压力为 300 ~350kPa。

5. 工艺流程

乙烯络合氧化制乙醛有两种生产工艺，即一步法和二步法。一步法工艺由 Hoechst 公司开发，是指羰基化反应和其他两步氧化反应在同一反应器中进行，用纯氧作氧化剂，故又称氧气法。二步法工艺是指羰基化反应和氧化反应分别在两个反应器中进行，在加压下用空气作氧化剂，故又称空气法。这里主要讨论一步法，其工艺流程如图6-4所示。该流程主要分三部分：氧化部分、粗乙醛精制部分和催化剂再生部分。

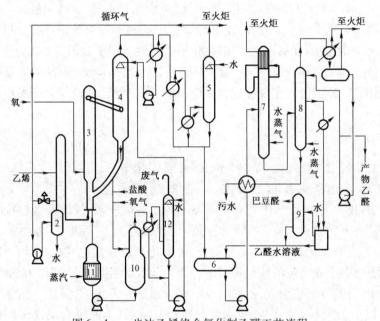

图6-4 一步法乙烯络合氧化制乙醛工艺流程

1—水环泵；2—水分离器；3—反应器；4—除沫分离器；5—水吸收塔；6—粗乙醛储罐；
7—脱轻组分塔；8—精馏塔；9—巴豆醛抽提塔；10—分离器；11—再生器；12—水洗涤塔

1) 氧化部分

原料乙烯和经水分离器分离水后的循环气混合后，自反应器底部进入，氧气则自反应器下部侧线送入。反应器是具有循环管的鼓泡床塔式反应器，无附属内件，结构简单，内盛催化剂溶液约占反应器体积的1/3。两股物料以鼓泡形式通入反应器，在反应器内催化剂溶液中快速分布并生成乙醛。反应在125℃和350kPa条件下进行，在这种反应条件下，反应器被密度较低的气液混合物所充满。气液混合物经反应器上部侧线进入除沫分离器，在除沫分离器中气体流速减小，气液分离，催化剂溶液沉降下来，从分离器底部经循环管自行循环返回至反应器。

反应气体自除沫分离器顶部排出，主要组分为乙醛、水蒸气、未转化的乙烯、氧气、少量的副产物及惰性气体等，称为工艺气。工艺气经第一冷凝器（温度约115℃），将大部分水蒸气冷凝下来，凝液全部返回除沫分离器，再回反应器。自第一冷凝器出来的气体继续进入第二冷凝器（75～85℃）、第三冷凝器（35～45℃），将乙醛和高沸点副产物冷凝下来，未凝气体进入水吸收塔，用水吸收未冷凝的乙醛。水吸收液和自第二、第三冷凝器出来的凝液一并进入粗乙醛储罐。水吸收塔顶部出来的气体含乙烯约65%，氧约8%，其他为少量氮气、氩、二氧化碳、氯甲烷和氯乙烷等，乙醛含量仅为100μg/g左右。为维持循环气组分恒定，避免惰性气体在循环气中积累，须将一部分排放至火炬烧掉，其余部分则作为循环气返回至反应器。

2）粗乙醛精制部分

乙烯氧化所得的粗乙醛水溶液中乙醛含量较低，约10%，另外还含有氯甲烷（沸点 -24.2℃）、氯乙烷（沸点 12.3℃）、丁烯醛（沸点 102.3℃）、醋酸（沸点 118℃）、乙烯、二氧化碳及少量高沸物等物质，这些物质和乙醛的沸点相差较远，可用一般精馏法分离。用泵将粗乙醛储罐中的溶液送至换热器预热后，入脱轻组分塔将沸点比乙醛低的化合物如氯甲烷、氯乙烷及溶解在溶液中的乙烯和二氧化碳等除去。由于氯乙烷和乙醛的沸点较接近，为避免乙醛的损失，在塔的上部加水吸收，用水将蒸出的乙醛加以回收。塔顶蒸出的气体混合物进塔顶冷凝器冷凝，凝液作塔顶回流，未凝气去火炬烧掉。

脱去低沸物的粗乙醛，利用压差进入乙醛精馏塔进行二次精馏。塔顶蒸出的纯乙醛经冷凝器冷凝，凝液部分作塔顶回流，另一部分冷却到40℃后进入纯乙醛储罐。侧线采出巴豆醛（丁烯醛）与水的恒沸物，经巴豆醛提取塔后得巴豆醛。塔釜液是脱除乙醛（乙醛含量 <0.1%）的废水，将其热量利用后排放至废水池。

3）催化剂再生部分

在反应过程中生成的不挥发性副产物、树脂及草酸铜留在催化剂溶液中。为保持催化剂的组成与活性，须从催化剂循环管中连续抽出一部分催化剂溶液进行再生。从催化剂循环管抽出部分催化剂溶液，加入氧气和盐酸（使溶液中的氯化亚铜全部氧化为氯化铜）后进入分离器。在分离器中使催化剂溶液和释放出来的气体—蒸汽混合物分离。顶部排出的气体—蒸汽混合物先经冷凝器冷凝，使其中可以液化的物料变为液体，而后将未凝气体在尾气洗涤塔内用水吸收，以收集夹带的乙醛和催化剂雾沫，所余尾气排至火炬烧掉，含有乙醛和催化液的水返回除沫分离器上部作为补充水。

分离器底部排出的催化剂溶液经泵升压后送至分解器，用蒸气直接加热到170℃左右，借助于催化剂溶液中二价铜离子的氧化作用将草酸铜氧化分解，转变成一价铜并释放出二氧化碳，再生后的催化剂溶液重新返回至反应器。此催化剂溶液中含有较高浓度的 Cu^+，应控制 $Cu^+ \leqslant 50\%$（按总铜计），否则容易堵塞管道。

6. 反应器结构与材质

乙烯络合氧化制乙醛所用反应器要求传质效果好，气液充分接触，催化剂溶液能充分返混，并能及时移走反应热。此外，由于反应介质具有强腐蚀性，要在反应器内采用专用材料。工业上采用带有循环管的鼓泡式反应器，基本结构见图6-5。

这是一个不装内件的立式圆筒形容器。反应器的外壁材质是碳钢，内衬防腐橡胶两层。由于乙烯络合氧化制乙醛是放热反应，反应温度可达130℃左右，而橡胶层不耐高温，为防止橡胶过热需再衬两层耐酸瓷砖来延长橡胶的使用寿命。设备衬胶、衬砖是本设备最主要的特点之一。

此外，在乙烯络合氧化制乙醛工艺流程中，由于采用的催化剂溶液含有盐酸，对设备腐蚀极为严重。

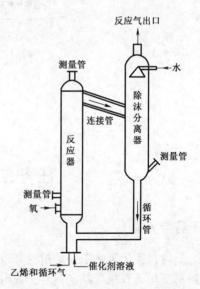

图6-5 带有循环管的鼓泡式反应器

因此,凡是与催化剂溶液直接接触的设备和管道都必须采取防腐措施。除上述反应器和除沫分离器外,催化剂再生器也必须具有良好的耐腐蚀性能。其余各法兰的连接和氧气管,须采用钛钢金属管。在乙醛精制部分,因副产物中含有少量乙酸及氯化物,对设备也有腐蚀,需采用含钼不锈钢。

7. 生产工艺的改进

近年来,为节能降耗减少污染,对乙烯络合氧化制乙醛的工艺流程做了多处改进:

(1)进一步利用排放的乙烯。将原来送至火炬烧掉的排放气送入第二氧化器,使其中乙烯进一步氧化为乙醛,可使乙醛的产量提高 0.5% ~ 1%。排出的尾气再经催化燃烧,产生高压水蒸气,回收热能。

(2)循环使用精馏排出的废水,减少排污。将精馏塔排出的废水约 90% 冷却至 15℃后,作为吸收塔吸收水使用,只将 10% 的废水进行排放处理。排放的水正好由脱轻组分塔加入的水蒸气来补充。

(3)降低吸收水温度,提高吸收液中乙醛浓度。以此来降低精制部分水蒸气的消耗。

乙烯液相络合催化氧化制乙醛,虽有优点,但也有缺点。如催化剂溶液具有强酸性,严重腐蚀设备、管道,对设备材质要求较高。为克服其缺点,人们对气相法直接合成乙醛工艺进行了大量研究,并取得了较大进展。

【任务小结】

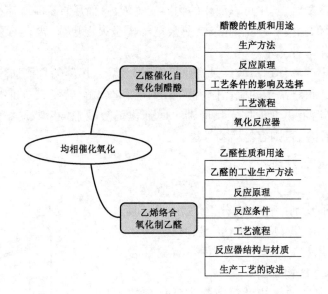

任务二　非均相催化氧化

【任务导入】

非均相催化氧化主要是指气态或液态有机原料在固体催化剂存在下,以气态氧作氧化剂,将原料氧化为有机产品的过程。所用的原料主要是烯烃和芳烃,也有用醇类或烷烃作原料。其中以烯烃和芳烃为原料制得的氧化产品的量较多,占总氧化产品的 80% 以上。与均相催化

氧化相比,非均相催化氧化具有以下特点:

(1)固体催化剂的活性温度较高。反应通常在较高的温度下进行,一般高于150℃,这有利于能量的回收和节能。

(2)反应过程的影响因素较多。由于反应经历扩散、吸附、表面反应、脱附、扩散五个步骤,因而反应过程不仅与催化剂的组成有关,还与其物理性质如比表面积、孔结构等有关。

(3)反应系统内传热过程复杂。催化剂颗粒内、催化剂颗粒和气体之间、催化床层和管壁之间等都存在着传热。

近年来,随着高效催化剂(高选择性、高转化率、高生产能力)的相继开发成功,非均相催化氧化在石油化学工业中得到了广泛的应用。重要的非均相催化氧化有:

(1)烷烃的催化氧化。工业上成功利用的是正丁烷气相催化氧化制顺丁烯二酸酐(简称顺酐),并副产醋酸,反应方程式为:

$$\text{C}_4\text{H}_{10} + \frac{7}{2}\text{O}_2 \xrightarrow[400\sim500℃]{\text{V}-\text{P}-\text{O}} \begin{array}{c}\text{CHCO}\\ \| \\ \text{CHCO}\end{array}\!\!\!\Big\rangle\text{O} + 4\text{H}_2\text{O}$$

(2)烯烃的直接环氧化。已工业化的是乙烯环氧化制环氧乙烷,反应方程式为:

$$\text{CH}_2 = \text{CH}_2 + \frac{1}{2}\text{O}_2 \xrightarrow[220\sim260℃]{\text{Ag}/\alpha-\text{Al}_2\text{O}_3} \text{C}_2\text{H}_4\text{O}$$

(3)烯丙基的催化氧化。这类氧化反应发生在 α—C 上的 C—H 原子上。对于烯烃,只有丙烯以上才有 α 碳。这些烃类在特定的催化剂上,在氧存在下,易发生 α—C—H 键的断裂,从而使 α—C 达到选择性氧化的目的。由于这类氧化反应都经历烯丙基的中间产物,所以统称为烯丙基氧化反应。这类氧化产物仍保留双键结构,且具有共轭体系特性,易发生自聚和共聚,生成多种重要的高分子化合物,在石油化工的单体生产中占有重要的地位。其中较典型的是丙烯氨氧化生产丙烯腈,反应方程式如下:

$$\text{CH}_3\text{CH} = \text{CH}_2 + \text{NH}_3 + \frac{3}{2}\text{O}_2 \xrightarrow[470℃]{\text{P}-\text{Mo}-\text{Bi}-\text{O}/\text{SiO}_2} \text{CH}_2 = \text{CHCN} + 3\text{H}_2\text{O}$$

(4)烯烃的乙酰基氧化。在催化剂作用下,氧与烯烃或芳烃和有机酸反应生成脂类的过程,称为乙酰基化反应。在这类反应中,以乙烯和醋酸乙酰基化生产醋酸乙烯最为典型,反应方程式如下:

$$\text{CH}_2 = \text{CH}_2 + \text{CH}_3\text{COOH} + \frac{1}{2}\text{O}_2 \xrightarrow[165\sim180℃,0.8\sim1.2\text{MPa}]{\text{Pd}-\text{Au}-\text{CH}_3\text{COOK}/\text{SiO}_2} \text{CH}_3\text{COOCH} = \text{CH}_2 + \text{H}_2\text{O}$$

(5)芳烃的催化氧化。在石油化工生产中,常用芳烃的催化氧化来生产酸酐。较典型的有苯氧化生产顺酐,萘和邻二甲苯氧化生产邻苯二甲酸酐(简称苯酐)等。苯氧化生产顺酐的反应方程式如下:

$$\begin{array}{c}\bigcirc\!\!\!\!\!\!\bigcirc\end{array} + \frac{9}{2}\text{O}_2 \xrightarrow[400℃]{\text{V}-\text{M}-\text{O}/\text{SiO}_2} \begin{array}{c}\text{CHCO}\\ \| \\ \text{CHCO}\end{array}\!\!\!\Big\rangle\text{O} + 2\text{H}_2\text{O} + 2\text{CO}_2$$

(6)醇的催化氧化。醇类氧化可得醛、酮等物质，如：

$$CH_3OH + \frac{1}{2}O_2 \xrightarrow[450℃]{Fe-Mo-O} HCHO + H_2O$$

(7)氧氯化反应。乙烯氧氯化制二氯乙烷、甲烷氧氯化制氯甲烷、二氯乙烷氧氯化制三氯乙烯和四氯乙烯等都属于氧氯化反应，这些反应都是以金属氯化物为催化剂，如：

$$C_2H_4 + 2HCl + \frac{1}{2}O_2 \xrightarrow[240℃]{CuCl_2/载体} CH_2Cl—CH_2Cl + H_2O$$

【任务实施】

丙烯氨氧化生产丙烯腈

一、丙烯腈的性质和用途

丙烯腈是重要的有机化工产品，在丙烯系列产品中位居第二，仅次于聚丙烯。在常温常压下，丙烯腈是具有刺激性臭味的无色液体，沸点77.3℃。丙烯腈能溶于多种有机溶剂中，与水部分互溶，在水中溶解度为7.3%（质量分数），水在丙烯腈中的溶解度为3.1%（质量分数），且能与水形成最低共沸物。丙烯腈剧毒，在室内允许浓度为0.002mg/L，在空气中的爆炸极限为3%～17%。因此，在生产、储存和运输中，应采取严格的安全防护措施。

丙烯腈分子中含有氰基和C＝C不饱和双键，化学性质活泼，能发生聚合、加成、水解和醇解等反应。纯丙烯腈在光作用下能自行聚合，因此在成品丙烯腈中须加入少量阻聚剂。除自聚外，丙烯腈还能与醋酸乙烯、苯乙烯、丁二烯、丙烯酰胺等发生共聚，制备出各种合成纤维、合成橡胶、合成塑料、涂料和黏合剂等。

丙烯腈是三大合成材料的重要单体，目前主要用它生产聚丙烯腈纤维（商品名叫"腈纶"）。其次用于生产ABS树脂（丙烯腈—丁二烯—苯乙烯的共聚物）和合成橡胶（丙烯腈—丁二烯共聚物）。丙烯腈水解所得的丙烯酸是合成丙烯酸树脂的单体。丙烯腈电解加氢、偶联制得的己二腈，是生产尼龙66的原料。

二、丙烯腈的工业生产方法

生产丙烯腈的方法主要有环氧乙烷法、乙炔法、乙醛法及丙烯氨氧化法。环氧乙烷法由于原料昂贵，氢氰酸毒性大，操作过程复杂，20世纪50年代初即被乙炔法所代替。乙炔法具有生产工艺简单、成本比环氧乙烷法低等优点。但是反应过程中副产物较多，丙烯腈分离困难，且需大量的电石，故生产发展受到地区资源的限制。乙醛法中原料乙醛能由乙烯大量廉价制得，生产成本比上述两法低，按理应有发展前途，但也因丙烯氨氧化法的工业化，本法在发展初期就夭折了。1959年，美国Standard石油公司成功开发了丙烯氨氧化一步合成丙烯腈的新方法，称索亥俄法（Sohio process）。该法由于丙烯价廉易得、工艺流程简单、设备投资少、产品质量高、又不需剧毒的HCN等许多优点，成为世界各国生产丙烯腈的主要方法，本任务重点介绍此法。

三、反应原理

1. 主、副反应

1）主反应

丙烯、氨、氧气在温度470℃、催化剂存在下发生反应生成丙烯腈，反应方程式为：

$$CH_3CH = CH_2 + NH_3 + \frac{3}{2}O_2 \longrightarrow CH_2 = CHCN + 3H_2O + 512.1kJ/mol$$

2)副反应

除生成丙烯腈外,尚有多种副产物生成,大致可分为三类:

(1)氰化物,主要是乙腈和氢氰酸,反应方程式为:

$$CH_3CH = CH_2 + 3NH_3 + 3O_2 \longrightarrow 3HCN + 6H_2O + 942.0kJ/mol$$

$$2CH_3CH = CH_2 + 3NH_3 + 3O_2 \longrightarrow 3CH_3CN + 6H_2O + 543.8kJ/mol$$

该类副产物中乙腈和氢氰酸生成量大且较有用,应设法回收。

(2)有机含氧化物,主要是丙烯醛,也可能有少量的丙酮以及其它含氧化合物,反应方程式为:

$$CH_3CH = CH_2 + O_2 \longrightarrow CH_2 = CHCHO + H_2O + 353.3kJ/mol$$

$$CH_3CH = CH_2 + \frac{1}{2}O_2 \longrightarrow CH_3COCH_3 + 237.3kJ/mol$$

(3)深度氧化产物,主要是 CO_2、CO 及 N_2,其中 CO_2 是产量最大的副产物,约占丙烯腈质量的 1/4,反应方程式为:

$$CH_3CH = CH_2 + \frac{9}{2}O_2 \longrightarrow 3CO_2 + 3H_2O + 1920.9kJ/mol$$

该类副反应危害较大,丙烯完全氧化生成 CO_2 的反应热是主反应的三倍多,所以在生产中必须注意反应温度的控制。

2. 催化剂

丙烯氨氧化所采用的催化剂主要有两类,一类是 Mo 系催化剂,一类是 Sb 系催化剂。

(1)Mo 系催化剂。Mo 系催化剂是复合酸的盐类。工业上最早采用的是 P – Mo – Bi – O(C – A)催化剂,代表组成为 $PBi_9Mo_{12}O_{52}$。其中,MoO_3 是活性组分;Bi_2O_3 无催化活性,主要起氧的传递作用;P 作助催化剂,起提高催化剂选择性的作用。P、Bi 和 Mo 的氧化物组成共催化剂体系,使催化剂具有较好的活性、选择性和稳定性。但该催化剂要求的反应温度高,丙烯腈收率低,副产物多,且有水蒸气存在,易造成 MoO_3 挥发损失。20 世纪 60 年代以来,Sohio 公司相继开发了代号为 C – 20、C – 41 及 C – 49 的催化剂。从 80 年代开始,上海石化研究院也相继开发了代号为 MB – 82、MB – 86、MB – 89 的催化剂,用于工业生产,性能良好。目前我国采用的主要是这类催化剂。

(2)Sb 系催化剂。Sb 系催化剂是重金属的氧化物或几种金属氧化物的混合物。早期采用的 Sb – U – O 催化剂,由于具有放射性,废催化剂处理困难,使用几年后已不采用。目前采用的是 Sb – Sn – O 或 Sb – Fe – O 催化剂。Sb – Fe – O 催化剂由日本化学公司研制,丙烯腈收率可达 75% 左右,副产物乙腈很少,价格也较便宜。

为提高催化剂强度、分散活性组分并降低其用量,丙烯氨氧化催化剂通常使用载体。根据反应所采用的反应器不同,载体的要求也不一样。对于流化床反应器,一般采用耐磨性能好的粗孔微球形硅胶做载体;对于固定床反应器,一般采用导热性能好、低比表面积、无微孔结构的惰性物质刚玉、碳化硅或石英砂等做载体。

四、工艺参数的选择

1. 原料纯度

原料丙烯由石油烃裂解气或催化裂化气分离所得,可能含有 C_2 烃、丙烷、C_4 烃等杂质,也可能有硫化物存在。在这些杂质中,乙烯没有丙烯活泼,少量乙烯存在对氨氧化反应无不利影响;丙烷和其他烷烃在反应中呈惰性,它们的存在只是稀释了丙烯的浓度,对反应没有影响;丁烯及高级烯烃性质比丙烯活泼,易氧化,不仅消耗氨和氧,而且生成的副产物混入丙烯腈中,增加分离困难。如正丁烯氧化生成甲基乙烯酮(沸点 80℃),异丁烯氧化生成甲基丙烯腈(沸点 90℃),其沸点与丙烯腈接近,给丙烯腈的精制带来困难,故应严格控制。此外,硫化物的存在,也会使催化剂活性下降,应预先脱除。原料氨用合成氨厂生产的液氨,其纯度达到肥料级就能满足工业生产要求;原料空气需经除尘、酸碱洗涤后使用。

2. 原料配比

合理的原料配比是保证丙烯腈合成反应稳定、副反应少、消耗定额低以及操作安全的重要因素。因此,严格控制投入反应器的各物料配比非常重要。

(1)丙烯与氨的配比。丙烯和氨的配比,除满足氨氧化反应外,还需考虑氨在催化剂上分解及副反应的消耗。另外,过量氨的存在对抑制丙烯醛生成有明显的效果。但氨用量过多也不经济,既增加氨的消耗量,又增加为中和氨所用硫酸的消耗量,且加重了氨中和塔的负担。为此,按照氨耗最少、丙烯腈收率最高,丙烯醛生成量最少的要求,工业生产中一般采用 $n_{丙烯} : n_氨 = 1 : (1.15 \sim 1.25)$。

(2)丙烯与空气的配比。丙烯氨氧化以空气作氧化剂,理论用量 $n_{丙烯} : n_{空气} = 1 : 7.3$,但工业生产中采用大于理论值的比值。主要是因为丙烯和空气的配比,除满足氨氧化反应的需要外,还应考虑副产物消耗的氧及保护催化剂活性组分处于氧化态所需的氧。为此,要求反应后尾气中氧含量为 $0.1\% \sim 0.5\%$。若空气加入量过多,不仅会使丙烯浓度下降,生产能力降低,还会促使反应物离开催化剂床层后继续发生深度氧化,反应的选择性下降。因而丙烯与空气的配比有一适宜值。这个数值与催化剂的性能有关。早期的 C - A 催化剂,$n_{C_3H_6} : n_{空气} = 1 : 10.5$ 左右;对 C - 41 催化剂,$n_{C_3H_6} : n_{空气} = 1 : 9.8$ 左右。

(3)丙烯与水蒸气的配比。从丙烯氨氧化反应的方程来看,无须加入水蒸气。但原料中加入一定的水蒸气有如下好处:首先,它作为一种稀释剂,可以调节进料组成,避开爆炸范围;其次,可促使产物从催化剂表面解吸,避免丙烯腈深度氧化;再次,可加快催化剂的再氧化速率,有利于稳定催化剂的活性;最后,水蒸气的加入有利于氨的吸附,防止氨氧化分解。但是,水蒸气的加入,势必降低设备的生产能力,增加动力消耗。水蒸气的加入量与催化剂种类有关,对于早期的 C - A、C - 21 都需添加水蒸气,加入量一般为 $n_{H_2O} : n_{C_3H_6} = (1 \sim 3) : 1$。流化床用 Mo 系七组分催化剂活性较高,且丙烯、氨、空气采取分别进料方式,则不需添加水蒸气。

3. 反应温度

反应温度是丙烯氨氧化的重要工艺条件。一般在 350℃ 以下,几乎不生成丙烯腈,随着温度的升高,丙烯转化率增加。图 6 - 6 给出丙烯在 Mo 系催化剂上氨氧化温度对主、副产物收率的影响。由图可知,当反应温度在 460℃ 左右时,丙烯腈收率最高,而此时氢氰酸和乙腈的收率较低。超过此温度,由于高温时深度氧化反应的加剧,丙烯腈的收率会明显下降;同时,过高的温度还会缩短催化剂的使用寿命。适宜的反应温度与催化剂的活性有关,对于 C - A 催化剂,需在470℃左右进行;对 C - 41 催化剂,其活性较高,适宜温度为440~450℃。

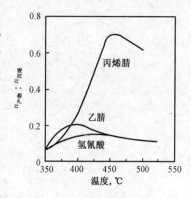

图 6 - 6　反应温度的影响

4. 反应压力

丙烯氨氧化是体积缩小的反应,增加压力对反应有利。同时,增加压力也能增加气体的相对密度,提高设备的生产能力。但研究表明,压力增加,会使选择性下降,丙烯腈收率降低。因此,生产中一般不采用加压操作,反应器中的压力只是为了克服后续设备及管线的阻力,通常压力为 55kPa。

5. 接触时间

丙烯氨氧化反应是气固相催化反应,反应在催化剂表面进行,因此,必须有一定的接触时间使原料气尽可能转化成目的产物。一般说来,适当增加接触时间,可提高丙烯转化率,但过分延长接触时间一方面会使丙烯腈深度氧化生成 CO_2,降低其收率;另一方面使设备的生产能力下降;同时,由于氧的过分消耗,易使催化剂由氧化态变为还原态,降低活性和使用寿命。适宜的接触时间与催化剂活性、选择性及反应器类型、反应温度有关,对于活性高、选择性好的催化剂,接触时间可短一些,反之则长一些。反应温度高时接触时间可短一些,反之则长一些。一般工业上选用的接触时间,流化床为 5~8s,固定床为 2~4s。

五、工艺流程

如图 6 - 7 所示,丙烯氨氧化生产丙烯腈工艺流程主要有丙烯腈的合成、产品和副产品的回收、产品的精制三部分构成。

1. 丙烯腈的合成部分

纯度为 97%~99% 的液态丙烯和 99.5%~99.9% 的液氨,分别经蒸发器蒸发,在管道中按一定比例混合后,从底部进入反应器。空气经除尘、压缩机压缩后,与反应器出口物料进行换热,预热至 300℃ 左右,按比例从底部经空气分布板进入反应器。各原料气管路中均装有止逆阀,以防事故发生时反应器中的催化剂和反应气体倒流。

原料在催化剂作用下,在流化床反应器中进行氨氧化反应。此反应是一个强放热反应,为控制反应温度,在反应器内设置一定数量的 U 形冷却管,通入高压热水,借水的汽化带走大部分反应热,产生高压过热水蒸气(2.8MPa 左右)。水蒸气可作为空气透平压缩机的动力,经空气透平机利用其能量后,转变为低压水蒸气(350kPa),可作为回收和精制部分的热源。反应放出的热量小部分被反应物料带走,在换热器内与原料空气换热,再经冷却管补给水加热器内与冷却水换热后,冷却至 200℃ 左右,送入后续的回收和分离工序,而此部分热量也可得到回收利用。

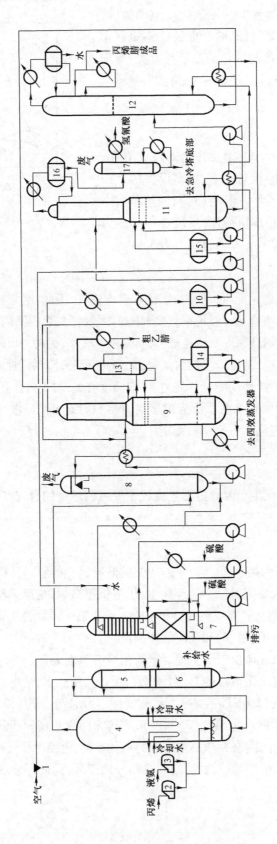

图6-7 丙烯氨氧化生产丙烯腈的工艺流程

1—空气压缩机；2—丙烯蒸发器；3—氨蒸发器；4—反应器；5—热交换器；6—冷却水补给管补给水加热器；7—急冷塔；8—水吸收塔；9—萃取精馏塔；10，15，16—分层器；11—脱氢氰酸精制塔；12—丙烯腈精制塔；13—乙腈解吸塔；14—丙烯腈精制塔；17—氢氰酸精馏塔

2. 产品和副产品的回收部分

从反应器出来的物料中含有少量未反应的氨,这些氨必须除去,因为在氨存在下易发生一系列副反应,如氨与丙烯腈反应生成氨基丙腈、HCN 与丙烯腈加成生成丁二腈、HCN 自聚、丙烯醛聚合、HCN 与丙烯醛加成及 CO_2 与 NH_3 反应生成碳酸氢铵等。生成的聚合物会堵塞管道;生成的碳酸氢铵在吸收液加热解吸时分解为氨和 CO_2,然后在冷凝器中又重新合成碳酸氢铵,造成冷凝器及管道堵塞;各种加成反应会使主产物收率降低。因此必须除去氨。

工业上采用硫酸中和法来除去氨,中和过程也是反应物料的冷却过程,故也称急冷塔。此塔分三段,上段设置多孔筛板,中段设置填料,下段是空塔,设有液体喷淋装置。反应物料从急冷塔下部进入,在下段首先与酸性循环水接触,清洗夹带的催化剂粉末、高沸物和聚合物,并中和大部分氨,反应温度从 200℃ 左右急冷至 84℃ 左右,然后进入中段。在中段用稀硫酸进一步清洗,将反应物料中剩余的催化剂粉末、高沸物、聚合物和残余氨脱除干净,温度从 84℃ 进一步冷却至 80℃ 左右,此段温度不宜过低,以免丙烯腈、氢氰酸等组分冷凝过多,进入液相而造成损失。为保证氨吸收完全,硫酸用量过量 10% 左右。为减轻稀硫酸溶液对设备的腐蚀,要求溶液的 pH 值保持在 5.5 ~ 6.0。经急冷塔下段水洗和中段酸洗后的反应物料进入上段,在筛板上与中性水接触,洗去夹带的硫酸溶液,温度进一步冷却至 40℃ 左右进入水吸收塔。急冷塔上部循环的中性水含有部分溶解的主、副产物,一部分循环使用,一部分与水吸收塔底部的吸收水汇合后送至精制工序处理。

由急冷塔顶排出的反应物含有大量惰性气体、产物丙烯腈、副产物乙腈和氢氰酸等,其有关物理性质见表 6-3。

表 6-3 丙烯腈主副产物有关物理性质

物理性质	丙烯腈	乙腈	氢氰酸	丙烯醛
沸点,℃	77.3	81.6	25.7	52.7
熔点,℃	−83.6	−41	−13.2	−8.7
共沸点,℃	71	76		52.4
共沸组成(质量比)	丙烯腈:水 = 88:12	乙腈:水 = 84:16	—	丙烯醛:水 = 97.4:2.6
该物在水中溶解度	7.4%(25℃)	互溶	互溶	20.8%
水在该物中溶解度	3.1%(25℃)			6.8%

丙烯腈和副产物乙腈、氢氰酸、丙烯醛能部分互溶或全部互溶,而惰性气体、未反应的丙烯、氧及副产物 CO_2 等不溶于水或部分溶于水,故工业上采用水吸收法使其分离。由急冷塔出来的反应物料进入水吸收塔,用温度为 5 ~ 10℃ 的冷水吸收分离。丙烯腈、乙腈、氢氰酸、丙烯醛等溶于水中,由塔底排出,与急冷塔上段部分循环水混合后一起送入萃取精馏塔。其他气体由塔顶排出,经焚烧后排入大气。在此吸收塔中,水的用量要足够,以使丙烯腈全部吸收下来,但吸收剂也不宜太多,以免造成废水处理量过大。一般水吸收液中丙烯腈质量含量为 4% ~ 5%,其他有机物质量含量为 1% 左右。

丙烯腈的水溶液含有多种副产物,需将其分离。其中,丙烯腈与水能形成共沸物,冷凝后产生油水两相;丙烯腈与氢氰酸可采用普通精馏法分离;而丙烯腈与乙腈沸点仅相差 4℃,需采用萃取精馏法使之分离。萃取精馏塔为一复合塔,塔顶蒸出的是氢氰酸、丙烯腈与水的共沸物,经冷凝后进入分层器,依靠密度差将上述混合物分为水相和油相,水相回流至萃取精馏塔,油相是粗丙烯腈。萃取精馏塔中部侧线采出粗乙腈水溶液，送至乙腈塔回收副产品乙腈。乙腈的精制比较困难，需物理化学方法并用。乙腈塔顶蒸出的乙腈水混合蒸汽经冷凝、分层后可得粗乙腈。乙腈塔釜液经提纯可得含少量有机物的水，这部分水再返回到萃取精馏塔中作补充水用。萃取精馏塔下部侧线抽出一股水，经热交换后送入水吸收塔作吸收水。萃取精馏塔塔釜出水送至四效蒸发系统，蒸发冷凝后作急冷塔上部中性洗涤用水，浓缩液少量焚烧，大部分送往急冷塔中部循环使用，以提高主副产品的收率，减少含腈废水处理量。

3. 产品精制

产品精制是将回收部分得到的粗丙烯腈进一步分离精制以获得聚合级产品丙烯腈和所需纯度的副产物氢氰酸。由分层器分层得到的油相粗丙烯腈中丙烯腈含量80%以上，氢氰酸10%左右，水约8%，其他微量杂质约2%，可用普通精馏法分离。粗丙烯腈先进入脱氢氰酸塔，使轻组分氢氰酸从塔顶蒸出，经冷凝、分层后送氢氰酸精馏塔可制得纯度达99.5%的氢氰酸。由脱氰塔侧线抽出的丙烯腈、水和少量氢氰酸混合物料在分层器中分层，富水相送往急冷塔回收氰化物，富丙烯腈相再由泵送回本塔进一步脱水。脱氢氰酸塔塔釜料液由泵送至丙烯腈精馏塔，塔顶蒸出丙烯腈和水的共沸物，经冷凝和分层，油相丙烯腈进入塔顶作回流，水层分出。塔釜为含有少量丙烯腈的水溶液，循环回萃取精馏塔作萃取剂。丙烯腈成品则由该塔侧线液相抽出，经冷却后，部分回流，部分送往丙烯腈成品储槽。

在回收和精制部分，由于所处理的丙烯腈、氢氰酸、丙烯醛等都易自聚，需加入阻聚剂加以防止。根据各物料聚合机理不同，阻聚剂也不一样。其中，丙烯腈一般采用对苯二酚、邻苯三酚等酚类物质作阻聚剂，氢氰酸一般加入二氧化硫、乙酸等酸性物质作阻聚剂。

六、丙烯氨氧化反应器

丙烯氨氧化是强放热反应，反应温度高而催化剂活性适宜的温度范围又比较窄，这就要求反应热必须及时移出。一般固定床反应器很难满足要求，因此在工业生产中大多采用流化床反应器，其结构如图6-8所示。按其外形和作用可分为床底段、反应段和扩大段三部分。

床底段为反应器的下部，主要起原料气预分配作用。此段有气体进料管、防爆孔、气体分布板、气体分散管等部件。气体分布板均匀开孔，气体分散管的开孔可以是等距离，也可以是不等距离。分散管和分布板之间有适当的距离，形成催化剂的再生区，可使催化剂处于高活性的氧化状态。丙烯—氨混合气、空气分别进料，可使原料混合气的配比不受爆炸极限的限制，比较安全。

反应段是反应器中间较长的圆筒部分。催化剂颗粒的聚集密度在此段最大，故又称浓相段，其作用是为丙烯氨氧化反应提供足够的反应空间，使反应进行完全。该段安装一定数量的垂直U形管，不仅能移走反应热，维持适宜的反应温度，还能破碎流化床内气泡，改善流化质量。

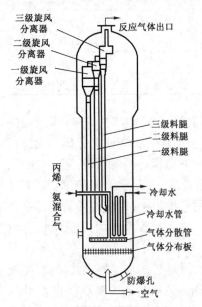

图6-8 丙烯氨氧化流化床
反应器结构图

扩大段是指反应器上部比反应段直径稍大的部分,其作用是回收气体离开反应段时带出的催化剂,主要靠安装在本段串联成二级或三级的旋风分离器来实现。在扩大段中催化剂的聚集密度较小,故又称为稀相段。

七、丙烯腈生产过程的废物处理

在丙烯腈生产过程中,有大量含有氢氰酸、丙烯腈、乙腈等氰化物的废水、废气产物,它们具有很大的毒性,必须经处理才能排放。

1. 废水处理

丙烯腈装置的废水主要是反应生成水和工艺过程用水。由于废水中氰化物的含量及污水成分不同,可将它们分别处理。对于水量少而氢氰酸和有机氰化物含量高的废水,可用焚烧法处理。对于水量大而氰化物(包括有机氰化物)含量低的废水,可用曝气池活性污泥法或生物转盘法处理。除上述方法外,还可采用加压水解法、湿式氧化法和活性炭吸附法等辅助措施来处理丙烯腈废水。

2. 废气处理

丙烯腈生产中的废气处理,近年来都采用催化燃烧法。这是一种对含低浓度可燃性有毒有机废气处理的重要方法。该法是将需处理的废气和空气通过负载型金属催化剂,使废气中含有的可燃有毒有机物在较低温度下发生完全氧化,生成 CO_2、H_2O 和 N_2 等无毒气体排出。催化燃烧后的尾气温度升至 $600 \sim 700 ℃$,可用于透平和发电,进一步利用其热能。

八、丙烯腈生产展望

为提高丙烯腈生产的收率,降低成本,减少污染,人们主要从丙烯腈生产方法、催化剂活性、操作条件等多方面进行了研究。

1. 采用更廉价的原料和更新的工艺

目前一些厂家正研究丙烷直接氨氧化生产丙烯腈的技术,将会成为取代丙烯氨氧化法的一种新工艺。该工艺不仅可以减少丙烷脱氢生产丙烯的流程,更重要的是丙烷价格低廉,可降低生产成本。如今,美国的 Du Pont 公司、Monsanto 公司、Sohio 公司及英国的 ICI 公司都在对此工艺进行开发研究,BP 公司已决定进行中试,相信在不久的将来该法在技术经济方面会有所突破。

2. 采用改进的催化剂

20 世纪 60 年代以来,世界各国都在研究丙烯氨氧化生产丙烯腈的催化剂,并取得了一定的进展。如国外 BP 公司研制的 C - 89 型,国内研制的 MB - 86、MB - 89 型催化剂,在丙烯腈收率和催化剂活性方面都有了进一步提高。

3. 优化操作条件

根据生产工艺,选择最佳操作条件,并根据需要,实行动态控制。

4. 采用无氨工艺

在丙烯腈的生产工艺中,氨中和塔得到的硫酸铵含有氰化物,易使土壤板结。随着环保意识的增强,丙烯腈合成后的无氨工艺日益引人关注。为此,寻求更高氨转化率的催化剂,改进反应器的结构,来减少以至消除未反应的氨,这就有可能取消氨中和塔,简化工艺流程,减少污染,实现清洁生产。

【任务小结】

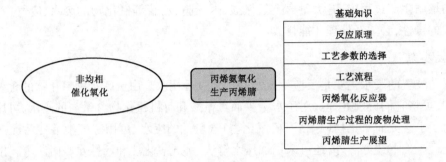

【知识拓展】

一、乙烯催化氧化制环氧乙烷过程

在银催化剂存在下,乙烯与气态氧(空气或纯氧)作用生成环氧乙烷,同时副产二氧化碳、水及少量甲醛和乙醛,是典型的非均相催化氧化过程。乙烯氧化过程按照氧化程度可以分为部分氧化和完全氧化。

二、配位催化氧化反应

在配位催化氧化反应中,催化剂由中心金属离子与配位体构成。过渡金属离子与反应物形成配位键并使其活化,使反应物氧化而金属离子或配位体被还原,然后,还原态的催化剂再被分子氧氧化成初始状态,完成催化剂循环过程。

【项目小结】

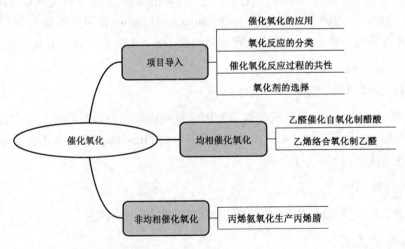

【项目测评】

一、选择题

1. 醋酸蒸气在空气中的爆炸极限是(   )。

   A. 4%~57%   B. 4%~17%   C. 3%~17%   D. 3%~57%

2. 乙醛氧化制醋酸工艺中,当用纯氧作氧化剂时,反应器顶部的压力(   )左右。

   A. 0.1MPa   B. 0.4MPa   C. 0.15MPa   D. 0.8MPa

3. 乙醛和催化剂溶液自氧化反应塔的(   )部加入,氧分两段或三段鼓泡进入反应塔。

   A. 上部   B. 中部   C. 下部   D. 中上

4. 丙烯氨氧化制备丙烯腈的副产物有多种,以下不属于丙烯氨氧化的副产物的是(   )。

   A. 乙腈   B. 氢氰酸   C. 二氧化碳   D. 水

5. 丙烯氨氧化以空气为氧化剂,丙烯和空气的理论用量比例为(   )。

   A. 1:5   B. 1:5.3   C. 1:7.3   D. 1:7

6. 丙烯腈和乙腈的混合物可以采用(   )进行分离。

   A. 普通精馏   B. 恒沸精馏   C. 萃取精馏   D. 都可以

二、判断题

1. 为了保证原料的转化率,在氧化过程中应避免完全降解氧化反应的发生。(   )

2. 催化氧化反应是放热反应。(   )

3. 由于催化氧化反应是强放热反应,因此在反应器的设计上除了要考虑如何转移热量,在设备上还必须开设防爆口、装上安全阀或防爆膜。(   )

4. 乙醛催化自氧化制醋酸的反应是非均相催化氧化。(   )

5. 催化自氧化反应主要在液相中进行,因此乙醛催化氧化制醋酸属于非均相氧化过程。(   )

6. 工业上由乙醛制醋酸可以不用催化剂就能够实现。(   )

7. 工业上为了加快氧气的扩散和吸收,可将氧气分上、中、下几段通入反应器中。(   )

8. 乙醛氧化制醋酸的反应温度越高越有利于原料的转化。(   )

9. 工业上大规模生产醋酸一般都采用外冷却型氧化塔。(   )

10. 络合催化氧化时,所用的催化剂是过渡金属的络合物,最主要的是Pt络合物。(   )

11. 络合催化氧化与催化自氧化的反应机理相同。(   )

12. 非均相催化氧化主要是指气态或液态有机原料在固态催化剂存在下,以气态氧做氧化剂,将原料氧化为有机产品的过程。(   )

13. 与均相催化氧化相比,非均相催化氧化催化剂的活性温度较低。(   )

14. 非均相催化氧化的反应过程仅与催化剂的组成有关,与催化剂的比表面积无关。(   )

15. 正丁烷气相催化氧化制顺丁烯二酸酐属于非均相催化氧化过程。(   )

16. 纯丙烯腈在光作用下能自行聚合,因此在成品丙烯腈中必须加入少量阻聚剂。(   )

17. 丙烯腈是三大合成材料的重要单体,三大合成材料是指合成纤维、合成橡胶和合成塑料。(   )

18. 丙烯氨氧化制备丙烯腈不需要加入水蒸气。(   )

19. 丙烯氨氧化反应是体积增大的反应,减小压力对反应有利。(   )

20. 反应温度是影响丙烯氨氧化的重要工艺条件。一般在350℃以下，几乎不生成丙烯腈，随温度的升高，丙烯转化率增加。（　　）

21. 丙烯氨氧化反应是气固相催化反应，反应在催化剂表面进行，因此，必须有一定的接触时间使原料气尽可能转化成目的产物。（　　）

22. 工业上丙烯氨氧化生产丙烯腈时，选用的接触时间要根据反应器的类型进行选择。（　　）

23. 丙烯氨氧化制丙烯腈是强吸热反应。（　　）

24. 工业中，丙烯氨氧化一般选用固定床反应器。（　　）

25. 丙烯腈装置的废水主要是反应生成水和工艺过程用水，废水无须处理可以直接排放。（　　）

三、填空题

1. 工业上根据反应物状态不同，可将氧化反应分为_____氧化反应和_____氧化反应。

2. 液相氧化反应是指_____在烃类催化剂作用下通过空气（或氧）进行氧化的过程。

3. 催化氧化过程中，_____的选择是决定氧化路径的关键。

4. 乙醛蒸气在空气中的爆炸极限是_____。

5. _____是 C_3 系统中产量最大、用途最广的脂肪烃。

6. 均相催化氧化分为_____和_____两种。

7. _____年，乙烯均相催化氧化制乙醛的瓦克法实现工业化。

8. 醋酸的合成方法主要有_____、_____和_____三种。

9. 按移除热量方式不同，氧化塔有两种型式，即_____和_____。

10. 将乙烯和氧或（空气）在一定条件下，通入_____、_____的盐溶液进行液相氧化制备乙醛。

11. 在乙烯的羰化反应中，具有催化能力的是_____。

12. 丙烯腈是重要的有机化工产品，在丙烯系列产品中位居第二，仅次于_____。

13. 丙烯腈是具有刺激性臭味的无色液体，沸点_____。

14. 生产丙烯腈的方法主要有_____、_____、_____及_____。

15. 丙烯氨氧化所采用的催化剂主要有两大类，一类是_____，另一类是_____。

16. 在工业生产中，丙烯氨氧化生产丙烯腈时丙烯和氨的比例为_____。

17. 丙烯氨氧化生产丙烯腈工艺流程主要有_____、_____和_____三部分构成。

18. 在工业生产中，丙烯氨氧化反应器大多采用_____。

19. 乙烯络合氧化制乙醛的反应条件主要包括_____、_____、_____、反应温度和反应压力等。

20. 工业上使用的乙烯原料，要求纯度在_____以上，氧的纯度在_____以上。

四、简答题

1. 简述氧化过程的分类及特点。

2. 氧化反应有何共性？

3. 分析乙醛催化自氧化制醋酸的反应原理。

4. 简述乙醛催化自氧化制醋酸的工艺流程。

5. 分析络合催化氧化与催化自氧化的区别。

6. 简述乙烯络合氧化生产乙醛的反应机理。

7. 影响乙烯氧化法生产乙醛反应过程的主要因素有哪些？

8. 比较分析非均相催化氧化与均相催化氧化的特点。

9. 简述丙烯氨氧化生产丙烯腈的基本原理。

10. 丙烯腈生产中，原料中加入水蒸气的作用有哪些？

11. 丙烯氨氧化生产丙烯腈工艺参数有哪些？怎样选择？

12. 简述丙烯氨氧化生产丙烯腈工艺流程。

13. 绘制乙醛催化自氧化制醋酸工艺流程。

14. 绘制一步法乙烯络合氧化制乙醛工艺流程。

15. 绘制丙烯氨氧化生产丙烯腈工艺流程图。

项目七　酯化过程

【学习目标】

能力目标	知识目标	素质目标
1. 熟悉酯化反应过程； 2. 理解工艺参数对酯化过程的影响及调节方法； 3. 会乙酸乙酯和丙烯酸甲酯生产的自动控制运行； 4. 能进行生产乙酸乙酯和丙烯酸甲酯的开车、正常运行、停车操作； 5. 具备操作中事故判断与处理能力； 6. 会生产工艺流程图的读取和绘制； 7. 会设备的结构与使用维护	1. 了解乙酸乙酯和丙烯酸甲酯的性质、用途及市场需求； 2. 掌握酯化反应定义、原理和应用实例； 3. 了解反应所用催化剂性能； 4. 掌握生产乙酸乙酯和丙烯酸甲酯的工艺流程； 5. 熟知乙酸乙酯和丙烯酸甲酯的反应条件	1. 培养工作责任意识、质量意识； 2. 培养事业心和责任感，吃苦耐劳、踏实肯干的工作精神； 3. 培养化工生产安全和环保意识； 4. 培养追求卓越、勇于探索的开拓创新精神； 5. 培养胸怀全局、埋头苦干的无私奉献精神

【项目导入】

酯化反应通常指醇或酚和含氧的酸类(包括无机酸和有机酸)作用生成酯和水的过程,实质就是在醇或酚羟基的氧原子上引入酰基的过程,也可称为 O—酰化反应,其通式为:

$$R'OH + RCOZ \longrightarrow RCOOR' + HZ$$

R' 可以是脂肪族或芳烃基;RCOZ 为酰化剂,其中的 Z 可以代表—OH、—X、—OR″、—OCOR″、—NHR″等;生成的羧酸分子中的 R 和 R'可以是相同或不同。本项目的酯化单元反应是指生成羧酸酯的反应,至于其他生成无机酸酯,如硫酸、磷酸、磷酸酯的反应,则不作为项目讨论的重点。

一、酯化反应的类型

工业上常用的酯化是将羧酸与醇在催化剂存在下进行反应,也可采用一些其他方法制得羧酸酯。例如,用酸酐、酰氯与醇反应,也可采用配交换操作,主要有以下几种:

(1)羧酸与醇或酚作用:

$$R'OH + RCOOH \longrightarrow RCOOR' + H_2O$$

(2)酸酐与醇或酚作用:

$$R'OH + (RCO)_2O \longrightarrow RCOOR' + RCOOH$$

(3)酰氯与醇或酚作用:

$$R'OH + RCOCl \longrightarrow RCOOR' + HCl$$

（4）酯交换：

$$R''OH + RCOOR' \longrightarrow RCOOR'' + R'OH$$

$$R''COOH + RCOOR' \longrightarrow R''COOR' + RCOOH$$

$$R''COOR''' + RCOOR' \longrightarrow RCOOR''' + R''COOR'$$

其中用羧酸和醇合成酯类是典型的酯化反应，此法又称为直接酯化法，由于所用的原料醇和羧酸均容易获得，所以是合成酯类的最重要方法。乙醇和醋酸的反应和丙烯酸与甲醇的反应为酯化法典型反应，将作为本项目的两个任务重点学习。

二、酯化反应催化剂

酯化反应可以在没有催化剂的情况下自发发生反应，但是因为反应速率决定于羧酸产生的质子数，所以反应过程极其缓慢，因此酯化反应可以通过添加可以提供质子源的酸性催化剂加以强化。酯化反应催化剂主要有无机酸、无机酸盐、离子液体、杂多酸、离子交换树脂等。

1. 无机酸及无机酸盐类

典型的均相无机酸或无机酸盐类酯化催化剂主要分为：硫酸、盐酸、发烟硫酸、氢碘酸、$ClSO_3OH$ 等强酸类；$NaHSO_4$ 等含氢离子强酸盐类；$AlCl_3$、$ZnCl_2$、BF_3 等 Lewis 酸类。这些催化剂的特点是催化效率比较高，尤其是强酸类催化剂和 Lewis 类催化剂，在催化速率上具有良好的性能，而且此类催化剂选择性比较好，可以应用到工业化中，另外此类催化剂基本不挥发，不会引起酯类产物中携带此类催化剂的问题。

上述强酸、强酸盐、Lewis 酸催化剂在工程应用中都具有几个比较明显的问题：

（1）强腐蚀性。强酸以及强酸盐在反应体系中都会产生大量游离氢离子，会严重腐蚀设备，往往需要昂贵的材料制作设备，例如硅钢、钛钢、316L 不锈钢等；而 Lewis 酸类由于卤素的存在，往往会对钢材，尤其是不锈钢产生点蚀，危害更加严重。

（2）过程难以集成。由于一般均相体系催化剂比较难以迅速和产物分离，因此需要一个精馏分离过程，而精馏过程往往是最耗能的过程。

（3）要处理含酸废水防止环境污染。

（4）后继分离困难。浓硫酸具有很强的氧化性，尤其是高温情况下，会引起很多副反应，增加后继分离工艺的难度。

（5）硫酸的催化活性会随着水含量的增加而减少。通过水对硫酸酯化反应的影响研究，发现水浓度对硫酸的催化活性有非常强烈的影响，影响关系呈负指数关系。

目前，国内乙酸乙酯生产过程多采用乙酸和乙醇通过浓硫酸催化的工艺流程。硫酸在高温下对设备产生非常强烈的腐蚀，并且反应体系中含有乙酸，在较高的温度条件下，任何浓度的乙酸溶液，均对铸铁及碳钢产生剧烈的腐蚀作用（在高温时尤为剧烈），所以工业中必须使用昂贵的特种合金钢抵抗酸的腐蚀，导致设备固定投资过高，并且会导致设备频繁更换、过程不能集成节约资源、含酸废水需要额外处理而增加成本等一系列问题。

2. 离子液体类

离子液体是一种完全由离子组成，且在低温（<100℃）下呈液态的盐，也称室温离子液体或者低温熔融盐。大多数研究工作主要集中在以氯化铝为基础的盐类，例如 $AlCl_3$ – NaCl 共

熔体以及吡啶盐酸盐。离子液体已经在很多领域得到广泛的应用,不仅在两相催化剂和有机合成领域,而且也涵盖了不同的应用,例如分离、电化学、光化学、液体结晶。

室温下呈液态的离子液体是由有机阳离子和无机或有机阴离子组成,离子液体有其独特的优点:

(1)对大多数的无机、有机以及高分子材料表现出良好的溶解能力;

(2)通常含有弱配合离子,所以具有高极化潜力而非配合能力;

(3)与一些有机萃取剂不互溶,可以提供一个非水、极性可调的两相体系,憎水离子液体可以作为一个水的非共溶极性相使用;

(4)具有非挥发性特征,几乎没有蒸气压,无色、无臭,因此它们可以用于高真空体系中,同时也可减少因挥发而产生的环境污染问题;

(5)在300℃范围内多数仍为液体,有利于动力学控制;

(6)表现出质子酸、Lewis 酸以及超强酸的酸性;

(7)具有较大的稳定温度范围,在低于200℃下热稳定,化学性稳定,电化学稳定,并且电位窗口也较宽;

(8)通过阴阳离子的设计可获得"需求特定""量体裁衣"的离子液体,既可调节其对无机物、水、有机物及聚合物的溶解性,也可调节酸度。

离子液体虽然有很多优点,可以克服传统催化剂的一些问题,例如氧化反应、醚化反应对设备的腐蚀、冗长的分离过程、长的反应时间、产生大量废酸,因此希望离子液体能够代替传统催化剂应用在乙酸乙酯生产上。但是离子液体也存在某些缺陷,例如以 $AlCl_3$ 为基础的阳离子型催化剂,对空气和水很敏感。离子液体是比较新兴的催化剂,虽然在实验室规模有相应研究,而且很多研究结果表明其催化性能非常出色,但是目前尚未有离子液体在乙酸乙酯工业中大规模应用的例子。

3. 杂多酸类

杂多酸于1994年由 Hill 等发现,是一种复杂的质子酸,它由多金属氧酸盐阴离子构成,金属—氧八面体作为基础结构组成。至今,已发现有超过100种不同组成和结构的杂多酸,它的结构不像金属氧化物或者沸石,杂多酸具有不严格的、易移动的离子结构。

杂多酸具有几个独特的特征,这些特征决定了杂多酸具有良好的催化效率,目前已经有很多基于杂多酸催化剂的新工业流程得到应用。

(1)酸性。杂多酸具有很强的酸性,有的酸性已经接近超强酸的范围。从酯化反应催化效率而言,更适合作催化剂。所有 Keggin 类型的杂多酸中,12 - 磷钨酸的酸性最强,其酸性由强到弱的排列为:$H_3PW_{12}O_{40} > H_4SiW_{12}O_{40} > H_3PMo_{12}O_{40} > H_4SiMo_{12}O_{40}$。

(2)氧化性。杂多酸的中心都含有一个金属离子,而这个金属离子都是处于高价状态的,例如 Mo^{6+}、W^{6+}、V^{5+}、Co^{2+}、Zn^{2+} 等。

(3)溶解性。所有杂多酸在极性溶剂中都有很高的溶解度,比如水、低级醇、酮、酯、醚;而在非极性溶剂中,杂多酸都不会溶解,例如多数的碳氢化合物。杂多酸在溶液中会水解,水解能力如下:$H_4SiW_{12}O_{40} > H_3PW_{12}O_{40} > H_4SiMo_{12}O_{40} > H_3PMo_{12}O_{40}$。

(4)相对的热不稳定性。杂多酸在高温下会分解。

(5)缓蚀性能。具有 Keggin 型结构的杂多酸,如钼磷酸、钨磷酸,它们不仅有杂多酸的催化性能,而且还具有十分优异的缓蚀性能。

由于杂多酸具有上述独特的优点,因此杂多酸被广泛应用于很多催化领域,包括烯烃水合反应、缩合反应、四氢呋喃聚合反应、烷基化反应、傅克反应、酯化反应、水解反应、氧化反应、成环反应、脱水反应、取代反应等,杂多酸的特性可以避免传统催化剂带来的环境污染和腐蚀问题。

4. 离子交换树脂类

离子交换树脂是一类具有离子交换功能的高分子材料。在溶液中它能将本身的离子与溶液中的同号离子进行交换。按交换基团性质的不同,离子交换树脂可分为阳离子交换树脂和阴离子交换树脂两类,常用于酯化过程的是阳离子交换树脂。阳离子交换树脂(以下简称离子树脂)大都含有磺酸基($-SO_3H$)、羧基($-COOH$)或苯酚基($-C_6H_4OH$)等酸性基团。作为酯化反应催化剂的离子树脂又多含磺酸基,因为磺酸基酸性较强,可以为酯化反应提供足够的质子,其他含弱酸基团的弱酸性离子交换树脂则不能提供大量质子,基本不会作为催化剂。

常见的强酸性离子树脂包含两种,多孔性聚苯乙烯苯磺酸类离子树脂和全氟化聚乙烯磺酸类离子树脂。由于在酯化以及醚化合成反应中多孔性聚苯乙烯苯磺酸类离子树脂比全氟化聚乙烯磺酸类离子树脂具有更高的催化活性,磺酸类离子树脂是研究比较多的。

离子树脂由于可以克服硫酸等传统均相催化剂强腐蚀、难分离、选择性高等优点,被广泛关注。但是离子树脂同样存在很多问题:

(1)离子交换树脂活性不如传统催化剂,和传统催化剂相比,用量较大。离子树脂催化酯化反应,一般都需要 5~10h 才有显著的变化,这就要求在相同条件下使用更多的离子交换树脂才能起到替代传统催化剂的作用。一般离子树脂的用量为 2%~10%(质量分数),而采用硫酸作为催化剂,其用量仅仅为 1%,即离子树脂用量约为硫酸的 2~10 倍。

(2)离子交换树脂表面性质不佳、分子结构不稳定。由于离子树脂基本结构是高分子,例如聚苯乙烯、聚乙烯、聚全氟乙烯等,这些高分子比表面积较小,亲水性很差,因此离子交换树脂表面性质不好,作为填料时,对汽液传质会造成很大影响。

(3)离子交换树脂整体结构会遭到破坏。这是因为高分子一般在高温、酸性有机体系中长期浸泡会溶胀,造成离子交换树脂整体结构遭到破坏。工业应用中常见离子交换树脂粉化问题便是一个例子,这种离子树脂整体结构破坏会造成精馏塔的连续操作遇到很大问题。

(4)离子交换树脂耐温能力不高。离子交换树脂由高分子构成,一般耐温性能差。虽然聚全氟乙烯类离子交换树脂具有很好的耐温性能,但是此类离子交换树脂并不适合作为酯化催化剂。一般离子交换树脂的最高操作温度不超过 150℃,实际乙酸乙酯生产工艺,酯化塔的塔釜温度可以达到 120℃,显然一般的离子交换树脂不能在该高温、富酸、富水的条件下长期工作。

(5)离子交换树脂装填影响传质过程。由于一般副反应都发生在缺少磺酸基团的离子交换树脂内部,而副反应在精馏塔内部必须得到抑制,否则由于反应精馏塔会迅速分离开副反应产物,从而加速副反应,因此离子交换树脂必须加工的比较小才能抑制副反应的发生。但是如果把这种离子交换树脂直接加入填料塔,会造成非常大的压差,所以离子交换树脂常常使用金属包裹成一包包的结构,这种填装方式势必会造成各种传质过程更加困难。虽然把离子交换树脂填装在空心填料内部,形成整体填料,这样可以克服填装造成的传质阻力,但这种填装方式填装成本很高。

三、酯类物质的应用

酯类物质被广泛地用作溶剂、香料和防腐剂,在食品、日用化工及药物生产中十分重要。

例如乙酸乙酯是化工、医药等的重要原料,也是染料、香料等的重要中间体;乙酸异戊酯具有强烈的水果香气,是重要的合成香料和有机溶剂,广泛用于医药、涂料、印染行业;乙酸苄酯具有浓郁的茉莉花香气,可配制茉莉香型的香精和皂用香精;丁酸丁酯是一种具有水果香气的香料,可用作食品、医药、涂料;丁酸戊酯是常用香料,主要用于食品工业中,可配制菠萝、香蕉、李子、桃子、生梨等果味食用香料;α-萘乙酸甲酯主要用于植物生长条件调节剂和食品防腐保鲜剂,如马铃薯、小麦的抑芽和防腐,苹果的坐果及甜菜储存的防腐;氯乙酸异丙酯是生产新型高效非甾体类消炎解热镇痛药(萘普生和布洛芬)的原料;有的酯用于卷烟过滤嘴增塑剂、食品添加剂、香料固定剂、印染工业中醋酸纤维素的泡胀剂和稳定剂;还有的酯是防腐防霉保鲜剂,具有广谱、高效、抑菌、杀菌、杀虫作用,毒性低、化学稳定性好,广泛用于食品、粮食、饲料、饮料等防腐用蔬菜水果的保鲜,因此酯类物质应用极为广泛。

任务一　乙酸乙酯的生产

【任务导入】

乙酸乙酯,又名醋酸乙酯,是应用最广泛的脂肪酸酯之一。乙酸乙酯具有水果香气,微溶于水,溶于乙醇、氯仿、丙酮、乙醚和苯等有机溶剂,是一种快干性的、极好的工业溶剂。乙酸乙酯易起水解和皂化作用,易着火。乙酸乙酯有多种用途,广泛用于复印机用液体硝基纤维墨水,在纺织工业中用作清洗剂,食品工业中用作特殊改性酒精的香味萃取剂,在香料工业中是最重要的香料添加剂,可作为调香剂的重要组分之一。此外,乙酸乙酯也可用作黏合剂的溶剂,能够溶解松香、硝酸纤维素、聚苯乙烯、聚丙烯酸酯、聚氨酯、氧化橡胶、丁腈橡胶、SBS 塑胶原料、酚醛树脂等,配制多种萃取剂型胶黏剂。还能用作油漆的稀释剂以及制造药物、染料的原料等。

乙酸乙酯的生产与消费主要集中在西欧、北美和亚洲。在国外,乙酸乙酯主要应用于涂料和各种溶剂,其中涂料占 60%,医药和各种工艺溶剂占 15%,印刷油画墨占 15%,其他如黏合剂、化妆品、香精等占 10%。目前,东南亚地区已成为全球最重要的乙酸乙酯生产和消费地区,今后乙酸乙酯在涂料以及替代受限溶剂领域的需求增长显著,全球乙酸乙酯年需求增长率将达到 3%～4%。

我国乙酸乙酯在涂料、制药、黏合剂等领域的消费比例较大,涂料占 35%、制药 30%、黏合剂 20%、油墨 10%、其他 5%。欧美国家乙酸乙酯消耗的最大领域在涂料行业,乙酸乙酯的消耗在该行业中占 60% 左右,而我国的乙酸乙酯在涂料行业中的消耗仅占 35%,这主要是因为国产涂料在汽车和电子工业的发展不快。随着我国汽车工业和电子工业迅速发展,必将会带动国内乙酸乙酯消费的增加。

【任务分析】

一、乙酸乙酯的主要生产方法

1. 乙酸乙醇直接酯化法

直接酯化法是传统的乙酸乙酯生产方法,工艺路线比较成熟。在酸催化剂存在下,由乙酸和乙醇发生酯化反应而得。

主反应：
$$CH_3COOH + C_2H_5OH \xrightarrow[\text{加热}]{\text{催化剂}} CH_3COOC_2H_5 + H_2O$$

副反应：
$$2CH_3CH_2OH \xrightarrow[\text{加热}]{\text{催化剂}} CH_3CH_2OCH_2CH_3 + H_2O$$

$$CH_3CH_2OH \xrightarrow[\text{加热}]{\text{催化剂}} CH_2 = CH_2 + H_2O$$

生产方法有间歇法与连续法两种。为增加反应转化率,通常用过量乙醇投料。

1)间歇法

在搪瓷釜内加乙酸、乙醇、硫酸,热回流 $4 \sim 5h$,蒸出粗品用 5% NaCl 洗,再用 NaOH 与 NaCl 混合溶液中和到 pH 值等于 8,用无水 K_2CO_3 干燥,分馏出成品乙酸乙酯。

2)连续法

连续法采用的是反应精馏技术。反应精馏是精馏技术中的一个特殊领域。在操作过程中,化学反应与分离同时在一个设备内进行,既有精馏的物理相变传递现象,又有物质变化的化学反应现象,两者同时存在,互相影响。因此反应对下列两种情况特别适用:(1)可逆平衡反应。一般情况下,反应受平衡影响,转化率只能维持在平衡转化的水平,但是若生成物中有低沸点或高沸点物质存在,则精馏过程可使其连续地从系统中排出,最终转化率超过平衡转化率,大大提高了效率。(2)异构体化合物分离。通常因它们的沸点接近,靠精馏方法不易分离提纯,若异构体中某组分能发生化学反应并能生成沸点不同的物质,即可在精馏过程中得以分离。

乙酸乙醇酯化反应属于第一种情况。它又分只出乙酸乙酯及出乙酸乙酯/乙酸丁酯两种产品的联产法。

这种生产方法投资比较少,而且生产成本较低,生产工艺比较简单。但是这种生产技术需要生产地区能够提供大量的乙醇原料,所以这种生产方法在欧美国家运用的比较广泛。同时这种方法在生产操作上比较灵活,可以根据生产的需要来进行生产方法的调节,例如可以采用间歇性生产也可以采用连续性生产。但是乙酸乙醇直接酯化法也存在一定的不足,例如在生产的过程中它会对设备产生很强的腐蚀性,而且乙酸的利用率比较低,在进行反应时容易产生副作用,进而会导致产品处理出现难度。除此之外,这种生产方法对环境的污染程度比较大,最终会导致生产成本的提高。随着科学技术的不断进步和发展,乙酸乙醇直接酯化法也在不断地进行革新和创新,从而能够更好地满足世界技术发展的需求,降低生产成本。本任务将主要学习这种生产方法。

2. 乙醛缩合法

乙醛经乙醇铝(又名乙氧基铝)、三乙氧基铝[$Al(OC_2H_5)_3$]为催化剂下,缩合成乙酸乙酯,反应如下:

$$2CH_3CHO \longrightarrow CH_3COOC_2H_5$$

催化剂三乙氧基铝是在另一单独反应器内合成,它是在 Al 粉、无水乙醇和乙酸乙酯为溶剂的混合物溶液中,并用少量氯化铝及少量氯化锌作助催化剂反应而成,反应如下:

$$Al + 3C_2H_5OH \longrightarrow Al(OC_2H_5)_3 + \frac{3}{2}H_2$$

副产氢气经冷冻冷凝回收冷凝物后排放。催化剂溶液充分搅拌均匀后备用。

乙醛由乙烯在氯化钯催化下液相反应成乙醛后与乙氧基铝溶液一起连续进入反应塔,控制反应物比例,使进料混合时已有98%乙醛转为乙酸乙酯,1.5%乙醛在后面搅拌继续反应,此反应为放热反应,有冷盐水盘管控制0~10℃反应1h。原料乙醛中含水量应尽量低,以防止催化剂在有水时分解。

这种方法对设备的要求不太高,反应的条件比较温和,在常温常压下就可以进行,而且这种生产技术的反应转化率和回收率都相对较高。

乙醛缩合法的缺点是催化剂铝上的配位体OC_2H_5易被—OH基取代,使催化剂失活;反应过程中生成的副产物乙缩醛易脱水,脱出的水促进乙醇铝水解,使催化剂很快失活;另外,这种生产技术需要在乙醛价格比较低的地方进行。

3. 乙醇脱氢法

乙醇脱氢法生产乙酸乙酯反应如下:

$$2C_2H_5OH \longrightarrow CH_3COOC_2H_5 + H_2$$

反应历程包括乙醇脱氢转化为乙醛、乙醛与水歧化为乙酸和乙醇、酸醇酯化生成乙酸乙酯3个连串反应。20世纪90年代初,清华大学化学系首先对此工艺进行研究,开发出催化剂$Cu/ZnO/Al_2O_3/ZrO_2$,并获国家专利。该工艺的关键问题在催化剂,目前国内的催化剂选择性较差,根据反应历程,产物中有中间产物乙醛与乙酸,另外还有副产物乙烯、丙酮等十几种。由于H_2对平衡的抑制及降低副反应要求,单程转化率只有60%~70%。该工艺反应工段简单,但分离设备多,流程复杂,主要是副产物必须分离,微量的乙醛、丁醛、巴豆醛气味难闻,须充分脱除。由于分离工段塔多,因而能耗比传统工艺还高,操作设备多的同时,人员费用也相应较高。

这种反应合成方法操作比较简单,反应的特点比较温和,而且反应的变化弹性也比较大。除此之外,该种合成技术对反应设备的腐蚀性比较小,不会产生大量的污染物,所以说对环境造成的污染较小。目前这种生产方法适应于乙醇比较廉价而且丰富的地区,但是由于我国乙醇能源的紧缺性,所以使得该种合成方法在我国没有形成完整的产业链。在我国乙醇脱氢技术虽逐步趋于成熟,但是因为我国粮食供应相对比较紧张,导致我国乙醇比较缺少,所以这种技术在我国不适宜大规模的推行。

4. 乙烯加成法

随着石油化工产业的迅速发展,炼油技术的不断提高,乙烯已经成为一种丰富而价廉的化工原料。由于乙烯与乙酸直接加成反应生产乙酸乙酯既是原子经济型,又是环境友好型的反应,因此乙酸和乙烯加成酯化合成乙酸乙酯的新工艺备受化工界关注。

日本昭和电工公司开发的以乙烯/醋酸/水/氮气,体积比为80:6.7:3:103于三个串联反应塔中进行,塔内为以球状SiO_2为载体的磷钼钨酸催化剂及担载于金属载体上的杂多酸或杂多酸盐催化下于气相或液相中进行,反应在140~180℃、塔内压力为0.44~1MPa,在水蒸气条件下乙烯水合成乙醇,继而与醋酸生成乙酸乙酯,醋酸单程转化率为66%,乙酸乙酯选择性以乙烯计为94%,反应如下:

$$CH_2 \!=\! CH_2 + CH_3COOH \longrightarrow CH_3COOC_2H_5$$

乙酸和乙烯酯化合成乙酸乙酯工艺的关键在于催化剂体系的研制。现有的催化剂体系主要为以下几类:矿物酸及磺酸类催化剂、氧化物类催化剂、黏土矿物类催化剂——层状硅酸盐、离子交换树脂类催化剂、杂多酸化合物催化剂。上述几种催化剂中,杂多酸化合物结构较稳定,通过改变其组成元素可以达到调变其性能的作用。

这种合成乙酸乙酯的方法具有较高的催化活性和选择性,而且生产出来的产品的纯度也比较高。同时这种生产方法与传统的方法相比,产率比较高,对原材料的浪费程度比较低,符合我国当前节能环保的理念。除此之外,这一种生产装置在扩建时比较容易操作,所以越来越受到世界的广泛关注,成为生产乙酸乙酯的主要方法。

5. 催化精馏法

催化精馏与反应精馏的不同之处在于采用固体酸作催化剂,属非均相反应精馏过程。固体酸催化剂代替浓硫酸作酯化催化剂,具有以下明显的优越性:(1)不会与硫酸一样沾污反应物,产物纯度高,色泽浅;(2)催化剂可多次使用,再生后催化剂性能没有下降;(3)可使反应有选择地进行,酯收率高,反应条件温和,副产物较少。

虽然我国对固体酸催化剂的研究较多,但多数是采用间歇的方式。实验证明,简单地将固体酸催化剂置于反应中取代硫酸,催化剂在反应液中会很快失去活性。因此解决好催化剂的工作方式问题也是至关重要的,这也是固体酸催化剂取代硫酸实现工业化、大型化的关键。催化精馏法不容易实现工业化和大型化的困难,在于催化精馏属非均相催化反应精馏过程,机理较复杂。

二、乙酸乙酯的反应原理

1. 酯化反应

乙酸乙酯有比较多的合成方法,直接酯化法即在催化剂作用下,乙醇和乙酸直接反应,反应式如下:

主反应: $$CH_3COOH + C_2H_5OH \xrightarrow[\text{加热}]{\text{催化剂}} CH_3COOC_2H_5 + H_2O$$

副反应: $$2CH_3CH_2OH \xrightarrow[\text{加热}]{\text{催化剂}} CH_3CH_2OCH_2CH_3 + H_2O$$

$$CH_3CH_2OH \xrightarrow[\text{加热}]{\text{催化剂}} CH_2 = CH_2 + H_2O$$

酯化反应是一个可逆反应。为了提高酯的产量,必须尽量使反应向有利于生成酯的方向进行。一般是使反应物酸和醇中的一种过量。在工业生产中,究竟使哪种过量为好,一般视原料是否易得、价格是否便宜以及是否容易回收等具体情况而定。一般采用乙醇过量的办法,并且可以防止乙酸过量腐蚀设备。乙醇的质量分数要高,如能用无水乙醇代替质量分数为95%的乙醇效果会更好。此外,在反应的同时,需不断地把反应的生成物排出,利用乙酸乙酯能与水及乙醇形成低沸点三元共沸物的性质,在所控制的反应温度下,使反应过程中生成的乙酸乙酯完全被蒸馏出来,生成的水部分蒸出,最大限度地使反应向生成酯的方向进行。

2. 中和反应

酯化反应中可能有微量的没有参加反应的乙酸、乙醇,乙酸乙酯和乙酸、乙醇互溶,要得到较纯净的乙酸乙酯,须将乙酸乙酯和乙酸、乙醇分离。使用饱和碳酸钠溶液作为碱液,常温下和乙酸在中和釜中发生中和反应,反应方程式为:

$$2CH_3COOH + Na_2CO_3 \longrightarrow 2CH_3COONa + H_2O + CO_2 \uparrow$$

生成的 CO_2 由放空阀排出,醋酸钠、过量的碳酸钠溶于水中,形成水层。因为碳酸钠还能够溶解混合在乙酸乙酯中的乙醇,降低乙酸乙酯在水中的溶解度,所以使酯层和水层更明显的分层。水层作为重相先排出,然后乙酸乙酯和微量的乙醇、水作为轻相再排出。

三、酯化法生产乙酸乙酯工艺流程

原料乙酸和乙醇按比例分别加入乙酸原料罐、乙醇原料罐后,分别由泵送入反应釜内,再加入催化剂,搅拌混合均匀后,加热进行液相酯化反应,生成的气相物料,先经蒸馏柱粗分,再进入冷凝器冷凝,然后进入冷凝液罐回流至反应釜,反应一定时间后,将反应产物粗乙酸乙酯出料到中和釜。中和釜内加入碱性中和液,将粗乙酸乙酯处理至中性后,进入轻相罐待精制。

萃取剂乙二醇加入萃取液罐后,由泵将乙二醇打入筛板精馏塔,与原料液混合后起萃取作用。残液中的乙二醇随塔釜残液进入残液罐,用泵打入填料精馏塔,经精馏分离后,乙二醇作为填料精馏塔的残液排至残液罐,用泵将乙二醇送至筛板精馏塔循环使用。

将轻相罐内的粗乙酸乙酯用泵打入筛板精馏塔,与萃取剂混合并进行精馏分离,从筛板精馏塔塔顶出来的精乙酸乙酯进入冷凝器冷凝后,到冷凝液罐,一部分回流至筛板精馏塔,一部分作为成品到产品罐;粗酯中的水、乙醇与萃取剂一起,经塔釜进入筛板精馏塔残液罐。

用泵将筛板精馏塔残液罐回收液打入填料精馏塔,塔顶出来的乙醇或水进入冷凝器冷凝后,到冷凝液罐,一部分回流至填料精馏塔,一部分到产品罐可收集补充原料乙醇或排放;从塔釜出来残液乙二醇,用泵将乙二醇送至筛板精馏塔循环使用或排放。

乙酸乙酯生产的工艺流程框图如图7-1所示。

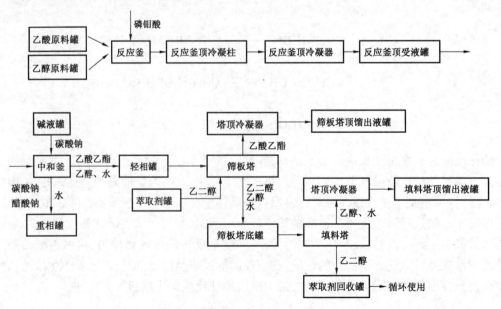

图 7 - 1　乙酸乙酯生产的工艺流程框图

【任务实施】

乙酸乙酯实训操作

一、装置流程说明

1. 酯化反应部分

乙酸和乙醇由原料罐经乙酸、乙醇进料泵打入反应釜中,催化剂磷钼酸由反应釜顶的加料斗加入反应釜中。打开反应釜的搅拌电动机,调节至适当转速,然后打开加热开关,使反应釜夹套温度控制在 110~130℃,反应釜内温度控制在 80~90℃,进行酯化反应。形成的蒸汽经反应釜顶冷凝柱冷凝,回流反应 2~3h,提高反应转化率。再经反应釜顶冷凝器冷凝,冷凝液流到反应釜顶受液罐中,打开反应釜顶受液罐底部的出料阀门,使液体流到中和釜或轻相罐中。

2. 中和反应部分

由反应釜顶受液罐来的物料加入中和釜中,同时由碱液罐将碳酸钠饱和溶液加入中和釜中,在釜中和剩余的乙酸发生中和反应,水、醋酸钠和碳酸钠溶液先从釜底排入重相罐中,乙酸乙酯、乙醇和微量的水再从釜底排入轻相罐中。

3. 萃取精馏操作部分

萃取剂乙二醇加入筛板塔底罐中,由填料塔进料泵经筛板塔萃取剂进料口打入塔釜,在筛板塔底罐和塔釜间打循环。待塔釜升温到 90~110℃、塔顶温度在 77~80℃时,由筛板塔进料泵将轻相罐中的物料打入筛板塔进料口,进行萃取精馏。塔顶轻组分乙酸乙酯经筛板塔顶冷凝器冷却后打入筛板塔回流罐,一部分经筛板塔回流泵打回流,一部分入筛板塔顶馏出液罐。塔底重组分乙二醇、乙醇和少量水由筛板塔底排入筛板塔底罐。

4. 萃取剂回收操作部分

由筛板塔底罐来的物料经填料塔进料泵打入填料塔进料口,塔釜加热到 120~150℃、塔顶温度在 80~100℃时,进行精馏操作。塔顶轻组分乙醇和水经填料塔顶冷凝器冷凝后入填料塔回流罐,一部分经填料塔回流泵打回流,一部分入填料塔顶馏出液罐。塔底重组分乙二醇由填料塔底排入萃取剂回收罐,可循环使用。

5. 双塔循环操作部分

先在萃取剂回收罐中加满乙二醇,开萃取剂泵,选萃取剂入筛板塔最高进料口往筛板塔中进料,等到塔釜液位到溢流时,DCS 上开启筛板塔釜加热,开度为 20%;当筛板塔底罐到 1/2 液位时,开填料塔进料泵,选填料塔最高进料口往填料塔中进料,等到塔釜液位到溢流时,DCS 上开启填料塔塔釜加热,开度为 20%,双塔开始循环。逐渐调整各点温度,当调整到所规定的操作指标后,加大填料塔进料泵开度,使筛板塔底罐尽量全部打空,然后关闭填料塔进料泵。开启筛板塔进料泵,抽取轻相罐中物料,从筛板塔最高进料口进料。当进料完毕后,停筛板塔进料泵,改用填料塔进料泵抽取筛板塔底罐中物料继续往筛板塔进料,使落入筛板塔底罐中的乙酸乙酯再次得到精馏,提高乙酸乙酯收率。当筛板塔顶温度有上升趋势时,停止筛板塔釜加热,将筛板塔进料切换到填料塔进料,进行萃取剂的回收操作,直到筛板塔底罐打空,结束填料塔操作。

二、实训操作岗位分配

（1）反应釜岗位技能：原料配料及加料操作；反应控制操作；搅拌器操作；反应回流操作；物料出料操作等。

（2）中和釜岗位技能：后处理（中和）液配料及加料操作；搅拌器操作；物料中和操作；物料出料操作等。

（3）精馏岗位技能：筛板精馏塔操作；填料精馏塔操作；普通精馏操作；萃取精馏操作；反应精馏操作；回流操作；产品采出操作；常压精馏操作；减压精馏操作等。

（4）换热岗位技能：列管换热器操作；板式换热器操作；夹套式换热器操作；蛇管式换热器操作；（物料）汽—水换热体系操作；空气—水换热体系操作；油—水换热体系操作；（物料）液—水换热体系操作等。

（5）流体输送岗位技能：离心泵的开停车及流量调节操作；压力缓冲罐调节操作；真空泵及真空度调节操作等。

（6）现场工控岗位技能：泵的变频及手阀调节；换热器温度测控；反应温度测控；电动阀开度调节和手闸阀调节；塔釜液位高低报警，液位调节控制；加热系统与物流的联调操作；物料配送及取样检测操作等。

（7）化工仪表岗位技能：流量计、液位计、变频器、差压变送器、热电阻、过程控制器、声光报警器、调压模块及各类就地弹簧指针表等的使用；单回路、串级控制和比值控制等控制方案的实施等。

（8）就地及远程控制岗位技能：现场控制台仪表与微机通信，实时数据采集及过程监控；总控室控制台 DCS 与现场控制台通讯，各操作工段切换、远程监控、流程组态的上传下载等。

三、实训操作规程

1. 反应釜操作

（1）投用前检查。确认反应釜状况完好：静密封点无泄漏；法兰、螺丝无松动、缺损；各阀门灵活好用，各阀门、机泵处于关停状态；相连管线、冷凝器、釜顶受液罐等连接状况正常；搅拌电机运转正常；确认流量计、压力表等完好。

（2）向乙酸、乙醇原料罐加料。确认乙酸原料罐和乙醇原料罐放空阀处于开启状态，打开加料斗阀门，经加料斗分别向原料罐中加入乙酸和乙醇，加料量不要超过原料罐容积的2/3，加料完毕后关闭加料斗阀门。

（3）向反应釜进乙酸、乙醇。分别打开乙酸进料泵和乙醇进料泵的入口阀、副线阀，在控制柜上启动乙酸进料泵、乙醇进料泵，使乙酸、乙醇循环。打开反应釜放空阀、进料管线上球阀，打开乙酸、乙醇进料泵出口阀，向反应釜进料，同时关闭副线阀。通过乙酸、乙醇原料罐上的液位差来控制乙酸进料量为5L（液位差为6cm）、乙醇进料量为10L（液位差为12cm）。乙酸加料完毕时打开乙酸进料泵副线阀，关闭乙酸进料泵出口阀，在控制柜上关闭乙酸进料泵，关闭乙酸进料泵副线阀、入口阀。乙醇加料完毕时打开乙醇进料泵副线阀，关闭反应釜进料管线上球阀，关闭乙醇进料泵出口阀，在控制柜上关闭乙醇进料泵，关闭乙醇进料泵副线阀、入口阀。

（4）向反应釜加催化剂。打开反应釜顶加料斗球阀，加入溶解在乙醇中的132g磷钼酸，用少量乙醇冲洗加料斗，关闭加料斗球阀。

（5）反应釜开停车操作。确认反应釜夹套加导热油的漏斗阀门关闭，夹套膨胀节阀门打开。确认冷却水副线阀门关闭，反应釜顶受液罐至反应釜回流阀关闭，反应釜顶受液罐去轻相罐阀门关闭，反应釜顶受液罐放空阀关闭。在控制柜上开启反应釜搅拌电动机，DCS手动控制电动机转速至50%。在控制柜上开启反应釜加热开关，DCS手动设置反应釜夹套加热功率，使釜内温度缓慢升到80~90℃。观察夹套和反应釜内温度，当釜内温度为65℃左右时，开启冷却水泵，给反应釜顶冷凝柱、反应釜顶冷凝器通冷却水，根据冷凝情况调整反应釜顶冷凝柱转子流量计开度，在DCS上调整反应釜顶冷凝器冷却水流量，使蒸汽被全部冷凝，保持回流反应2~3h。打开反应釜顶受液罐放空阀，关小反应釜顶冷凝柱冷却水，使产品经反应釜顶冷凝柱、反应釜顶冷凝器冷凝后进入反应釜顶受液罐，冷凝结束后关闭反应釜夹套加热开关。等到反应釜内温度降到接近室温时，关闭反应釜搅拌电动机，关闭冷却水泵，关闭反应釜顶受液罐放空阀，从反应釜顶受液罐底部取样，分析乙酸乙酯、乙酸、乙醇含量，若乙酸含量>5%，物料直接进入中和釜；若乙酸含量<5%，打开反应釜顶受液罐进轻相罐阀门，将物料排入轻相罐中。

（6）日常巡检及注意事项。乙酸原料罐、乙醇原料罐上的放空阀必须一直打开，防止乙酸、乙醇挥发，产生压力，在加料时造成危险。反应釜加热时，夹套加热功率不要开得太大，防止夹套和反应釜内温差太大，加热速度太快不易控制。检查反应釜设备运转状况，注意静密封点泄漏情况；检查消防设备，做到妥善保管。

2. 中和釜操作

（1）投用前检查。确认中和釜法兰、螺丝无松动、缺损；各阀门灵活好用，各阀门、机泵处于关停状态；确认中和釜相连管线、碱液罐等连接状况；确认中和釜搅拌电动机运转正常。

（2）向碱液罐加料。打开碱液罐放空阀，打开碱液罐加料斗阀门，经加料斗加入配好的碳酸钠饱和溶液，当液位计刻度为25时，关闭加料斗阀门，关闭放空阀。

（3）向中和釜进料。打开中和釜放空阀，打开反应釜顶受液罐入中和釜球阀，向中和釜加入物料。打开碱液罐入中和釜球阀，向中和釜加入饱和碳酸钠溶液，通过碱液罐液位差控制碱液加入量过量，关闭中和釜放空阀。

（4）中和釜开停车操作。在控制柜上打开中和釜搅拌电动机，DCS手动控制电动机转速为50%，搅拌反应约0.5h，在控制柜上停搅拌电机，静置3h。稍开中和釜入重相罐球阀，使中和后物料缓慢向下流动，观察中和釜底部视镜，当出现分层时，保持重相罐入口球阀打开一段时间，使中和釜中重相完全进入重相罐。关闭重相罐入口球阀，打开轻相罐入口球阀，接收轻组分至轻相罐。

（5）日常巡检及注意事项。检查中和釜设备运转状况，注意静密封点泄漏情况；检查消防设备，做到妥善保管。

3. 筛板塔操作

（1）投用前检查。确认筛板塔法兰连接牢固，螺丝无松动、缺损；物料出入口阀门灵活好用且处于关闭状态；检查筛板塔顶冷凝器、回流泵、回流罐及其管线连接状况；确认筛板塔冷凝器封头连接牢固,螺丝无松动、缺损,冷却水、物料出入口连接牢固;确认各阀门处于关闭状态;确认塔釜、塔底罐、塔顶馏出液罐、回流罐液面计完好;确认压力表、温度计指示正确。

(2)筛板塔开停车操作。打开筛板塔底罐放空阀,从加料斗加入乙二醇,液位计指示满。打开筛板塔底罐至填料塔进料泵入口阀门,打开填料塔进料泵出口至萃取剂进料管线阀门,开筛板塔上萃取剂最高进料阀门。在控制柜上开启填料塔进料泵,在 DCS 上手动控制填料塔进料泵开度缓慢调至30%。若筛板塔底罐液位过低,从加料斗上补加部分乙二醇至液位计一半。当筛板塔塔釜溢流后,在控制柜上打开筛板塔加热开关,在 DCS 上手动控制加热功率约20%,使筛板塔塔釜缓慢升温到 90 ~ 110℃。注意观察各塔节和塔顶温度,塔顶温度在 77 ~ 80℃,且稳定一段时间后准备投料。

当筛板塔顶温度接近 60℃时,在 DCS 上开启筛板塔顶冷凝器冷却水调节阀,开度约40%。开启轻相罐至筛板塔进料泵入口阀门,开筛板塔最高进料口阀门,在控制柜上开启筛板塔进料泵,在 DCS 上缓慢调节开度为10%,观察轻相罐液位计示数,接近最底刻度时在控制柜上停筛板塔进料泵,关闭筛板塔最高进料口阀门,关闭轻相罐至筛板塔进料泵入口阀门。

筛板塔回流罐液位计指示为 1/2 时,开筛板塔回流罐下部回流阀门,在控制柜上启动筛板塔回流泵,在 DCS 上手动控制开度约6% ~ 8%。在 DCS 上观察各塔节温度,当温度保持恒定时,稍开筛板塔回流罐至筛板塔顶馏出液罐阀门,在 DCS 上控制筛板塔回流泵开度,视回流罐液位上涨情况、塔顶温度高低调整回流泵开度和馏出液量。等到塔顶温度明显上升时,关筛板塔回流罐至筛板塔顶馏出液罐阀门,在控制柜上停筛板塔回流泵,关闭筛板塔回流罐至筛板塔回流泵阀门。在 DCS 手动将筛板塔加热功率变为0,在控制柜上停筛板塔塔釜加热开关,等到筛板塔冷却至 60℃左右时,停筛板塔顶冷凝器冷却水。在控制柜上停填料塔进料泵,关筛板塔底罐至填料塔进料泵入口阀门,关填料塔进料泵出口至萃取剂进料管线阀门。打开筛板塔底罐放空阀,开筛板塔底部至筛板塔底罐球阀,将乙二醇、乙醇、水排入筛板塔底罐,关闭筛板塔底部至筛板塔底罐球阀。

(3)日常巡检及注意事项。检查筛板塔系统有无泄漏情况;检查筛板塔各温度、压力、液位是否正常。

4. 填料塔操作

(1)投用前检查。确认填料塔法兰连接牢固,螺丝无松动、缺损;物料出入口阀门灵活好用且处于关闭状态;检查填料塔顶冷凝器、回流泵、回流罐及其管线连接状况;确认填料塔冷凝器封头连接牢固,螺丝无松动、缺损,冷却水、物料出入口连接牢固;确认各阀门处于关闭状态;确认塔釜、萃取剂回收罐、塔顶馏出液罐、回流罐液面计完好;确认压力表、温度指示正确。

(2)填料塔开停车操作。开筛板塔底罐至填料塔进料泵入口阀门,开填料塔进料泵出口至填料塔最高进料口阀门,在控制柜上开启填料塔进料泵,在 DCS 上手动控制填料塔进料泵开度缓慢调至10%,将筛板塔底罐中物料打入填料塔。当填料塔塔釜溢流后,在控制柜上打开填料塔加热开关,在 DCS 上手动控制加热功率约20%,使填料塔塔釜缓慢升温到 120 ~ 150℃,塔顶温度为 80 ~ 100℃。当筛板塔底罐中物料抽空后,停填料塔进料泵,关筛板塔底罐至填料塔进料泵入口阀门,关填料塔进料泵出口至填料塔最高进料口阀门。

当填料塔顶温度接近 60℃时,在 DCS 上开启填料塔顶冷凝器冷却水调节阀,开度约40%。填料塔回流罐液位计指示为 1/2 时,开填料塔回流罐下部回流阀门,在控制柜上启动填料塔回流泵,在 DCS 上手动控制开度约 10%。在 DCS 上观察各塔节温度,当温度保持恒定时,稍开填料塔回流罐至填料塔顶馏出液罐阀门,在 DCS 上控制填料塔回流泵开度,视回流罐液位上涨情况、塔顶温度高低调整回流泵开度和馏出液量。等到塔顶温度明显上升时,关闭填料塔回流罐至填料塔顶馏出液罐阀门,在控制柜上停填料塔回流泵,关填料塔回流罐至填料塔回流泵阀门。在 DCS 手动将填料塔加热功率变为 0,在控制柜上停填料塔塔釜加热开关,等到填料塔冷却至 60℃ 左右时,停填料塔顶冷凝器冷却水。打开填料塔底罐放空阀,开填料塔底部至填料塔底罐球阀,将回收的乙二醇排入填料塔底罐,关闭填料塔底部至填料塔底罐球阀。

(3)日常巡检及注意事项。检查填料塔系统有无泄漏情况;检查填料塔各温度、压力、液位是否正常。

5. 双塔循环操作

(1)投用前检查。确认筛板塔、填料塔法兰连接牢固,螺丝无松动、缺损;确认筛板塔、填料塔物料出入口阀门灵活好用且处于关闭状态;检查筛板塔、填料塔顶冷凝器、塔顶回流泵、回流罐及其管线连接状况;确认筛板塔、填料塔冷凝器封头连接牢固,螺丝无松动、缺损,冷却水、物料出入口连接牢固;确认各阀门处于关闭状态;确认塔釜、塔底罐、塔顶馏出液罐、回流罐液面计完好;确认压力表、温度指示正确。

(2)双塔循环操作。打开萃取剂回收罐放空阀,从加料斗加入乙二醇,液位计指示满。打开萃取剂回收罐至萃取剂泵进口阀门,打开萃取剂泵至筛板塔萃取剂最高进料口阀门,在控制柜上开萃取剂泵,在 DCS 上手动控制萃取剂泵开度缓慢调至 30%,选萃取剂入筛板塔最高进料口往筛板塔中进料,等到筛板塔塔釜液位到溢流时,在控制柜上打开筛板塔加热开关,在 DCS 上手动控制筛板塔塔釜加热功率约 20%;当筛板塔底罐到 1/2 液位时,开筛板塔底罐至填料塔进料泵进口阀门,开填料塔进料泵至填料塔最高进料口阀门,在控制柜上开填料塔进料泵,在 DCS 上手动控制填料塔进料泵开度缓慢调至 30%,选填料塔最高进料口往填料塔中进料,等到塔釜液位到溢流时,DCS 上开启填料塔塔釜加热,开度为 20%,双塔开始循环。

逐渐调整各点温度,当调节到所规定的操作指标后,在 DCS 上手动调节填料塔进料泵开度至 80%,使筛板塔底罐尽量全部打空,然后在 DCS 上手动调节填料塔进料泵开度为 0,在控制柜上关闭填料塔进料泵。开轻相罐至筛板塔进料泵入口阀门,开筛板塔进料泵至筛板塔物料最高进料口阀门,在控制柜上开启筛板塔进料泵,在 DCS 上手动调节筛板塔进料泵开度约 10%,抽取轻相罐中物料,从筛板塔最高进料口进料。当进料完毕后,在 DCS 上手动调节筛板塔进料泵开度为 0,在控制柜上停筛板塔进料泵,关轻相罐至筛板塔进料泵入口阀门,关筛板塔进料泵至筛板塔物料最高进料口阀门,开筛板塔底罐至填料塔进料泵入口阀门,开填料塔进料泵至筛板塔物料最高进料口阀门,在控制柜上开启填料塔进料泵,在 DCS 上手动调节填料塔进料泵开度约 10%,改用填料塔进料泵抽取筛板塔底罐中物料继续往筛板塔进料,使落入筛板塔底罐中的乙酸乙酯再次得到精馏,提高乙酸乙酯收率。当筛板塔顶温度有上升趋势时,停止筛板塔釜加热,将筛板塔进料切换到填料塔进料,进行萃取剂的回收操作,直到筛板塔底罐打空,结束填料塔操作。

(3)日常巡检及注意事项。检查双塔系统有无泄漏情况;检查双塔各温度、压力、液位是否正常。

6. 异常现象及处理

在乙酸乙酯实训操作中常常出现许多异常现象，需要对其产生原因加以分析并及时处理，现归纳总结如表 7-1。

表 7-1 乙酸乙酯实训操作中异常现象的影响与处理方法

异常现象	事故影响	处理方法
停冷却水	反应釜顶冷凝柱、冷凝器、筛板塔顶冷凝器、填料塔顶冷凝器无冷凝水，汽相不能冷凝将无法进行生产	停止各部分加温，然后按正常停车步骤进行，来水后按正常开车步骤进行
停电（包括总电、DCS 电）	反应釜停止加温、搅拌，筛板塔、填料塔停止加温，各机泵停止运行；电脑停、DCS 控制系统停，无法进行生产	关闭双塔进料阀，监视双塔底罐液位变化情况，防止冒顶；监视反应釜顶和双塔压力变化情况；按停车步骤进行，来电后，按正常开工步骤进行
停 DCS 控制系统	反应釜停止加温、搅拌，筛板塔、填料塔停止加温，各部分供冷却水停止，各运转换机泵停运，无法进行生产	关闭双塔进料阀，然后按停电处理，迅速通知有关仪表人员进行处理；待处理好后，按正常开工步骤进行

【任务测评】

进行乙酸乙酯装置实训操作，调节至规定的操作条件后，再进行停车操作，事故处理操作；操作过程要严格按照操作规程来实训；掌握不同岗位技能操作；根据事故现象正确判断是何种事故，并按照故障处理方法进行操作。

【知识拓展】

我国乙酸乙酯生产现状

我国乙酸乙酯的主要生产厂家、生产能力及工艺路线见表 7-2。

表 7-2 我国乙酸乙酯的主要生产厂家、生产能力及工艺路线

生产厂家	生产能力，kt/a	工艺路线
四川扬子江乙酰化工公司	80	乙酸酯化法
山东金沂蒙集团公司	80	乙酸酯化法、乙醇脱氢法
江西潋江溶液厂	40	乙酸酯化法
上海石化股份有限公司	20	乙醛缩合化法
上海试剂有限公司	20	乙酸酯化法
成都有机化工厂	20	乙酸酯化法
贵州有机化工厂	20	乙酸酯化法
建德有机化工厂	10	乙酸酯化法
湖州有机化工厂	10	乙酸酯化法
云南溶剂厂	10	乙酸酯化法
广东顺德市气体溶剂厂	10	乙酸酯化法
广东中山市中糖有机化工公司	10	乙酸酯化法

【任务小结】

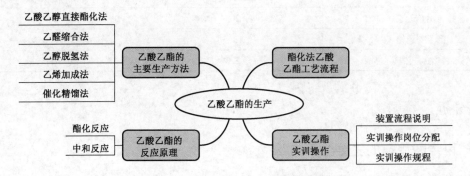

任务二　丙烯酸甲酯的生产

【任务导入】

　　丙烯酸甲酯是无色液体,有辛辣气味,熔点为 -76.5℃,沸点为80.5℃,溶于乙醇、乙醚、丙酮及苯,微溶于水。丙烯酸甲酯在低于10℃时不聚合,高于10℃易发生聚合作用,光、热、过氧化物等会加速聚合作用。丙烯酸甲酯毒性中等,对眼、皮肤、黏膜有较强的刺激和腐蚀作用,并可经皮肤吸收而引起中毒。储存于阴凉、通风的库房。

　　丙烯酸甲酯是一种重要的有机合成单体和原料,为聚丙烯腈纤维(腈纶)的第二单体;可做塑料和胶黏剂;与丙烯酸丁酯共聚的乳液,能很好地改善皮革的质量,使皮革柔软、光亮、耐磨,广泛用于皮革工业和制药工业;作为有机合成中间体,也是合成高分子聚合物的单体,用于橡胶、医药、皮革、造纸、黏合剂等。

　　世界丙烯酸及其酯类的生产主要集中在美国和欧洲两个地区,分别占世界总产能的28%和24%。近年来,中国逐渐成为丙烯酸及酯发展最为迅速的地区。2012年巴斯夫、陶氏化学、台塑这三家世界丙烯酸及其酯类的主要生产商产能约占世界总产能的42.7%。

　　由于受到原材料、技术、资金、管理等各方面的限制,我国丙烯酸及酯行业的企业数量较少。截至2011年6月底,全国共有11家丙烯酸的生产商,生产能力为 118×10^4 t/a;13家丙烯酸酯的生产商,生产能力为 140.50×10^4 t/a,产能分布见表7-3。

表7-3　2011年6月底中国丙烯酸及其酯产能分布

生产厂家	丙烯酸产能,%	丙烯酸酯产能,%
江西裕廊	17.8	17.78
卫星石化	8.47	10.68
山东正和	3.39	4.27
上海华谊	17.8	14.95
沈阳蜡化	6.78	8.54
吉林石化分公司	2.97	3.2
宁波台塑	13.56	14.23
兰州石化	6.78	7.12

生产厂家	丙烯酸产能,%	丙烯酸酯产能,%
山东开泰	2.54	0.36
扬子—巴斯夫	13.56	11.03
北京东方	6.36	6.41

【任务分析】

一、丙烯酸甲酯的主要生产方法

目前丙烯酸甲酯的生产方法主要有乙炔法、丙烯直接氧化法、丙烯腈水解法、乙烯酮法、雷珀法、丙烷氧化法以及甲酸甲酯法等。

1. 乙炔法

第二次世界大战时,Reppe 发明以羰基镍为催化剂,乙炔、CO、水和甲醇合成丙烯酸甲酯的方法,此法在当时为丙烯酸甲酯的大规模生产创造了条件。后开发的乙炔加氢酯化生成丙烯酸甲酯,在工业应用方面具有重要意义。但此法要求较高的反应温度和压力,反应条件苛刻,且反应过程中催化剂容易流失,反应原料和产物易发生聚合反应,在一定程度上阻碍了工业化实现。

2. 丙烯直接氧化法

20 世纪 60 年代丙烯直接氧化法开发成功,由于原料丙烯来源于石油化工,价廉易得,与较旧式的氰醇法、丙烯腈水解法等相比,在工序管理、三废处理、环境保护、生产成本及能量单耗上都占有优势,因此很快为工业所接受。目前仍是工业生产丙烯酸甲酯的主要方法。

丙烯直接氧化法,又分一步氧化法和两步氧化法。一步氧化法是在催化剂的作用下,丙烯和氧气直接氧化合成丙烯酸,然后与甲醇酯化合成丙烯酸甲酯,反应方程式如下:

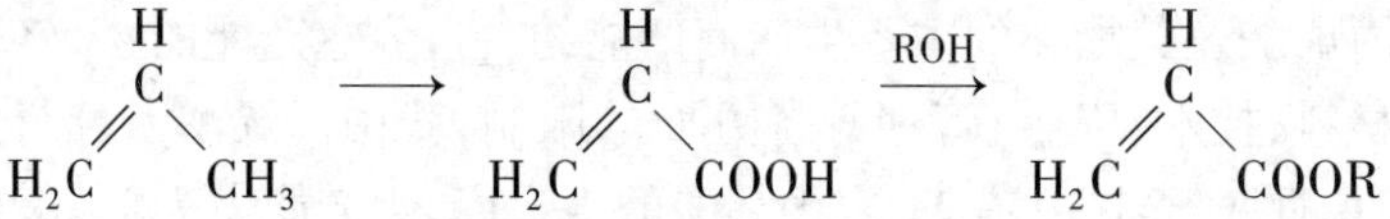

两步氧化法是在 300~350℃条件下,在催化剂作用下,丙烯和氧气先氧化合成丙烯醛,丙烯醛再与氧气在 200~250℃条件下氧化合成丙烯酸,最后丙烯酸与甲醇酯化合成丙烯酸甲酯,反应方程式如下:

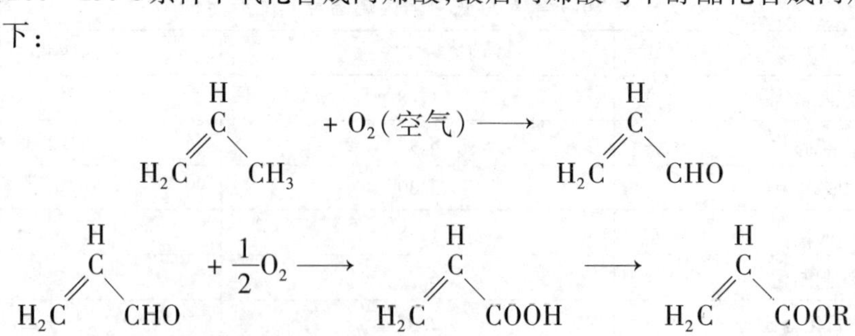

由于丙烯氧化反应是强放热反应,一步氧化法常使用的含碲的铝系工业催化剂在高温条件下容易失活,降低丙烯酸的收率,减少催化剂使用寿命。目前工业上生产丙烯酸甲酯几乎都

采用丙烯两步氧化法技术,在 20 世纪 80 年代后扩(新)建的工业生产装置采用丙烯两步氧化法的占 95% ~96%。现拥有丙烯两步氧化法技术的公司主要有日本触媒化学(NSKK)、日本三菱化学(MCC)和德国巴斯夫(BASF)。

3. 丙烯腈水解法

20 世纪 60 年代初,由于丙烯腈来源丰富,廉价易得,开发了丙烯腈水解生产丙烯酸酯的方法。

丙烯腈水解法是对氰乙醇法的改进,该法分为两步进行,第一步是丙烯腈的水解,在 90℃ 温度条件下,以硫酸作为催化剂,丙烯腈发生水解反应生成丙烯酰胺硫酸盐;第二步是丙烯酰胺硫酸盐与甲醇的酯化反应,在 150℃ 温度条件下,以酸作为催化剂,后经过减压蒸馏生成丙烯酸酯。由于丙烯酸酯易发生聚合反应,因此需要在反应过程中添加阻聚剂。反应式如下:

$$CH_2 = CHCN + H_2O + H_2SO_4 \longrightarrow CH_2 = CHCONH_3HSO_4$$

$$CH_2 = CHCONH_3HSO_4 + ROH \longrightarrow CH_2 = CHCOOR + NH_4HSO_4$$

该方法的优点是条件温和,操作过程简单,投资成本低,反应收率高,同时可以副产丙烯酰胺等。缺点是副产的硫酸氢铵价格低廉,且处理困难,产生大量酸废液造成了回收成本较高,环境污染严重。

4. 乙烯酮法

以三氟化硼为催化剂,乙烯酮与甲醛缩合,再用甲醇急冷,同时发生酯化反应生成丙烯酸甲酯。在 AlCl$_3$ 催化剂作用下,常温条件乙烯酮与气相甲醛反应生成 β - 丙醇酸内酯,经醇解或酸解生产丙烯酸及其酯。乙烯酮由醋酸或丙酮经高温热解产生,其成本较高,作为中间体的 β - 丙醇酸酯被认为是致癌物质,因此工业上已不再采用此方法。

5. 雷珀(Reppe)法

Otto Reppe 在研究工作中发现,乙炔、CO、羰基镍与醇反应能生成丙烯酸酯,后又发展了 Rohm Haas 在生产中所用的改进的雷珀法,即 Dow - Badiche 公司所用的高压雷珀法。

采用乙炔和甲醇为原料,羰基镍提供一氧化碳,40℃、0.1MPa 条件下进行反应,反应方程式如下:

$$4CH \equiv CH + Ni(CO)_4 + 4H_2O + 2HCl \longrightarrow 4CH_2 = CHCOOH + NiCl_2 + H_2$$

$$4CH \equiv CH + Ni(CO)_4 + 4ROH + 2HCl \longrightarrow 4CH_2 = CHCOOR + NiCl_2 + H_2$$

反应以盐酸为催化剂,在游离氢的存在下,丙烯酸及其酯可进一步发生反应,反应副产物多,选择性低,而且反应过程中由羰基镍提供所需的一氧化碳,成本高且毒性大。

6. 丙烷氧化法

丙烷氧化法是以丙烷为原料,在催化剂作用下,与氧气直接氧化生成丙烯酸,然后和甲醇经酯化反应合成丙烯酸甲酯,其氧化反应方程式如下:

此法分两步,第一步丙烷部分氧化生成丙烯醛,第二步将丙烯醛氧化制得丙烯酸,然后甲醇酯化便得丙烯酸甲酯。丙烯酸最高单程收率为13%,目前有甲烷直接合成丙烯酸的方法,丙烯酸的单程收率也仅为14.4%。因此,尽管此法原料来源丰富,价格便宜,但收率太低,无法与丙烯氧化法媲美。

7. 甲酸甲酯法

在均相条件下,以乙炔和甲酸甲酯为原料,镍盐—铜盐—碘化物复合体系为催化剂,N,N-二甲基甲酰胺为溶剂,一步加氢酯化合成丙烯酸甲酯:

$$CH \equiv CH + HCOOCH_3 \longrightarrow CH_2 = CHCOOCH_3$$

反应过程中,甲酸甲酯转化率为60%,丙烯酸甲酯选择性为86%。该法的特点是以甲酸甲酯为原料,解决了CO制备和运输问题,随着天然气的发展,在经济上将有相当的竞争力,在石油资源短缺、天然气资源丰富的地区更具有实用性。

二、丙烯酸酯化法的反应原理

1. 丙烯酸甲酯合成的反应原理

丙烯酸与醇的酯化反应是一种生产有机酯的反应,反应方程式如下:

$$CH_2 = CHCOOH + CH_3OH \longrightarrow CH_2 = CHCOOCH_3 + H_2O$$

这是一个平衡反应,为使反应有向有利于产品生成的方向进行,一种方法是用比反应量过量的酸或醇,另一种方法是从反应系统中移除产物。

2. 丙烯酸与甲醇的酯化反应

(1)酯化反应的主反应。酯化反应器的主反应的化学方程式如下:

$$CH_2 = CHCOOH + CH_3OH \xrightarrow[\text{离子交换树脂}]{H+} CH_2 = CHCOOCH_3 + H_2O$$

$$\qquad AA \qquad\qquad MEOH \qquad\qquad\qquad MA$$

(2)在酯化反应过程中,同时发生多种副反应,甲酯的副反应方程式如下:

$$CH_2 = CHCOOH + CH_3OH \longrightarrow CH_3OCH_2CH_2COOH$$

$$MPA(3-甲氧基丙酸)$$

$$2CH_2 = CHCOOH \longrightarrow CH_2 = CHCOOCH_2CH_2COOH$$

$$D-AA(3-丙烯酰氧基丙酸/二聚丙烯酸)$$

$$CH_2 = CHCOOCH_2CH_2COOH + CH_3OH \longrightarrow CH_2 = CHCOOCH_2CH_2COOCH_3 + H_2O$$

$$D-M(3-丙烯酰氧基丙酸甲酯/$$

$$二聚丙烯酸甲酯)$$

$$CH_2 = CHCOOH + 2CH_3OH \longrightarrow (CH_3O)CH_2CH_2COOCH_3 + H_2O$$

$$MPM(3-甲氧基丙酸甲酯)$$

丙烯酸甲酯的酯化反应在固定床反应器内进行,它是一个可逆反应,本工艺采用酸过量使反应向正方向进行。由于甲酯易于通过蒸馏的方法从丙烯酸中分离出来,从经济性角度,醇的转化率被设在60%~70%的中等程度。未反应的丙烯酸从精制部分被再次循环回反应器后转化为酯。

用于甲酯单元的离子交换树脂的恶化因素有:金属离子的玷污、焦油性物质的覆盖、氧化、不可撤回的溶胀等。因此,如果催化剂有意被长期使用,这些因素应引起注意,尤其是被金属铁离子玷污导致的不可撤回的溶胀应特别注意。

3. 丙烯酸回收

丙烯酸回收是利用丙烯酸分馏塔精馏的原理,轻的甲酯、甲醇和水从塔顶蒸出,重的丙烯酸从塔底排出来。

4. 醇萃取及回收

醇萃取塔利用醇易溶于水的物性,用水将甲酯从主物流中萃取出来,同时萃取液夹带了一些甲酯,再经过醇回收塔,经过精馏,大部分水从塔底排出,甲醇和甲酯从塔顶蒸出,返回反应器循环使用。

5. 醇拔头

醇拔头塔为精馏塔,利用精馏的原理,将主物流中少部分的醇从塔顶蒸出,含有甲酯和少部分重组分的物流从塔底排出,并进一步分离。

6. 酯精制

酯精制塔为精馏塔,利用精馏的原理,将主物流从塔顶蒸出,塔底部分重组分返回丙烯酸分馏塔重新回收。

三、丙烯酸甲酯合成的工艺条件

1. 温度

从热力学分析,本反应为可逆微放热反应。降低温度,平衡向正反应方向移动,甲醇转化率升高,有利于提高丙烯酸甲酯的含量。同时,副反应随温度升高而增加。从动力学分析,温度升高时,分子运动速率增大,分子间碰撞频率增加,反应速率加快,可缩短达到平衡的时间。

因此,采用75℃为最适宜温度,在该温度下不仅保证了甲醇的转化率,同时也最大限度地降低了副产物的生成量,更降低了能耗,节约了资源。

2. 压力

反应温度下甲醇汽化逃逸反应器,导致甲醇在反应器内停留时间变短,与丙烯酸接触机会变少,若增大压强,从热力学分析,会增加甲醇沸点,甲醇呈液相,浓度增加,有利于平衡向右移动;从动力学分析,压强增大会增加单位体积内反应物的物质的量,单位体积内活化分子数目增加,从而增加了单位时间、单位体积内反应物分子之间的有效碰撞,因而可以增大化学反应速率。同时压力过高会妨碍酯化生成水与酯,甚至会促进逆反应(水解),因此本反应适合低压,选择0.3MPa。

3. 醇酸配比

从热力学分析,本反应为直接酯化反应,平衡常数较小。酸或醇过量,都能使平衡向正反应方向移动,有利于提高丙烯酸甲酯的含量。从动力学分析,随着醇或酸过量增加,反应速率加快,可缩短达到平衡的时间。

采用丙烯酸比醇过量的物质的量之比,增大了反应物浓度,不仅促使了反应向正方向进行,而且可以减少精制系统的能耗。因为丙烯酸沸点比丙烯酸甲酯和未反应甲醇沸点高得多,用普通的精馏方法一步就可以将丙烯酸从反应生成液中分离出来循环使用。但如果采用甲醇过量,甲醇—丙烯酸甲酯相对挥发度较小,其回收要经3~4步才能完成,这样不仅增加了精制系统的工艺过程,也会增加精制系统的能耗。因此本反应采用丙烯酸过量,醇酸比为0.75。

4. 催化剂

无论是加催化剂与不加催化剂,从热力学角度看没有影响,但从动力学分析,酯化反应如不用催化剂,反应进行得很慢,需要几百小时才能完成,加入硫酸做催化剂可以大大降低反应活化能,使反应在几小时即可完成。

四、丙烯酸甲酯合成的工艺流程

丙烯酸甲酯合成工艺流程如图7-2所示,从罐区来的新鲜的丙烯酸和甲醇与从醇回收塔T140顶回收的循环的甲醇以及从丙烯酸分馏塔T110底回收的部分丙烯酸作为混合进料,经过预热到指定温度后送至酯化反应器R301进行反应。为了使平衡反应向产品方向移动,同时降低醇回收时的能量消耗,进入R301的丙烯酸分子数过量。

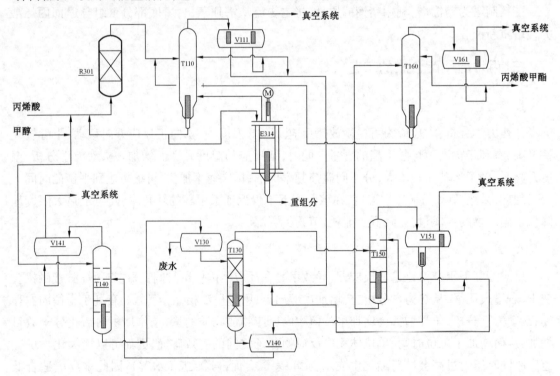

图7-2　丙烯酸甲酯合成工艺流程图

从 R301 排出的产品物料送至丙烯酸分馏塔 T110。在该塔内,粗丙烯酸甲酯、水、甲醇作为一种均相共沸混合物从塔顶回收,作为主物流进一步提纯,经过冷却进入 T110 回流罐 V111,在此罐中分为油相和水相,油相由泵抽出,一路作为 T110 塔顶回流,另一路和由泵抽出的水相一起作为醇萃取塔 T130 的进料。同时,从塔底回收未转化的丙烯酸。

T110 塔底,一部分的丙烯酸及酯的二聚物、多聚物和阻聚剂等重组分送至薄膜蒸发器 E314 分离出丙烯酸,回收到 T110 中,重组分送至废水处理单元重组分储罐。

T110 的塔顶流出物经醇萃取塔进料冷却器冷却后被送往醇萃取塔 T130。由于水—甲醇—甲酯为三元共沸系统,很难通过简单的蒸馏从水和甲醇中分离出甲酯,因此采用萃取的方法把甲酯从水和甲醇中分离出来。从 V130 由泵抽出溶剂(水)加至萃取塔的顶部,通过液—液萃取,将未反应的醇从粗丙烯酸甲酯物料中萃取出来。

从 T130 底部得到的萃取液进到 V140,再经泵抽出,进入醇回收塔 T140。在此塔中,在顶部回收醇并循环至 R301。基本上由水组成的 T140 的塔底物料经换热后,再经过冷冻水冷却后,进入 V130,再经泵抽出循环至 T130 重新用作溶剂(萃取剂),同时多余的水作为废水送到废水罐。T140 顶部是回收的甲醇,经循环水冷却进入 V141,再经泵抽出,一路作为 T140 塔顶回流,另一路是回收的醇与新鲜的醇合并为反应进料。

抽余液从 T130 的顶部排出并进入到醇拔头塔 T150。在此塔中,塔顶物流用循环水冷却进入到 V151,油水分成两相,水相自流入 V140,油相再经泵抽出,一路作为 T150 塔顶回流,另一路循环回至 T130 作为部分进料以重新回收醇和酯。塔底含有少量重组分的甲酯物流经泵进入塔 T160 提纯。

T150 的塔底流出物送往酯提纯塔 T160。在此,将丙烯酸甲酯进行进一步提纯,含有少量丙烯酸、丙烯酸甲酯的塔底物流经泵循环回 T110 继续分馏。塔顶作为丙烯酸甲酯成品在塔顶馏出,经冷却后进入丙烯酸产品塔塔顶回流罐 V161 中,由泵抽出,一路作为 T160 塔顶回流返回 T160 塔,另一路出装置至丙烯酸甲酯成品日罐。

丙烯酸甲酯生产的工艺流程框图如图 7 - 3 所示。

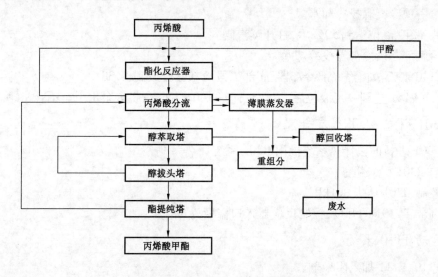

图 7 - 3　丙烯酸甲酯工艺框图

【任务实施】

丙烯酸甲酯仿真模拟操作规程

一、甲酯开车操作

1. 准备工作

1）启动真空系统

（1）T110系统抽真空。

（2）T140系统抽真空。

（3）T150系统抽真空。

（4）T160系统抽真空。

（5）T110、E114（二段再沸器）、T140、T150、T160投用阻聚剂空气。

2）V161、T160脱水

（1）向V161内引产品MA。

（2）向T160引MA。

（3）待T160底部有一定液位后，关闭控制阀。

（4）关闭MA进料阀。

3）T130、T140建立水循环

（1）引FCW到V130。

（2）将水引入T130。

（3）观察T130是否装满水。

（4）向V140注水；将T130顶部物流排至不合格罐，控制T130压力301kPa。

（5）待V140有一定液位后，启动泵；向T140引水。

（6）给塔顶冷凝罐投冷却水。

（7）待T140液位达到50%后，打开蒸汽阀。

（8）给底部二段冷却器投冷却水。

（9）T140底部液体经底部冷却器、底部二段冷却器排放到V130。

（10）待V141达到一定液位后，启动泵；向T140打回流；将多余水引至不合格罐。

2. R301引粗液，并循环升温

（1）R301进料前去伴热系统投用R301系统伴热。

（2）向R301引入粗液；

（3）控制R301压力301kPa。

（4）调节TV101的开度，控制反应器入口温度为75℃。

3. 启动T110系统

（1）T110、V111加入阻聚剂。

（2）给T110冷凝器、T130给料冷却器投冷却水。

（3）T110进料前去伴热系统投用T110系统伴热。

（4）待 R301 出口温度、压力稳定后，将粗液引入 T110。

（5）待 T110 液位达到 50% 后，启动泵；将 T110 底部物料经 FL101 排出。

（6）投用 T110 二段再沸器伴热系统伴热。

（7）待 T110 液位达到 25% 后，控制 T110 塔底温度为 80℃。

（8）待 V111 水相达到一定液位后，启动泵；将水排出，控制水相液位。

（9）待 V111 油相液位达到一定液位后，启动泵。打开控制阀 FV112 及其前后阀，给 T110 打回流；将部分液体排出。

（10）待 T110 液位稳定后，将 T110 底部物料引至 T110 二段再沸器。

（11）待 T110 二段再沸器达到一定液位后，启动泵；T110 二段再沸器打循环。

（12）待 T110 二段再沸器液位稳定后，将物料排出。

（13）启动 T110 二段再沸器转子。

（14）T110 二段再沸器通入蒸汽。

4. 反应器进原料

（1）新鲜原料进料流量为正常量的 80%，控制流量为 595.8kg/h。

（2）新鲜原料进料流量为正常量的 80%，控制流量为 1473kg/h。

（3）停止进粗液。

（4）将 T110 底部物料打入 R301。

5. T130、T140 进料

（1）T140 输送阻聚剂。

（2）由不合格罐改至 T130。

（3）调节 T130 温度为 25℃。

（4）待 T140 稳定后，将物流引向 R301。

6. 启动 T150

（1）供阻聚剂。

（2）投用冷却器。

（3）将 T130 顶部物料改至 T150。

（4）投用 T150 蒸汽伴热系统。

（5）当 T150 底部有一定液位后，将 T150 底部物料排放至不合格罐，控制好塔液面。

（6）待 V151 有液位后，启动泵；给 T150 打回流。

（7）T150 操作稳定后，将 V151 物料从不合格罐改至 T130。

（8）部分物料排至不合格罐。

（9）V140 切水，保持界位正常。

（10）待 T150 操作稳定后，将 V151 物料从不合格罐改至 T130。控制 V151 液位为 50%。

（11）将 T150 底部物料由至不合格罐改去 T160 进料。控制 T150 液位为 50%。

7. 启动 T160

（1）向 T160、V161 供阻聚剂。

（2）冷却器投用。

（3）投用 T160 蒸汽伴热系统。

(4)待 T160 有一定的液位,启动泵;将 T160 塔底物料送至不合格罐。

(5)向 T160 再沸器引蒸汽。

(6)将 V161 物料送至不合格罐。保持 V161 液位为 50%。

(7)T160 操作稳定后,将 T160 底部物料由不合格罐改至 T110。

(8)将合格产品由至合格罐改至合格罐。

8. 处理粗液、提负荷

(1)把 AA 负荷提高至 1841.36kg/h;

(2)把 MEOH 负荷提高至 744.75kg/h。

二、停车操作

1. 停止供给原料

(1)产品由合格罐切换至不合格罐。

(2)停止 T110 底部到 R110 预热器循环的 AA;将 T110 底部物料改去不合格罐。

(3)停止 T140 顶部到 R110 预热器循环的醇;将 T140 顶部物料改去不合格罐。

(4)将 R301 出口由去 T110 改去不合格罐。

(5)去伴热系统,停 R301 伴热。

(6)当反应器温度降至 40℃,将 R301 内的物料排出,直到 R301 排空。

(7)泄压。

2. 停 T110 系统

(1)停止向 V111 供阻聚剂;停止向 T110 供阻聚剂。

(2)停止 T160 底物料到 T110;将 T160 底部物料改去不合格罐。

(3)缓慢停止向 T110 再沸器供给蒸汽。

(4)去伴热系统,停 T110 蒸汽伴热。

(5)将 V111 出口物料切至不合格罐,保证 T130 的进料量。

(6)待 V111 水相全部排出后,停泵。

(7)停止向 T110 二段再沸器供物料。

(8)停止 T110 二段再沸器自身循环。

(9)停止向 T110 二段再沸器供给蒸汽。

(10)停止 T110 二段再沸器的转子。

(11)将 T110 二段再沸器底部物料改至不合格罐。

(12)将 V111 油相全部排至 T110,停泵。

(13)将 T110 底物料排放出;待 T110 底物料排尽后,停止泵。

(14)将 T110 二段再沸器底物料排放出;待 T110 二段再沸器底物料排尽后,停止泵。

3. T150 和 T160 停车

(1)停止向 V151、V161、T150、T160 供阻聚剂。

(2)停 T150 进料;将 T130 出口物料排至不合格罐。

(3)停 T160 进料;将 T150 出口物料排至不合格罐。

(4)将 V151 油相改至不合格罐。

（5）停向 T150 再沸器供给蒸汽；同时停 T150 蒸汽伴热。

（6）停向 T160 再沸器供给蒸汽；停 T160 的蒸汽伴热。

（7）待回流罐 V151 的物料全部排至 T150 后，停泵；待回流罐 V161 的物料全部排至 T160 后，停泵。

（8）将 T150 底物料排放出；T160 底部物料排空后，停泵。

4. T130 和 T140 停车

（1）停止向 T140 供阻聚剂。

（2）当 T130 顶油相全部排出后，停 T130 萃取水，T130 内的水经 V140 全部去 T140。

（3）停止 T140 再沸器供给蒸汽。

（4）当 T140 内的物料冷却到 40℃以下，排液。

（5）给 T130 排液。

三、事故处理

在丙烯酸甲酯仿真操作中常常出现许多异常现象，需要对其产生原因加以分析并及时处理，现归纳总结如表 7 - 4。甲酯装置常见代号及英文缩写见表 7 - 5。

表 7 - 4　丙烯酸甲酯仿真操作中不正常现象产生的原因与处理方法

事故名称	异常现象	事故原因	处理方法
AA 进料阀 FV101 卡	累计流量计量表停止计数，R301 反应器压力温度上升	AA 进料阀 FV101 卡	切换旁路阀：迅速打开旁路阀 V101，同时关闭流量计表及前后阀
P142A 泵坏	T140 塔进料流量显示逐渐下降至 0，引起 T140 整塔温度压力的波动，T140 液位降低，V140 液位上升	可能为泵出现故障不能正常工作或是出口管路堵塞	先检查出口管路上各阀门是否工作正常，排除阀门故障后，迅速切换出口泵。加大出口调节阀开度，调整 V140 液位至正常工况下液位后，恢复开度 50
T160 塔底再沸器 E161 坏	T160 塔内温度持续下降，塔釜液位上升，塔顶气化量降低，引起回流罐 V161 液位降低	T160 塔底再沸器 E161 坏	按停车步骤快速停车，然后检查维修换热器
塔 T140 回流罐 V141 漏液	V141 内液位迅速降低	回流罐 V141 漏液	按停车步骤快速停车，然后检查维修回流罐

表 7 - 5　甲酯装置常见代号及英文缩写

英文缩写	中文全称	英文全称
AA	丙烯酸	acrylic acid
MEOH	甲醇	methyl alohol
MA	丙烯酸甲酯	methyl acrylate
MAOFF	不合格丙烯酸甲酯	off spec methl acrylate
WW	工业废水	waste water of process
PaA	绝对压力（帕）	pascal in absolute

英文缩写	中文全称	英文全称
LPS	低压蒸汽	low pressure steam
SCL	低压蒸汽冷凝水	low pressure steam condensate
FCW	冲洗冷却水	flushing cool water
LN	超低压氮气	low low pressure nitrogen
CW	冷却水	cool water
RW	冷却回水	returning water

【任务测评】

仿真模拟进行丙烯酸甲酯合成操作,在计算机上进行丙烯酸甲酯合成开车操作,调节至规定的操作条件后,再进行停车操作,事故处理操作;操作过程要严格按照操作规程来模拟;根据事故现象正确判断是何种事故,并按照事故处理方法来模拟;要求能正确读取温度、压力、流量仪表显示数值,计算机评分考核。

【知识拓展】

丙烯酸甲酯的绿色合成工艺

为了保持人类社会的可持续发展,对各种传统的化工生产工艺进行绿色化改进,已经成为化学工业发展的必然趋势之一。丙烯酸甲酯作为重要化工原料,用途广泛,且国内外需求量逐年递增。目前丙烯酸及其酯的制备主要有乙炔法、丙烯氧化法、丙烯腈水解法、乙烯酮法、丙烷氧化法、乙烯氧化羰化法以及甲酸甲酯法等。但这些传统的方法或多或少都存在污染严重、能耗大、中间产物毒性大及产率不高等缺点。因此对丙烯酸甲酯进行高效的绿色合成研究具有重要的学术价值和现实意义。

本方法基于绿色化学的思想及理念,以工业副产物醋酸甲酯为原料,采用无毒环保的催化剂,通过高效清洁的合成方法,进行原子经济的并具有高选择性的羟醛缩合反应,实现丙烯酸甲酯的绿色合成。主要研究内容包括:反应中所需的三维有序大孔/介孔催化剂载体的制备、酸碱双功能催化剂的设计与合成、催化合成路线的确定、催化反应效果的评价、对整个催化过程的动力学研究以及对丙烯酸甲酯生命周期的分析与评价。具体工作和研究成果如下:

制备了丙烯酸甲酯绿色合成所需的三维有序大孔/介孔 SiO_2 催化剂载体。对乳液聚合法合成聚苯乙烯(PS)单分散胶晶模板的影响因素及 PS 胶晶的组装方式进行了讨论;以合成的 PS 单分散胶晶模板剂,通过不同的方式与 SiO_2 前驱体溶胶进行了组装,并研究了模板剂的脱除方法;借助 DTA – DTG、SEM、TEM 和物理化学吸附/脱附仪等手段对 PS 胶晶模板和三维有序大孔/介孔 SiO_2 载体的外观形貌和孔结构参数进行了表征,获得了模板及催化剂载体的粒径、孔径分布及几何形态等信息。讨论了合成 PS 胶晶模板的影响因素;确定了滴加浸渍法为 PS 与 SiO_2 溶胶凝胶理想的组装方式;确定了模板剂的脱除方式为溶剂萃取与程序升温焙烧相结合。所制备的 SiO_2 载体为笼状三维有序大孔/介孔材料。

以三维有序大孔/介孔 SiO_2 为载体,分别合成磷钒与 $Cs_2O – Sb_2O_5/SiO_2$ 催化剂,采用两种工艺合成丙烯酸甲酯。研究了催化甲缩醛与醋酸甲酯合成丙烯酸甲酯的磷钒催化剂,讨论了磷钒比、载体的选择、微波负载条件及活性组分的用量等因素对磷钒催化剂制备的影响;表征了催化剂的微观形貌;确定了磷钒催化剂的制备条件:以大孔二氧化硅为载体,催化剂颗粒20~40目,90℃下进行微波负载活性组分,P:V:Si 物质的量之比为 2.6:1:8,制得的催化剂活性中心在载体表面负载均匀,具有较好的催化性能;确定了合成丙烯酸甲酯的较佳工艺条件为甲缩醛与醋酸甲酯的物质的量之比为 1:2、进料空速 3.2h^{-1},反应温度 370℃,丙烯酸甲酯的选择性达到 68.31%,收率为 40.29%。设计并制备了具有酸碱双功能的 $Cs_2O-Sb_2O_5/SiO_2$ 催化剂,用于催化甲醛与醋酸甲酯合成丙烯酸甲酯;并通过 SEM、TEM 和 NH_3-TPD,CO_2-TPD 等手段对催化剂进行了表征。结果表明,合成的 $Cs_2O-Sb_2O_5/SiO_2$ 催化剂具有均匀有序大孔/介孔,同时具有可促进羟醛缩合反应的酸、碱活性中心;对甲醛与醋酸甲酯合成丙烯酸甲酯催化反应的工艺条件进行了实验研究,并确定了较佳的工艺条件为:醋酸甲酯与甲醛的物质的量之比 3:1、进料空速 4~5h^{-1}、反应温度 390℃,丙烯酸甲酯的收率可达到 50.12%,选择性为 60.9%。

为提高反应效率,对磷钒和 $Cs_2O-Sb_2O_5/SiO_2$ 两种催化剂在固定床反应器中的填装方式进行了研究。将甲缩醛与醋酸甲酯、甲醛与醋酸甲酯为反应物合成丙烯酸甲酯的过程进行了耦合,在未改变原有催化剂性能的情况下,有效地利用催化剂的"性能接力",使得醋酸甲酯利用效率增大,丙烯酸甲酯的选择性和收率得到提高。并建立了两个催化反应的动力学方程,对此过程进行了生命周期评价。结果表明,两种催化剂在固定床反应器中合适的填装方式可有效地提高丙烯酸甲酯合成的效率,当固定床反应器的炉温设定为 400℃时,两种催化剂在反应器中自上而下串联分段填装,磷钒催化剂在第 4 段,$Cs_2O-Sb_2O_5/SiO_2$ 催化剂在第 6 段时,为较佳的填装工艺,此时甲缩醛转化率为 70.78%,丙烯酸甲酯选择性为 90.78%,丙烯酸甲酯收率为 64.26%。对两个反应过程分别建立了宏观及微观动力学方程,并证实理论模型与实验值拟合度较高。对分段填装催化剂工艺催化甲缩醛与醋酸甲酯合成丙烯酸甲酯过程进行了生命周期评价,表明此过程的主要环境负荷阶段是甲醇的生产过程,主要的环境负荷类型为温室效应和酸化效应,甲缩醛与醋酸甲酯合成丙烯酸甲酯的环境负荷最小,仅为丙烯酸甲酯生命周期总环境负荷的 6.10%。

【任务小结】

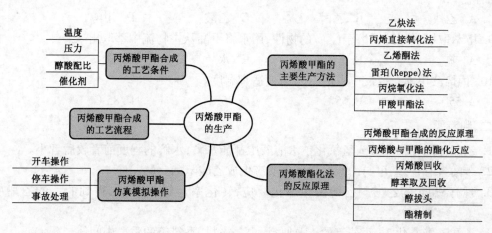

【项目小结】

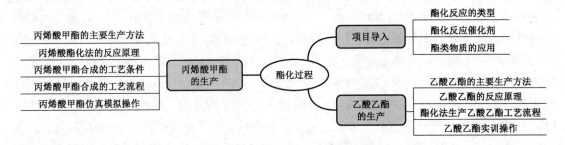

【项目测评】

一、选择题

1. 下列物质中,在不同条件下能分别发生氧化、消去、酯化反应的是(   )。

    A. 乙醇   B. 乙醛   C. 乙酸   D. 苯甲酸

2. 乙酸乙酯的合成方法有(   )。

    A. 乙炔法   B. 乙醛法   C. 乙酸法   D. 甲酸法

3. 丙烯酸甲酯的合成方法有(   )。

    A. 乙炔法   B. 乙醛法   C. 乙酸法   D. 甲酸法

4. 酯化反应的催化剂有(   )。

    A. 乙炔类   B. 乙醛类   C. 无机酸类   D. 有机酸类

5. 酯类物质是由有机酸和(   )合成的。

    A. 乙炔   B. 乙醛   C. 乙酸   D. 甲醇

6. 丙烯酸甲酯合成反应采用(   )过量。

    A. 丙烯酸   B. 乙醛   C. 乙酸   D. 甲醇

7. 丙烯酸甲酯合成反应中加入(   )作为催化剂。

    A. 硝酸   B. 醋酸   C. 乙酸   D. 硫酸

8. 直接酯化法是传统的乙酸乙酯生产方法,在酸催化剂存在下,由乙酸和(   )发生酯化反应而得。

    A. 乙炔   B. 乙醇   C. 乙酸   D. 甲醇

9. 醇萃取塔利用醇易溶于(   )的物性,用水将甲酯从主物流中萃取出来。

    A. 苯   B. 醇   C. 水   D. 酮

10. 丙烯酸甲酯合成反应采用(   )为最适宜温度。

    A. 55℃   B. 65℃   C. 75℃   D. 85℃

二、判断题

1. 乙酸乙酯在稀硫酸或氢氧化钠水溶液中都能水解,水解的程度前者较后者小。(   )

2. 苯酚含有羟基,可与乙酸发生酯化反应生成乙酸苯酯。(   )

3. 现有90kg的乙酸与乙醇发生酯化反应,转化率达到80%时,得到的乙酸乙酯应是150kg。(   )

4. 乙酸乙酯是化工、医药等的重要原料,也是染料、香料等的重要中间体。(   )

5. 羧酸的酸性比碳酸强,比无机酸弱。(   )

6. 釜式反应器既可以用于间歇生产过程也能用于连续生产过程。（　　）

7. 丙烯酸甲酯合成反应适合低压。（　　）

8. 丙烯酸甲酯合成加入硫酸做催化剂。（　　）

9. 酯化反应必须采取边反应边脱水的操作才能将酯化反应进行到底。（　　）

10. 催化精馏与反应精馏的不同之处在于使用催化剂,属非均相反应精馏过程。（　　）

三、简答题

1. 乙酸乙酯生产分为哪几个主要步骤?

2. 未反应的原料和催化剂如何回收?

3. 乙酸乙酯有哪些用途?

4. 工业上乙酸乙酯有哪些合成方法? 各合成方法工艺过程如何? 有何特点?

5. 写出乙酸乙酯酯化反应的方程式、乙酸中和反应方程式。

6. 常见酯化反应催化剂有哪些? 各有什么特点?

7. 常见的酯化反应有哪几种? 分别是什么?

8. 如何进行填料塔开停车操作?

9. 如何进行双塔循环操作?

10. 详细叙述如何进行反应釜的加料、开停车操作?

11. 详细叙述如何进行中和釜的加料、开停车操作?

12. 如何进行筛板塔开停车操作?

13. 乙酸乙酯实训过程可能出现的事故有哪些? 如何处理?

14. 乙酸乙酯实训操作有哪些可以改进的地方?

15. 丙烯酸甲酯有哪些用途?

16. 丙烯酸甲酯有哪些合成方法?

17. 丙烯酸甲酯的合成原理是什么?

18. 丙烯酸甲酯合成的工艺条件有哪些?

19. 仿真模拟丙烯酸甲酯合成中都有哪些设备? 分别有哪些作用?

20. 叙述丙烯酸甲酯合成的工艺流程。

四、计算题

现有 90kg 的乙酸与乙醇发生酯化反应,转化率达到 80% 时,得到的乙酸乙酯应是多少?

五、方案设计

1. 写出乙酸乙酯生产实训操作过程心得。

2. 仿真模拟丙烯酸甲酯合成中如何提高操作分数。

项目八 石油化工清洁生产

【学习目标】

能力目标	知识目标	素质目标
1. 能利用绿色化工方法解决生产实际问题； 2. 能在原料、过程和产品的各个环节渗透绿色化学思想； 3. 能运用绿色化学原则研究、指导和组织化工生产； 4. 能利用绿色化学原理设计环氧丙烷绿色生产集成方案； 5. 学会根据具体情况灵活运用绿色化学原理及方法	1. 掌握绿色化学的定义； 2. 掌握原子利用率的概念及计算方法； 3. 掌握绿色化学工艺的途径和手段； 4. 掌握环氧丙烷的清洁生产技术； 5. 了解绿色催化剂和绿色溶剂的使用现状	1. 培养学生具有清洁生产的从业态度及环境和谐意识； 2. 培养能适应现阶段绿色化工发展需要的清洁型人才； 3. 培养学生综合运用知识的能力； 4. 培养学生具有创新思维的思想意识； 5. 培养学生具有创新实践的行动能力

【项目导入】

一、绿色化学基本概念

人类在向大自然不断索取以满足自身需要的同时，也造成了严重的环境污染。当代全球环境十大问题是：大气污染、臭氧层破坏、全球变暖、海洋污染、淡水资源紧张和污染、生物多样性减少、环境公害、有毒化学品和危险废物、土地退化和沙漠化、森林锐减。这些问题有的直接与化学化工有关，有的间接相关。

20世纪80年代初期，由联合国授权成立的世界环境与发展委员会提出了可持续发展的理论。1992年，联合国召开的环境与发展大会以此作为指导方针，制定了关于可持续发展的《21世纪议程》，受到了人们的广泛重视，也得到了世界各国的普遍认同。不论是发达国家还是发展中国家，都不约而同地把可持续发展战略作为国家宏观经济发展战略的一种选择，并深刻地认识到："我们需要一个新的发展途径，一个能持续人类进步的途径，我们寻求的不仅仅是在几个地方、在几年内的发展，而是在整个地球遥远将来的发展。"这标志着人类的发展观出现了重大的转折。

化学化工不仅涉及环境，而且直接与可持续发展的多个方面相关，是实现可持续发展战略的重要组成部分。1989年，在美国檀香山举行的环太平洋地区化学工作者研究和开发研讨会上，人们反复使用"新化学""新化学时代"等词汇来描述已经演变了的化学工业领域。他们把能对未来社会、技术以及市场的新挑战做出相应反应的化学体系称为新化学。渥太华未来观察国际顾问西蒙兹说，我们可以把20世纪称为物理的世纪，而21世纪的基本问题是分子和生物分子，因此，21世纪将很可能是化学的世纪；但化学工业必须成功地采用新工艺生产新的化学制品，从而与由旧工艺生产又以旧工艺使用化学品所产生的污染、废物以及公害等彻底决裂，实现化学的新世纪。

1994 年 8 月,第 208 届美国化学年会上,举办了"为环境而设计的专题研讨会",会后以"绿色化学:为环境设计化学"为名出版了会议文集。1996 年,国际学术界久负盛名的 Golden 会议首次以环境无害有机合成为主题,讨论了原子经济性反应、环境无害溶剂等,进一步在全球范围内推动了绿色化学的研究和开发。

与纯基础科学研究不同,绿色化学的产生不是科学家自由思维的产物,而是在全球环境污染加剧和资源危机的震撼下,人类反思与重新选择的结果。化学工业作为国民经济的支柱产业,对人类社会进步与发展具有重大推进作用。但是,化学工业具有"特殊贡献"与"环境污染"的双重性,因此采用绿色化学理念,探索和研究新的原理和方法、开发新的技术和生产过程以提高生产效率、避免或减少环境污染是化学工业可持续发展的关键之一。

二、绿色化学定义

绿色化学又称环境无害化学、环境友好化学、清洁化学。绿色化学即是用化学的技术和方法去减少或消灭那些对人类健康、社区安全、生态环境有害的原料、催化剂、溶剂和试剂、产物、副产物等的使用和产生。必须指出,绿色化学不同于一般的控制污染。绿色化学的理想在于不再使用有毒、有害的物质,不再产生废物,不再处理废物。它是一门从源头上阻止污染的化学。治理污染的最好办法就是不产生污染。

绿色化学是近几年才开始出现的更高层次的化学,是当今国际化学的前沿,其核心是利用化学原理从根本上减少或消除化学工业对环境的污染。在其基础上发展的技术称为清洁技术或环境友好型技术。它所研究的中心问题是使化学反应、化工工艺及其产物具有以下四个方面的特点:(1)采用无毒、无害的原料;(2)在无毒、无害的反应条件(溶剂、催化剂等)下进行;(3)使化学反应具有极高的选择性,极少的副产物,甚至达到"原子经济"的程度,即在获取新物质的转化过程中充分利用每个原料原子,实现"零排放";(4)产品应是对环境无害的。当然,绿色反应也要求具有一定的转化率,达到技术上经济合理。

绿色化学的基本思想可应用于化学化工的所有领域,既可对一个总过程进行全面的绿色化学设计,也可以对一系列过程中的某些单元操作进行绿色化学设计、对化学品进行绿色化学设计。比如,对化学合成、催化剂、反应条件、分离分析和监测等也可分别进行绿色化学设计。

从科学观点看,绿色化学是化学基础内容的更新,从环境友好、经济可行的绿色化学产品的设计出发,发展对环境友好、符合原子经济性的起始原料化学,提高化学反应的产率和选择性,或从新的起始原料出发,发展原子经济性的、高选择性的新反应来完成绿色目标产物的合成。

从经济观点看,绿色化学为我们提供合理利用资源和能源、降低生产成本、符合经济可持续发展的原理和方法。

从环境观点看,绿色化学提供从源头上消除污染的原理和方法,把现有化学和化工生产的技术路线从"先污染,后治理"改变为"不产生污染,从源头上根除污染"。

三、原子经济性

传统的化工过程中,评价化学反应的一个重要指标是目标产物的选择性(或目标产物的收率)。但在许多情况下,尽管一个化学反应的选择性很高甚至达到 100%,这个反应仍可能产生大量废物。

为了科学衡量在一个化学反应中,生成一定量目标产物所伴生的废物量,美国斯坦福大学

Trost 于 1991 年提出了"原子经济性"的概念。原子经济性是指反应物中的原子有多少进入了产物,一个理想的原子经济性的反应,就是反应物中的所有原子都进入了目标产物的反应,也就是原子利用率为 100% 的反应。这就要求目标产物就是反应物原子的结合。在传统有机合成中,不饱和键的简单加成反应、成环加成反应等属于原子经济反应,无机化学中的元素与元素作用生成化合物的反应也属于原子经济反应。

在合成反应中,要减少废物排放的关键是提高目标产物的选择性和原子利用率,即化学反应中,到底有多少反应物的原子转变到了目标产物中。原子利用率可用下式定义:

$$原子利用率 = \frac{目标产物的量}{按化学计量式所得所有产物的量之和} \times 100\%$$

$$= \frac{目标产物的量}{各反应物的量之和} \times 100\%$$

用原子利用率可衡量在一个化学反应中,生产一定量目标产物到底会生成多少废物。例如,由乙烯制备环氧乙烷,采用经典的氯乙醇法时,假定每一步反应的产率、选择性均为 100%,这条合成路线的原子利用率也只能达到 25%,反应过程表示如下:

$$C_2H_4 + Cl_2 + H_2O \longrightarrow ClCH_2CH_2OH + HCl$$

$$ClCH_2CH_2OH + Ca(OH)_2 + HCl \longrightarrow C_2H_4O + 2CaCl_2 + 2H_2O$$

总反应为:

$$C_2H_4 + Cl_2 + Ca(OH)_2 \longrightarrow C_2H_4O + 2CaCl_2 + H_2O$$

摩尔质量,g/mol	28	71	74	44	111	18
目标产物量,g				44		
废物量,g					111 + 18 = 129	

$$原子利用率 = \frac{44}{44 + 111 + 18} \times 100\% = \frac{44}{28 + 71 + 74} \times 100\% = 25\%$$

即生产 1kg 环氧乙烷(目标产物)就会产生约 3kg 副产物(废物)氯化钙和水,同时,还存在使用有毒有害氯气做原料、对设备有严格要求、产品的分离提纯等问题。为了克服这些缺点,人们采用了一个新的催化氧化方法,新方法以银为催化剂,用氧气直接氧化乙烯一步合成环氧乙烷,反应的原子利用率达到了 100%,反应过程如下:

$$C_2H_4 + \frac{1}{2}O_2 \longrightarrow C_2H_4O$$

摩尔质量,g/mol	28	16	44
目标产物量,g			44
废物量,g			0

$$原子利用率 = \frac{44}{28 + 16} \times 100\% = \frac{44}{44} \times 100\% = 100\%$$

由上可见,一旦要利用的化学反应计量式被确定下来,则其最大原子利用率也就确定了。比如,只要采用氯乙醇法生产环氧乙烷,不管怎样改进工艺,其最大原子利用率仅能达到

25%；如果中间步骤中反应的选择性、反应物的转化率达不到100%，则该过程的原子利用率只能小于25%。但是，如果选用银催化剂催化氧化方法，只要该步的转化率和选择性达到100%，则该反应的原子利用率就可达到100%。

原子利用率达到100%的反应有两个最大的特点：

（1）最大限度地利用了反应原料，最大限度地节约了资源；

（2）最大限度地减少了废物排放（或达到了零废物排放），因而最大限度地减少了环境污染，或者说从源头上消除了由化学反应副产物引起的污染。

要使化学反应尽可能最大限度地利用资源、减少环境污染，仅仅采用原子经济反应还不能完全达到目的。原子经济反应是最大限度利用资源、最大限度减少污染的必要条件，但不是充分条件。可能有一些化学反应，从计量式看，它是原子经济的，但若反应平衡转化率很低，而反应物与产物分离又有困难，反应物难于循环使用，则这些未使用完的反应物就会被当作废物排放到环境中，造成环境污染及资源的浪费。也有一些反应，反应本身是原子经济的，但两反应物还能同时发生其他平行反应，生成不需要的副产物，这也会造成资源浪费和环境污染。因此，我们选择的反应还必须是高选择性的。

原子经济的反应、高的反应物转化率和高的目标产物选择性，是实现资源合理利用、避免污染缺一不可的。

四、绿色化学原则

2000年，Paul T Anastas 概括了绿色化学的12条原则，得到国际化学界的公认，绿色化学的12条原则是：

（1）防止废物产生，而不是待废物产生后再处理；

（2）合理地设计化学反应和过程，尽可能提高反应的原子经济性；

（3）尽可能少使用、不生成对人类健康和环境有毒有害的物质；

（4）设计高功效、低毒害的化学品；

（5）尽可能不使用溶剂和助剂，必须使用时则采用安全的溶剂和助剂；

（6）采用低能耗的合成路线；

（7）采用可再生的物质为原材料；

（8）尽可能避免不必要的衍生反应（如屏蔽基，保护/脱保护）；

（9）采用性能优良的催化剂；

（10）设计可降解为无害物质的化学品；

（11）开发在线分析监测和控制有毒有害物质的方法；

（12）采用性能安全的化学物质以尽可能减少化学事故的发生。

上述12条原则从化学反应角度出发，涵盖了产品设计、原料和路线选择、反应条件等方面，既反映了绿色化学领域所开展的多方面研究工作内容，同时也为绿色化学未来的发展指明了方向。

化学工艺过程既包括化学反应，也包括物理分离过程，更为重要的是必须考虑传递过程对反应性能和分离效率的影响。因此，仅用原子经济性和收率指标考察化工过程显得过于简化，对于化工过程还必须考虑空时收率，即单位时间、单位设备体积生产的物质量。一个理想的化工过程，应该是用简单、安全、环境友好和资源有效的操作，快速、定量地把廉价、易得的原料转化为目的产物。绿色化学工艺的任务就是在原料、过程和产品的各个环节渗透绿色化学思想、运用绿色化学原则,研究、指导和组织化工生产,以创立技术上先进、经济上合理、生产上安全、环境上友好的化工生产工艺。这实际上也指出了实现绿色化工的原则和主要途径(图8-1)。

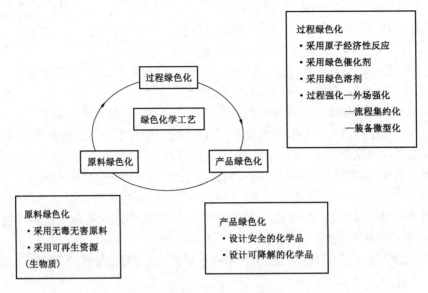

图8-1　绿色化学工艺的原则和方法

任务一　认识绿色化学工艺

一、原料绿色化

在化学品生产过程中,基础原料的费用一般占产品成本的60%左右,因而原料的选择和利用至关重要,它决定采用何种反应类型、选择什么样的工艺等诸多因素。从绿色化的观点来看,在选择原料时不仅要考虑生产过程的效率,还需要考虑它对人和环境是否无害,是否具有发生意外事故的可能性以及其他的不友好性质等。有些物性,比如发生燃烧反应所需的条件、对臭氧层的影响等,可通过数据手册查到。

选择原料时不能仅考虑原料本身的危害性和毒性以及可再生性,还要考虑原料对后续反应和下游产品的影响。在从原料到最终产品的全过程中,往往需要多个反应和分离步骤,如果所选原料需要用其他毒性很大的试剂来完成工艺路线中下一步的反应或分离,或者,采用该原料可能产生一个中间产物,而该中间产物有可能对人类健康和环境造成损害,那么选择该原料就可能间接造成更大的环境负面影响。

目前,大约98%的有机化学品都是以石油、煤炭和天然气为原料加工的,这些化石类原料储量有限,都面临枯竭的危险。从绿色生产的角度看,以植物为主的生物质资源是很好的化石类原料的替代品。所谓生物质可理解为由光合作用产生的所有生物有机体的总称,包括农林产品及其废物、海产物及城市废物等。采用生物质原料具有如下优点:

(1)由生物质衍生物所得物质常常已是氧化产物,无须再通过氧化反应引入氧。而由原油的结构单元衍生所得物质没有含氧基团,需经氧化反应引入含氧基团。由于具有含氧官能团的产物分子比原料烃要活泼的多,此类反应的选择性通常较低,还有一些反应需要经过多步骤才能完成,过程往往产生很多废物。

（2）使用生物质可减少大气中二氧化碳浓度的增加，从而减缓温室效应。

（3）生物质的结构单元比原油的结构单元复杂，如能在最终产品中利用这种结构单元的复杂性，则可减少副产物的生成。

（4）解决其他环境污染问题。例如以城市废物为原料可同时解决这些废物的处理问题。研究表明，许多生物质，如玉米、马铃薯、大豆等以及农业废物等均可作为化工原料转化为有用的化学品，见图8-2和图8-3。从目前研究情况看，以生物质作为化工原料在经济上还不具备竞争力，是今后绿色工艺的一个发展方向。

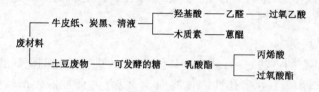

图8-2　由废物生产化工原料

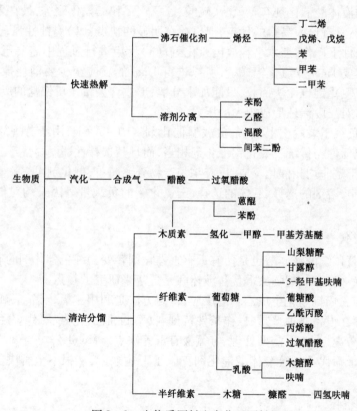

图8-3　生物质原料生产化工原料

二、过程绿色化

提高反应的原子经济性和反应的选择性、提高分离过程效率及设备的生产能力是实现过程绿色化的途径。可采取的方法有：合理设计反应路线，尽量采用加成反应等原子经济性高的反应、避免采用消除等原子经济性低的反应；采用高效绿色催化剂提高反应的选择性，减少副产物的生成量；采用绿色化溶剂，减少工艺过程中有毒有害物质对环境的影响；采用过程强化技术提高单位时间、单位设备体积的物料处理能力；采用集约化的工艺流程和微型化的设备，使能量消耗最小化。

1. 绿色催化剂

由于催化剂在化学反应中起到加快反应速率、降低反应温度、降低反应压力等多种作用，几乎所有的化学化工过程均要使用催化剂。在石油炼制的烃类裂解、重整、异构化等反应及石油化工的烯烃水合、芳烃烷基化、醇酸酯化等反应中，常采用氢氟酸、硫酸、三氯化铝、磷酸、三氟化硼等作为催化剂，这类酸催化反应都是在均相条件下进行的，在工业生产中存在许多缺点，如在工艺上难以实现连续生产、催化剂不易与原料和产物相分离、催化剂对设备有较大的腐蚀作用、对环境造成污染、危害人体健康和社区安全等。这就需要研究开发环境友好型的催化剂来取代这些传统的催化剂。

1) 活性组分的负载化

克服酸催化剂缺点的方法之一，就是使其负载化，或进行均相催化剂的多相化。把这些液体酸固载在分子筛、蒙脱土等多孔性固体物质上，使有毒有害催化剂转变为环境友好型催化剂。

例如，常见的液体酸催化剂有氢氟酸、硫酸、三氯化铝和三氟化硼等，最常采用的是三氯化铝。三氯化铝虽然具有价廉易得的优点，但也存在明显的缺点：(1) 腐蚀性强；(2) 反应条件苛刻，必须在无水条件下操作，遇水会释放出氯化氢；(3) 反应进行过程中需要至少 1mol 三氯化铝络合，另外还需要 1mol 三氯化铝成盐，所以进行 1mol 的反应至少要消耗掉 2mol 的三氯化铝，而反应后的三氯化铝也无法回收，只能加水分解，形成含大量无机铝盐的废水，造成铝盐流失和环境污染，这对三废治理形成很大的压力。

将三氯化铝负载于蒙脱土上，制备负载型催化剂 $K10 - AlCl_3$，用于芳香族化合物的烷基化反应，不但催化活性与传统三氯化铝催化剂相当，而且其选择性还明显优于三氯化铝及其他传统催化剂。由于是非均相催化反应，反应物与产物分离简单，催化剂可多次重复使用。在催化剂的制备过程中，溶剂的选择、载体的选择、三氯化铝的负载量等因素均对催化剂活性和选择性产生影响。

2) 用固体酸代替液体酸

用固体酸代替传统的液体酸也是使有毒有害催化剂转变为绿色催化剂的有效方法。利用酸性白土、分子筛、磷钨酸、超强酸等代替液体酸是近年来研究的热点。

例如，由苯与乙烯烷基化生成乙苯的反应，传统方法是利用三氯化铝、三氟化硼、氢氟酸作催化剂，其工艺存在设备腐蚀严重、操作条件苛刻、收率低、脱氯化氢、氯代烷烃困难、催化剂与反应物产物难于分离、有废水需要处理、氢氟酸有毒等缺点。Mobil 公司与 Badger 公司共同开发以 ZSM - 5 分子筛代替传统液体酸催化剂克服了上述缺点，从根本上解决了传统工艺造成的污染问题。

3) 仿生催化剂

在生物体细胞中发生着无数的生物化学反应，其中同样存在着催化剂，这种生物催化剂俗称为酶。与化学催化剂相比，酶具有非常独特的催化性能。首先，酶的催化效率比化学催化剂高得多，一般是化学催化的 10^7 倍，有的甚至可达 10^{14} 倍。其二，酶的选择性高。由于酶具有生物活性，其本身就是蛋白质，所以酶对反应底物的生物结构和立体结构具有高度的专一性，特别是对反应底物的手性、旋光性和异构体具有高度的识别能力；酶的另一种选择性称为作用专一性，即某种酶只能催化某种特定的反应。其三，酶催化反应条件温和，可在常温、常压、pH 接近中性的条件下进行，且可自动调节活性。但是，酶催化剂存在分离困难，来源有限，耐热、耐光性及稳定性差等缺陷。

根据天然酶的结构和催化原理,从天然酶中挑选出起主导作用的一些因素来设计合成既能表现酶功能,又比酶简单、稳定的非蛋白质分子,模拟酶对反应底物的识别、结合及催化作用,合成人工仿酶型催化剂来代替传统的催化剂。这种通过仿生化学手段获得的化学催化剂又称为人工酶、酶模型或仿生(酶)催化剂。

　　目前,较为理想的仿生体系主要有环糊精、冠醚、环番、环芳烃、钛箐和卟啉等大环化合物,大分子仿生体系主要有聚合物酶模型、分子印迹酶模型和胶束酶模型等。采用这些仿生体系合成的仿生催化剂可用于催化氧化反应、还原反应、羰基化反应、脱羧反应、脱卤反应等多种类型反应。其中金属卟啉化合物在以氧气(空气)为氧化剂的选择性氧化反应中表现出优异性能,典型的如异丁烷氧化制异丁醇、环己烷氧化制己二酸、环己烷氧化制环己醇和环己酮等。

2. 绿色溶剂

　　在化工生产过程中会大量使用挥发性有机溶剂(VOC),如石油醚、芳烃、醇、酮、卤代烃等。挥发性有机溶剂进入空气中后,在太阳光的照射下,容易在地面附近形成光化学烟雾。光化学烟雾能引起和加剧肺气肿、支气管炎等多种呼吸系统疾病,增加癌症的发病率,导致谷物减产、橡胶老化和织物褪色等。挥发性有机溶剂还会污染海洋、食品和饮用水,毒害水生物,氟氯烃能破坏臭氧层。因此,溶剂绿色化是实现清洁生产的核心技术之一。

　　目前备受关注的绿色溶剂是水、超临界流体、离子液体。

1)水

　　水是地球上自然丰度最高的溶剂,价廉易得,无毒无害,不燃不爆,其优势不言而喻。但水对大部分有机物的溶解能力较差,许多场合都不能用水代替挥发性有机溶剂。

2)超临界流体

　　(1)超临界流体反应特性。超临界流体兼有气体和液体两者的特点,密度接近于液体,具有与液体相当的溶解能力,可溶解大多数有机物;黏度和扩散系数类似于气体,可提高溶质的传递速率。气体、液体和超临界流体的典型性质比较见表 8-1。

表 8-1　气体、液体和超临界流体的典型性质比较

性质	气体	超临界流体	液体
密度,g/cm^3	$(0.6 \sim 2.0) \times 10^{-3}$	$0.2 \sim 0.9$	$0.6 \sim 1.6$
扩散系数,cm^2/s	$0.1 \sim 0.4$	$(0.2 \sim 0.7) \times 10^{-3}$	$(0.2 \sim 2.0) \times 10^{-5}$
黏度,$Pa \cdot s$	$(1 \sim 3) \times 10^{-5}$	$(1 \sim 9) \times 10^{-5}$	$(0.2 \sim 0.3) \times 10^{-3}$

　　根据超临界流体是否参与反应,可将超临界化学反应分为反应介质处于超临界状态和反应物处于超临界状态两大类,前者占大多数,后者研究的较少。超临界流体反应具有常规条件下所不具备的许多特性:

　　① 超临界流体对有机物溶解度大,可使反应在均相条件下进行,消除扩散对反应的影响;

　　② 超临界流体的溶解度、黏度、介电性能等性质主要取决于其密度,而超临界流体的密度是温度和压力的强函数,因此可通过调节温度或压力改变反应的选择性,或改变反应体系的相态,使催化剂和反应产物的分离变得简单;

　　③ 对有机物的溶解能力强,可溶解导致催化剂失活的有机大分子,延长催化剂寿命;

　　④ 超临界流体的低黏度、高气体溶解度和高扩散系数,可改善传递性质,对快速反应,特别是扩散控制的反应和有气体反应物参与的反应及分离过程十分有利。

具有代表性的超临界流体有 CO_2、H_2O、CH_4、C_2H_6、CH_3OH 及 CHF_3，理想的可用作溶剂的是超临界二氧化碳和水。

（2）超临界二氧化碳。二氧化碳无味、无毒、不燃烧，化学性质稳定，既不会形成光化学烟雾，也不会破坏臭氧层，气体二氧化碳对液体、固体物质无溶解能力。二氧化碳的临界温度为 $31.06℃$，临界点最接近常温，其临界压力为 $7.39MPa$，大小适中。超临界二氧化碳的临界密度为 $448kg/m^3$，是常用超临界溶剂中最高的，因此超临界二氧化碳对有机物有较大的溶解度，如碳原子数小于20的烷烃、烯烃、芳烃、酮、醇等均可溶于其中，但水在超临界二氧化碳中的溶解度却很小，使得在近临界和超临界二氧化碳中分离有机物和水十分方便。超临界二氧化碳溶剂的另一个优点是：可以通过简单蒸发成为气体而被回收，重新作为溶剂循环使用，且其汽化热比水和大多数有机溶剂都小。这些性质决定了二氧化碳是理想的绿色超临界溶剂，事实上，超临界二氧化碳是目前技术最成熟、应用最广、使用最多的一种超临界流体。表8-2列出了超临界二氧化碳的一些应用实例。

表8-2　超临界二氧化碳的应用举例

应用领域	举　例
化学反应	聚合反应：丙烯酸及氟代丙烯酸酯的聚合、异丁烯的聚合、丙烯酰胺的聚合； 羰基化反应； Diels - Alder 反应； 酶催化反应：油酸与乙醇的酯化、三乙酸甘油酯与（D,L）薄荷醇的酯交换； CO_2参加的反应：CO_2催化加氢合成甲酸及甲酸衍生物、CO_2与甲醇合成碳酸二甲酯（DMC）、CO_2与 H_2 和 $NH(CH_3)_2$ 合成二甲基甲酰胺（DMF）
分离	天然产物中有效成分的萃取和微量杂质的脱除； 超临界 CO_2 反胶团萃取，如蛋白质、氨基酸的分离提纯（牛血清蛋白的萃取）； 金属离子萃取及选择性分离，如 UO_2^{2+} Th^{4+} 的萃取； 油品回收； 喷漆技术； 环境废害物的去除
其他	清洗剂（机械、电子、医疗器械、干洗等行业用） 灭火剂哈龙的替代物 塑料发泡剂 细颗粒包覆，如药物、农药的微细化处理

从表8-2实例可知，超临界二氧化碳适于作亲电反应、氧化反应的溶剂，如烯烃的环氧化、长碳链催化脱氢、不对称催化加氢、不对称氢转移还原、Lewis 酸催化酰化和烷基化，高分子材料合成与加工的溶剂和萃取剂。但是，由于二氧化碳是亲电性的，会与一些 Lewis 碱发生化学反应，故不能用作 Lewis 碱反应物及其催化的反应。另外，由于盐类不溶于超临界二氧化碳，因此，不能用超临界二氧化碳作离子间反应的溶剂，或作离子催化的反应溶剂。

（3）超临界水。在温度高于 $373.15℃$、压力大于 $22.1MPa$ 的超临界状态下，水表现出许多独特的性质，表8-3列出了常温水、过热水和超临界水的一些性质。由表中数据可看出，超临界水的扩散系数比常温水高近100倍，黏度大大低于常温水，密度大大高于过热水而接近常温水。超临界水表现为强的非极性，可与烃类等非极性有机物互溶；氧气、氢气、氮气、一氧化碳等气体可以任意比例溶于超临界水；无机物尤其是盐类在超临界水中的溶解度很小。传递性质和可混合性是决定反应速率和均一性的重要参数，超临界水的高溶解能力、高扩散性和低黏度,使得超临界水中的反应具有均相、快速且传递速率快的特点。目前,超临界水反应涉及重油加氢催化脱硫、纳米金属氧化物的制备、高效信息储备材料的制备、高分子材料的热降解、天然纤维素的水解、葡萄糖和淀粉的水解、有毒物质的氧化治理等领域,表8-4列出了超临界水中反应的实例。

表8-3 常温水、过热水和超临界水的物理性质

性质	常温水	过热水	超临界水
温度,℃	25	450	450
压力,MPa	0.1	1.4	27.6
介电常数	78	1.0	1.8
氢的溶解度,mg/L	—	—	∞
氧的溶解度,mg/L	8	∞	∞
密度,kg/m³	988	4.2	128
黏度,mPa·s	0.89	2.6×10^{-5}	3.0×10^{-2}
有效扩散系数,m²/s	7.74×10^{-10}	1.79×10^{-7}	7.57×10^{-8}

表8-4 超临界水中反应的实例

应用领域	实例
烃类化合物的部分氧化	甲烷部分氧化制甲醇
Friedel - Crafts 反应	叔丁醇脱水反应; 苯酚与叔丁醇的烷基化反应
超临界水氧化技术(SCWO)	城市污水、人类代谢污物、生物污泥的处理; 二恶英类化合物、苯酚、氯苯、氯代苯酚等的分解
重质矿物资源的转化	煤的液化和萃取,重质油的热裂化和催化加氢脱硫
其他	纤维素、淀粉和葡萄糖的水解,高分子材料的热降解,纳米级金属氧化物的制备等

3)离子液体

离子液体由含氮、磷的有机正离子和大的无机负离子组成,在室温或低温下为液体。离子液体作溶剂的优点:

(1)离子液体无味、不燃,其蒸气压极低,因此可用在高真空体系中,同时可减少因挥发而产生的环境污染问题;

(2)离子液体对有机和无机物都有良好的溶解性能,可使反应在均相条件下进行,同时可减小设备体积;

(3)可操作温度范围宽(-40~300℃),具有良好的热稳定性和化学稳定性;

(4)表现出 B 酸、L 酸的酸性,且酸强度可调。

上述优点对许多有机化学反应,如聚合反应、烷基化反应、酰基化反应,离子液体都是良好的溶剂。

除上述绿色溶剂外,无溶剂固态和液态反应也得到了广泛重视。

3. 过程强化

过程强化是在实现既定生产目标的前提下,通过大幅度减小生产设备的尺寸、减少装置的

数目等方法来使工厂布局更加紧凑合理,单位能耗更低,废料、副产品更少,并最终达到提高生产效率、降低生产成本、提高安全性和减少环境污染的目的。过程强化是实现绿色工艺的关键技术。化工过程强化可分为方法强化和设备强化两个方面。

化工过程方法强化主要是化工过程集成化,包括化学反应与物理分离集成技术、组合分离过程(吸附精馏、萃取精馏、熔融结晶、精馏结晶,以及膜分离技术与传统分离技术的组合,如膜吸收、膜精馏、膜萃取等)、替代能源和非定态(周期性)操作等新技术。

化工过程设备强化,即设备微型化,包括新型的反应器和单元操作设备,且有不少已经应用在化工生产过程中,并取得了显著的效果。例如新型的反应器,包括旋转盘反应器、静态混合反应器、整体催化反应器、微反应器等。新型强化混合、传热和传质的设备,包括静态混合器、紧凑式换热器、旋转填充床分离器、离心吸附器等。

下面主要介绍化工过程方法强化中的反应分离集成技术和替代能源。

1)反应分离集成技术

反应分离集成技术是将化学反应与分离集成在一个设备中,使一台设备同时具有反应和分离的功能。反应分离集成技术是过程强化的重要方法,可以使设备体积与产量比更小,过程更清洁、能量利用率更高。

反应精馏(催化精馏)是在精馏塔内进行的化学反应与精馏分离过程,是最典型、最成熟和工业应用最广的反应与分离集成过程。此外,还有反应萃取、反应吸附、反应结晶、膜反应器等。与反应精馏一样,反应萃取、反应吸附、反应结晶也是将化学反应与传统的分离单元操作集成在分离设备中进行的过程,即分别在萃取塔、吸附设备和结晶器中进行。反应精馏和反应萃取所处理的物系是液相均相体系,反应吸附所处理的对象是气固或液固非均相体系,而反应结晶则针对产物在常温常压下为固体的体系。膜反应器为传统的固定床或流化床反应器与膜分离技术的集成。按照反应与分离结合的形式,固定床膜反应器又可分为两类:一类是反应与分离分开进行,膜只起分离产物或分配反应物的作用;另一类是反应与分离均在膜上进行,膜既有催化功能又有分离功能(称为活性膜)。由于目前在膜反应器中应用的膜均为选择性气体透过膜,因此适用于气相和含有气体的体系。

与传统的反应、分离分步进行的过程相比,反应与分离集成过程的优势有:

(1)对可逆反应可打破热力学平衡限制,提高单程转化率,减少反应体积。由于借助分离手段将目的产物及时移出反应区,因此,使化学平衡被破坏,反应不断地向生成产物的方向进行,最终可获得超过平衡转化率的高转化率。并且,由于反应产物的动态移出,可增加反应物浓度,加快反应速率,缩短反应时间。

(2)利用分离效应造成有利于反应选择性的轴向浓度分布,可提高目的产物的选择性,增加原料利用率,减少废物排放量。

(3)反应对分离的强化。化学反应使待分离物质间的物性差异变大,有利于实现彼此的分离。

(4)合理利用反应热,既可使反应区内的温度分布均匀,又可以节约能量。例如在反应精馏过程中,反应放出的热量可用于汽化物料,减少再沸器的负荷。

(5)将反应器和分离设备集成在一起,可减少主设备及辅助设备的数目,并减少原料和辅助物料的循环量,节约设备投资和操作费用。

反应分离的实例很多,例如反应精馏生产醋酸甲酯、甲基叔丁基醚(MTBE)、乙基叔丁基醚(ETBE)、甲基叔戊基醚(TAME)、异丙苯,膜反应器中烷烃的脱氢反应,反应吸附合成甲醇,反应萃取生产醋酸丁酯、乳酸和过氧化氢等。

2) 替代能源

替代能源是采用非热能的能量进行化学反应或分离过程,包括离心场、超声波、太阳能、微波、电场和等离子体等,其中等离子体、微波和超声波技术得到了更为广泛的研究。

(1) 等离子体技术。等离子体是电离状态的气体物质,由电子、离子、原子、分子或自由基等粒子组成的非凝聚体系,具有宏观尺度内的电中性与高导电性。与物质的固态、液态、气态并列,被称为物质存在的第四态。

等离子体是由最清洁的高能粒子组成,对环境和生态系统无不良影响。等离子体中的离子、电子、激发态原子、自由基都是极活泼的反应性物种,因此等离子体反应速率快,原料的转化率高。

在自然界中,有一些化学反应条件非常苛刻,在常规条件下难以进行或速率很慢,如温室气体的化学转化、空气中有害气体的净化等。采用等离子体技术可以有效地活化甲烷、二氧化碳等稳态分子,显著降低甲烷转化反应温度或压力,提高产物的收率。除甲烷化学转化这一热门领域外,等离子体技术在催化剂制备、高分子材料表面改性、接枝聚合等领域也得到了广泛的研究,表 8-5 列出了近年来等离子体在化工领域的一些应用实例。

表 8-5 等离子体在化工领域应用举例

应用领域	实例	应用领域	实例
甲烷转化	甲烷部分氧化制甲醇; 甲烷 CO_2 重整; 甲烷裂解制乙炔; 甲烷转化合成烯烃	高分子材料处理	引发接枝聚合; 表面改性
		分子筛催化剂	分子筛制备、活化、改性、再生

(2) 微波技术。微波在电磁波谱中介于红外和无线电波之间,波长在 1 ~ 100cm(频率30GHz ~ 300MHz)的区域内,其中用于加热技术的微波波长一般固定在 12.2cm(2.45GHz)处。微波作用到物质上,可能产生电子极化、原子极化、界面极化和偶极转向极化。其中对物质起加热作用的主要是偶极转向极化,使物质分子高速摆动(每秒十亿次)而产生热能,因此,不同于传统的辐射、对流和热传导是由表及里的加热,而是"快速内加热",具有温度梯度小,加热无滞后的特点。

极性分子的介电常数较大,同微波有较强的耦合作用;非极性分子的介电常数小,同微波不产生或只产生较弱的耦合作用。在常见物质中,金属导体反射微波而极少吸收微波能,所以可用金属屏蔽微波辐射,减少微波对人体的危害;玻璃、陶瓷能透过微波,本身产生的热效应极小,可用作反应器材料;大多数有机化合物、极性无机盐和含水物质能很好地吸收微波,为微波介入化学反应提供了可能。

目前,微波主要用于液相合成、无溶剂反应和高分子化学及生物化学领域,其中无溶剂反应是微波促进有机化学反应研究的热点。利用微波进行液相反应,选择合适的溶剂作为微波的传递介质是关键之一。乙酸、丙酮、低碳醇、乙酸乙酯等极性溶剂吸收微波能力较强,可作为反应溶剂;环己烷、乙醚等非极性溶剂不宜作微波场中的反应溶剂。在微波作用下,易发生溶剂的过热现象,因此选择高沸点溶剂可防止溶剂的大量挥发。

(3) 超声波技术。频率为 $2 \times 10^4 \sim 2 \times 10^9$ Hz 的声波叫作超声波,超声波对化学反应和物理分离过程的强化作用是由液体的"超声空化"而产生的能量效应和机械效应引起的。当超声波的能量足够高时，就会使液体介质产生微小的泡泡（空隙），这些小泡泡瘪塌时产生内爆，引起局部能量释放，此即"超声空化"现象。空化气泡爆炸的瞬间可产生约4000K和100MPa的局部高温高压，这样的环境足以活化有机物，使有机物在空化气泡内发生化学键断裂、自由基形成等，并促进相界面间的扰动和更新、加速相界面间的传质和传热过程。

在化学反应方面，超声波主要用于氧化反应、还原反应、加成反应、偶合反应、纳米材料及催化剂的制备；在分离方面则主要用于结晶和水体中有机污染物的降解。

三、产品绿色化

以往，产品设计者的指导思想是"功能决定形式"，设计者所追求的是"功能最大化"。因此，虽然许多化学品，如化肥、农药、洗涤剂、化妆品、添加剂、涂料、制冷剂等，对人类的进步和生活质量的提高做出了巨大贡献，但同时也对人类的生存环境造成了危害。

产品绿色化包含两个层次，第一个层次是化学产品应该对人类健康和环境无毒害，这是对绿色化学产品最起码的要求；第二个层次是当化学产品的功能使命完成后，应以无毒害的降解物形式存在，而不应该"原封不动"地留在环境中。因此，按照绿色化学的原则，设计者应该在追求产品功能最大化的同时，使其内在危害最小化。

绿色化学品的设计需要在分子结构分析、分子构效关系和毒理学及毒性动态学研究基础上，遵照生物利用率最大化和辅助物质量最小化原则进行，这需要化学家、毒理学家和化学工程师的共同努力，并且需要专门的课程介绍相关的设计方法。

> **查一查：**
>
> 　有哪些化工生产过程是应用的原料绿色化、过程绿色化、产品绿色化原则？或者是三者中之一？请举出具体实例。

【任务小结】

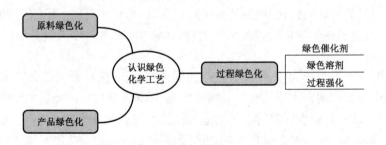

任务二　环氧丙烷的清洁生产

一、环氧丙烷生产现状

环氧丙烷（简称PO）是重要的基本有机化工原料，在以丙烯为原料的产品中，是仅次于聚丙烯和丙烯腈的第三大品种。环氧丙烷是无色易燃易挥发的液体，与水部分互溶，有毒，主要用途是生产聚醚多元醇、制造聚氨酯、水解制丙二醇，此外用于生产丙二醇醚等非离子表面活性剂、油田破乳剂、制药乳化剂、润滑剂等，近年来主要用于生产聚氨酯泡沫塑料。现在工业上主要采用氯醇法和共氧化法生产环氧丙烷，其中氯醇法约占总产量的 51%，共氧化法约占 48%。

（1）氯醇法。生产环氧丙烷包括两个步骤：第一步是丙烯与氯气与水反应生成氯丙醇，同时生成氯代烃副产物的水溶液；第二步是氯丙醇与石灰乳发生皂化反应生成产物环氧丙烷，同时产生氯化钙废渣和废水。氯醇法废水和废渣量大，生产成本高，氯耗量大，由于使用有毒的氯气，对设备的耐腐蚀性要求高。

（2）共氧化法。共氧化法也包括两步：第一步是生成有机过氧化物；第二步是有机过氧化物与丙烯反应生成环氧丙烷，并生成相应的联产物。选择有机过氧化物的依据是其稳定性、环氧化反应速率和联产物的市场情况，目前采用较多的是异丁烷过氧化物和乙苯过氧化物，即 Halcon 法。共氧化法的联产品量都显著高于环氧丙烷，例如异丁烷法的原料为丙烯和异丁烷，联产叔丁醇，所得产品环氧丙烷与叔丁醇的质量比为 1∶3；乙苯法的原料为乙苯和丙烯，联产苯乙烯，所得产品环氧丙烷与苯乙烯的质量比为 1∶2.3。共氧化法收率高，废物排放量少；但生产工艺长、总投资高、联产品量大。

二、绿色生产方法

以分子氧为氧化剂的氧化反应具有高的原子经济性，且氧气价廉易得，对环境无污染，是氧化反应最理想的氧源。因此，用氧气或空气直接氧化丙烯生产环氧丙烷是当前化学工业渴望实现的工艺之一。但是，该体系的特点决定目前还很难以氧气为氧化剂达到高转化率、高选择性地氧化丙烯生成环氧丙烷。其原因有：常温下分子氧稳定、反应活性低；丙烯分子中含有 $\alpha - C$，由于 $\alpha - C$ 原子上的 C—H 键的解离能比一般 C—H 键小，具有高的反应活性，在氧气存在下很容易发生 $\alpha -$ 碳氢键的断裂而使反应产物复杂化。因此寻找合适的催化剂成为丙烯直接氧化的技术关键。

许多研究者致力于这项工作，先后研究了稀土氯化物催化剂、过渡金属氧化物催化剂、金属卟啉仿酶催化剂等，但目前环氧丙烷收率均低于 10%，无工业应用价值。

过氧化氢是一种理想的氧化剂。过氧化氢的活性氧含量高达 47%，比有机过氧化物高得多，发生氧化反应后产物为水，氧化过程无污染物。钛硅分子筛的合成为丙烯过氧化氢直接氧化法提供了可能。许多研究者对 TS－1/H_2O_2 催化剂体系进行了研究，发现以钛硅分子筛为催化剂，过氧化氢氧化丙烯制环氧丙烷的反应可以使用稀过氧化氢水溶液，在温和条件下进行，并且反应速率快，选择性高。该法极有可能取代现有的环氧丙烷生产方法成为环氧丙烷生产技术的主流。

1. 丙烯过氧化氢直接氧化法反应原理

TS－1 催化过氧化氢氧化丙烯反应原理如下：

主反应：

$$CH_2—CH_2 = CH_2 \xrightarrow{\text{TS}-1} \underset{O}{CH_2—CH}—CH_3 + H_2O$$

主要副反应：

$$CH_2\overset{\displaystyle\diagdown}{\underset{\displaystyle O}{}}\!\!\!\!CH\!-\!CH_2 + H_2O \longrightarrow C_3H_6(OH)_2$$

$$2H_2O_2 \longrightarrow 2H_2O + O_2$$

可见，副反应会消耗过氧化氢，使过氧化氢的有效利用率降低，而且过氧化氢分解产生的活性氧还可能引发氧化副反应，降低环氧丙烷的选择性。因此，应该尽量避免过氧化氢的分解反应。

2. 丙烯过氧化氢直接氧化法催化剂

TS-1分子筛是将具有变价特征的过渡金属Ti引入纯硅分子筛的骨架中而形成的，具有

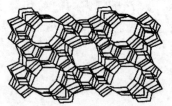

微孔和中孔的孔道结构，在形成氧化还原催化作用的同时赋予了择形功能（图8-4）。研究发现，TS-1分子筛表面呈"缺酸性质"，具有很好的定向氧化催化性能，在氧化反应中不会引发酸催化副反应。除对丙烯的环氧化外，TS-1分子筛对烷烃、环烷烃、醇的氧化，环己酮氨氧化，苯酚羟基化也有很好的催化活性。

图8-4　TS-1的孔道结构

研究者普遍认为，同晶取代进入SiO_2骨架的Ti是TS-1分子筛的催化活性中心。Ti同晶取代Si后被隔离在SiO_2基质中，在所有方向上每个Ti均被O—Si—O—Si—O链包围，不形成Ti—O—Ti结构，见图8-5(a)。紫外可见光漫反射和红外光谱等研究表明，在催化过程中TS-1与H_2O_2作用，形成活性中间体过氧钛结构Ti(OOH)，见图8-5(b)，该活性中间体是实际供氧者。由于静电诱导作用，Ti(OOH)中与Ti相邻氧原子的电子云向Ti的空d轨道偏移，增加了该氧原子的亲电性，使烯烃等有机物对活性中间体的亲核进攻变得更加容易。

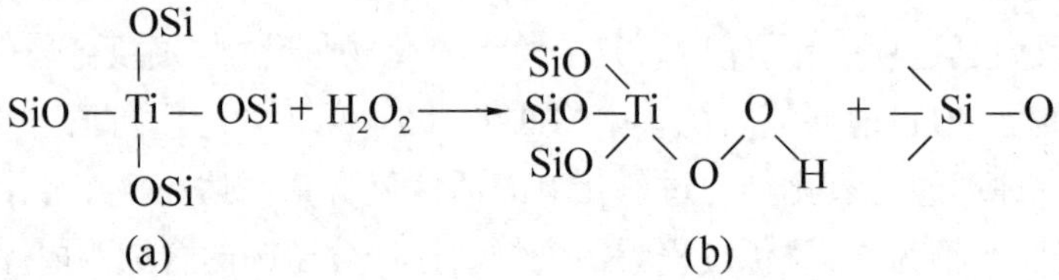

$$SiO\!-\!\underset{\displaystyle OSi}{\overset{\displaystyle OSi}{\underset{|}{\overset{|}{Ti}}}}\!-\!OSi + H_2O_2 \longrightarrow \underset{\displaystyle SiO}{\overset{\displaystyle SiO}{Ti}}\diagdown\!\!\!\underset{\displaystyle OH}{O} + -Si\!-\!O\diagdown$$

（a）　　　　　　　　　　　　　　　　（b）

图8-5　TS-1与H_2O_2形成的活性中间体

由于Ti原子之间被Si骨架隔开，因而避免了一般均相金属氧化物配位催化剂因金属氧化物发生二聚反应而失活的倾向，使TS-1具有较高的稳定性和寿命，易于再生。

TS-1的另一个独特性能是具有疏水性，在含水溶液中更易吸附有机物，使其活性位Ti^{4+}始终处于富含有机反应物的环境中，因此TS-1/H_2O_2体系可以以过氧化氢的稀水溶液作为氧化剂，这为该体系的应用带来方便。因为商品过氧化氢是其27%~35%的水溶液，而且过氧化氢浓度越高，稳定性越差。

3. 丙烯过氧化氢直接氧化法反应机理和反应条件

1）溶剂效应

TS-1/H_2O_2催化氧化反应中溶剂效应很明显，溶剂的种类对反应活性、产物的选择性甚

至反应机理都有影响。研究表明,在质子性溶剂如甲醇、异丙醇、仲丁醇中环氧化反应较快,而在非质子性溶剂如乙腈、丙酮和四氢呋喃中环氧化反应较慢。因为以质子性试剂醇为溶剂时,醇分子参与 Ti 的配位,其 H 原子与 Ti(OOH)的末端 O 形成中间体内氢键,从而形成独特的五元环中间体结构,大大增加了活性中间体 Ti(OOH)的稳定性(图 8 – 6)。

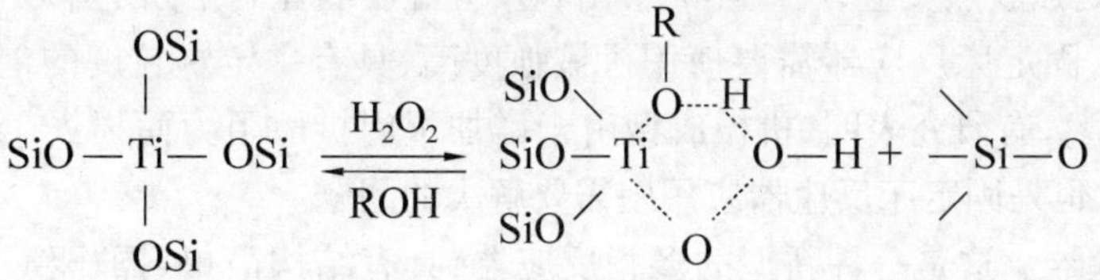

$$SiO-\overset{\displaystyle OSi}{\underset{\displaystyle OSi}{Ti}}-OSi \quad \underset{ROH}{\overset{H_2O_2}{\rightleftarrows}} \quad SiO-\overset{SiO}{\underset{SiO}{Ti}} \cdots \overset{R}{\underset{O}{O}} \cdots \overset{H}{\underset{}{O}}-H \;+\; -Si-O$$

图 8 – 6 TS – 1、H_2O_2 与醇形成的活性五元环结构

从电子效应角度讲,五元环结构的形成增加了与 Ti 相连 O 原子的亲电性,而环氧化是从亲电试剂进攻丙烯中双键碳原子间的 π 电子云开始的,因此过氧钛活性中间体氧原子亲电性增加可使环氧化变得更加容易。

由于非质子性溶剂中不含有质子给予体基团,不能与 Ti(OOH)形成氢键,对活性中间体没有稳定作用。特别是当以乙腈为溶剂时,由于其略带碱性,而钛硅分子筛的钛活性位略带酸性,结果乙腈与 Ti(OOH)配位增加了反应物接近活性位的阻力,使活性下降。

采用不同的醇溶剂,如甲醇、异丙醇、仲丁醇,环氧化反应速率也不同,原因可从电子效应和空间效应来解释。根据静电诱导效应,醇分子中烷基的供电子能力越强,与烷基相连的氧原子的电子云密度就越大,该氧原子与 Ti 配位形成五元环结构时,其周围电子向 Ti 的偏离就越多,使得 Ti(OOH)结构中氧的电子云密度增高,导致五元环活性中间体的亲电性变差,因此环氧化活性降低。三种醇分子中烷基供电子能力由强到弱的顺序为:

仲丁基 > 异丙基 > 甲基

所以,三种醇的环氧化活性顺序为:

甲醇 > 异丙醇 > 仲丁醇

据此可以推测,以水作溶剂时,同样可以形成五元中间体,但由于其供电性能差,对中间体的亲电性没有增加作用,因此环氧化反应活性不及醇溶剂,实验结果也是如此。

空间效应与醇分子的尺寸大小有关。首先,醇分子与 Ti 和过氧化氢形成五元环中间体时,醇分子越大,空间位阻越大,则五元环的形成就越困难。其次,醇分子越大,反应物接近五元环时阻力也越大,发生氧化反应就越困难。因此,从空间效应考虑,三种醇的环氧化活性顺序也是甲醇最大,异丙醇次之,仲丁醇最小。

2)温度和压力

温度对环氧丙烷选择性和收率及过氧化氢利用率都有明显的影响。温度升高,丙烯的转化率增加,但环氧丙烷的选择性下降,一般认为,丙烯环氧化的最佳反应温度为 40℃左右。

TS – 1 催化丙烯与过氧化氢的环氧化反应是一个气—液—固非均相反应,增加丙烯的分压,可增加液相中丙烯的浓度,从而增加环氧化反应速率和选择性。

4. 丙烯过氧化氢直接氧化法生产工艺和反应器

丙烯与过氧化氢环氧化反应过程使用的反应器有三类。

（1）釜式反应器（间歇或连续操作）。虽然釜式反应器结构及操作简单，但很难适用于大宗化工产品的生产。而且，TS-1分子筛粉体的平均粒径只0.5μm左右，操作过程中催化剂的流失和与液相的分离目前尚属技术难点。

（2）固定床反应器。固定床反应器具有投资少、操作简单、生产能力大的特点，但是由于丙烯环氧化反应是强放热反应，反应热的移出和反应温度的控制是固定床反应器的操作关键。另外一个问题是，固定床反应器需要使用机械强度高、具有一定颗粒度的催化剂。为此需将TS-1分子筛成型。有研究表明，机械成型由于增加了内扩散阻力而损失TS-1催化剂的环氧丙烷选择性，这也是固定床反应器应用中需要解决的问题。

（3）环流反应器。这是一种新型的多相反应器，具有结构简单、操作稳定、传质和传热效率高、易于大型化等特点。环流反应器解决了反应温度的控制问题，但催化剂的分离仍是难点。

过氧化氢氧化丙烯生产环氧丙烷工艺包括三部分，环氧化反应单元、产物精制单元和溶剂回收单元（图8-7）。稀过氧化氢—甲醇溶液由泵送入环氧化反应器，该反应器为串联的两台固定床反应器，新鲜丙烯和回收丙烯自第一个反应器的顶部进入，两股物料在反应器内并流流动，采用4台并联的外接式换热器控制反应温度，环氧化温度为40~50℃，压力为2.04MPa。反应后的混合物进轻组分精馏塔，塔顶脱除未反应的丙烯和其他气体，塔釜液进入环氧丙烷精馏塔，塔顶得到精环氧丙烷，送产品储罐。轻组分塔的操作条件是：塔顶温度为-37℃，压力为2.04MPa；环氧丙烷精馏塔的操作条件是：塔顶温度为56℃，压力为0.2MPa。环氧丙烷精馏塔塔釜液依次进入甲醇回收塔、废水回收塔和过氧化氢回收塔，在三个塔的塔顶分别得到甲醇、副产物水和过氧化氢，甲醇和过氧化氢返回环氧化反应器。三个塔的操作条件分别是：65℃、0.1MPa；100℃、0.1MPa和107℃、34kPa。

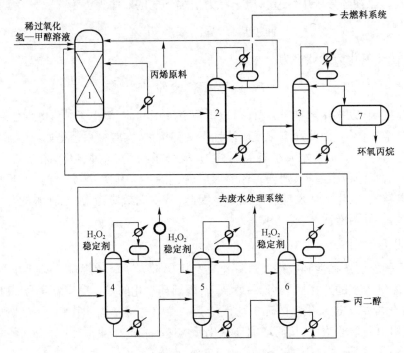

图8-7　氢氧合成过氧化氢与丙烯环氧化集成流程图

1—环氧化反应器;2—轻组分塔;3—环氧丙烷塔;4—甲醇回收塔;5—废水塔;6—过氧化氢回收塔;7—产品储罐

5. 集成工艺

氯醇法、共氧化法和丙烯直接过氧化氢氧化法三种环氧丙烷生产方法,在设备投资费用方面,丙烯直接过氧化氢氧化法低于共氧化法,但高于氯醇法;在操作费用方面,丙烯直接过氧化氢氧化法高于共氧化法,与氯醇法持平。也就是说,在技术先进性和环境友好方面丙烯直接过氧化氢氧化法具有明显的优势,但在经济性方面暂时还不具备明显的优势。

导致丙烯过氧化氢直接氧化法生产成本较高的原因是 TS－1 分子筛的合成成本和分离成本以及过氧化氢的成本较高。合成成本和分离成本问题可通过采用廉价合成体系制备 TS－1 分子筛,采用新型高效分离技术解决。过氧化氢成本问题的解决途径有两个,一是将过氧化氢生产过程与丙烯环氧化过程集成,二是以氢氧直接合成过氧化氢的新技术代替蒽醌法。

原则上,过氧化氢的三种合成方法,即蒽醌法、仲醇法和 H_2 与 O_2 直接合成法,都可与丙烯环氧化反应集成,但三种方式各有优势。

1)蒽醌法生产 H_2O_2 与环氧化过程的集成

根据蒽醌法的生产特点,集成方案有两种。

图 8－8 所示的方案是在氢蒽醌的氧化阶段将两个过程集成,即将氢蒽醌的氧化和 TS－1 催化丙烯与 H_2O_2 环氧化置于同一个反应器中进行,省掉了一个反应器。整个过程包括四个主要步骤:(1)氢化工作液、丙烯、甲醇和空气(或氧气)通入装有 TS－1 的氧化反应器,氢蒽醌(以 AQH_2 表示)被氧化,生成的 H_2O_2 原位与丙烯反应生成环氧丙烷;(2)通过蒸馏分离出氧化反应混合物中的环氧丙烷;(3)用水萃取工作液中的甲醇、丙二醇及甲醚衍生物,萃取相纯化后返回氧化反应器;(4)萃余相进入蒽醌(以 AQ 表示)加氢反应器,加氢生成氢蒽醌后循环回氧化反应器。该方法需要特别注意的是,工作液中溶剂、蒽醌衍生物和 H_2O_2 稳定剂等对环氧化反应的影响。

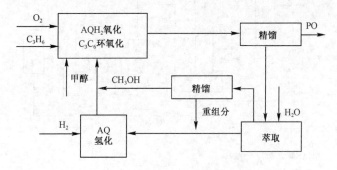

图 8－8　氢蒽醌氧化与丙烯环氧化集成流程示意图

图 8－9 所示的方案是在萃取阶段将两个过程集成,即用 20%～60%(质量分数)的甲醇—水混合萃取剂代替纯水萃取 H_2O_2,之后将此萃取相直接用于环氧化反应。在这个方案中,混合溶剂甲醇—水既是萃取剂,又是环氧化反应的溶剂,可避免向环氧化反应器加入大量的水,并且省去了 H_2O_2 的净化成本。这种集成过程的难点是要保证甲醇—水作为萃取剂的萃取效率,避免工作液中蒽醌类物质及其溶剂在甲醇—水中的溶解。

2)仲醇氧化法生产 H_2O_2 与环氧化过程的集成

仲醇氧化法生产 H_2O_2 包括两个主要步骤,首先仲醇氧化生成 H_2O_2 和相应的酮,然后分离出的酮加氢又还原为仲醇:

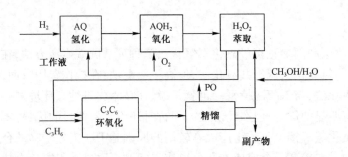

图 8-9　过氧化氢萃取与丙烯环氧化集成流程示意图

$$(CH_3)_2CHOH + O_2 \Longrightarrow CH_3COCH_3 + H_2O_2$$

$$CH_3COCH_3 + H_2 \Longrightarrow (CH_3)_2CHOH$$

该集成过程的优点是：仲醇既是合成 H_2O_2 的原料，同时又是环氧化的反应溶剂，这样可减少整个反应体系的参与物。大部分的集成过程采用的是异丙醇法，集成方案的形式多样，图 8-10是以纯异丙醇为溶剂的丙烯环氧化过程与异丙醇氧化法制 H_2O_2 的集成方案。异丙醇与 O_2 在氧化反应器中反应得到含 H_2O_2 的混合物，蒸馏分离出丙酮，得到的含异丙醇的 H_2O_2 流股直接通入环氧化反应器在 TS-1 催化下与丙烯发生环氧化反应。分离出的丙酮经氢化生成异丙醇，一部分作为溶剂通入环氧化反应器，另一部分循环回到氧化反应器。环氧化产物分离出未反应的丙烯，返回环氧化反应器循环使用。粗环氧丙烷再经蒸馏得到精环氧丙烷。

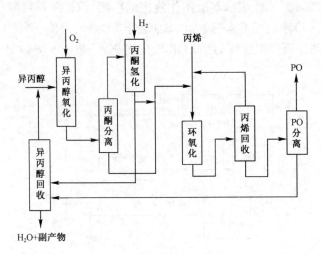

图 8-10　异丙醇氧化法生产过氧化氢与丙烯环氧化集成流程示意图

3）氢氧直接合成 H_2O_2 与环氧化过程的集成

氢氧直接合成 H_2O_2 与丙烯环氧化的集成也有两种方式。一种是以甲醇作为氢氧直接合成反应的溶剂，反应后得到的含过氧化氢的甲醇溶液不经处理直接引入环氧化反应工段，作为氧化剂和溶剂。另一种方案是将丙烯、H_2 和 O_2 通入装有催化剂的反应器中进行反应生成环氧丙烷。这种集成方式的体系和过程比前述各种方案都简单，但对所采用的催化剂要求严格，要求该催化剂既能催化氢氧合成 H_2O_2，又能催化丙烯与 H_2O_2 环氧化，且两种催化活性位要相互匹配，使氢氧首先催化生成过氧化氢，然后，原位与丙烯环氧化生成环氧丙烷。目前所采用的催化剂大多是以贵金属 Au、Ag、Pt 和 Pd 为活性组分，钛硅分子筛、SiO_2 或 TiO_2 为载体。

【任务小结】

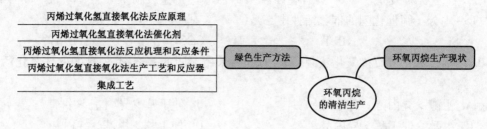

丙烯过氧化氢直接氧化法反应原理
丙烯过氧化氢直接氧化法催化剂
丙烯过氧化氢直接氧化法反应机理和反应条件
丙烯过氧化氢直接氧化法生产工艺和反应器
集成工艺

绿色生产方法

环氧丙烷生产现状

环氧丙烷的清洁生产

【项目小结】

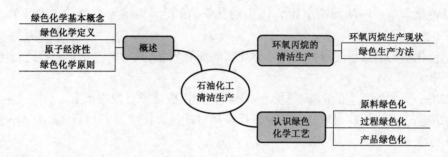

绿色化学基本概念
绿色化学定义
原子经济性
绿色化学原则

概述

环氧丙烷的清洁生产

环氧丙烷生产现状
绿色生产方法

石油化工清洁生产

认识绿色化学工艺

原料绿色化
过程绿色化
产品绿色化

【项目测评】

一、选择题

1. 下列哪项不是清洁技术所研究的特点(　　)。
   A. 使化学反应具有极高的选择性　　　　B. 采用无毒、无害的原料
   C. 催化剂如可回收利用则不要求无毒无害　D. 产品对环境无害

2. 以下属于原子经济反应的是(　　)。
   A. 加成反应　　　　B. 氧化反应　　　　C. 歧化反应　　　　D. 置换反应

3. 从绿色化的观点来看,在选择原料时不需要考虑下列哪项因素(　　)。
   A. 生产过程的效率　　　　　　　　　　B. 对人和环境是否无害
   C. 是否具有发生意外事故的可能性　　　D. 成本太高

4. 以下不属于生物质原料的优点的是(　　)。
   A. 结构简单　　　　　　　　　　　　　B. 减缓温室效应
   C. 解决城市废物处理问题　　　　　　　D. 选择性高

5. 以下哪项不属于均相催化反应催化剂的缺点(　　)。
   A. 催化活性低　　　　　　　　　　　　B. 不易与原料和产物相分离
   C. 腐蚀作用强　　　　　　　　　　　　D. 难以实现连续生产

6. 以下哪项不是固体酸催化剂(　　)。
   A. 磷钨酸　　　　B. 分子筛　　　　C. 三氯化铝　　　　D. 超强酸

7. 以下哪项不属于离子液体催化剂的优点(　　)。
   A. 绿色无污染　　　　　　　　　　　　B. 可操作温度范围宽
   C. 溶解性好　　　　　　　　　　　　　D. 易与原料和产物相分离

8. 以下不属于氯醇法生产环氧丙烷缺点的是( )。

    A. 工艺流程复杂   B. 具有腐蚀性   C. 产生废物量大   D. 生产成本高

9. TS－1 分子筛催化剂的催化活性中心是( )。

    A. Si   B. Ti   C. SiO_2 D. TiO_2

10. 丙烯过氧化氢直接氧化法制环氧丙烷时,采用不同的醇溶剂,三种醇的环氧化活性顺序为( )。

    A. 甲醇 > 异丙醇 > 仲丁醇   B. 仲丁基 > 异丙基 > 甲基

    C. 甲醇 > 仲丁醇 > 异丙醇   D. 仲丁基 > 甲基 > 异丙基

二、判断题

1. 绿色化学是一门从源头上阻止污染的化学,治理污染的最好办法就是不产生污染。( )

2. 绿色化学的基本思想可应用于化学化工的所有领域,只可对一个总过程进行全面的绿色化学设计。( )

3. 如果一个化学反应的选择性达到100%,这个反应就没有废物产生。( )

4. 采用原子经济反应可以达到使化学反应尽可能最大限度地利用资源、减少环境污染的目的。( )

5. 挥发性有机溶剂进入空气中后,在太阳光的照射下,容易在地面附近形成光化学烟雾。( )

6. 反应分离集成技术是将化学反应与分离集成在一个设备中,使一台设备同时具有反应和分离的功能。( )

7. 微波在电磁波谱中介于紫外和无线电波之间,波长在 1 ~ 100cm (频率 30GHz ~ 300MHz)的区域内。( )

8. 环氧丙烷是无色易燃易挥发的液体,与水部分互溶,无毒。( )

9. TS－$1/H_2O_2$催化氧化反应中溶剂效应很明显,溶剂的种类对反应活性、产物的选择性甚至反应机理都有影响。( )

10. 丙烯过氧化氢直接氧化法所用固定床反应器具有投资少、操作简单、生产能力大的特点,但是由于丙烯环氧化反应是强放热反应,反应热的移出和反应温度的控制是固定床反应器的操作关键。( )

三、填空题

1. 采用绿色化学理念,探索和研究＿＿＿＿＿＿＿＿、开发＿＿＿＿＿＿和＿＿＿＿＿＿以提高＿＿＿＿＿＿、避免或减少＿＿＿＿＿＿是化学工业可持续发展的关键之一。

2. 原子经济性是指反应物中的＿＿＿＿有多少进入了＿＿＿＿,一个理想的原子经济性的反应,就是反应物中的所有原子都进入了目标产物的反应。

3. 用原子利用率可衡量在一个化学反应中,生产一定量目标产物到底会生成多少＿＿＿＿＿＿。

4. 生物质可理解为由＿＿＿＿＿＿产生的所有＿＿＿＿＿＿＿＿的总称,包括农林产品及其废物、海产物及城市废物等。

5. 提高反应的＿＿＿＿＿＿和＿＿＿＿＿＿、提高＿＿＿＿＿＿及设备的＿＿＿＿＿是实现过程绿色化的途径。

6. 离子液体由含＿＿、＿＿的有机正离子和大的无机负离子组成,在室温或低温下为液体。

7. 过程强化是在实现既定生产目标的前提下,通过大幅度减小＿＿＿＿＿＿的尺寸、减少装置的数目等方法来使工厂布局更加＿＿＿＿＿＿＿,＿＿＿＿＿＿更低,＿＿＿＿＿＿＿＿更少,并最终达到提高生产效率、降低生产成本,提高安全性和减少环境污染的目的。

8. 替代能源是采用＿＿＿＿＿的能量进行＿＿＿＿＿＿＿或＿＿＿＿过程,包括离心场、超声波、太阳能、微波、电场和等离子体等。

9. 产品绿色化包含两个层次,第一个层次是化学产品应该对＿＿＿＿＿＿＿和＿＿＿＿无毒害,这是对一个绿色化学产品最起码的要求;第二个层次是当化学产品的功能使命完成后,应以无毒害的＿＿＿＿＿形式存在,而不应该“原封不动”地留在环境中。

10. 共氧化法生产环氧丙烷主要包括两步:第一步是生成＿＿＿＿＿＿＿＿＿;第二步是有机过氧化物与＿＿＿＿反应生成环氧丙烷,并生成相应的联产物。

11. 过氧化氢的三种合成方法为＿＿＿＿＿＿、＿＿＿＿＿＿和＿＿＿＿＿＿＿＿＿＿,都可与丙烯环氧化反应集成,但三种方式各有优势。

12. 蒽醌法生产 H_2O_2 与环氧化过程的集成方案有两种;一种是在＿＿＿＿＿＿＿＿＿＿阶段将两个过程集成,另一种是在＿＿＿＿＿＿＿＿阶段将两个过程集成。

四、简答题

1. 绿色化学的定义是什么?

2. 原子经济性和原子利用率的定义是什么?

3. 绿色化学的 12 条原则是什么?

4. 超临界二氧化碳有哪些用途?用作反应溶剂时与常规有机溶剂相比有哪些优点?

5. 简述化工过程强化的方法。

6. 什么是等离子体?

7. 微波技术有哪些应用?

8. 简述丙烯过氧化氢直接氧化法的反应原理。

9. 在 TS – 1 催化丙烯与过氧化氢的环氧化反应中,压力如何影响反应的转化率和选择性?

五、方案设计

设计一种环氧丙烷与过氧化氢生产的集成方案。

参 考 文 献

[1] 曾之平,王扶明. 化工工艺学. 北京:化学工业出版社,2000.

[2] 米镇涛. 化学工艺学. 北京:化学工业出版社,2006.

[3] 邬国英. 石油化工概论. 北京:中国石化出版社,2000.

[4] 徐日新. 石油化学工业基础. 北京:石油工业出版社,1983.

[5] 苏健民. 化工和石油化工概论. 北京:中国石化出版社,1995.

[6] 黄仲涛. 石油化工过程催化作用. 北京:中国石化出版社,1995.

[7] 陈性永,姚贵汉. 基本有机化工生产及工艺. 北京:化学工业出版社,1990.

[8] 吴章杩,黎喜林. 基本有机合成工艺学. 北京:化学工业出版社,1992.

[9] 陈五平. 无机化工工艺学. 北京:化学工业出版社,1989.

[10] 吴指南. 基本有机化工工艺学. 北京:化学工业出版社,1990.

[11] 蒋家俊. 化学工艺学. 北京:高等教育出版社,1988.

[12] 李文钊. 石油与天然气化工. 北京:中国石化出版社,1998.

[13] 阿杰尔松 C B,等. 石油化工工艺学. 梁源修,等,译. 北京:中国石化出版社,1990.

[14] 黄仲涛. 基本有机化工理论基础. 北京:化学工业出版社,1980.

[15] 白术波. 石油化工工艺. 北京:石油工业出版社,2008.

[16] 施祖培. 化工百科全书:第7卷. 北京:化学工业出版社,1994.

[17] 张成芳. 合成氨工艺与节能. 上海:华东化工学院出版社,1988.

[18] 于遵宏,朱炳辰,沈大才. 大型合成氨厂工艺过程分析. 北京:石油工业出版社,1993.

[19] 姜圣阶. 合成氨工学. 北京:化学工业出版社,1978.

[20] 蔡德瑞,彭少逸. 碳一化学中的催化作用. 北京:化学工业出版社,1995.

[21] 李作政. 乙烯生产与管理. 北京:中国石化出版社,1992.

[22] 陈滨. 乙烯工学. 北京:化学工业出版社,1997.

[23] 邹仁鋆. 石油化工裂解原理与技术. 北京:化学工业出版社,1982.

[24] 王松汉. 乙烯装置技术. 北京:中国石化出版社,1994.

[25] 孙宗海,瞿国华,张溱芳. 石油芳烃生产工艺与技术. 北京:化学工业出版社,1986.

[26] 高荣增,顾兴章. 化工百科全书:第4卷. 北京:化学工业出版社,1993.

[27] 王兆熊. 炼焦产品的精制和利用. 北京:化学工业出版社,1989.

[28] 赵仁殿,金彰礼,陶志华. 芳烃工学. 北京:化学工业出版社,2001.

[29] 邹仁鋆. 石油化工分离原理与技术. 北京:化学工业出版社,1988.

[30] 周立芝,王杰. 化工百科全书:第3卷. 北京:化学工业出版社,1993.

[31] 宋维端,肖任坚,房鼎业. 甲醇工业. 北京:化学工业出版社,1991.

[32] 房鼎业. 甲醇生产技术及进展. 上海:华东化工学院出版社,1990.

[33] 区灿琪,吕德伟. 石油化工氧化反应工程与工艺. 北京:中国石化出版社,1992.

[34] 梁朝林,谢颖,黎广贞. 绿色化工与绿色环保. 北京:中国石化出版社,2002.

[35] 纪红兵,佘远斌. 绿色氧化与还原. 北京:中国石化出版社,2004.

[36] 胡常伟,李贤均. 绿色化学原理和应用. 北京:中国石化出版社,2002.

[37] 王福安,任保增. 绿色过程工程引论. 北京:化学工业出版社,2002.

[38] 闵恩泽,李成岳. 绿色石化技术的科学与过程基础. 北京:中国石化出版社,2002.